行水云课数字教材

高等职业教育水利类新形态一体化教材

水工建筑物

主编 佟欣
副主编 赫文秀 李东艳 孙玲玉
张贺 刘宏丽

中国水利水电出版社
www.waterpub.com.cn
·北京·

内 容 提 要

本书是根据高等职业学校水利工程与管理类各专业的教学标准、人才培养方案和目标以及教学基本要求，校企共建、合作开发编写的。全书共分为10个项目，主要内容有：水工建筑物基础知识、岩基上的重力坝、拱坝、土石坝、水闸、河岸溢洪道、水工隧洞与坝下涵管、渠系建筑物、过坝建筑物、水利枢纽布置等，各部分均配套数字教学资源。

本书为高等职业学校水利工程专业群通用教材，也可作为水利类相关专业技术人员及成人教育师生的参考书。

图书在版编目（CIP）数据

水工建筑物 / 佟欣主编. -- 北京 : 中国水利水电出版社, 2021.8
高等职业教育水利类新形态一体化教材
ISBN 978-7-5170-9495-1

Ⅰ. ①水… Ⅱ. ①佟… Ⅲ. ①水工建筑物－高等职业教育－教材 Ⅳ. ①TV6

中国版本图书馆CIP数据核字(2021)第048842号

书　　名	高等职业教育水利类新形态一体化教材 **水工建筑物** SHUIGONG JIANZHUWU
作　　者	主　编　佟　欣 副主编　赫文秀　李东艳　孙玲玉　张　贺　刘宏丽
出版发行	中国水利水电出版社 （北京市海淀区玉渊潭南路1号D座　100038） 网址：www.waterpub.com.cn E-mail：sales@waterpub.com.cn 电话：(010) 68367658（营销中心）
经　　售	北京科水图书销售中心（零售） 电话：(010) 88383994、63202643、68545874 全国各地新华书店和相关出版物销售网点
排　　版	中国水利水电出版社微机排版中心
印　　刷	清淞永业（天津）印刷有限公司
规　　格	184mm×260mm　16开本　20印张　487千字
版　　次	2021年8月第1版　2021年8月第1次印刷
印　　数	0001—2500册
定　　价	**65.00**元

前言

本书是辽宁省职业教育高水平特色专业群计划建设项目——“水利工程专业群”的核心课程建设内容之一。为全面贯彻党的十九大精神，坚持以习近平新时代中国特色社会主义思想为引领，以《国务院办公厅关于深化产教融合的若干意见》、辽宁省教育厅《关于新时期加快发展现代职业教育的若干意见》等文件精神为指导，深化职业教育改革，以高水平特色专业群建设为契机，坚持立德树人，三全育人，强化学生职业技术技能培养和“工匠精神”的培育，深化产教融合和校企合作，为现代水利事业培养高素质创新人才和技术技能人才，辽宁生态工程职业学院将《水工建筑物》教材列为水利工程专业群建设计划项目，计划建设成为基于成果导向(OBE)的项目化、数字化新形态教材。

本书根据辽宁生态工程职业学院“水利工程专业群”的建设总体目标要求和高等职业学校水利工程与管理类各专业的教学标准、人才培养方案、培养目标以及教学基本要求编写的。为适应水利工程专业各部门的需要，培养具有较强技能的应用型人才，充分体现高等职业教育的特点，编写过程中不过分注重学科理论的系统性和完整性，密切联系工程实际，侧重突出实用性。本书在吸取其他教材精髓的基础上，引入了相关新技术、新材料、新方法、新工艺方面的内容。每个项目都附有一定数量的习题和数字教材（教学视频、动画及PPT课件等）供学习者参考使用。

全书由辽宁生态工程职业学院佟欣担任主编，并承担统稿和校订工作。本教材编写人员及具体分工如下：辽宁生态工程职业学院佟欣（文前部分、项目2、项目5任务5.9）；辽宁生态工程职业学院赫文秀（项目3）；辽宁生态工程职业学院李东艳（项目1、项目9、项目10）；辽宁生态工程职业学院张贺（项目4）；辽宁生态工程职业学院王立松（项目5任务5.1、任务5.2）；辽宁生态工程职业学院孟祥礼（项目5任务5.4、任务5.5）；辽宁生态工程职业学院孙荣华（项目5任务5.3）；沈阳市水利规划设计院佟强（项目5任务5.6、任务5.7、任务5.8）；辽宁生态工程职业学院孙玲玉（项目6、项目7）；辽宁生态工程职业学院刘宏丽（项目8）。

本教材编写人员全部参与了本书数字资源的制作。中国水利水电出版社的编辑同志对本书提出了大量的指导性意见和建议，并对本书的文字和插图做了精心处理，在此表示衷心感谢。本书在编写过程中，参考和引用了有关文献和资料的部分内容，为此对所有文献的作者深表感谢。

《水工建筑物》是一门专业性、实践性都很强的综合性课程，内容很多并且广泛，但由于编者的水平有限，难免有不足之处，敬请读者予以批评指正。

编者

2021年7月

扫码获取课件

“行水云课”数字教材使用说明

“行水云课”水利职业教育服务平台是中国水利水电出版社立足水电、整合行业优质资源全力打造的“内容”＋“平台”的一体化数字教学产品。平台包含高等教育、职业教育、职工教育、专题培训、行水讲堂五大版块，旨在提供一套与传统教学紧密衔接、可扩展、智能化的学习教育解决方案。

本套教材是整合传统纸质教材内容和富媒体数字资源的新型教材，它将大量图片、音频、视频、3D动画等教学素材与纸质教材内容相结合，用以辅助教学。

内页二维码具体标识如下：

- 为动画
- 为微课
- 为课件

线上教学与配套数字资源获取途径：

- 手机端

关注“行水云课”公众号→搜索“图书名”→封底激活码激活→学习或下载

- PC端

登录“xingshuiyun. com”→搜索“图书名”→封底激活码激活→学习或下载

多媒体知识点索引

续表

续表

目录

项目1 水工建筑物基础知识

学习目标：

(1) 能阐述我国的水资源状况，水利工程建设的成就与发展。

(2) 能说清水工建筑物及水利枢纽的概念和分类。

(3) 能进行水利枢纽的分等和水工建筑物的分级。

(4) 能说明本课程的任务和学习方法。

学习重点：

(1) 水工建筑物及水利枢纽的概念和分类。

(2) 水利枢纽的分等和水工建筑物的分级。

学习难点：

水工建筑物及水利枢纽的概念和分类。

任务1.1 我国的水资源及水利水电工程建设概况

1.1.1 水资源

水是人类赖以生存的基础性自然物质、社会经济发展的战略性资源、地球生态环境的控制性关键因素，地球上的水总量异常丰富，地球表面的70%以上为水体覆盖，总藏水量约为$13.86\times10^6km^3$，但绝大部分是海水，淡水总量仅为地球藏水总量的2.5%，其中大部分淡水又储藏于极地冰盖与高山冰川之中，可供人类利用的、可更新的淡水称为水资源。全球水资源总量约为47万亿m^3。以现有世界人口60亿计算，人均水资源占有量约为$8000m^3$。我国水资源总量约为2.72万亿m^3，按现有人口计算，人均水资源约为$2000m^3$，仅为世界人均占有量的1/4。我国是一个严重缺水的国家，已被列入全世界13个人均水资源最贫乏的国家之一。随着人口的增长以及社会经济的发展，我国未来水资源形势十分严峻。

我国河流众多，流域面积在$100km^2$以上的河流有5800多条，河川径流总量在巴西、俄罗斯、加拿大、美国、印度尼西亚之后，居世界第6位。按全国水系与流域区划，我国河流主要包括长江、黄河、珠江、淮河、海河、辽河、松花江等七大水系，国际河流包括雅鲁藏布江、澜沧江、怒江、鸭绿江、图们江、黑龙江、额尔齐斯河、伊犁河、阿克苏河等，此外，还有内陆诸河与浙闽台诸河等，中国流域分区水资源量见表1.1。

我国水资源分布的总体特点是：年内分布集中，年际变化大；黄河、淮河、海河、辽河四流域水量小，长江、珠江、松花江流域水量大；西北内陆干旱区水量缺少，西南地区水量丰富。

表1.1　中国流域分区水资源量

分　区	面积/万 km^2	降水量/亿 m^3	水资源总量/亿 m^3
长江流域	180.85	19162	9600
黄河流域	79.47	3719	762
海滦河流域	31.9	1775	406
淮河流域	32.74	2839	1024
珠江流域	57.81	8945	4739
浙闽台诸河	24.11	4342	2714
西南诸河	84.41	7846	4684
黑龙江流域	89.68	4358	1389
辽河流域	34.52	1915	581
内陆诸河	335.43	4989	1207
额尔齐斯河	5	186	104
全国总计	955.92	60076	27210

1.1.2　我国水利工程建设的成就与发展

几千年来，勤劳勇敢的中国人民为兴水利、除水害进行了坚持不懈的努力，做出了突出的成绩，并积累了宝贵的经验。例如：从春秋时期开始，在黄河下游沿岸修建的堤防，经历代整修加固，已形成1800多千米的黄河大堤，为治河防洪、堤防工程的建设与管理提供了丰富的经验；公元前485年开始兴建到1293年全线通航的京杭大运河，全长1794km，是世界上最长的运河，为当时及以后的南北交通、航运发展等发挥了重要作用；灌溉面积达1000多万亩❶的四川都江堰工程已有2250多年的历史，仍为我国的农业发展发挥着巨大的效益。水利工程建设的成就是我国劳动人民智慧的结晶，在繁荣我国经济、发展祖国文化等方面都起到了很好的作用。

中华人民共和国成立以来，我国的水利事业建设得到了较快的发展。到2007年底，全国整修、新建各类江河堤防28.38万km，累计达标堤防10.9万km；水库85412座，总库容6345亿 m^3，其中大型水库493座，库容4836亿 m^3；水闸41110多座，其中大型水闸438座；水电装机容量由1949年的16万kW增加到14523万kW；灌溉面积由1949年的2.4亿亩增加到9.51亿亩，其中50万亩以上灌区148处；全国蓄、引、提等水利工程年供水能力达到74亿 m^3；水土流失综合治理面积达到99.9万 km^2，累计实施生态修复面积达70多万 km^2，建成黄土高原淤地坝2.9万座。举世闻名的三峡水利枢纽工程是目前世界最大的水利枢纽工程。这些成就都为我国国民经济和社会发展提供了必要的基础条件。同时，水利工程建设的发展，使我国水利水电科学技术水平也得到迅速发展和提高。

虽然经过几年的努力，我们在水利水电工程建设方面取得了一定的成就，水利工

❶　1亩≈666.67m^2。

程和水电设施在国民经济中发挥着巨大的作用，但从可持续发展的目标来说，水利建设与世界先进水平的差距还很大。第一，我国大江大河的防洪问题还没有真正解决，堤坝和城市防洪标准还比较低，随着河流两岸经济建设的发展，一旦发生洪灾，造成的损失将越来越大。第二，我国农业目前在很大程度上受制于自然地理和气候条件，抗御自然灾害能力很低。第三，水污染问题日益严重，七大江河都不同程度地受到污染，使有限的水资源达不到生活和工农业用水的要求，水资源短缺问题更为严重。第四，水土流失严重，水生态失衡。第五，水资源利用率低下。解决当前水的问题，是关系到整个国民经济可持续发展的系统工程，仅靠局部的、单一的工程水利的建设思想是难以实现的，必须从宏观战略思想上实现工程水利向资源水利的转变，从单纯建造水利工程到强调治水中人与自然的和谐相处；从统一和全局的高度来解决问题，注重水资源的节约、保护和优化配置。所谓资源水利，就是从水资源开发、利用、治理、配置、节约、保护等 6 个方面系统分析综合考虑，实现水资源的可持续利用。由工程水利转向资源水利是一个生产力发展的过程。当前生产力不断发展，更需要我们宏观地看问题，需要我们在原有水利工作的基础上更进一步，更上一个台阶，做好水利工作。

任务 1.2 水工建筑物和水利枢纽

1.2.1 水工建筑物及其分类

为了满足水利工程的目标，如防洪、发电、灌溉、供水、航运等要求，需要修建的各类建筑物，统称为水工建筑物。

水工建筑物按其功能可分为以下几类：

（1）挡水建筑物。如各类水坝、水闸、堤防、施工围堰等，其功能是拦截江河、壅高水位，形成水库或约束水流、阻挡潮汐等。

（2）泄水建筑物。如溢流坝、河岸溢洪道、泄洪洞、排沙洞、放空洞等，其功能是宣泄洪水或多余水量，排泄泥沙、冰凌，以及在紧急事件中（如地震、战争等）放空水库等。泄水建筑物可以和挡水建筑物结合为一体，如具有各类表孔、中孔、深孔的混凝土溢流坝；也可以单独设置于坝外或地下，如各类坝外溢洪道与泄洪洞等。

（3）输水建筑物。如引水明渠、引水隧洞、涵管、渡槽、倒虹吸等，其功能是将水库、河道、湖泊的水流输送到固定地点，以满足灌溉、发电、供水等用途。

（4）取水建筑物。取水建筑物一般是输水建筑物的首部建筑物，如进水闸、进水引渠、水泵站等。

（5）河道整治建筑物。如各类丁坝、顺坝、导流堤、护岸、护底建筑等，其功能是治理河道、改善水流、控制泥沙冲淤过程，以保护堤岸、改善航道与取水条件等。

（6）专门水工建筑物。为满足灌溉、发电、供水、航运、源木、过鱼、环境保护、旅游等专门目标需要修建专门水工建筑物，如为保证灌溉与供水水质的沉沙池、冲沙闸，为发电用的水电站厂房，为通航而修建的船闸、升船机，为过木、过鱼而设置的复道、鱼道，为旅游、航运而设置的码头等。

水工建筑物按建筑物使用时间可分为以下几类：

(1) 永久性建筑物。这种建筑物在运用期长期使用，根据其在整体工程中的重要性又分为主要建筑物和次要建筑物。主要建筑物是指该建筑物失事后将造成下游灾害或严重影响工程效益，如闸、坝、泄水建筑物、输水建筑物及水电站厂房等；次要建筑物是指失事后不至于造成下游灾害和对工程效益影响不大且易于检修的建筑物，如挡土墙、导流墙、工作桥及护岸等。

(2) 临时性建筑物。这种建筑物仅在工程施工期间使用，如围堰、导流建筑物等。

有些水工建筑物在枢纽中的作用并不是单一的，如溢流坝既能挡水，又能泄水；水闸既可挡水，又能泄水，还可做取水之用。

1.2.2 水利枢纽

由各种不同类型的水工建筑物组成的综合体统称为水利枢纽。水利枢纽的主要功能有防洪、发电、灌溉、引水、航运等；一座水利枢纽的功能可能是单一的，但大多兼有多种功能，称为综合利用水利枢纽。图1.1所示为丹江口水利枢纽布置图。其中除有挡水建筑物、泄水建筑物和输水建筑物外，还有水电站和水运等专门建筑物。它是综合利用水资源的有效措施。丹江口水库，是中国南水北调中线工程的水源地，国家一级水源保护区，亚洲最大的人工淡水湖。丹江口水利枢纽工程，由拦河大坝、丹江口水力发电厂、升船机和两个灌溉引水渠渠首四部分组成，混凝土大坝坝高97m，大坝总长2494m（其中混凝土坝长1141m），库容290.5亿m^3。

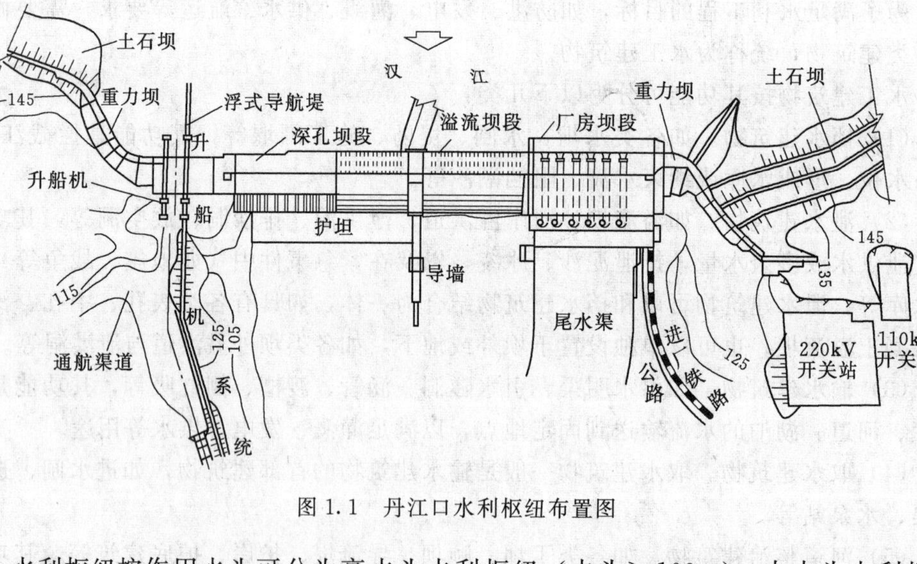

图1.1 丹江口水利枢纽布置图

水利枢纽按作用水头可分为高水头水利枢纽（水头＞100m），中水头水利枢纽（水头50～100m）和低水头水利枢纽（水头＜50m）。作用水头的大小对水工建筑物材料与地基强度要求、泄洪消能设计以及施工建设条件等具有重要的影响。

水利枢纽按挡水建筑物（即坝的类型）可分为混凝土坝枢纽和土石坝枢纽，其中混凝土坝枢纽又可分为混凝土拱坝枢纽、重力坝枢纽、支墩坝枢纽、水闸枢纽等。

水利枢纽也可按其主要功能分为发电枢纽、航运枢纽、引水枢纽等。当水力发电作为枢纽的主要功能时，还可按水电站类型和布置分为河床式水电站枢纽、坝后式水电站枢纽、引水式水电站枢纽、地下水电站枢纽等。图 1.2 为葛洲坝水利枢纽，是世界上最大的低水头大流量水力发电枢纽。图 1.3 为引水式水电站示意图。

此外，为调节电力系统出力与负荷的峰谷平衡，可修建抽水蓄能电站枢纽。

图 1.2　河床式水电站——葛洲坝水电站

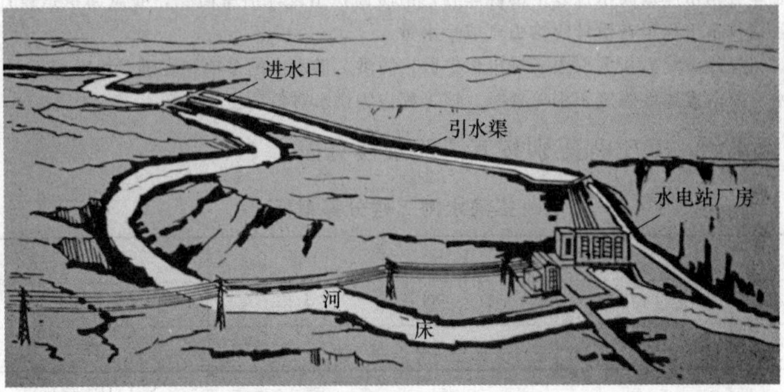

图 1.3　引水式水电站示意图

1.2.3　水利水电枢纽工程分等和水工建筑物分级

1. 水利水电工程分等

水利水电工程具有巨大的经济与社会效益，工程建设耗资巨大，一旦出现安全事故将造成国家、社会与人民的生命财产损失，形成灾难性后果，因此保证工程安全运行与合理的经济造价是矛盾的两个方面，必须做到经济与安全的辩证统一。为使工程安全可靠性与造价的经济合理性统一起来，采取对水利水电枢纽工程及其建筑物进行分等分级。对不同等级的枢纽工程与建筑物，其规划、勘测、设计、施工与管理的要求不同，对防洪标准、抗震标准、建筑物的稳定安全系数要求也相应有所差别。

根据中华人民共和国水利部颁布的《水利水电工程等级划分及洪水标准》（SL 252—2017），水利水电工程的等别，按其规模、效益及其在国民经济中的重要性共分为五等（表1.2）。按表1.2中分等指标分属几个等别时，整个枢纽工程的等级应按其中指标最高等别为准。

表1.2　　水利水电工程分等指标

工程等别	工程规模	水库总库容/$10^8 m^3$	防洪			治涝	灌溉	供水		发电
			保护人口/10^4人	保护农田面积/10^4亩	保护区当量经济规模/10^4人	治涝面积/10^4亩	灌溉面积/10^4亩	供水对象重要性	年引水量/$10^8 m^3$	发电装机容量/MW
Ⅰ	大（1）型	≥10	≥150	≥500	≥300	≥200	≥150	特别重要	≥10	≥1200
Ⅱ	大（2）型	<10，≥1.0	<150，≥50	<500，≥100	<300，≥100	<200，≥60	<150，≥50	重要	<10，≥3	<1200，≥300
Ⅲ	中型	<1.0，≥0.10	<50，≥20	<100，≥30	<100，≥40	<60，≥15	<50，≥5	比较重要	<3，≥1	<300，≥50
Ⅳ	小（1）型	<0.1，≥0.01	<20，≥5	<30，≥5	<40，≥10	<15，≥3	<5，≥0.5	一般	<1，≥0.3	<50，≥10
Ⅴ	小（2）型	<0.01，≥0.001	<5	<5	<10	<3	<0.5		<0.3	<10

注　1. 水库总库容指水库最高水位以下的静库容；治涝面积指设计治涝面积；灌溉面积指设计灌溉面积；年引水量指供水工程渠首设计年均引（取）水量。
2. 保护区当量经济规模指标仅限于城市保护区；防洪、供水中的多项指标满足1项即可。
3. 按供水对象的重要性确定工程等别时，该工程应为供水对象的主要水源。

对于拦河水闸，其工程等别按其泄流规模见表1.3。

表1.3　　拦河水闸工程分等指标

工程等别	Ⅰ	Ⅱ	Ⅲ	Ⅳ	Ⅴ
工程规模	大（1）型	大（2）型	中型	小（1）型	小（2）型
过闸流量/(m^3/s)	≥5000	5000～1000	1000～100	100～20	<20

2. 水工建筑物分级

水利水电枢纽工程中包括了永久性水工建筑物和临时性水工建筑物，永久性水工建筑物又分为主要建筑物与次要建筑物。永久性水工建筑物与临时性水工建筑物的分级指标分别见表1.4和表1.5。

表1.4　　永久性水工建筑物的级别

工程等别	永久性建筑物级别		工程等别	永久性建筑物级别	
	主要建筑物	次要建筑物		主要建筑物	次要建筑物
Ⅰ	1	3	Ⅳ	4	5
Ⅱ	2	3	Ⅴ	5	5
Ⅲ	3	4			

表 1.5　　临时性水工建筑物的级别

级别	保护对象	失事后果	使用年限/年	临时水工建筑物规模	
				高度/m	库容/$10^8 m^3$
3	有特殊要求的1级永久性水工建筑物	淹没重要城镇、工矿企业、交通干线或推迟总工期及第一台（批）机组发电，推迟工程发挥效益造成重大灾害和损失	>3	>50	>1.0
4	1、2级永久性水工建筑物	淹没一般城镇、工矿企业、交通干线或影响总工期及第一台（批）机组发电，造成较大经济损失	3~1.5	50~15	1.0~0.1
5	3、4级永久性水工建筑物	淹没基坑，但对总工期及第一台（批）机组发电影响不大，经济损失较小	<1.5	<15	<0.1

永久性水工建筑级别确定时，在下列情况下，经过论证并报批，其主要建筑物级别可适当调整。

（1）对建筑物失事后损失巨大或影响十分严重的水利水电工程2～5级主要永久性水工建筑物，可提高一级。

（2）对于2、3级永久性水工建筑物，如坝高超过表1.6所示指标，可提高一级。

表 1.6　　水库大坝提级指标

级别	坝型	坝高/m
2	土石坝	90
	混凝土坝、浆砌石坝	130
3	土石坝	70
	混凝土坝、浆砌石坝	100

（3）当建筑物基础的工程地质条件复杂或采用新型结构时，2～5级水工建筑物可提高一级设计。

（4）失事后造成损失不大的1～4级主要永久性水工建筑物，可降低一级。

1.2.4 水工建筑物的特点

1. 工作条件复杂

由于水的作用，水工建筑物有其特殊的工作条件：挡水建筑物蓄水以后，除承受一般的地震力和风压力等水平推力外，还承受很大的水压力、浪压力、冰压力、地震动水压力等水平推力，对建筑物的稳定性影响极大；通过水工建筑物和地基的渗流，对建筑物和地基产生渗透压力，还可能产生浸蚀和渗透破坏；当水流通过水工建筑物下泄时，高速水流可能引起建筑物的空蚀、振动及对下游河床和两岸的冲刷；对于特定的地质条件，水库蓄水后可能诱发地震，进一步恶化建筑物的工作条件等。

2. 施工条件复杂

在河道中修建水利工程，第一，需要解决好施工导流，要求施工期间，在保证建筑物安全的前提下，让河水顺利下泄，这是水利工程设计和施工中的一个重要课题。第二，工程进度紧迫，截流、度汛需要抢时间、争进度，否则就要拖延工期。第三，施工技术复杂。第四，地下、水下工程多，施工难度大。第五，交通运输比较困难，特别是高山峡谷地区更为突出。

3. 对自然环境及社会环境影响大

水利枢纽工程和单项的水工建筑物可以承担防洪、灌溉、发电、航运等任务，同时又可以绿化环境，改良土壤植被，发展旅游，甚至建成优美的城市等。但是，如果处理不当，也可能产生消极的影响。如水库蓄水越多，淹没损失也越大，不仅导致大量移民和迁建，还可能引起库区周围地下水位的变化，直接影响到工农业生产，甚至影响生态环境；库尾的泥沙淤积，可能会使航道恶化。

4. 失事后果严重性

作为蓄水工程主体的坝或江河的堤防，一旦失事或决口，将会给下游人民的生命财产和国家建设带来巨大的损失。这就要求水利工程技术人员必须广泛深入地掌握科学技术知识，在工程设计中以高度的责任心深入实际、多方借鉴、反复比较、全面论证才能圆满地做好设计工作。

任务 1.3　本课程的任务和学习方法

1.3.1　本课程的学习任务

水工建筑物是一门综合性很强的学科，涉及的知识面很宽，并需要较深的数学及力学基础。它同时又是一门实践性很强的课程，掌握它的标志是工作中具有对各种水工建筑物进行设计、施工和运行管理的良好能力。为此，在学习过程中要综合运用基础理论，并通过作业、实习、设计等教学环节，锻炼培养解决实际问题的独立工作能力。

课程基本要求：

（1）掌握水工建筑物的基本概念、工作原理，荷载特点。

（2）对水工建筑物组成、细部构造等要有充分的了解。

（3）对水工建筑物的水力计算、应力计算、稳定分析要有清晰的思路。

（4）了解水工建筑物设计应考虑的因素，掌握设计的步骤。

（5）基本上能完成小型工程初步设计，并能熟练阅读水工建筑物图纸。

（6）学会独立思考问题的方法，能够在设计中查阅规范及相关资料，达到自学的目的。

（7）了解国内外水利水电发展的趋势。

1.3.2　本课程的学习方法

水利工程科学技术水平在不断提高，但随着水工建筑物规模的不断加大，亟待解决的各种水工问题的难度也在不断增加。研究解决水工问题的途径可分为以下几点：

（1）理论分析与计算。对实际问题通过已知的理论进行分析计算，目前可采用计算机仿真计算。

（2）试验研究。用水工水力学模型、水工结构模型等物理模型试验途径来解决理论计算尚不能解决的问题。并有结果直接、明显的优点。

（3）原型观测。对已建或在建的水工建筑物进行水流、结构或地基的各种观测，分析观测成果，找出规律，用以验证理论分析计算或试验成果，进而引用于其他工程。

(4) 工程类比。通过调查研究，了解与本工程类似的已建并运行良好工程的参数、尺寸，归纳总结经验，从而在进行工程设计时参照使用。

思 考 题

1. 我国水资源分布的特点是什么？
2. 水利工程按所承担的任务分为哪几类？
3. 什么是水工建筑物？水工建筑物按用途可以分为哪几类？
4. 水工建筑物的特点有哪些？
5. 什么是水利枢纽？按其主要功能可以分为哪几类？
6. 说明水利水电工程分等、分级的意义、对象和依据。

项目2 岩基上的重力坝

学习目标：

(1) 能阐述重力坝的特点及分类。

(2) 能设计中小型重力坝剖面形状及尺寸。

(3) 能设计中小型重力坝材料及构造。

(4) 能正确选择中小型重力坝地基处理的方法。

学习重点：

(1) 重力坝的概念和分类。

(2) 中小型重力坝的设计原理、方法。

学习难点：

(1) 重力坝的荷载计算。

(2) 重力坝的稳定计算。

任务2.1 重力坝基本知识

重力坝是一种依靠自重维持稳定的坝体，一般由混凝土或浆砌石筑成。由于混凝土可以有较高的强度和较小的透水性，混凝土重力坝在水利工程建设中占有较大的比重。

2.1 重力坝

图2.1为辽宁本溪的观音阁水库大坝，该坝为碾压混凝土重力坝，最大坝高82m。

混凝土重力坝的坝轴线一般为直线，垂直坝轴线方向设有伸缩缝，将坝体分为若干个独立的坝段，以免因温度的变化和地基的不均匀沉陷引起坝体裂缝，缝内设有防止漏水的止水设备。坝的横剖面基本上呈三角形，并有铅直或接近铅直的上游坝面，如图2.2所示。

混凝土重力坝的结构简单、施工方便，抵抗超标准洪水、冻害或战争等意外事故的能力较强。我国已建成的70m以上混凝土高重力坝有20余座，100m以上的有近20座。三峡大坝，坝高181m；龙滩碾压混凝土重力坝，坝高216m；刘家峡为整体式混凝土重力坝，最大坝高147m；乌江渡为混凝土拱形重力坝，最大坝高165m；世界上最高的混凝土重力坝是瑞士1962年建成的大狄克逊坝，坝高285m。

2.1.1 混凝土重力坝的特点

混凝土重力坝的工作原理是主要依靠自身重量维持坝体稳定和满足强度要求，因此坝的断面较大，与其他坝形比较有以下主要特点。

图 2.1 观音阁水库大坝

1. 泄洪和施工导流比较容易解决

混凝土重力坝的断面大，所用材料的抗冲能力强，适于在坝顶溢流和在坝身设置泄水孔。在施工期间可以利用坝体导流。一般不需要在坝体以外另设溢洪道、泄洪隧洞或导流隧洞等工程。在意外情况下，即使从非溢流坝顶溢过少量洪水，一般也不会招致坝的失事，这是重力坝的一个最大优点。在坝址河谷狭窄而洪水泄量大的情况下，重力坝可较好地适应这种自然条件。

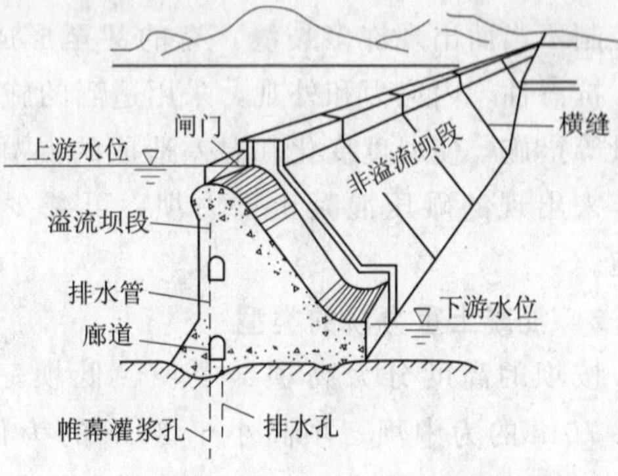

图 2.2 重力坝的剖面示意图

2. 工作安全，运行可靠

重力坝剖面尺寸大，坝内应力较小，筑坝材料强度较高，耐久性好。因此，抵抗洪水漫顶、渗漏、侵蚀、地震和战争等破坏的能力都比较强。据统计，在各种坝型中，重力坝失事率相对较低。

3. 对地形、地质条件的适应性较好

地形条件对重力坝影响不大，几乎任何形状的河谷断面均可建造重力坝。因为在沿重力坝轴线方向设置若干横缝，将坝体分割成若干独立的坝段，能较好地适应岩石物理情况的变化，一般强度的岩基均可满足要求。重力坝的这一特点，是高坝选型中的一个优越条件。

4. 结构简单，施工及管理方便

重力坝沿坝轴线用横缝分成若干坝段，各坝段独立工作，结构简单，受力明确，稳定和应力计算都比较简单。大体积混凝土，便于机械化施工，而且在放样、立模和混凝土浇筑等环节都比较方便。在运行期间的维护、扩建、补强、修复等方面也比较简单。

5. 材料强度一般不能充分发挥

重力坝的断面是根据抗滑稳定和无拉应力条件确定的，坝体内的压应力通常不大。对于中、低重力坝，即使采用低标号混凝土，其材料强度也未能充分利用，这是重力坝的一个主要缺点。

6. 受扬压力的影响较大

坝体和坝基在某种程度上都是透水的。在水头的作用下水将从上游通过坝基裂缝或坝体材料的空隙向下游渗透。渗透水流在坝基面和坝体内产生渗透压力，向上的渗透压力和下游水深以下部分坝体所受的浮托力合称为扬压力。扬压力抵消部分坝体重量，对坝体的稳定和应力情况不利，故需采取各种有效措施削减扬压力，以便节省工程量。

7. 水泥用量多、需要温控散热措施

重力坝的结构简单，施工较方便，可采用机械化施工。但由于混凝土重力坝的体积大、水泥用量多、水化热大、散热条件差，一般均需温控散热措施。许多工程因温度控制不当而出现许多裂缝，有的甚至形成危害性裂缝。为避免裂缝影响坝的耐久性、抗渗性、内应力和外观，采用适当的施工方法，选用低热微膨胀水泥，减少水泥用量等措施，使温度变化和温差造成的混凝土裂缝减轻到允许的程度是非常重要的。近年来出现的碾压混凝土重力坝，可减少水泥用量、降低水化热温度、简化温控措施。

2.1.2 混凝土重力坝的类型

按坝的高度分为高坝、中坝、低坝三类。坝高大于70m的为高坝；坝高为30～70m的为中坝；坝高小于30m的为低坝。坝高是指坝基最低点至坝顶路面的高度。

按筑坝材料分为混凝土重力坝和浆砌石重力坝。重要的和较高的重力坝，大都采用混凝土建造；中小型坝则以用浆砌石建造的为多数。

按泄水条件，重力坝可分为溢流坝和非溢流坝。坝体内设有泄水底孔的坝段和溢流坝段可统称为泄水坝段。非溢流坝段也叫挡水坝段。

按坝的结构形式分类，有实体重力坝、空腹重力坝、宽缝重力坝、宽缝填渣重力坝和预应力混凝土重力坝等。

重力坝的突出问题是扬压力大和材料抗压强度不能充分利用。而空腹重力坝、宽缝重力坝等坝型，可以有效地减少扬压力，较好地利用材料强度，从而可减少工程量的10%～30%。空腹坝还可将水电站厂房设在坝内空腹内。空腹重力坝和宽缝重力坝在我国应用的比较多，在坝高50m以上的混凝土重力坝中有40%以上是宽缝重力坝，近10%是空腹重力坝。新安江宽缝重力坝，坝高105m；潘家口宽缝重力坝，坝高107.5m；石泉空腹重力坝，坝高65m。但这些坝型的缺点是施工比较复杂，模板用量较多。

根据施工方法的不同，混凝土重力坝又可分为浇筑混凝土重力坝和碾压混凝土重力坝。

2.1.3　重力坝设计内容

重力坝设计包括以下几方面的内容：

（1）总体布置。首先选择坝址、坝轴线和坝的结构形式。确定坝体与两岸及交叉建筑物的连接方式。最终确定坝体在枢纽中的布置。

（2）剖面设计。可参照已建的类似工程，初拟剖面尺寸。

（3）稳定分析。核算坝体沿坝基面或沿地基深层软弱结构面的抗滑稳定安全性能。

（4）应力分析。对坝体材料进行强度较核。

（5）构造设计。根据施工和运行要求，确定坝体细部构造，包括廊道、排水、分缝、止水等。

（6）地基处理。地基的防渗（帷幕灌浆）、排水、断层、破碎带处理等。

（7）溢流重力坝和泄水孔的孔口设计。

（8）监测设计。包括坝体内部和外部的观测设计，制定大坝的运行、维护和监测条例。

任务 2.2　重力坝的荷载及其组合

2.2.1　重力坝上的荷载

荷载是重力坝设计的主要依据之一，应正确地确定和计算。但有些荷载是比较不确定的，常需借助已建成工程的观测资料和经验公式，或依靠模型试验近似估算。不仅要注意荷载的计算方法，还要注意荷载组合的正确选择，以及影响荷载强度的某些参数的恰当采用。

重力坝上的荷载主要有坝体自重、静水压力、动水压力、淤沙压力、浪压力、扬压力、冰压力、地震荷载、其他荷载等。计算时取单位长坝段计算。

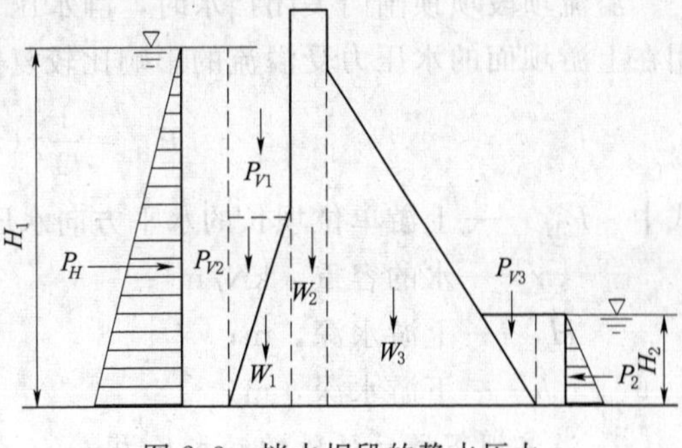

图 2.3　挡水坝段的静水压力

2.2.1.1　坝体自重（包括永久设备自重）

坝体自重是维持大坝稳定的主要荷载，其大小可根据坝的体积和材料容重计算确定。计算坝的体积时，常将坝体断面分解为矩形、三角形等简单的图形计算，如图 2.3 所示。单位宽度坝体自重 W 计算公式如下：

$$W=V\gamma_c \tag{2.1}$$

式中　W——坝体自重，kN；

V——坝体体积，m^3；

γ_c——坝体混凝土的容重，kN/m^3，根据选定的配合比通过实验确定，一般采用 $23.5\sim24.0kN/m^3$。

计算坝体自重时，坝上永久性的固定设备（如闸门、固定式启闭机）的重量也应计算在内，坝内较大的孔洞应予扣除。

2.2.1.2 水压力

1. 挡水坝段的静水压力

静水压力可按水静力学原理计算，为了计算方便，常将作用在坝面的水压力分为水平水压力和铅垂方向水压力计算。

上游水平水压力为

$$P_{\mathrm{H}}=\frac{1}{2}\gamma H^2 \tag{2.2}$$

式中 P_{H}——上游单位坝长的水平静水压力，kN；

γ——水的容重，kN/m³；

H——上游水深，m。

上游铅垂方向水压力为

$$P_{\mathrm{V}}=\gamma V_{压力体} \tag{2.3}$$

式中 P_{V}——上游单位坝长的铅垂方向水压力，kN；

γ——水的容重，kN/m³；

$V_{压力体}$——上游压力体，m³。

采用同样方法可求出下游坝面的静水压力。

2. 溢流坝段的静水压力

溢流坝段坝顶闸门关闭挡水时，静水压力计算与挡水坝段完全相同。在泄水时作用在上游坝面的水压力受溢流的影响比较复杂，初步设计时可按下式计算：

$$P_{\mathrm{H_1}}=\frac{1}{2}\gamma(H_1^2-h^2) \tag{2.4}$$

式中 $P_{\mathrm{H_1}}$——上游单位坝长的水平方向水压力，kN/m；

γ——水的容重，kN/m³；

H_1——上游水深，m；

h——下游水深，m。

3. 溢流坝下游反弧段的动水压力

溢流坝下游反弧段的动水压力可根据动量方程求得。若假设反弧段始、末两断面的流速相等，则单位坝长在该反弧段上动水压力的总水平分力 P_{xr} 与总铅垂分力 P_{yr} 计算公式如下：

$$P_{xr}=\rho qv(\cos\varphi_2-\cos\varphi_1) \tag{2.5}$$

$$P_{yr}=\rho qv(\sin\varphi_2+\sin\varphi_1) \tag{2.6}$$

式中 ρ——水的密度，kg/m³；

q——挑流鼻坎处单宽流量，m³/s；

v——反弧段上的平均流速，m/s；

φ_1、φ_2——反弧段圆心竖线左、右的中心角，(°)。

P_{xr} 和 P_{yr} 的作用点可近似地认为作用在反弧段长度的中点，方向如图 2.4 所示。

溢流坝面上的脉动水压力对坝体稳定和应力影响很小，可忽略不计。

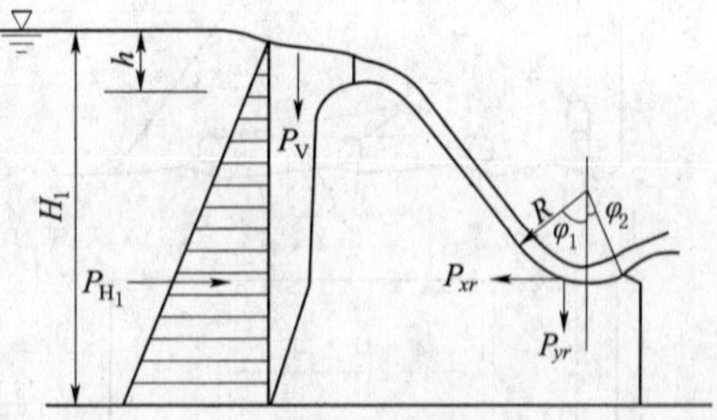

图 2.4 溢流坝段的静水压力

2.2.1.3 扬压力

扬压力是指由上下游水位差产生的渗流在坝内或坝基面上形成的向上的渗透压力与下游水深淹没坝体而产生的浮托力之和。

确定扬压力分布图形时的计算水位应与计算静水压力的上、下游相应水位一致。

1. 坝基面上的扬压力

影响扬压力的因素很多，应根据坝基地质条件、防渗及排水设施、坝体的结构形式等因素综合考虑确定扬压力的分布图。

(1) 坝基设有防渗帷幕和排水幕的实体重力坝。防渗帷幕和排水幕是重力坝减小渗透压力的常用措施。防渗帷幕是在岩基中钻孔灌浆而成的，渗透水流渗过或过防渗帷幕时，要消耗较大的能量，可降低帷幕后的渗透压力。排水幕是一排由钻机钻成的排水孔，可使部分渗透水流自由排出，从而降低渗透压力，这种情况的扬压力分布如图 2.5 所示。图中矩形部分是由下游水深 H_2 产生的浮托力，在水平坝基上任意一点的压强为 γH_2；折线部分是由上下游水位差 H 产生的渗透压力，上游压强为 γH，下游为 0，排水幕处为 $\alpha\gamma H$，α 为剩余水头系数。对于实体重力坝，河床坝段的 $\alpha=0.25$，岸坡坝段的 $\alpha=0.35$，水文和工程地质条件较复杂的地基，应通过研究确定合适的数值。在特殊情况下，经专门论证后，如不设灌浆帷幕或排水幕，则相应的扬压力图形可以结合论证确定。

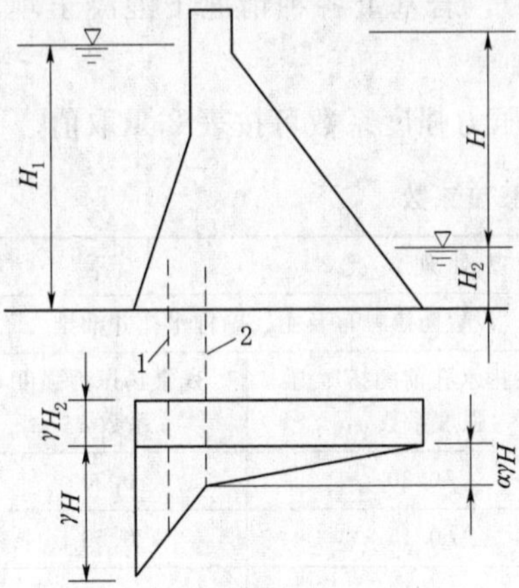

图 2.5 设有防渗帷幕和排水幕的坝基面扬压力

1—灌浆帷幕；2—排水幕

(2) 采用抽排降压措施的实体重力坝。防渗帷幕和排水幕不能降低浮托力，当下游水深较大时，浮托力对扬压力的影响显著。为了更有效地降低扬压力，可以采用抽排降压措施，即在坝体廊道内设有抽水设备及排水系统，定时抽排，使扬压力进一步降低。此时，坝基面上的扬压力分布图形可按图 2.6 的假定采用。图中 α_1 为主排水幕处扬压力剩余系数，河床坝段可采用 $\alpha_1=0.2\sim0.3$，岸坡坝段可采用 $\alpha_1=0.3\sim0.4$，α_2 为坝基面上残余扬压力系数，可取 $\alpha_2=0.3\sim0.5$。当有专门论证时，系数 α_1、α_2 可采用论证后的值。

为了保证抽排措施能达到设计要求，设计中应遵守以下规定：①应在主排水幕下游坝基面上，设置由纵、横向廊道组成的排水系统，如图 2.6 所示。当下游水位较

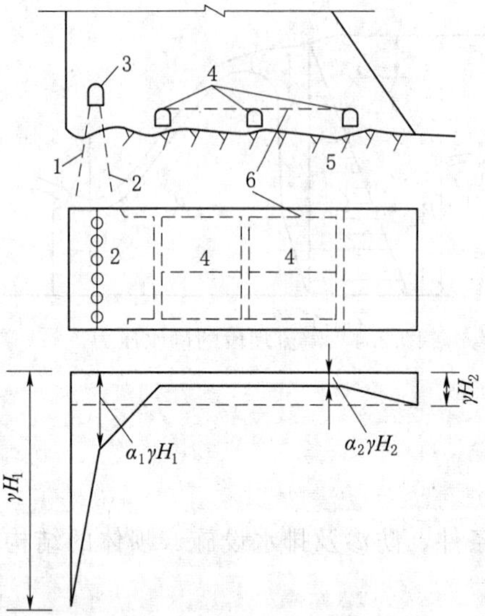

图 2.6 采用抽排降压措施的实体重力坝坝基面的扬压力分布图

1—防渗帷幕；2—主排水幕；3—灌浆廊道；4—纵向排水廊道；5—基岩面；6—横向排水

高，且历时较长时，尚宜在下游坝趾增设一道防渗帷幕；②在坝基设置低于上述排水系统的集水井和自动抽水设备。抽水设备应具有备用件、备用动力和事故报等设施。

对于地质条件复杂的坝基（例如坝基岩石性质极不均匀、可能发生水力管涌或化学性侵蚀、溶解作用等），或不具备监测维修条件等情况，不应采取抽排降压措施。

计算坝基面上的扬压力时应注意：当坝基面为斜面时，浮托力各点的强度按坝基面在尾水位以下的深度计算，渗透压力仍按上述方法确定。扬压力的方向垂直于坝基面；当排水孔上端出口位置较高，又无专门抽水设备而采用自流排水时，排水幕位置处的压强不应小于排水孔顶端到坝基面的静水头。

依据《水工建筑物荷载设计规范》（SL 744—2016），岩基上各种情况下混凝土坝坝基面上的扬压力作用水头分布图形可按图 2.7 确定。

渗透压力强度系数、扬压力强度系数、残余扬压力强度系数可按表 2.1 取值。

表 2.1　　坝基面的渗透压力、扬压力强度系数

坝型及部位		坝基处理情况		
		设置防渗帷幕及排水孔	设置防渗帷幕及主、副排水孔并抽排	
部位	坝型	渗透压力强度系数 α	主排水孔前的扬压力强度系数 α_1	残余扬压力强度系数 α_2
河床坝段	实体重力坝	0.25	0.20	0.50
	宽缝重力坝	0.20	0.15	0.50
	大头支墩坝	0.20	0.15	0.50
	空腹重力坝	0.25	—	—
	拱坝	0.25	0.20	0.50
岸坡坝段	实体重力坝	0.35	—	—
	宽缝重力坝	0.30	—	—
	大头支墩坝	0.30	—	—
	空腹重力坝	0.35	—	—
	拱坝	0.35	—	—

2. 坝体内部的扬压力

渗透水流除在坝基面产生渗透压力外，渗入坝体内部的水流也要产生渗透压力。为了减小坝内渗透压力，常在坝体上游面附近 3～5m 范围内提高混凝土的防渗性能，

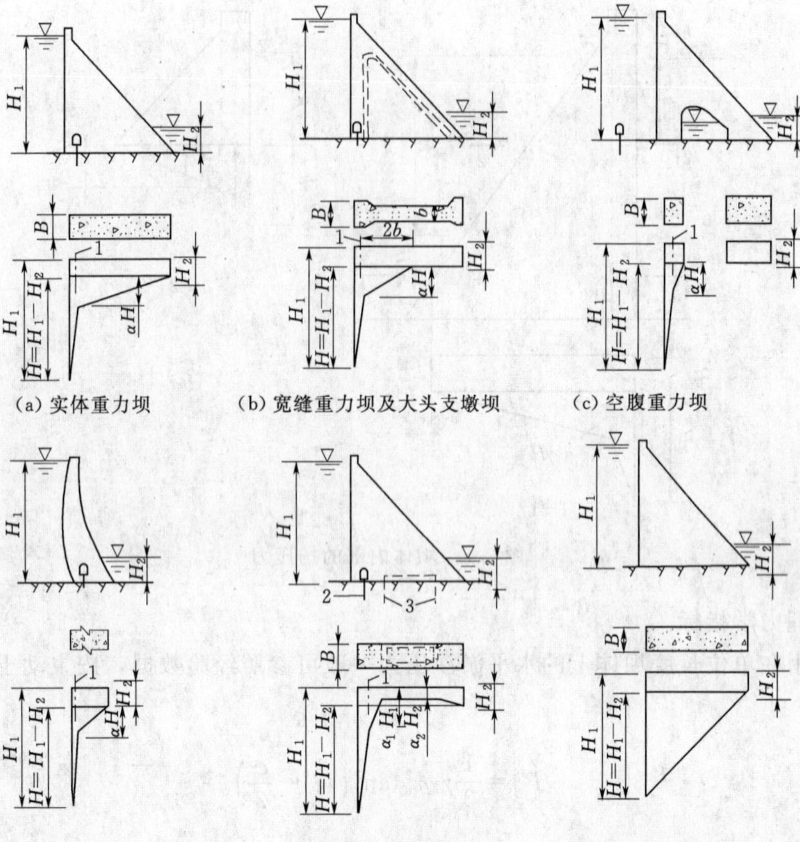

(a) 实体重力坝　　(b) 宽缝重力坝及大头支墩坝　　(c) 空腹重力坝

(d) 拱坝　　(e) 坝基设有抽排系统　　(f) 未设帷幕及排水孔

图 2.7　坝基面不同情况下的扬压力作用水头分布图

1—排水孔中心线；2—主排水孔；3—副排水孔；

H_1—上游作用水头；H_2—下游作用水头；B—沿坝轴线计算宽度；b—宽缝处坝体宽度；

α—渗透压力强度系数；α_1—扬压力强度系数；α_2—残余扬压力强度系数

形成防渗层。并在防渗层后设坝身排水管。但由于某些水平施工缝的结合不好，成为渗水的薄弱部位，所以，进行坝体扬压力计算时，不考虑上游面防渗层的作用，按图 2.8 所示的分布图形进行计算。图中的剩余水头系数 α_3 常取 0.15～0.3。当坝内无排水管时，则取渗透压力为三角形分布。其他情况的坝体内部的扬压力计算可参考《水工建筑物荷载设计规范》(SL 744—2016)。

扬压力是一种难以精确计算的荷载，形成稳定的扬压力值需极长的时间。因此，在进行坝体应力分析时，应按应力的最不利情况确定是否计入扬压力。其他情况下的扬压力计算分布图可参考有关资料。

2.2.1.4　泥沙压力

入库水流挟带的泥沙逐渐淤积在水库中，淤积在坝前的泥沙对坝体产生泥沙压力。泥沙淤积厚度、容量和内摩擦角是随着水库运用年限的加长而逐渐增大的，一般建议年限可取 50～100 年计算，估算出淤积高程，并根据勘测资料或经验数据选定泥

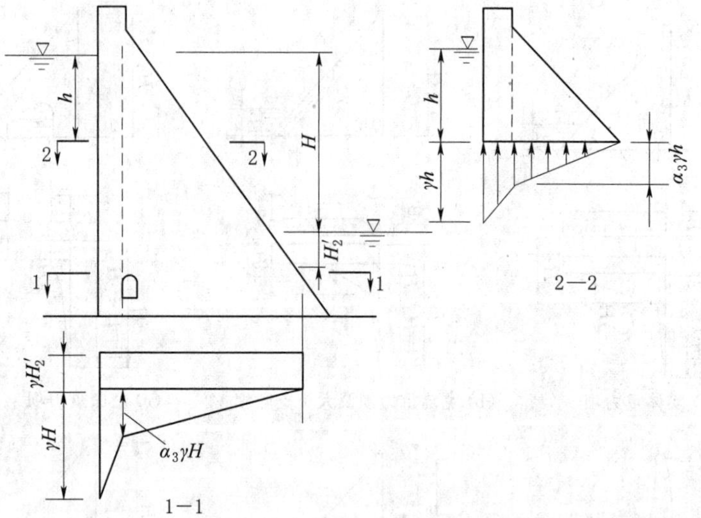

图 2.8 坝体内部的扬压力

沙的物理力学指标。

作用在单位长度坝体上的水平淤沙压力一般可参照经验数据，按主动土压力公式计算：

$$P_n=\frac{1}{2}\gamma_n h_n^2 \tan^2\left(45°-\frac{\varphi}{2}\right) \tag{2.7}$$

式中 P_n——单位长坝段的水平泥沙压力，kN/m；

γ_n——泥沙的浮容重，一般为 6.5～9.0kN/m³；

h_n——坝前淤积的泥沙厚度，m；

φ——泥沙的内摩擦角，（°）。对于淤积时间较长的粗颗粒泥沙，可取 $\varphi=18°\sim20°$；对于黏土质泥沙可取 $\varphi=12°\sim14°$；对于极细的淤泥、黏土和胶质颗粒可取 $\varphi=0°$。

当上游坝面倾斜时，除要计算水平向泥沙压力 P_n 外，还应计算铅直向泥沙压力，铅直向泥沙压力可按作用面上的土重计算。

2.2.1.5 浪压力

1. 浪压力计算方法

水库水面在风的作用下产生波浪，波浪对坝面的冲击力称为浪压力。计算浪压力时，首先要计算波浪高度 h_l、波浪长度 L 和波浪中心线超出静水面的高度 h_z 等波浪要素，如图 2.9 所示。由于影响波浪的因素很多，目前仍采用已建水库长期观测资料所建立的经验公式计算。

由于重力坝的上游坝面在水库水面处多为铅直的，这里只介绍铅直坝面的浪压力计算方法。《水工建筑物荷载设计规范》（SL 744—2016）要求，作用于铅直迎水面建筑物上的浪压力，应根据建筑物迎水面前的水深按下列规定计算：

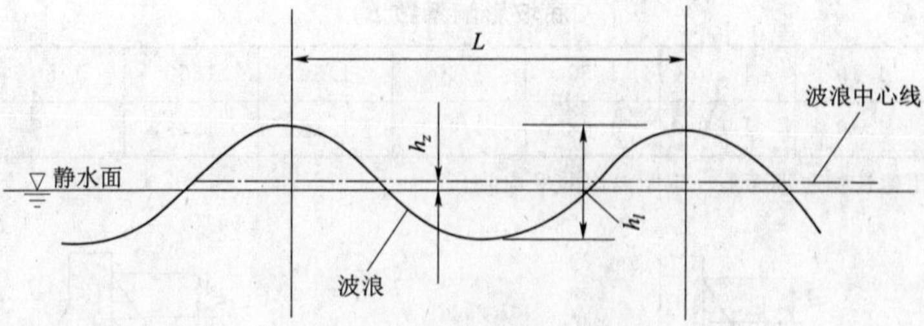

图 2.9　波浪要素示意图

(1) 当 $H \geqslant H_{cr}$ 和 $H \geqslant L_m/2$ 时，浪压力分布图形如图 2.10 (a) 所示，单位长度上的浪压力应按式 (2.8) ～式 (2.10) 计算：

$$P_w = \frac{1}{4}\gamma_w L_m (h_p + h_z) \tag{2.8}$$

$$h_z = \frac{\pi h_p^2}{L_m} \text{cth} \frac{2\pi H}{L_m} \tag{2.9}$$

$$H_{cr} = \frac{L_m}{4\pi} \ln \frac{L_m + 2\pi h_p}{L_m - 2\pi h_p} \tag{2.10}$$

式中　P_w——单位长度迎水面上的浪压力，kN/ m；

γ_w——水的容重，kN/m³，常采用 9. 81kN/m³，对于多泥沙河流及海水等根据实际情况确定；

L_m——平均波长，m；

h_p——波列累积频率为 p 的波高，m；

H——挡水建筑物迎水面前的水深，m；

h_z——波浪中心线至计算水位的高度，m；

H_{cr}——使波浪破碎的临界水深，m。

(2) 当 $H \geqslant H_{cr}$ 和 $H < L_m/2$ 时，浪压力分布图形如图 2.10 (b) 所示，单位长度上的浪压力应按式 (2.11) 和式 (2.12) 计算：

$$P_w = \frac{1}{2}[(p_f + \gamma_w H)(h_p + h_z) + Hp_f] \tag{2.11}$$

$$p_f = \gamma_w h_p \text{sech} \frac{2\pi H}{L_m} \tag{2.12}$$

式中　p_f——建筑物底面处的剩余浪压力强度，kN/m²。

(3) 当 $H < H_{cr}$ 时，浪压力分布图形如图 2.10 (c) 所示，单位长度上的浪压力应按式 (2.13) 和式 (2.14) 计算：

$$P_w = \frac{1}{2} p_0 [(1.5 - 0.5\lambda) h_p + (0.7 + \lambda) H] \tag{2.13}$$

$$p_0 = K_i \gamma_w h_p \tag{2.14}$$

式中　λ——建筑物底面的浪压力强度折减系数，当 $H \leqslant 1.7h_p$ 时，取 0.6，当 $H > 1.7h_p$ 时，取 0.5；

p_0——计算水位处的浪压力强度，kN/ m²；

K_i——底坡影响系数，按表 2.2 选取。

表 2.2 底坡影响系数 K_i

底坡 i	1/10	1/20	1/30	1/40	1/50	1/60	1/80	<1/100
K_i 值	1.89	1.61	1.48	1.41	1.36	1.33	1.29	1.25

注 底坡 i 采用建筑物迎水面前一定距离内的平均值。

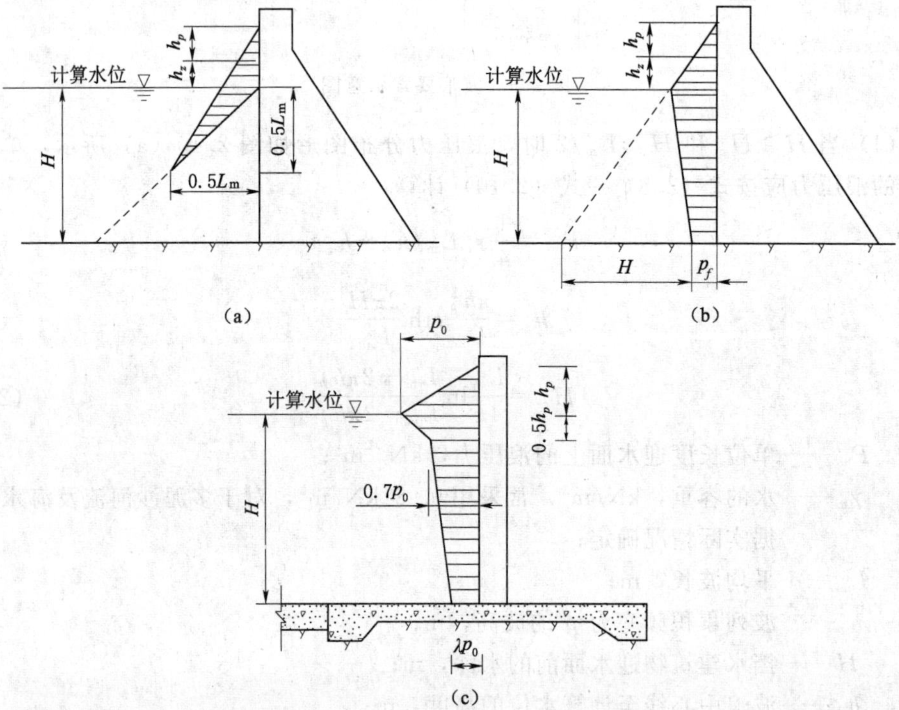

图 2.10 直墙式挡水建筑物浪压力分布图

波高的累积频率宜按相应水工建筑物设计标准确定。斜坡式挡水建筑物上的浪压力可参考有关资料计算。

2. 波浪要素计算方法

波浪要素计算要根据拟建水库的具体水文气象等条件，按照以下几种情况的规定进行计算：

(1) 对于平原、滨海地区的水库，宜按莆田试验站公式计算，见式 (2.15) 和式 (2.16)：

$$\frac{gh_m}{v_0^2}=0.13\text{th}\left[0.7\left(\frac{gH_m}{v_0^2}\right)^{0.7}\right]\text{th}\left\{\frac{0.0018\left(\frac{gD}{v_0^2}\right)^{0.45}}{0.13\text{th}\left[0.7\left(\frac{gH_m}{v_0^2}\right)^{0.7}\right]}\right\} \tag{2.15}$$

$$\frac{gT_m}{v_0}=13.9\left(\frac{gh_m}{v_0^2}\right)^{0.5} \tag{2.16}$$

式中 h_m——平均波高，m；

T_m——平均波周期，s；

v_0——计算风速，m/s；设计情况一般采用 50 年一遇的风速，校核情况采用多年平均最大风速。

D——风区长度（又叫吹程），m；可取坝前沿水库到对岸水面的最大直线距离。当水库水面特别狭长时，以 5 倍平均水面为限，如图 2.11 所示。当沿风向两侧的水域较狭窄或水域形状不规则或有岛屿等障碍物时，可采用等效风区长度。等效风区长度计算方法可参见《水工建筑物荷载设计规范》（SL 744—2016）附录 G。

H_m——水域平均水深，m；

g——重力加速度，取 $9.81\mathrm{m/s^2}$。

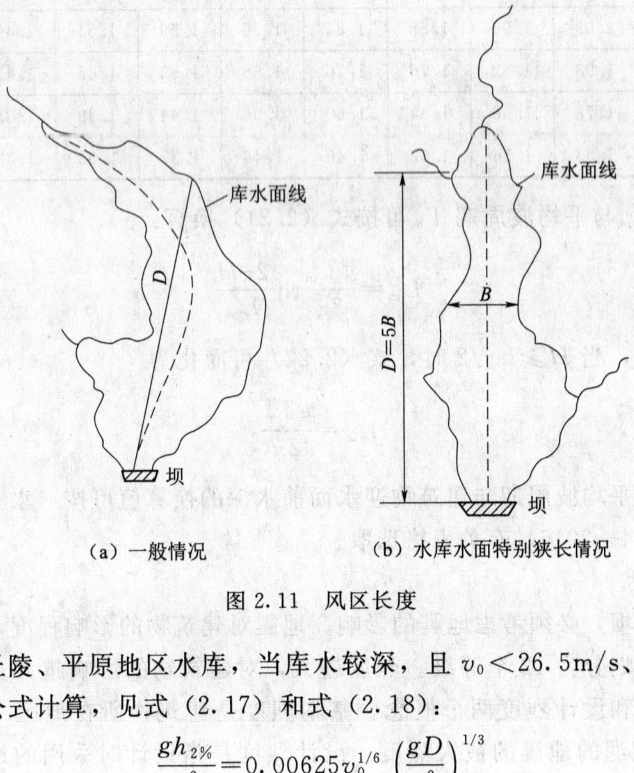

图 2.11 风区长度

(2) 对于丘陵、平原地区水库，当库水较深，且 $v_0<26.5\mathrm{m/s}$、$D<7.5\mathrm{km}$ 时，宜按鹤地水库公式计算，见式 (2.17) 和式 (2.18)：

$$\frac{gh_{2\%}}{v_0^2}=0.00625v_0^{1/6}\left(\frac{gD}{v_0^2}\right)^{1/3} \tag{2.17}$$

$$\frac{gL_m}{v_0^2}=0.0386\left(\frac{gD}{v_0^2}\right)^{1/2} \tag{2.18}$$

式中 $h_{2\%}$——累计频率 2%的波高，m；

L_m——平均波长，m。

(3) 对于内陆峡谷水库，当 $v_0<20\mathrm{m/s}$、$D<20\mathrm{km}$ 时，宜按官厅水库公式计算，见式 (2.19) 和式 (2.20)：

$$\frac{gh}{v_0^2}=0.0076v_0^{-1/12}\left(\frac{gD}{v_0^2}\right)^{1/3} \tag{2.19}$$

$$\frac{gL_m}{v_0^2}=0.331v_0^{-1/2.15}\left(\frac{gD}{v_0^2}\right)^{1/3.75} \tag{2.20}$$

式中 h——当 $gD/v_0^2=20\sim250$ 时，为累计频率5%的波高；当 $gD/v_0^2=250\sim1000$ 时，为累计频率10%的波高。

根据《水工建筑物荷载设计规范》(SL 744—2016)，累计频率为 p 的波高与平均波高的关系可按表2.3进行换算。

表2.3　累积频率为 p 的波高与平均波高的比值

$\frac{h_m}{H_m}$	累积频率 p										
	0.1%	1%	2%	3%	4%	5%	10%	13%	14%	20%	50%
0	2.97	2.42	2.23	2.11	2.02	1.95	1.71	1.61	1.58	1.43	0.94
0.1	2.70	2.26	2.09	2.00	1.92	1.87	1.65	1.56	1.54	1.41	0.96
0.2	2.46	2.09	1.96	1.88	1.81	1.76	1.59	1.51	1.49	1.37	0.98
0.3	2.23	1.93	1.82	1.76	1.70	1.66	1.52	1.45	1.43	1.34	1.00
0.4	2.01	1.78	1.68	1.64	1.60	1.56	1.44	1.39	1.38	1.30	1.01
0.5	1.80	1.63	1.56	1.52	1.49	1.46	1.37	1.33	1.32	1.25	1.01

平均波长 L_m 与平均波周期 T_m 可按式(2.21)换算：

$$L_m=\frac{gT_m^2}{2\pi}\text{th}\frac{2\pi H}{L_m} \tag{2.21}$$

对于深水波，当 $H\geqslant L_m/2$ 时，式(2.21)可简化为

$$L_m=\frac{gT_m^2}{2\pi} \tag{2.22}$$

平均波长、平均波周期与建筑物迎水面前水深的换算值可按《水工建筑物荷载设计规范》(SL 744—2016)有关表格选取。

2.2.1.6　地震力

在地震区筑坝，必须考虑地震的影响。地震对建筑物的影响程度，常用地震烈度表示。地震烈度划分为12个等级。烈度越大，对建筑物的影响越大。在抗震设计中常用到基本烈度和设计烈度两个概念。基本烈度是建筑物所在地区一定时期内（约100年），可能遭遇的地震的最大烈度。设计烈度是指设计时采用的地震烈度。一般情况下，采用基本烈度作为设计烈度；但对Ⅰ级建筑物，可根据工程重要性和遭受震害的危险性，在基本烈度的基础上提高1度作为设计烈度。设计烈度为7度和7度以上的地震区应考虑地震力；设计烈度超过9度时，应进行专门研究；设计烈度为6度或6度以下时，一般不考虑地震力。

地震力包括由建筑物重量引起的地震惯性力、地震动水压力和动土压力。地震对扬压力、坝前泥沙压力和浪压力的影响可不考虑。计算方法可参见《水工建筑物抗震设计规范》(GB 51247—2018)。

2.2.1.7　冰压力

冰压力是指冰对建筑物的作用力，包括静冰压力和动冰压力。

静冰压力是水库表面结冰后，体积增加，在气温回升时，冰盖膨胀对坝面产生的

压力。静冰压力的大小取决于冰的最低温度、温度回升率、冰层厚度、热膨胀系数、冰的抗压强度和坝面对冰层的约束情况等。一般在确定开始升温时的气温及气温上升率后，可根据有关资料查得单位面积上的静冰压力，乘以冰厚即为作用在单位坝长上的静冰压力。当水库在冬季采用破冰、融冰措施以清除冰压力对建筑物的影响时，可不考虑坝体上的冰压力。

动冰压力是指冰盖解冻破碎后发生冰块流动时，流冰撞击坝面、闸门或闸墩上而产生的冲击力。动冰压力的大小与冰的运动速度、冰块尺寸、建筑物表面积的大小和形状、风向和风速、流冰的强度等因素有关，具体可参考有关资料。

2.2.1.8　其他荷载

常见的其他荷载有：土压力、温度荷载、灌浆压力、风荷载、雪荷载、坝顶车辆荷载、永久设备荷载等。

土压力分主动土压力和被动土压力，根据具体情况确定。

温度荷载是指建筑物受环境温度变化、水泥水化热的产生或散失时受坝基和其他结构约束而产生的温度应力。正常运用期靠合理设置温度缝来消除温度应力；施工期的水化热靠采用低热水泥、采取温控措施等来消除温度应力。虽然在稳定和应力分析时不计入，但结构设计应引起重视。

灌浆压力应在施工时严格控制，防止因压力太大破坏建筑物。

风荷载、雪荷载、车辆荷载、人群荷载、永久设备荷载等。在重力坝全部荷载中占比重很小，一般忽略不计。但这些荷载对某些局部结构是非常重要的。例如：溢流坝坝顶桥梁、启闭机室、启闭机架等，在结构分析计算时，必须计入。

2.2.2　重力坝上的荷载组合

作用在重力坝上的各种荷载，除坝体自重外，都会在一定的范围内发生变化。例如，在正常运行、放空水库、设计或校核洪水等情况下，其上下游水位各不相同，当水位发生变化时，相应的水压力、扬压力亦随之变化。再如，在短期宣泄大洪水时，不一定会同时发生强烈的地震。当水库水面封冻，坝面受静冰压力作用时，波浪压力就不存在了。因此，在进行坝的设计时，应该把各种荷载根据它们同时出现的概率，合理地组合成不同的设计情况，然后再进行安全核算，以妥善解决安全和经济的矛盾。

作用于重力坝上的荷载，可分为基本荷载和特殊荷载。

1. 基本荷载

（1）坝体及其上永久设备的自重。

（2）正常蓄水位或设计洪水位时，大坝上游面、下游面的静水压力（选取一种控制情况）。

（3）扬压力。

（4）淤沙压力。

（5）正常蓄水位或设计洪水位时的浪压力。

（6）冰压力。

（7）土压力。

(8) 设计洪水位时的动水压力。

(9) 其他出现机会较多的荷载。

2. 特殊荷载

(1) 校核洪水位时的大坝上游面、下游面的静水压力。

(2) 校核洪水位时的扬压力。

(3) 校核洪水位时的浪压力。

(4) 校核洪水位时的动水压力。

(5) 排水失效时的扬压力。

(6) 地震荷载。

(7) 其他出现机会很少的荷载。

混凝土重力坝抗滑稳定及坝体应力计算的荷载组合应分为基本组合和特殊组合两种情况。荷载应按表 2.4 的规定组合（表中数字即荷载的序号），必要时还可以考虑其他不利组合。

2.1 ▶
重力坝的荷载及组合

表 2.4　荷载组合

荷载组合	主要工况	荷载										附注
		自重	静水压力	扬压力	淤沙压力	浪压力	冰压力	地震荷载	动水压力	土压力	其他荷载	
基本组合	(1) 正常蓄水位工况	1款 1) 项	1款 2) 项	1款 3) 项	1款 4) 项	1款 5) 项	—	—	—	1款 7) 项	1款 9) 项	
	(2) 设计洪水位工况	1款 1) 项	1款 2) 项	1款 3) 项	1款 4) 项	1款 5) 项	—	—	1款 8) 项	1款 7) 项	1款 9) 项	
	(3) 冰冻工况	1款 1) 项	1款 2) 项	1款 3) 项	1款 4) 项	—	1款 6) 项	—	—	1款 7) 项	1款 9) 项	静水压力及扬压力按相应冬季库水位计算
特殊组合	(1) 校核洪水位工况	1款 1)	2款 1) 项	2款 2) 项	1款 4) 项	2款 3) 项	—	—	2款 4) 项	1款 7) 项	2款 7) 项	
	(2) 地震工况	1款 1) 项	1款 2) 项	1款 3) 项	1款 4) 项	1款 5) 项	—	2款 6) 项	—	1款 7) 项	2款 7) 项	静水压力、扬压力和浪压力按正常蓄水位计算，有论证时可另作规定

注　1. 应根据各种荷载同时作用的实际可能性，选择计算中最不利的荷载组合。
2. 分期施工的坝应按相应的荷载组合分期进行计算。
3. 施工期的情况做必要的核算，作为特殊组合。
4. 考虑排水失效情况的扬压力，作为特殊组合进行复核。
5. 地震工况，如按冬季计及冰压力，则不计浪压力。
6. 土压力根据坝体外是否填有土石而定。

任务 2.3　重力坝的稳定计算及应力分析

2.3.1　重力坝的抗滑稳定计算

抗滑稳定分析是重力坝设计中的一项重要内容，其目的是核算坝体沿坝基面或沿地基深层软弱结构面抗滑稳定的安全性能。因为重力坝沿坝轴线方向用横缝分隔成若干个独立的坝段，假设横缝不传力，则稳定分析可以按平面问题进行，取一个坝段或单位宽度作为计算单元。但对于地基中存在多条互相切割交错的软弱面，构成空间滑动体或位于地形陡峻的岸坡段，则应按空间问题进行分析。

岩基上的重力坝常见的失稳形式有两种：一种是沿坝体抗剪能力不足的软弱结构面产生滑动，包括坝体与坝基的接触面和坝基岩体内有连续的断层破碎带结构面；另一种是在各种荷载作用下，上游坝踵出现拉应力使之裂缝，或下游坝趾压应力过大超过坝基岩体或坝体混凝土的允许强度而压碎，从而产生倾覆破坏。

2.3.1.1　重力坝抗滑稳定计算的方法

本节主要介绍坝体沿坝基面的抗滑稳定计算的方法，坝基深层抗滑稳定安全系数的计算，可参考《混凝土重力坝设计》(附录C)。重力坝的抗滑稳定计算当核算沿坝基面的抗滑稳定性时，应按抗剪强度公式或抗剪断强度公式计算坝基面的抗滑稳定安全系数。

1. 抗剪强度公式（摩擦公式）

抗剪强度分析法把坝体与基岩间看成一个接触面，而不是胶结面，其抗滑稳定安全系数 K 为

$$K=\frac{f\sum W}{\sum P} \tag{2.23}$$

式中　K——按抗剪强度公式计算的抗滑稳定安全系数，其值不应小于表 2.5 中的规定；

$\sum W$——作用于坝体上全部荷载（包括扬压力，下同）对滑动平面的法向分值，kN；

$\sum P$——作用于坝体上全部荷载对滑动平面的切向分值，kN；

f——坝体混凝土与坝基接触面间的抗剪摩擦系数。

式中的 f 值可参考地质条件类似工程的经验数据选用。摩擦系数的选定直接关系到大坝的造价与安全，值越小，为维持稳定所需的 $\sum W$ 越大，即坝体剖面越大。

由于抗剪强度公式未考虑坝体混凝土与基岩间的胶结作用，因此不能完全反映坝的实际工作状态，可用于中小工程。

表 2.5　坝基面抗滑稳定安全系数 K

荷载组合		坝的级别		
		1级	2级	3级
基本组合		1.10	1.05	1.05
特殊组合	(1)	1.05	1.00	1.00
	(2)	1.00	1.00	1.00

2. 抗剪断强度公式

抗剪断强度公式计算坝基面的抗滑稳定安全系数的前提是认为坝体与基岩胶结良好，滑动面上的阻滑力包括抗剪断摩擦力和抗剪断凝聚力。其抗滑稳定安全系数由下式计算：

$$K'=\frac{f'\sum W+c'A}{\sum P} \tag{2.24}$$

式中 K'——按抗剪断公式计算的抗滑稳定安全系数，其值不应小于表2.6中规定的数值；

f'——坝体混凝土与坝基接触面的抗剪断摩擦系数；

$\sum W$——作用于坝体上全部荷载（包括扬压力，下同）对滑动平面的法向分值，kN；

$\sum P$——作用于坝体上全部荷载对滑动平面的切向分值，kN；

c'——坝体混凝土与坝基接触面的抗剪断凝聚力，kPa；

A——坝体与坝基接触面的面积，m^2。

该公式考虑了坝体的胶结作用，计入了摩擦力和凝聚力，比较符合坝的实际工作状态，物理概念也比较明确。f'及c'值的选取是以野外现场试验测定峰值的小值平均值为基础，考虑室内试验成果并结合现场实际情况，参照地质条件类似的工程经验，且考虑地基处理的效果进行分析确定。无试验资料时可参考《混凝土重力坝设计规范》（SL 319—2018）选用。

表2.6 坝基面抗滑稳定安全系数 K'

荷载组合		K'
基本组合		3.0
特殊组合	(1)	2.5
	(2)	2.3

2.3.1.2 提高重力坝抗滑稳定性的措施

当校核坝体的抗滑稳定安全系数不能满足要求时，除改变坝体的剖面尺寸外，还可以采取以下的工程措施提高坝体的稳定性。

1. 利用水重

将坝体的上游面做成倾斜面的折坡面，利用坝面上的水重增加坝的抗滑体稳定性。但应注意上游坝面的坡度不宜过缓，一般取$n=0\sim0.2$，否则在上游坝踵处容易产生拉应力，对强度不利。

2. 增加抗滑力提高稳定性

当基岩为水平层状构造时，将坝基面开挖成倾向上游的斜面对增强坝的抗滑稳定更为有效，即有意将坝踵高程降低，使坝基面倾向上游。但这种做法将加大上游水的压力、增加开挖量和混凝土浇筑量，故较少采用。当基岩比较坚固时，可以开挖成锯齿状，形成局部的倾向上游的斜面，提高坝基面的抗剪能力。

3. 设置齿墙

根据地质条件，当坝基内有倾向下游的软弱面时，可在坝踵部位设置深入基岩的齿墙，以切断较浅的软弱面，迫使可能滑动的面沿齿墙底部或连同部分基岩一起滑动，这样既增加了滑动体的重量，同时也增大了抗滑体的抗力。有的工程还采用大型的混凝土抗滑桩以达到抗滑的目的。

4. 抽水措施

当下游水位较高，坝体承受的浮托力较大时，可考虑在坝基面设置排水系统，定时抽水，以减少坝底扬压力。但这种方法在下游尾水位不高时，效果不显著。

5. 加固地基，提高坝基面的抗剪断参数 f'、c'

设计和施工时，应保证混凝土与基岩结合良好，不沿接触面滑动，这样可以提高混凝土或岩块的 f'、c'值。当坝基岩石完整性较差时，则应采用固结灌浆加固地基，并做好帷幕灌浆和断层、破碎带及软弱夹层的处理等。

6. 横缝灌浆

对于岸坡坝段或坝基岩石有破碎带夹层时，将部分坝段或整个坝体的横缝进行局部或全部灌浆，以增强坝体的整体性和稳定性。

7. 预应力锚固措施

在靠近坝体上游面，采用深孔锚固高强度钢索，并施加预应力，既可增加坝体的抗滑稳定性能，又可消除坝踵处的拉应力。

2.3.2　重力坝的应力分析

2.2 重力坝的抗滑稳定分析

2.3.2.1　重力坝应力分析的目的与方法

应力分析的目的是，检验大坝在施工期和运用期是否满足强度要求，并根据应力分布情况进行坝体材料分区，也为研究坝体某些部位的应力集中和配筋等提供依据。应力分析首先是进行荷载计算和荷载组合，然后选择适宜的方法进行应力计算，最后检验坝体各部位的应力是否满足强度要求。

重力坝的应力分析方法可归结为理论计算和模型试验两大类，两种方法互相验证，其结果都要受到原型观测的检验。对于中、小型工程，一般可只进行理论计算。由于近几年来电子计算机的发展，理论计算中的数值解法发展很快，对于一般的平面问题，常常可以不做试验，主要依靠理论计算解决问题。

目前常用的几种应力分析方法简单介绍如下。

1. 模型试验法

目前常用的模型试验方法有光测方法、脆性材料电测方法、地质力学模型试验方法等。光测方法有偏光弹性试验和激光全息试验，主要解决弹性状态应力问题。脆性材料电测方法除能进行弹性应力分析外，还能进行破坏试验。而地质力学模型试验方法可以对复杂地基进行试验。利用模型试验还可进行坝体温度场和动力分析等方面的研究。目前，模型试验方法在模拟材料特性、施加自重荷载和地基渗流体积力等方面仍存在一些问题，有待进一步研究和改进。

2. 材料力学法

材料力学法是应用最广、最简便，也是《混凝土拱坝设计规范》(SL 282—2018)中规定采用的计算方法。材料力学法不考虑地基的影响，假定水平截面上的正应力 σ_y 按直线分布，其计算结果在地基附近约 1/3 坝高范围内与实际情况不符。但这种方法有长期的实践经验。多年的工程实践证明，对于中等高度的坝，应用这一方法是可以保证工程安全的。对于较高的坝，特别是在地基条件比较复杂的情况下，还应该同时采用其他方法进行应力分析。

3. 弹性理论的解析法

弹性理论的解析法在力学模型和数学解法上都是严格的，但目前只有少数边界条件简单的典型结构才有解答，所以在工程设计中应用较少。由于通过对典型构件的计算，可以检验其他方法的精确性。因此，弹性理论的解析方法仍是一种很有价值的分析方法。

4. 有限元法

有限元法是20世纪50年代中期随着电子计算机的出现而产生的一种计算方法。有限元法可以处理复杂的边界，包括几何形状、材料特性和静力条件。60年代以后，有限元法的应用从求解应力场扩大到求解磁场、温度场和渗流场等。它不仅能解决弹性问题，还能解决弹塑性问题；不仅能解决静力问题，也能解决动力问题；不仅能计算单一结构，还能计算复杂的组合结构，是一种综合能力很强的计算方法。近年来，有限元法的前处理和后处理功能也有了很大的进步，如网格自动剖分、计算成果的整理和绘图等，使设计人员从过去烦琐的计算和成果整理工作中解脱出来，实现了设计工作的自动化。

重力坝的应力状态非常复杂，与很多因素有关。例如，坝体剖面尺寸、静力荷载、地质条件、施工过程、温度变化以及地震特性等。在应力分析中，由于不能确切考虑各种因素。因此，无论采用哪种方法得出的结果，都有一定的近似性。

2.3.2.2 重力坝应力计算内容

(1) 计算坝体选定截面上的应力（应根据坝高选定计算截面，包括坝基面、折坡处的截面及其他需要计算的截面）。

(2) 计算坝体削弱部位（如孔洞、泄水管道、电站引水管道部位等）的局部应力。

(3) 计算坝体个别部位的应力（如闸墩、胸墙、导墙、进水口支撑结构、宽缝重力坝的头部等）。

(4) 需要时分析坝基内部的应力。

设计时可根据工程规模和坝体结构情况，计算上述内容的部分或全部，或另加其他内容。

2.3.2.3 材料力学法计算坝体应力

《混凝土拱坝设计规范》(SL 282—2018) 规定以材料力学法和刚体极限平衡法计算的结果作为确定坝体断面的依据，有限元法作为辅助方法。这里主要介绍材料力学法。

1. 材料力学法的基本假定

(1) 坝体混凝土为均质、连续、各向同性的弹性材料。

(2) 视坝段为固接于地基上的悬臂梁，不考虑地基变形对坝体应力的影响，并认为各坝段独立工作，横缝不传力。

(3) 假定坝体水平截面上的正应力 σ_y 按直线分布，不考虑廊道等对坝体应力的影响。

2. 边缘应力计算

(1) 上下游坝面垂直正应力。上游坝面垂直正应力如图 2.12 所示，其计算公式为

$$\sigma_y^u = \frac{\sum W}{T} + \frac{6\sum M}{T^2} \tag{2.25}$$

式中　T——坝体计算截面上下游方向的宽度，m；

$\sum W$——计算截面上全部垂直力之和（包括扬压力，下同），以向下为正。对于实体重力坝，计算时截取单位长度坝体（下同）；

$\sum M$——计算截面上全部垂直力及水平力对计算截面形心的力矩之和，以使上游面产生压应力者为正。

下游面垂直正应力如图 2.12 所示，其计算公式为

$$\sigma_y^d=\frac{\sum W}{T}-\frac{6\sum M}{T^2} \tag{2.26}$$

（2）上下游面剪应力。

1）上游面剪应力为

$$\tau^u=(P-P_u^u-\sigma_y^u)m_1 \tag{2.27}$$

式中　m_1——上游坝坡系数；

P——计算截面在上游坝面所承受的水压力强度（如有泥沙压力时，应计入在内），kPa；

P_u^u——计算截面在上游坝面处的扬压力强度，kPa。

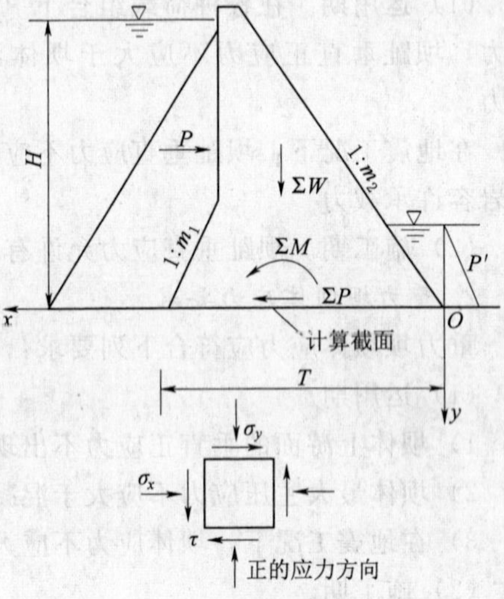

图 2.12　实体重力坝坝面应力计算示意图

$\sum P$—计算截面上全部水平推力总和，以指向上游为正

2）下游面剪应力为

$$\tau^d=(\sigma_y^d-P'+P_u^d)m_2 \tag{2.28}$$

式中　m_2——下游坝坡系数；

P'——计算截面在下游坝面所承受的水压力强度（如有泥沙压力时，应计入在内），kPa；

P_u^d——计算截面在下游坝面处的扬压力强度，kPa。

（3）上下游面水平正应力。

1）上游面水平正应力为

$$\sigma_x^u=(P-P_u^u)-(P-P_u^u-\sigma_y^u)m_1^2 \tag{2.29}$$

2）下游面水平正应力为

$$\sigma_x^d=(P'-P_u^d)+(\sigma_y^d-P'-P_u^d)m_2^2 \tag{2.30}$$

（4）上下游面主应力。

1）上游面主应力为

$$\sigma_1^u=(1+m_1^2)\sigma_y^u-(P-P_u^u)m_1^2 \tag{2.31}$$

$$\sigma_2^u=P-P_u^u \tag{2.32}$$

2）下游面主应力为

$$\sigma_1^d=(1+m_2^2)\sigma_y^d-(P'-P_u^d)m_2^2 \tag{2.33}$$

$$\sigma_2^d=P'-P_u^d \tag{2.34}$$

以上各式适用于考虑扬压力的情况。如不计截面上扬压力的作用时，则将上游面和下游面的各种应力计算公式中的 P_u^u、P_u^d 取为0。

2.3.2.4 强度校核

1. 重力坝坝基面、坝踵、坝趾的垂直应力要求

重力坝坝基面、坝踵、坝趾的垂直应力应符合下列要求：

（1）运用期。在各种荷载组合下（地震荷载除外），坝踵垂直正应力不应出现拉应力，坝趾垂直正应力不应大于坝体混凝土容许压应力，并不应大于坝基容许承载力。

在地震工况下，坝趾垂直应力不应大于坝体混凝土动态容许压应力，并不应大于基岩容许承载力。

（2）施工期。坝趾垂直应力允许有小于0.1MPa的拉应力。

2. 重力坝坝体应力要求

重力坝坝体应力应符合下列要求：

（1）运用期。

1）坝体上游面的垂直正应力不出现拉应力（计扬压力）。

2）坝体最大主压应力不应大于混凝土的允许压应力值。

3）在地震工况下，坝体应力不应大于混凝土动态容许应力。

（2）施工期。

1）坝体任何截面上的主压应力不应大于混凝土的允许压应力。

2）在坝体的下游面允许有不大于0.2MPa的主拉应力。

混凝土的允许应力按混凝土的极限强度除以相应的安全系数确定。坝体混凝土抗压安全系数，基本组合不应小于4.0；特殊组合（不含地震情况）不应小于3.5。当局部混凝土有抗拉要求时，抗拉安全系数不应小于4.0。混凝土极限抗压强度指90日龄期的15cm^{3}立方体强度，强度保证率应达80%以上。

地震荷载是一种机遇较少的荷载，在动荷载的作用下混凝土材料的允许应力可适当提高，并允许产生一定的瞬时拉应力。

任务2.4 非溢流重力坝剖面设计

重力坝的剖面设计的任务是在同时满足强度和稳定的条件下，求得的一个便于施工、运用管理方便、体积最小的剖面。在设计时，一般是先简化荷载条件，按安全和经济的要求，从理论上拟定一个基本剖面（也称理论剖面），再根据运用和其他条件要求，将基本剖面修改成为实用剖面，最后对实用剖面进行应力分析和稳定验算。需要经过反复修改计算，才能得到理想的实用剖面。

2.4.1 基本剖面拟定

由于重力坝所承受的主要荷载是呈三角形分布的静水压力，为满足稳定和强度要求，坝的基本剖面应该是一个三角形。因此，基本剖面分析的任务，是在满足稳定和强度的条件下，根据给定的坝高 H 求得一个最小的坝底宽。为了方便分析，可只考

虑自重G、上游水压力P和水重W、扬压力U这几个主要荷载，并假设上游水位与坝顶齐平，扬压力呈三角形分布，如图2.13所示。

2.4.1.1 满足应力条件的最小坝底宽T

重力坝的应力控制条件，主要是坝基面不产生拉应力的要求。当作用于坝上全部荷载的合力不超出坝底三分点时，则坝基内不产生拉应力。为此，取各力对下游三分点O的力矩代数和为零得

$$T=\frac{H}{\sqrt{\frac{\gamma_h}{\gamma}(1-\lambda)+\lambda(2-\lambda)-\alpha}} \tag{2.35}$$

由式（2.35）可知，当式中分母最大时，T最小。使根号内的式子对λ的一次导数等于零，可得

$$\lambda=1-\frac{\gamma_h}{2\gamma} \tag{2.36}$$

将式（2.36）代入式（2.35）可得满足运用期不产生拉应力条件的最小坝底宽T的计算公式。但由式（2.36）求得的λ为负值，即坝的上游坡为倒悬形状（图2.14）。这样不仅对施工不利，而且库空时，坝的下游面还可能产生较大的拉应力，故不宜采用。为使坝在库空时不产生拉应力，应使$\lambda \geqslant 0$。若用$\lambda=0$代入式（2.35）可得

$$T=\frac{H}{\sqrt{\frac{\gamma_h}{\gamma}-\alpha}} \tag{2.37}$$

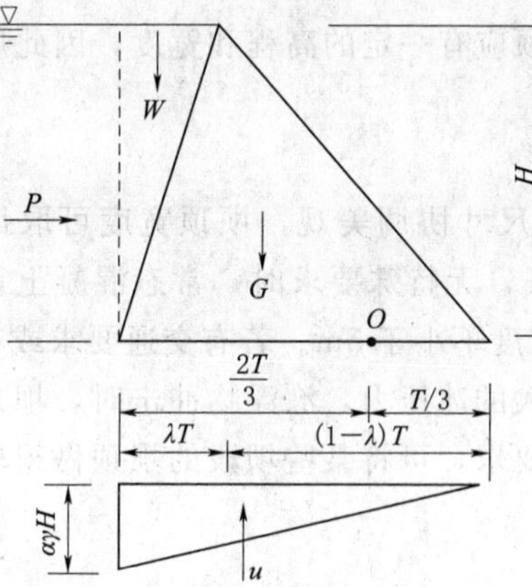

图2.13 重力坝基本剖面分析

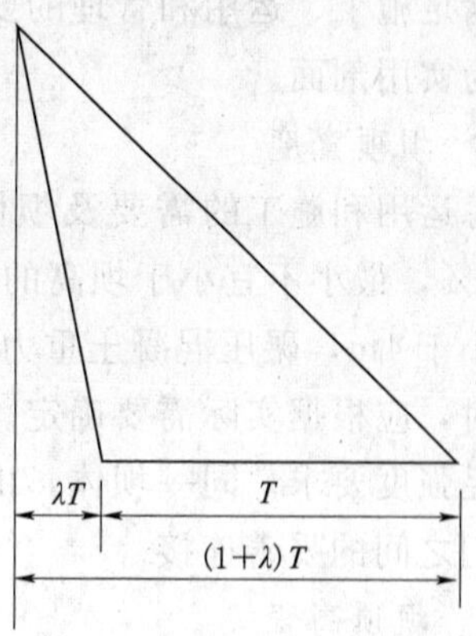

图2.14 满足应力条件的最小坝底宽计算图

式（2.37）为库空、库满均不产生拉应力，且便于施工的最小坝底宽计算公式。从公式可以看出：α愈小，坝底宽愈小，说明降低扬压力，对减小坝的体积很有效。例如，若$\gamma_h=24\text{kN/m}^3$，$\gamma=10\text{kN/m}^3$，当$\alpha=0.5$时，则$T=0.73H$；当$\alpha=0.3$时，$T=0.69H$，两者体积相差约6%，若混凝土坝的体积为100万m^3，α由0.5降到0.3，可节约混凝土6万m^3，这是一个很可观的数字。

2.4.1.2 按抗滑稳定条件确定最小的坝底宽 T

将图 2.13 所示荷载代入抗滑稳定公式（2.23）得

$$T=\frac{KH}{f\left(\frac{\gamma_h}{\gamma}+\lambda-\alpha\right)} \tag{2.38}$$

若 $f=0.75$，$K=1.0$，$\lambda=0$，$\gamma_h=24\text{kN/m}^3$，$\gamma=10\text{kN/m}^3$，当

$\alpha=0.5$ 时，$T=0.70H<0.73H$

$\alpha=0.3$ 时，$T=0.63H<0.69H$

若 $f=0.6$，其他条件同上，当

$\alpha=0.5$ 时，$T=0.88H>0.73H$

$\alpha=0.3$ 时，$T=0.79H>0.69H$

根据以上简单计算对比可知：当坝与地基之间的摩擦系数 f 较大时，按应力条件确定的坝底宽，对抗滑稳定要求是足够的，即坝体剖面尺寸由应力条件控制；当 f 较小时，则由稳定条件控制。

由式（2.38）可知，加大 λ 值，可以减小 T 值，但从式（2.35）看，加大 λ 值却增大了 T 值，因此 λ 值不能随意增大。要想得到同时满足稳定和应力条件的最小坝底宽，需由式（2.35）和式（2.38）联立求解 λ 与 T 值。求得 λ 和 T 后，即可求得上游坝坡系数 $n=\lambda T/H$，下游坝坡系数 $m=(1-\lambda)T/H$。一般 $n=0\sim0.2$，$m=0.6\sim0.85$，$T=(0.7\sim0.9)H$。

2.4.2 实用剖面设计

为满足施工、运用和管理的要求，坝顶应有一定的高程和宽度，因此应将基本剖面修改为实用剖面。

2.4.2.1 坝顶宽度

考虑运用和施工的需要及坝体各部分尺寸协调美观，坝顶宽度可取最大坝高的8%～10%，最小不宜小于坝高的2%～3%，无特殊要求时，常态混凝土重力坝坝顶宽度不小于4m，碾压混凝土重力坝坝顶宽度不小于5m。若有交通要求或有移动式启闭设施时，应根据实际需要确定。当有较大的冰压力，漂浮物冲击时，坝顶最小宽度还应满足强度要求。同一坝体，由于运用要求，可将某些坝段的坝顶做得较宽，但应注意它们之间的妥善连接。

2.4.2.2 坝顶高程

为了交通和运用管理的安全，非溢流重力坝的坝顶应高于水库最高静水位；坝顶上游侧防浪墙顶应高于水库波浪顶高程，其高出水库静水位的高度 Δh 由下式确定：

$$\Delta h=h_{1\%}+h_z+h_c \tag{2.39}$$

式中 Δh——坝顶或坝顶上游侧防浪墙超出水库静水位的高度，m；

$h_{1\%}$——累积频率为1%时波浪高度，m；

h_z——波浪中心线高出静水位的高度，m；

h_c——安全加高，m，按表 2.7 选取。

表 2.7　　　　安全超高 h_c

相应水位	坝的级别		
	1级	2级	3级
正常蓄水位/m	0.7	0.5	0.4
校核洪水位/m	0.5	0.4	0.3

计算 $h_{1\%}$ 和 h_z 时，设计情况和校核情况采用的风速、吹程和 h_c 均不同，所以 Δh 也不同。波浪高 $h_{1\%}$ 和波浪中心线超出静水位的高度 h_z 具体计算可参考有关资料。坝顶或防浪墙顶的高程应满足以下两个条件：

$$坝顶或防浪墙顶高程 \geqslant 设计洪水位 + (\Delta h)_{设}$$

$$坝顶或防浪墙顶高程 \geqslant 校核洪水位 + (\Delta h)_{校}$$

式中　$(\Delta h)_{设}$、$(\Delta h)_{校}$——设计洪水位、校核洪水位情况下坝顶或坝顶上游侧防浪墙超出水库静水位的高，m。

2.4.2.3　上下游坝坡及坝底宽

为了同时满足稳定和强度的要求，重力坝的上游面坝面通常布置成倾斜的。一般情况下，上游坝面边坡系数 $n=0\sim0.3$，下游坝面边坡系数 $m=0.6\sim0.85$，坝体底宽 $T=(0.7\sim0.9)H$，H 为坝高。重力坝的实用剖面形式一般有如图 2.15 所示的几种。

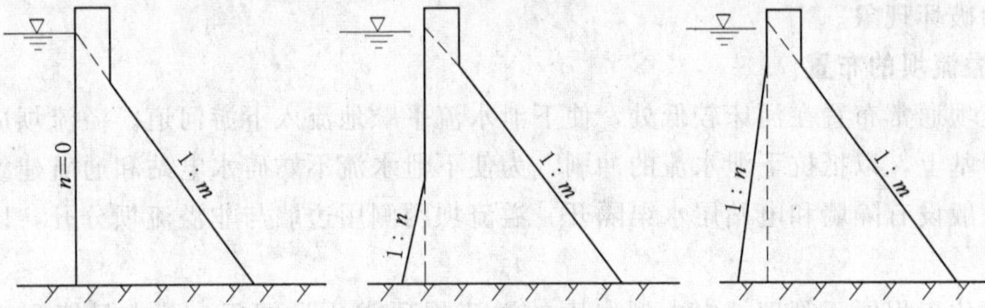

图 2.15　重力坝的实用剖面形式

2.4.3　剖面优化设计简介

2.3　非溢流坝剖面设计原理

前面介绍的是将基本三角形剖面反复修改成为实用剖面，是工程设计中常用的坝体经济剖面选择方法，虽然可以做出较为经济合理的设计，但此方法存在局限性，且试算工作繁重，较难求得最优剖面。近些年来，大中型工程设计一般都要进行优化设计。重力坝结构优化设计包括以下几方面的内容。

1. 设计变量

通常结构的设计方案是采用若干个变量来描述的，首先规定描述坝体体形的设计参数，对于实体重力坝，设计参数一般为上下游坝面的坡率、坝体高度、坝顶宽度、坝体顶部铅直部分的高度即上下游起坡点的位置等，这些参数中的一部分是按照某些具体要求事先给定的，它们在优化设计过程中始终保持不变，称为预定参数，如坝体高度、坝顶宽度等。另一部分参数在优化过程中是可以变化的，称为设计变量，如上下游坝面的坡率、起坡点等。

2. 建立目标函数

一般取结构重量或造价作为目标函数。由于重力坝的造价主要取决于坝体混凝土的工程量，所以常取坝体体积作为目标函数，记为 $V(x)$。

3. 确定约束条件

根据《混凝土重力坝设计规范》（SL 319—2018）的规定，对坝段的稳定和应力条件施加限制，同时考虑布置和施工要求，规定设计参数的上、下限，如上游坡度不为倒坡也不宜太缓等条件。在给定预定参数情况下，求一组设计变量 $\{x\}=[A]^{T}$，使目标函数 $V(x)$ 趋于最小。

4. 选择求解方法

目标函数和约束条件都是设计参数的非线性函数，因此重力坝的优化设计是一个非线性规划问题，计算方法可参考相关书籍。

任务2.5　溢流坝剖面设计

2.4 ▶
溢流重力坝设计方法

溢流重力坝既能挡水，又能通过坝顶泄水，其剖面形状不仅要满足稳定和强度要求，还要满足泄水要求。溢流重力坝基本剖面的确定原则与非溢流坝相同，但实用剖面是以泄水安全为设计条件，即溢流坝应具有足够的泄水能力；泄水时水流顺畅，坝面无空蚀破坏现象。

2.5.1　溢流坝的布置

溢流坝通常布置在河床较低处，使下泄水流平顺地流入下游河道。溢流坝应布置在坚固岩基上，以抵抗下泄水流的冲刷。为使下泄水流不妨碍水电站和通航建筑物的工作，一般设有隔墙和电站尾水渠隔开。溢流坝两侧用边墙与非溢流坝分开，以免水流横溢。

为简化工程便于管理，中小型水库的溢流坝顶常不设闸门，蓄水只能到溢流坝顶。大型水库需有较大库容时，则在溢流坝顶设置闸门，溢流坝顶低于正常蓄水位。设置闸门时，须将溢流坝用闸墩分成若干孔，由闸墩支撑闸门，在闸墩上设工作桥以安装和操纵启闭机。

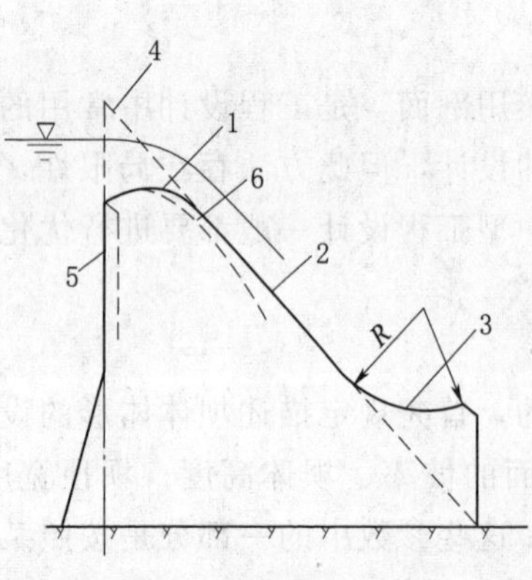

图 2.16　溢流坝剖面组成
1—顶部曲线段；2—直线段；3—反弧段；4—基本剖面；5—薄壁堰；6—薄壁堰溢流水舌下缘

溢流坝的泄水方式有堰流式和设有胸墙的大孔口泄流式两种。

2.5.2　溢流重力坝剖面设计

2.5.2.1　溢流坝的剖面组成

溢流坝的剖面由上游直线段、堰顶曲线段、下游直线段、下游反弧段四部分组成，如图2.16所示。一般溢流坝的上游面做成直线形，有的也做成折线形，具体由重力坝的强度和稳定条件确定。溢流坝面的顶部做成曲线形，曲线的形状对泄水能力、水流条件和坝面是否遭受空蚀破坏有很大影响，是设计溢流重力坝剖面的关键。堰顶曲线段的下游为一直线段，其坡度大小由重力坝的基本剖面确定。溢流坝面的最下游端做成圆弧形，称为反弧段，其作用是使水流平顺地泄入下游，减小动水压力，消除水流能量。

2.5.2.2 溢流坝顶部曲线段的形状

1. 堰流式

堰流式应用较多的坝面曲线有克-奥Ⅰ型曲线和幂曲线两种。由于 WES 型曲线不易产生空蚀破坏，《混凝土重力坝设计规范》（SL 319—2018）建议采用 WES 型曲线。采用克-奥Ⅰ型曲线坐标绘制的溢流坝剖面，通常超过稳定和强度要求的坝体剖面，且其曲线坐标的确定系查表计算，坐标内插烦琐又不易准确，施工放样不便，故采用幂曲线更多一些。

采用幂曲线时，堰面曲线按下式计算：

$$x^n = KH_d^{n-1}y \tag{2.40}$$

式中　H_d——剖面定型设计水头，按堰顶最大作用水头 H_{max} 的 75%～95% 计算，m；

K，n——与上游坡面有关的参数，当坝面垂直时，$K=2.0$，$n=1.85$；当坝面坡度为 3∶1 时，$K=1.936$，$n=1.836$。

原点上游宜用椭圆曲线，其方程式为

$$\frac{x^2}{(aH_d)^2}+\frac{(bH_d-y)^2}{(bH_d)^2}=1 \tag{2.41}$$

式中：aH_d 和 bH_d 分别为椭圆曲线的长轴和短轴，如图 2.17（a）所示。若上游面垂直，其长轴 aH_d 和短轴 bH_d 可根据有关资料选定。

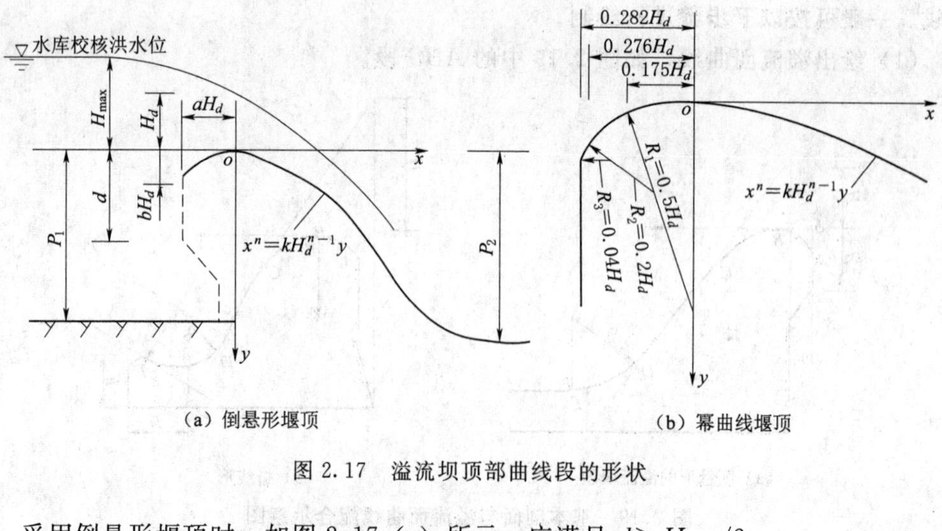

图 2.17　溢流坝顶部曲线段的形状

采用倒悬形堰顶时，如图 2.17（a）所示，应满足 $d>H_{max}/2$。

美国陆军工程兵团水道试验站（简称 WES）将幂曲线原点上游的曲线做成三心圆弧形，如图 2.17（b）所示，半径为 R_3 的圆弧与垂直的上游坝面相切。

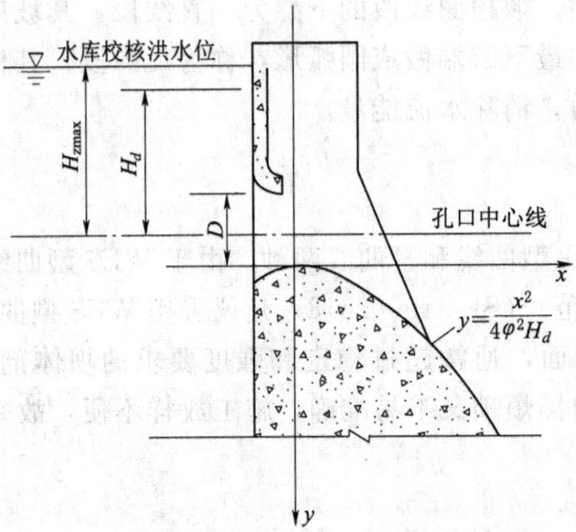

图 2.18 设有胸墙大孔口泄流的堰顶部曲线段

幂曲线剖面与克-奥型剖面相比，具有流量系数大、剖面小、便于施工放样等优点。

2. 设有胸墙的堰面曲线

有时为了满足水库调洪的要求，需要降低溢流坝坝顶高程，利用胸墙挡水，以控制最高库水位时的下泄流量，如图 2.18 所示。

当堰顶水头 H 与孔口高度 D 的比值 $H/D>1.5$ 时，水流属孔口出流形式，溢流面曲线应按孔口出流的水舌形状进行设计。其水舌形状为抛物线，方程如下：

$$y=\frac{x^2}{4\varphi^2 H_d} \tag{2.42}$$

式中 H_d——剖面定型设计水头，一般取孔口中心点至最高库水位的 75%～95%；

φ——流速系数，一般取 $\varphi=0.96$，设有检修门槽时，取 $\varphi=0.95$。

坐标原点设在堰顶最高点，原点上游可采用圆弧或椭圆曲线与上游坝面连接。胸墙下缘也应采用圆弧或椭圆曲线。椭圆曲线的长短轴之比为 3 左右。若 H/D 为 1.2～1.5 时，溢流面曲线应通过试验决定。对于要求闸门部分开启情况下工作的溢流坝，其溢流面曲线也可按式（2.33）进行设计。

2.5.2.3 溢流坝剖面的绘制

溢流坝的剖面是在重力坝基本剖面的基础上，按所选溢流面曲线的形状进行修改而成。一般可按以下步骤进行绘制。

（1）绘出溢流面曲线，如图 2.19 中的 ABC 段。

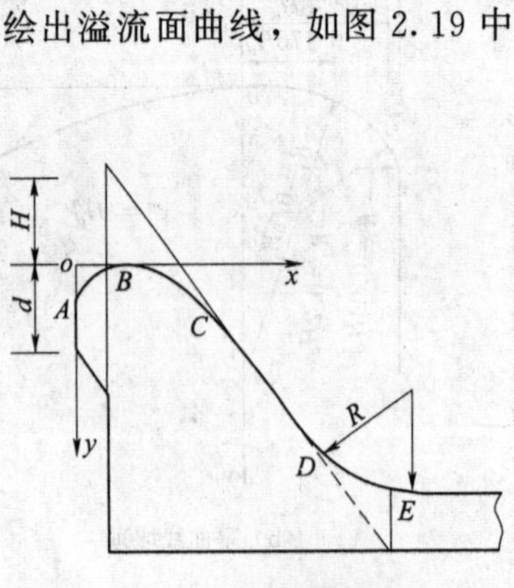

(a) 倒悬形的溢流堰顶

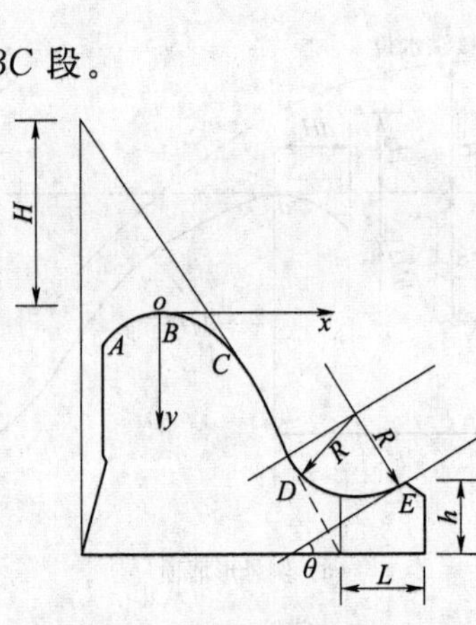

(b) 折线形

图 2.19 基本剖面与溢流面曲线配合示意图

（2）基本剖面并与溢流面曲线配合。按前述方法确定重力坝的基本剖面（三角形），使斜边（下游坝面）与溢流面曲线相切于 C 点。在配合时，可能有两种情况需要调整：①在坚固完整的岩基上，基本剖面较小，溢流面曲线上游侧可能超出基本剖面之外，如图2.19（a）所示。此时，可将溢流坝做成倒悬的堰顶以满足溢流曲线的要求。②当坝基岩体较差，基本剖面较大时，溢流面曲线可能在基本剖面之内，如图2.19（b）所示。此时，可将上游坝面做成折线形，使坝底宽等于基本剖面的底宽。

（3）绘制反弧段。选定反弧段的半径 R，画圆弧与直线段相切于 D 点，与护坦顶面或挑流鼻坎顶点相切于 E 点（图2.19）。若挑流鼻坎超出基本剖面以外部分的长度 L 与挑坎高 h 的比大于0.5时，应用结构缝将挑坎与坝体分开，并验算挑坎的稳定性。

反弧段圆弧半径 R 的大小与反弧段的流速、水深及消能方式有关。一般情况下，R 越大，反弧段的流速分布越均匀，动水压强越小，与下游的连接越好。若为挑流消能时，R 值应不小于 $(5\sim6)h_c$（h_c 为反弧段最低点的水深），一般采用 $R=(8\sim10)h_c$ 较好。若为底流消能时，宜采用 $R=10h_c$。

溢流坝的剖面绘出后，要对各种荷载组合进行稳定和强度验算，必要时应进行模型试验。

2.5.3 溢流坝的孔口尺寸拟定

2.5.3.1 溢流坝设计要求

溢流坝的孔口尺寸包括溢流坝段的前缘长度、孔数、孔口形式、每孔的尺寸和堰顶高程，其均根据运用要求，通过调洪演算、水力计算和方案比较确定。

溢流坝是枢纽中最重要的泄水建筑物之一，将规划库容所不能容纳的大部分洪水经坝顶泄向下游，以便保证大坝安全。溢流坝应满足泄洪的设计要求：

（1）有足够的孔口尺寸、良好的孔口体形和泄水时具有较大的流量系数。

（2）使水流平顺地通过坝体，不允许产生不利的负压和振动，避免发生空蚀现象。

（3）保证下游河床不产生危及坝体安全的冲坑和冲刷。

（4）溢流坝段在枢纽中的位置应使下游流态平顺，不产生折冲水流。

（5）有灵活控制水流下泄的设备，如闸门、启闭机等。

2.5.3.2 下泄流量的确定

溢流孔口尺寸主要取决于通过溢流孔口的下泄洪水流量 $Q_{溢}$，根据设计和校核情况下的洪水来量，经调洪演算确定下泄洪水流量 $Q_{总}$，再减去泄水孔和其他建筑物下泄流量之和 Q_0，即得 $Q_{溢}$：

$$Q_{溢}=Q_{总}-\alpha Q_0 \tag{2.43}$$

式中 Q_0——经由电站、船闸及其他泄水孔下泄的流量，m^3/s；

α——系数，考虑电站部分运行，或由于闸门障碍等因素对下泄流量的影响，正常运用时取0.75～0.90；校核情况下取1.0。

2.5.3.3 单宽流量的确定

单宽流量的大小是溢流重力坝设计中一个很重要的控制性指标。单宽流量一经选定，就可以初步确定溢流坝段的净宽和堰顶高程。单宽流量越大，下泄水流的动能越集中，消能问题就越突出，下游局部冲刷会越严重，但溢流前缘短，对枢纽布置有利。因此，一个经济而又安全的单宽流量，必须综合地质条件、下游河道水深、枢纽布置和消能工设计多种因素，通过技术经济比较后选定。根据实践，对于软弱岩石常取 $q=20\sim50m^3/s\cdot m$；中等坚硬的岩石取 $q=50\sim100m^3/s\cdot m$；特别坚硬的岩石 $q=100\sim150m^3/s\cdot m$；地质条件好、下游尾水较深和消能效果好的工程，可以选取更大的单宽流量。近年来，随着消能技术的进步，选用的单宽流量也不断增大。在我国已建成的大坝中，龚嘴的单宽流量达 $254.2m^3/s\cdot m$，安康水电站单宽流量达 $282.7m^3/s\cdot m$。而委内瑞拉的古里水坝单宽流量已超过了 $300m^3/s\cdot m$ 的界限。

2.5.3.4 溢流坝段总长度的确定

不设闸门的溢流坝，其长度 $L=Q/q$。设有闸门的溢流坝，用闸墩将溢流段分隔为若干个等宽的孔。若孔口总数为 n，孔口宽度 $b=L/n$，闸墩和边墩厚度均为 d，则溢流前缘总宽度 L_0 为

$$L_0=L+(n+1)d=nb+(n+1)d \tag{2.44}$$

当采用开敞式溢流坝泄流时，下泄流量 $Q_{溢}$ 采用堰流公式计算：

$$Q_{溢}=\sigma\varepsilon mB\sqrt{2g}H_0^{\frac{3}{2}} \tag{2.45}$$

式中 B——溢流孔净宽，m；

H_0——泄水时溢流堰顶总水头，m；

m——流量系数，可根据剖面形式参考水力计算手册中查得；

ε——侧收缩系数，根据闸墩厚度及闸墩头部形状而定，初设时可取 $\varepsilon=0.90\sim0.95$；

σ——淹没系数，视淹没程度而定；

g——重力加速度，通常取 $9.8m/s^2$。

用设计洪水位减去堰顶水头 H，即可得堰顶高程。

当采用孔口泄流时，下泄流量 $Q_{溢}$ 可采用孔口出流公式计算：

$$Q_{溢}=\mu A\sqrt{2gH} \tag{2.46}$$

式中 A——孔口出口处的面积，m^2；

H——自由出流时孔口中心处的总水头，淹没出流时为上下游水位差，m；

μ——孔口的流量系数，对有胸墙的堰顶孔口，当 $H/D=2.0\sim2.4$ 时（D 为孔口高度），取 $\mu=0.74\sim0.82$；对深孔取 $\mu=0.83\sim0.93$；当为有压流时，μ 值必须通过计算沿程及局部水头损失来确定。

2.5.4 溢流坝的下游消能措施

经过溢流坝下泄的水流，具有很大的动能，如不采取有效的措施进行消能，必将冲刷下游河床，破坏坝址下游地基，威胁建筑物的安全或其他建筑物的正常运行。因此，必须采取妥善的消能防冲措施，确保大坝安全运行。

溢流坝下游的消能方式有挑流消能、底流消能、面流消能和戽流消能等。其中挑

流式消能应用最广，底流式消能次之，面流式消能和消力戽消能应用较少。

2.5.4.1 挑流消能

挑流消能是利用挑流鼻坎，将下泄的高速水流挑射到空中，然后自由跌落到距下游坝脚较远的河床水垫中与下游水流相衔接的消能方式，如图2.20所示。水流能量通过水舌在空中与空气摩擦、掺气、扩散约可消耗其总能量的20%左右，抛射水流进入下游河床以后，形成强烈的旋滚区，并冲刷河床，形成冲坑，水垫增到一定厚度，冲坑逐渐趋于稳定，大部分能量是消耗在水滚的淹没、紊动、摩擦、扩散的过程之中。

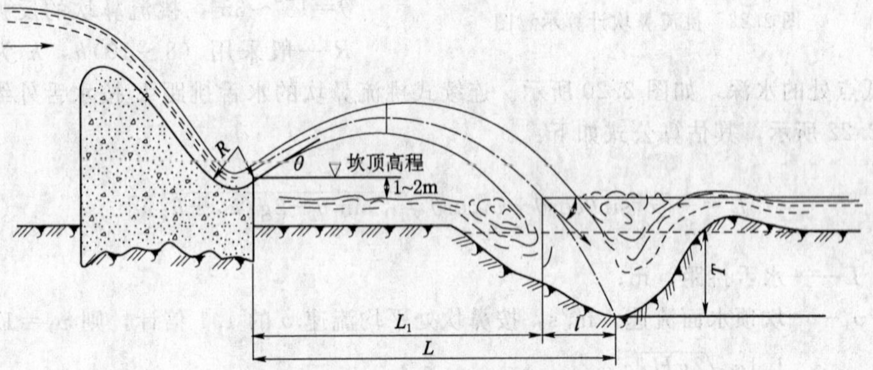

图2.20 挑流消能示意图

挑流消能结构简单，工程造价低，检修及施工方便等优点，但会造成下游冲刷较严重、雾化及尾水波动较大等现象。挑流消能适用于坚硬岩基上的高、中坝。但是，当坝基有延伸至下游的缓倾角软弱层面可能被冲坑切断，危及坝基稳定，或岸坡可能被冲塌危及坝肩稳定时，均不宜采用挑流式消能。

挑流消能的设计内容包括：确定挑流鼻坎的形式、坎顶高程▽、反弧半径R、挑射角度θ、各种流量时的挑射距离L（包括空中挑距L_1和水下挑距l）及下游最大冲刷坑深度T。

挑流鼻坎的形式，常用的有连续式和差动式，如图2.21所示。差动式挑坎设置

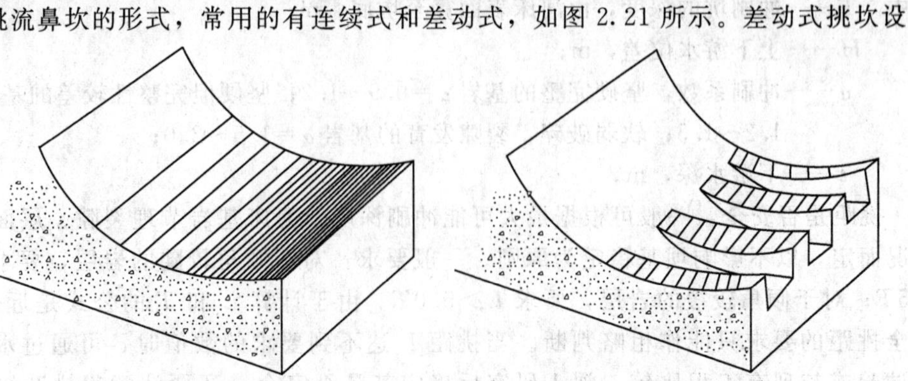

(a) 连续式挑流鼻坎　　(b) 差动式挑流鼻坎

图2.21 挑流鼻坎的形式

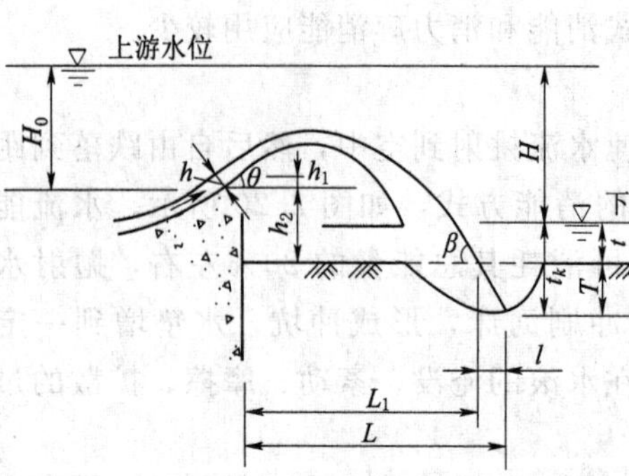

图 2.22 挑流鼻坎计算示意图

高低坎，使挑射出的水流上下分层扩散，掺气现象剧烈，提高了空中的消能效果。连续式鼻坎构造简单、便于施工，射程较远，水流平顺，不易空蚀，水流雾化较轻，应用较为广泛。

鼻坎的坎顶高程，一般应高于下游最高水位 1～2m。挑角多采用 $\theta=15°\sim35°$。挑流鼻坎的反弧半径 R 一般采用 $(8\sim10)h$，h 为反弧段最低点处的水深，如图 2.20 所示。连续式挑流鼻坎的水舌挑距 L 按水舌外缘计算如图 2.22 所示，其估算公式如下：

$$L=\frac{1}{g}\left[v_1^2\sin\theta\cos\theta+v_1\cos\theta\sqrt{v_1^2\sin^2\theta+2g(h_1+h_2)}\right] \tag{2.47}$$

式中 L——水舌挑距，m；

v_1——坎顶水面流速，m/s，按鼻坎处平均流速 v 的 1.1 倍计，则 $v_1=1.1v=1.1\varphi\sqrt{2gH_0}$；

H_0——水库水位至坎顶的落差；

φ——堰面流速系数；

θ——鼻坎的挑角，(°)；

h_1——坎顶平均水深 h 在铅直方向的投影，即 $h_1=h\cos\theta$，m；

h_2——坎顶至河床表面高差，m，如冲刷坑已经形成，作为冲坑进一步发展时，可算至坑底。

下游冲刷坑深度 T 可根据下面的公式估算：

$$T=\alpha q^{0.5}H^{0.25}-t \tag{2.48}$$

式中 T——冲刷坑的深度，由河床表面算至坑底，m；

H——上下游水位差，m；

α——冲刷系数，坚硬完整的基岩 $\alpha=0.9\sim1.2$；坚硬但完整性较差的基岩 $\alpha=1.2\sim1.5$；软弱破碎，裂隙发育的基岩 $\alpha=1.5\sim2.0$；

t——下游水深，m。

挑距是否安全，一般可根据最大可能冲刷深度及河床基岩节理裂隙、层面发育情况而定，以不影响坝基稳定为原则。一般要求：对于倾角较陡的岩层，要求 $L>2.5T$；对于倾角较缓的岩层，要求 $L>5.0T$。由于计算 L 和 T 的公式是近似的，安全挑距的要求只能作粗略判断。当挑距 L 达不到要求的数值时，可通过水工模型试验或与现有工程比较，深入研究后确定其是否安全。还要注意起挑和终挑时流量较小，可能产生贴流，一般在挑坎下设齿墙和必要的河床护砌，以防淘刷鼻坎。

2.5.4.2 底流消能

底流消能主要是利用淹没式水跃消能，如图2.23所示。为使水跃淹没，下游水深应为（0.95～1.05）倍跃后水深。若下游水深不足，则应采取工程措施即修建各种消力池增加尾水位或减小跃后水深。消力池的形式有挖深式消力池、消力坎式消力池及综合式消力池。底流消能安全可靠，尾水较平稳，下游冲刷较轻，但工程量大。适用于下游地基较差、尾水位较稳定的情况。

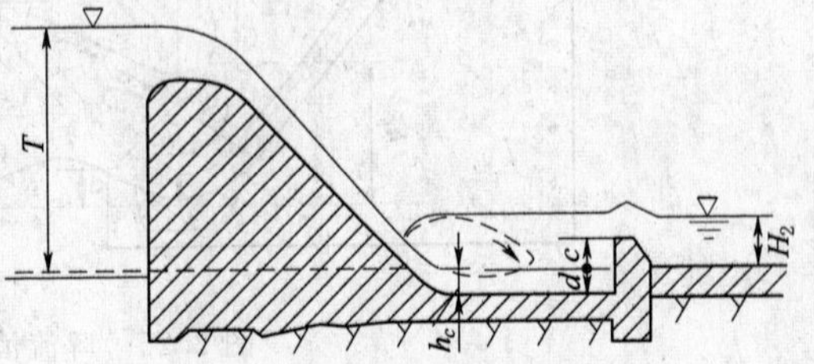

图2.23 底流消能示意图

底流消能设计的主要内容包括：确定消力池的形式、消力池深度 d、消力池长度及尾坎高度 c 等。初步设计可根据上游水深 T、下游水深 H_2、利用有关水力学公式计算求得下游的收缩水深 h_c，从而进一步计算确定出消力池深度和长度。大型工程和高坝还应进行水工模型试验确定。

2.5.4.3 面流消能

面流消能是在溢流坝下游面设一低于下游水位、挑角不大（挑角小于10°～15°）的鼻坎，使下泄水流既不挑离水面也不潜入底层，而是沿下游水流的上层流动，水舌下有一水滚，主流在下游一定范围内逐渐扩散，使水流流速逐渐接近正常水流情况，故称为面流消能，如图2.24所示。

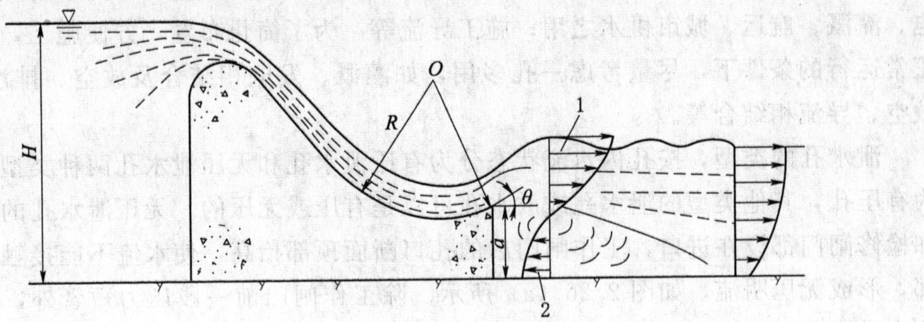

图2.24 面流消能示意图

1—表面主流；2—底部旋滚

H—上游水深；O—反弧段圆心；R—挑坎反弧半径；

θ—挑角；a—挑坎高度

2.5.4.4 戽流消能

戽流消能是在坝后设一大挑角（约45°）的低鼻坎（即戽唇，其高度 a 一般为下游水深的1/6），其水流形态的特征表现为“三滚一浪”，并不断掺气进行消能，如图2.25所示。

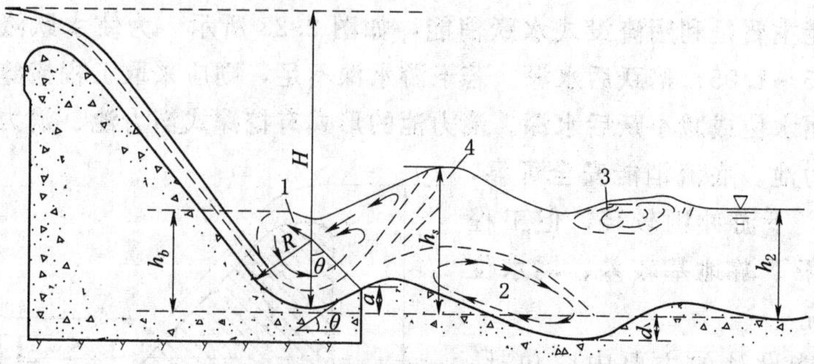

图 2.25 戽流消能示意图

1—戽内旋滚；2—戽后底部旋滚；3—下游表面旋滚；4—戽后涌浪

H—上游作用水头；h_b—戽内旋滚水深；h_2—下游水深；

h_s—戽后涌浪高度；d—戽后底部冲刷深度

任务 2.6 重力坝的泄水孔

2.6.1 重力坝泄水孔的作用和类型

重力坝的泄水孔，一般位于深水之下，故又称深孔或底孔。泄水孔的用途是多方面的，如配合溢流坝泄放洪水；预泄库水以利调洪；放空水库进行大坝检修或满足人防的要求；排泄泥沙以延长水库寿命和保证其他建筑物正常进行；向下游放水，供发电、灌溉、航运、城市供水之用；施工导流等。为了简化布置，方便施工，在不影响正常运行的条件下，尽量考虑一孔多用，如灌溉、发电相结合及放空、排沙相结合，放空、导流相结合等。

泄水孔的类型，按孔内水流状态分为有压泄水孔和无压泄水孔两种类型。发电孔为有压孔，其他类型的泄水孔或放水孔可以是有压或无压的。无压泄水孔的工作闸门和检修闸门都设在进口，工作闸门后的孔口断面顶部抬高，使水流不能接触泄水孔顶部，形成无压明流，如图 2.26 (a) 所示。除工作闸门前一段压力短管外，其他部分均为无压状态。有压泄水孔的工作闸门一般都设在出口，孔内始终保持满水有压状态，如图 2.26 (b) 所示。为改善受力状况和防渗，常用钢板衬砌孔壁。

2.6.2 泄水孔的布置

坝内泄水孔应根据其用途、枢纽布置要求、地形地质条件和运用施工条件等因素进行布置。

泄洪孔宜布置在河槽部位，以便下泄水流与下游河道衔接。当河谷狭窄时，宜设在溢流坝段中，当河谷较宽时，则可考虑设于非溢流坝段。其进口高程在满足泄洪任务的前提下，应尽量高些，以减小进口闸门上的水压力。

灌溉孔应布置在灌区一岸的坝段上，以便与灌溉渠道连接。其进口高程应根据坝后渠首高程来确定，必要时也可根据泥沙和水温情况分层设置进水口。排沙底孔应尽

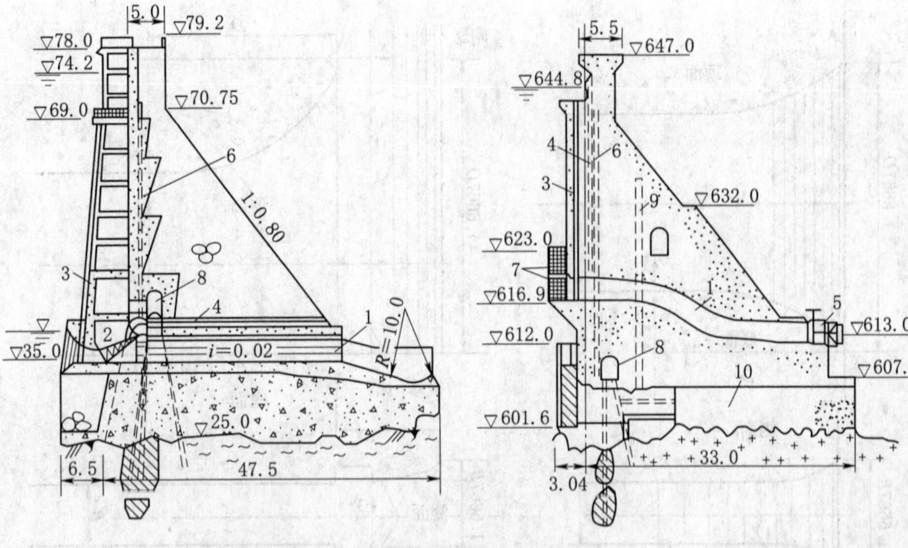

(a) 无压泄水孔　　　　(b) 有压泄水孔

图 2.26　坝身泄水孔（单位：m）

1—泄洪孔；2—弧形门；3—检修门槽；4—通气管；5—锥形阀；6—排水管；7—拦污栅；8—廊道；9—检查井；10—导流底孔

量靠近电站、灌溉的进水口，以及船闸闸首等需要排沙的部位，但其流态不得影响这些建筑物的正常运行。

发电进水口的高程，应根据水力动能设计要求和泥沙条件确定。一般设于水库最低工作水位以下一倍孔口高度处，并应高出淤沙高程 1m 以上。

为放空水库而设置的放水孔，施工导流孔，一般均布置得较低。

2.6.3　有压泄水孔

2.6.3.1　进水口

为使水流平顺、减少水头损失，增加泄水能力，避免孔壁空蚀，进水口应尽量符合流线变化规律。工程中常采用椭圆曲线或圆弧形的三向收缩矩形进水口，如图 2.27 所示。

当流速不大时，进口曲线可采用圆弧形，其半径应大于孔径的 2 倍。重要工程的进水口曲线应通过水工模型试验进行修改。

孔口高宽比不宜太大，一般取 $h/B=1.5$ 左右，最大不超过 2。

2.6.3.2　出水口

有压泄水孔的出口控制着整个泄水孔内的压力状况。为防止因孔内局部体形不当或其他原因引起压力降低，产生空蚀破坏，一般将出口缩小以增加孔内压强，收缩量大致为孔身面积的 10%～15%。收缩方式可通过渐变段逐渐收缩，如图 2.28 所示。

2.6.3.3　孔身断面及渐变段

有压泄水孔的孔身断面一般为圆形，因为圆形断面过水能力强，受力条件好。但

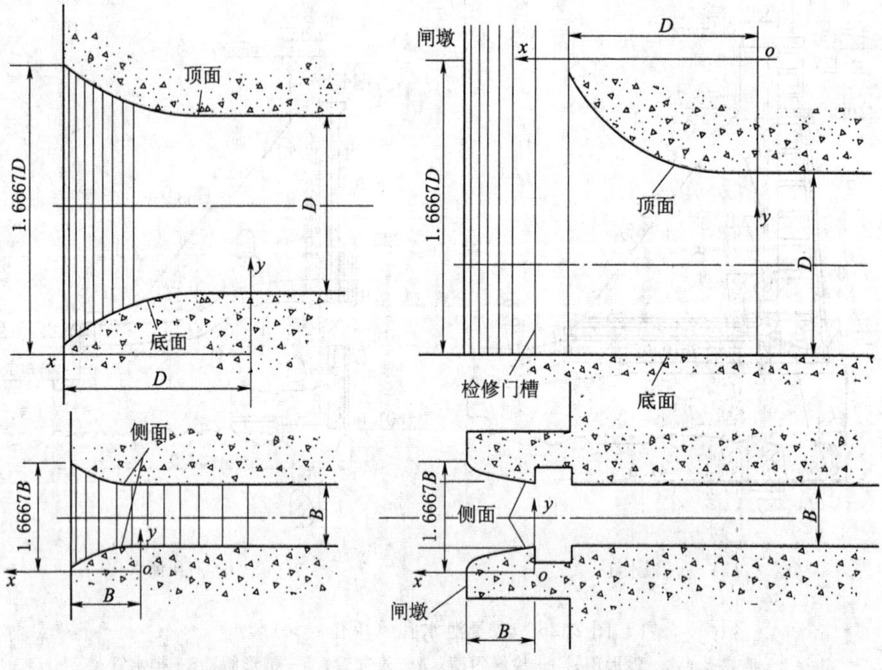

(a) 椭圆形曲线进水口 (b) 圆弧形曲线进水口

图 2.27 三向收缩矩形进水口

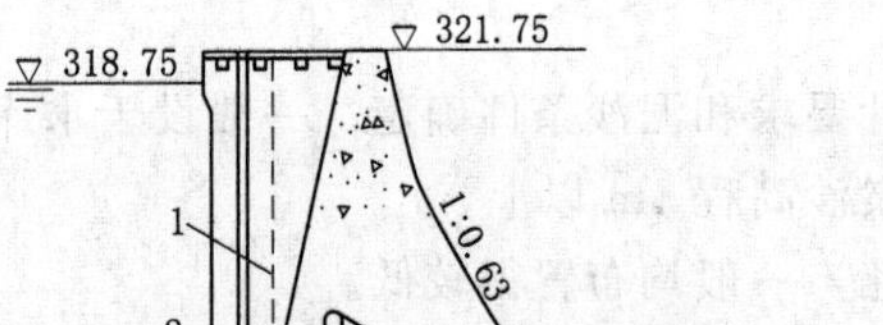

图 2.28 有压泄水口的出口（单位：m）

1—通气孔；2—平压管；3—检修闸门；4—渐变段

进出口部分为适应闸门要求而设计成矩形断面，因此，在进口闸门之后和出口闸门之前均应设置足够长（一般为 2～3 倍孔径）的渐变段，孔身断面由方变圆或由圆变方，如图 2.29 所示。孔身断面尺寸由水力计算确定。

2.6.3.4 闸门槽的形状和尺寸

有压泄水孔出口的工作闸门，一般采用没有闸槽的弧形闸门，而进口检修闸门常采用平面闸门。支承闸门的闸门槽常因体形不当而产生空蚀破坏。在高水头的情况下，闸门槽应采用图 2.30 所示的形状。具体尺寸则应根据闸门尺寸和轨道布置要求确定。

2.6.3.5 通气孔和平压管

平压管是埋于坝体内部的输水管，作用是从水库向两道闸门之间充水，使检修闸门上下游压力平衡以减少启门力，其阀门设于廊道内，如图 2.28 所示。平压管直径可根据规定的充水时间确定，一般不超过 8 小时。当平压管的流量不大时，也可将平压管设在闸门上。有些工程不设平压管，而是利用检修闸门的小开度充水。

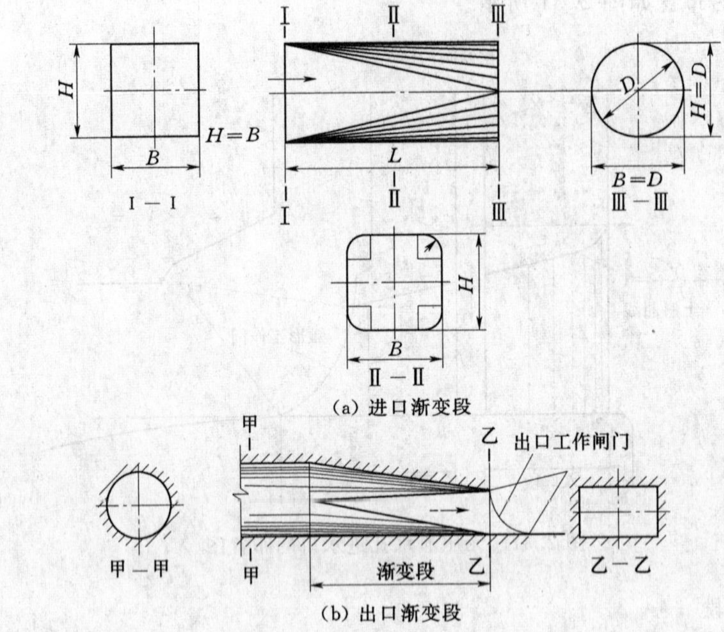

图 2.29　进出口渐变段

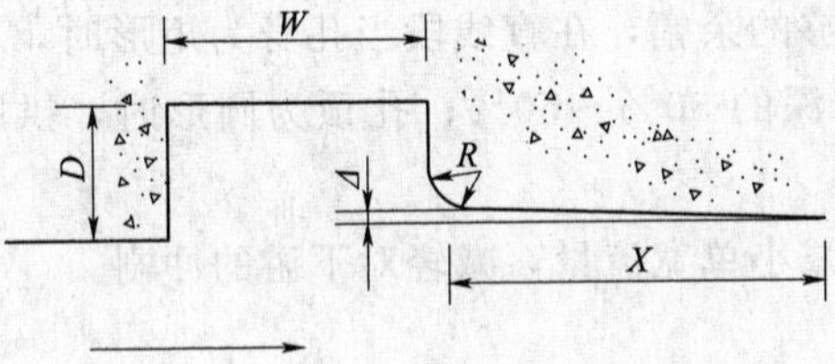

$$\frac{W}{D}=1.6\sim1.8;\ \frac{\Delta}{D}=0.05\sim0.08;$$

$$\frac{R}{D}=0.1;\ \frac{X}{\Delta}=10\sim12$$

图 2.30　闸门槽的形状示意图

通气孔的作用是：关闭检修闸门后，开工作闸门放水，向孔内充气；检修完毕后，关工作闸门，向闸门之间充水时排气。通气孔的断面积一般取泄水孔断面积的0.5%～1.0%，同时应大于泄水孔充水或排水孔口的过水断面积，否则容易造成通气孔喷水或其他事故。通气孔的进口必须与闸门启闭室分开，以免影响工作人员的安全；通气孔的下端尽量靠近闸门之后的最高位置，以确保在任何流态时均能通气。当有适当的检查孔时，也可由检查孔代替通气孔。

2.6.4　无压泄水孔

无压泄水孔在平面上宜作直线布置，其过水断面多为矩形。如图 2.26（a）为无压泄水孔的典型布置，它由压力短管和明流段两部分组成。

2.6.4.1　无压泄水孔的进水口

无压泄水孔的进水口指工作闸门前的压力短管部分，它由进口曲线段、检修闸门槽和压坡段组成。入口曲线段的形状与有压泄水孔相同，但有时为保证孔口压力稳定，常取用小于 1/4 的椭圆曲线，并在其后接一倾斜的直线压坡段。压坡段的坡度一般采用 1∶4～1∶6，长度应满足闸门布置和维修方便的要求，一般为 3～6m。无压泄水孔进水口的布置如图 2.31 所示。

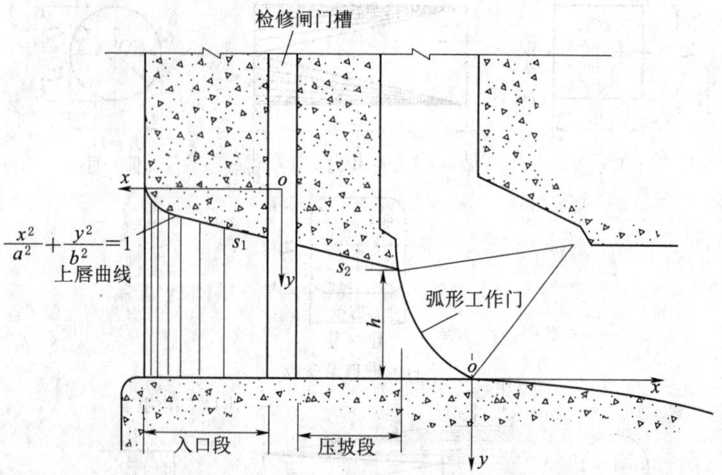

图 2.31 无压泄水孔进水口的布置图

2.6.4.2 明流段

为使水流平顺无负压，在工作闸门后明流段的底板应与孔口出流水舌的底缘一致，通常采用抛物线形，有时也做成一定坡度的直线形。

明流段的孔顶在水面以上应有足够的余幅，在直线段当孔身为矩形时，顶部高出水面的高度可取最大流量时不掺气水深的 30%～50%；孔顶为圆形时，拱脚距水面的高度可取不掺气水深的 20%～30%。

明流段末端，有时采用扩散段以减小单宽流量，减轻对下游的冲刷。

2.6.4.3 通气孔

检修闸门后的通气孔和平压管与有压泄水孔相同。但除此之外，还要在工作闸门后设通气孔，以不断向明流段补气。工作闸门后的通气孔面积一般不小于闸门孔口面积的 10%。

2.6.5 孔口周边的衬砌

泄水孔的孔壁是否需要衬砌，一般根据内外水压力、孔口尺寸、受力条件、孔内流速、泥沙情况（含沙量、粒径和硬度等）、运用条件（如泄水的持续时间）等因素综合考虑确定。孔壁混凝土除满足强度要求外，还应有抗冲耐磨的性能，故应尽量采用低流态高标号混凝土浇筑。当采用钢板或其他耐磨抗蚀材料衬护时，应与混凝土锚接牢固。

任务 2.7 重力坝的材料

2.7.1 重力坝对混凝土材料的要求

为使大坝成为安全、经济、实用、耐久的建筑物，大坝混凝土所用的水泥、骨料、水、活性掺合料、外加剂应符合现行的国家标准及有关行业标准的规定。除应满足强度的要求外，还应根据大坝的工作条件，地区气候等情况，分别满足抗渗、抗冻、抗冲耐磨和抗腐蚀等耐久性以及低热性的要求。所谓耐久性，即要求材料能够抵抗渗透水的溶滤作用和水中所含侵蚀性盐类的侵蚀作用，能够抵抗冻融循环产生的风化作用，能够抵抗水流及其所含泥沙对表面的磨损作用。在满足各项要求的基础上要尽可能地减少水泥用量，以节约材料，并降低水化热。

2.7.2　坝体混凝土的强度等级

普通混凝土强度等级是按标准方法制作养护的立方体试件，在 28 天龄期用标准试验方法测得的具有 95%保证率的抗压强度标准值确定的，混凝土强度随着龄期延长而增长。坝体常态混凝土强度标准值的龄期一般用 90 天，碾压混凝土可采用 180 天龄期，因此在规定混凝土强度设计值时，应同时规定设计龄期。

大坝常用混凝土强度等级有 C7.5、C10、C15、C20、C25、C30。高于 C30 的混凝土用于重要构件和部位。大坝混凝土的强度标准值可采用 90 天龄期强度，保证率 80%。

考虑重力坝施工期长的特点，应充分利用混凝土的后期强度。

2.7.3　混凝土重力坝的材料分区

由于坝体各部分的工作条件不同，因而对混凝土强度等级、抗掺、抗冻、抗冲刷、抗裂等性能要求也不同，为了更好地发挥混凝土材料强度，根据不同部位和不同的工作条件将大坝混凝土分区，不同部位采用不同标号的混凝土材料，如图 2.32 所示。

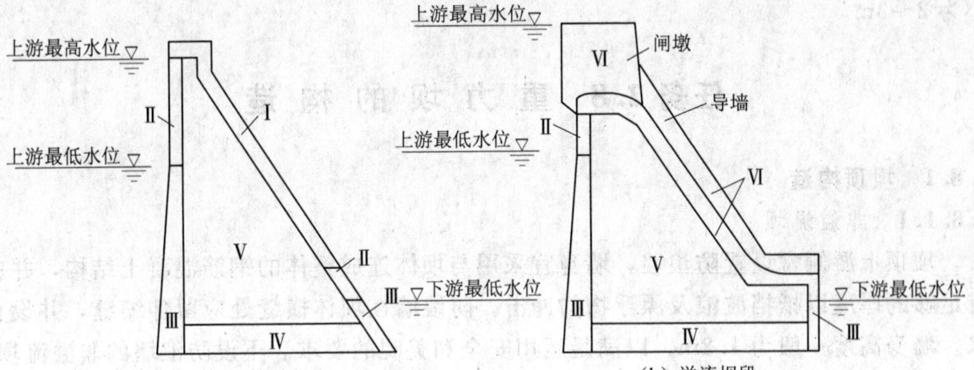

图 2.32　坝体混凝土分区图

图 2.32 中Ⅰ区为上、下游最高水位以上坝体外部表面混凝土；Ⅱ区为上、下游水位变化区的坝体外部表面混凝土；Ⅲ区为上、下游最低水位以下坝体外部表面混凝土；Ⅳ区为坝体基础混凝土；Ⅴ区为坝体内部混凝土；Ⅵ区为抗冲刷部位的混凝土（例如溢洪道溢流面、泄水孔、导墙和闸墩等）。分区性能要求见表 2.8。

坝体内部的导流底孔、引水管、泄水孔等大孔口孔壁周围的混凝土以及地震设计烈度 8 度以上的坝体混凝土，其强度应适当提高。

表 2.8 大坝混凝土分区性能要求表

分区	强度	抗渗	抗冻	抗冲刷	抗侵蚀	低热	最大水灰比	选择分区的主要因素
Ⅰ	+	−	++	−	−	+	+	抗冻
Ⅱ	+	+	++	−	+	+	+	抗冻、抗裂
Ⅲ	++	++	+	−	+	+	+	抗渗、抗裂
Ⅳ	++	+	+	−	+	++	+	抗裂
Ⅴ	++	+	+	−	−	++	+	
Ⅵ	++	−	++	++	++	+	+	抗冲耐磨

注 表中有“++”的项目为选择各区混凝土等级的主要控制因素，有“+”的项目为需要提出要求的，有“−”的项目为不需提出要求的。

选择混凝土标号时，应考虑由于温度、渗透压力及局部应力集中所产生的拉应力、剪应力或主应力。

坝体内部混凝土的标号不应低于 $R_{90}100$，过流表面的混凝土标号不应低于 $R_{28}250$。

大坝混凝土应根据气候分区、冻融循环次数、表面局部小气候条件、水分饱和程度、结构构件重要性和检修的难易程度等综合因素选用抗冻等级，并满足《水工建筑物抗冰冻设计规范》（SL 211—2006）的要求。

2.5

重力坝对材料的要求及材料分区

高速水流区的混凝土应采用具有抗冲耐磨性的低流态高强度混凝土或高强硅粉混凝土。当采用耐磨材料衬护时，应与混凝土可靠结合。

同一浇筑块中混凝土标号不宜超过两种，等级差不宜超过两级。分区厚度尺寸最小为 2～3m。

任务2.8 重力坝的构造

2.8.1 坝顶构造

2.8.1.1 非溢流坝

坝顶上游侧常设置防浪墙，墙身宜采用与坝体连成整体的钢筋混凝土结构，并应有足够的厚度以抵挡波浪及漂浮物的冲击。防浪墙在坝体横缝处应留伸缩缝，并设止水。墙身高度一般为 1.2m，以满足运用安全和美观的要求。不设防浪墙的非溢流坝，为安全考虑，坝顶两侧也应设置栏杆或栏墙以及照明装置。

坝顶通行车辆时，应按交通要求铺设路面，路面应设有适当的横向坡度及相应的排水设施，将路面雨水排向上游或排入坝身排水设备中，如图 2.33（a）所示。当设人行道时，人行道宜高出坝顶路面 20～30cm。

在地震区的重力坝，为改善坝体应力重量和增加抗震性能，可以采用混凝土或钢筋混凝土的拱形结构支承坝顶路面，以减轻坝顶，如图 2.33（b）所示。

2.8.1.2 溢流坝

溢流坝的上部结构应根据运用要求进行布置。有交通要求时，应设交通桥；无交通要求时，可只设人行便桥。大中型工程的溢流坝，坝顶常设有闸门、闸墩、启闭

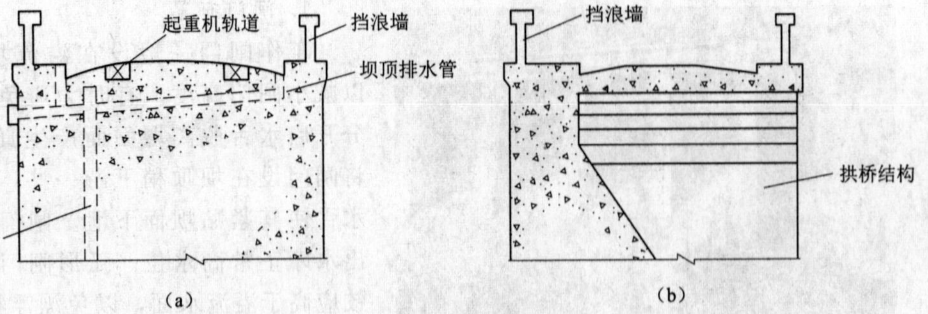

图 2.33 重力坝的坝顶构造

机、胸墙、工作桥等结构和设备。有闸门的溢流坝顶布置形式如图 2.34、图 2.35所示。

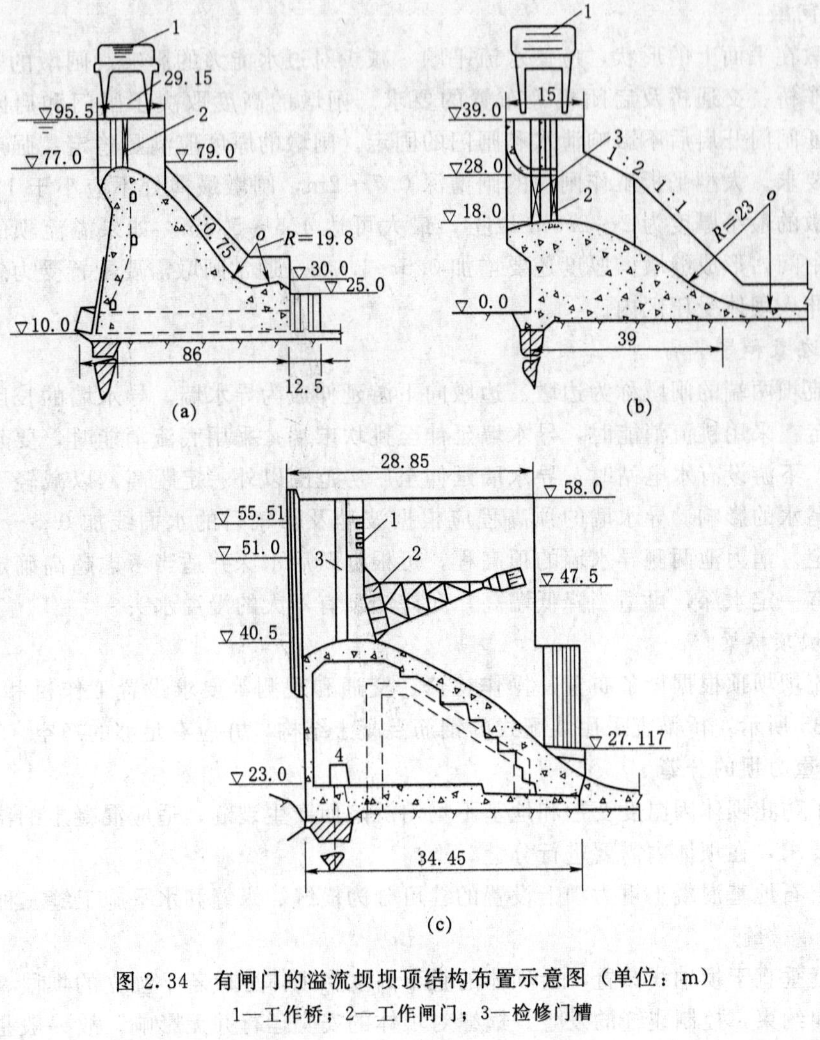

图 2.34 有闸门的溢流坝坝顶结构布置示意图（单位：m）

1—工作桥；2—工作闸门；3—检修门槽

图 2.35 观音阁水库大坝溢流坝坝顶

1. 闸门布置

工作闸门一般设在溢流坝顶点，以减小闸门高度。有时为避免闸门部分开启水舌脱离堰面而产生真空，可将闸门设在坝顶稍下游一些，以压底水舌使其紧贴坝面下泄。闸门顶应高出水库正常高水位。弧形闸门的支承铰应高于溢流水面，以免漂浮物堵塞。为了减小启门力，可使支承铰的高程与上游水位齐平或稍低。全部溢流孔口常备有1～2个检修闸门扇，供检修工作闸门之用。检修闸门与工作闸门之间应留有1～3m的净距，以便于检修。

2. 闸墩

闸墩在平面上的形状，应使水流平顺，减少对过水能力的影响。闸墩的长度，应满足工作桥、交通桥及启闭机等布置的要求。闸墩的高度取决于闸门和启闭机的形式，保证闸门开启后不影响泄水和闸门的固定。闸墩的厚度应满足稳定、强度和布置闸槽的要求。大型平板工作闸门的闸槽深0.7～2m，闸墩最薄处不应小于1～1.5m，因此闸墩的最小厚度为2～2.5m以上，最大可达4.5～5.0m。如果溢流坝的横缝设在闸墩中间，形成缝墩，厚度还要增加0.5～1.0m。通常闸墩需要配置受力钢筋，并将钢筋伸入坝体受压区内。

3. 边墩和导水墙

溢流坝两端的闸墩称为边墩。边墩向下游延伸成为导水墙。导水墙的长度视具体情况而定：采用挑流消能时，导水墙延伸至挑坎末端；采用底流消能时，要延伸到护坦末端；下游设有水电站时，导水墙延伸至厂房范围以外一定距离，以减轻下泄水流对电站尾水的影响。导水墙的顶高程应根据波动及掺气后的水面线加0.5～1.5m的超高确定。消力池两侧导水墙的顶高程，可根据跃后水深并适当考虑超高确定。如墙外河中有一定水深，可适当降低墙高，允许墙顶有不大的漫溢水头。

4. 坝顶桥梁

溢流坝坝顶根据设备布置、操作检修、交通和观测等要求设置工作桥和交通桥，如图2.35所示。桥梁宜采用装配式的钢筋混凝土结构，并应有足够的净空。

2.8.2 重力坝的分缝

2.2 ⊘

重力坝的分缝

为了防止坝体因温度变形和地基不均匀沉陷而产生裂缝、适应混凝土的浇筑能力和散热要求，在坝体内需要进行分缝。

在岩石地基混凝土重力坝上设置的缝可分为横缝、纵缝和水平施工缝三种。

2.8.2.1 横缝

横缝垂直于坝轴线布置，沿坝体的整个高度将坝体分成若干独立的坝段，以减少坝的纵向约束，控制裂缝的发生。横缝对坝体的安全运行并无影响，故一般是永久性的，又称为永久缝。横缝的间距由地形、地质条件、坝的高度和施工条件确定。混凝土重力坝横缝间距一般为15～20m，间距过大仍会产生裂缝，过小又无必要。缝宽一般为1～2cm。当坝内设有泄水孔或电站时，还应考虑泄水孔和机组间距；溢流坝段还应结合溢流孔口的尺寸进行布置，横缝设在闸墩中间时，应加大缝墩的厚度。

为防止漏水，永久缝内须设止水设备并充填有伸缩性的沥青麻絮以保证缝的宽度。横缝的构造如图2.36所示。根据坝的高度和重要性，横缝的构造可有不同的形式。止水片应能适应缝的张开或闭合，能保证长期工作，材料一般为紫铜片、不锈钢片，不太重要的部位也可采用铝片或镀锌铁片及塑料止水带和橡胶带。为了有可能在日后补强，常设置沥青井并在其中设置加热电极。

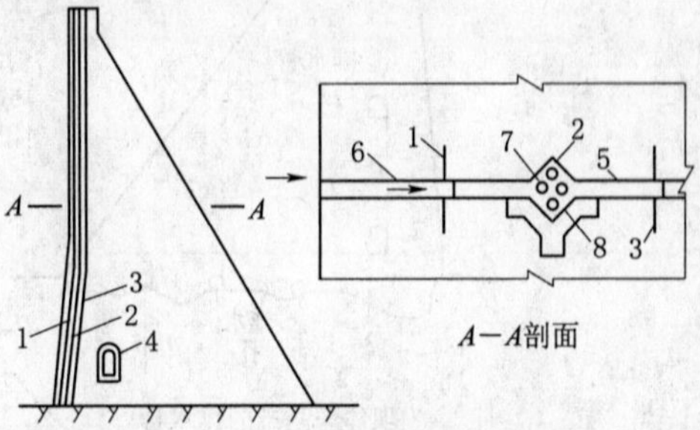

图2.36 横缝止水构造示意图

1—第一道止水铜片；2—沥青井；3—第二道止水片；4—廊道止水；5—横缝；6—沥青麻片；7—电加热器；8—预制混凝土块

2.8.2.2 纵缝

为适应混凝土的浇筑能力和施工期的混凝土散热要求而设置的临时缝，其布置如图2.37所示。纵缝在水库蓄水前，混凝土充分冷却后进行灌浆，使坝成为整体。纵缝间距一般为15～30m。中小型坝浇筑面积不大，可以不设纵缝。

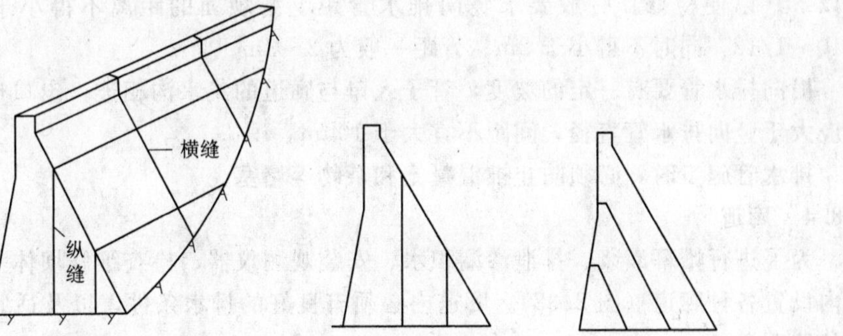

图2.37 重力坝的横缝及纵缝

2.8.2.3 水平施工缝

混凝土是自下而上分层浇筑的，在上下层浇筑块之间形成水平施工缝。水平层的厚度与施工能力、气候条件等因素有关，应用最多的是薄层浇筑法，层厚为1.5～3.0m。

2.8.3 坝体排水

坝体排水一般是在上游防渗层之后，沿坝轴线方向布置一排竖向排水管。透过坝面的渗水，大部分通过排水管汇集于设在廊道内的排水沟（管），再经横向排水沟（管）排出坝外。当廊道低于下游水位采用抽水方式降低扬压力时，可用水泵抽水排到下游，如图2.38所示。

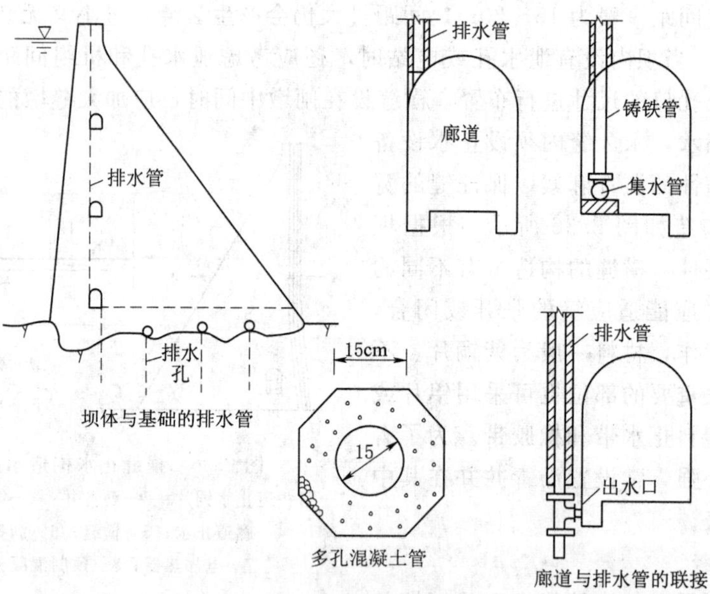

图 2.38　重力坝坝体廊道及排水示意图

排水管一般采用无砂混凝土管埋在坝内，管径为 15～25cm。竖向排水管应布置成垂直或接近垂直方向，不宜有弯头。排水管上端应尽量通至廊道或坝顶（或溢流坝面以下）以便检修。一般要求竖向排水管距上游坝面的距离不得小于坝前水深的 1/10～1/12，同时不得小于 2m。管距一般为 2～3m。

横向排水管要有一定的坡度，管子入口与廊道的集水沟相连，出口通向下游，直径应大于竖向排水管直径，间距不宜大于 100m。

排水管施工时，必须防止被混凝土和杂物等堵塞。

2.8.4　廊道

为了进行帷幕灌浆、排泄渗漏积水、安装观测仪器、检查维修坝体等需要，应在坝内设置各种廊道（图 2.38）。廊道内必须有良好的排水条件，以及适宜的通风和足够的照明设备。

2.8.4.1　基础灌浆廊道

在坝内靠近上游坝踵部位设基础（帷幕）灌浆廊道。为了保证灌浆质量，提高灌浆压力，上游侧距上游坝面不得小于作用水头的 0.05～0.1，且不得小于 4～5m；距基岩面不小于 1.5 倍廊道宽度，一般取 5m 以上。其断面尺寸应能满足安置和操作钻机的要求，一般宽为 2.5～3.0m，高为 3.0～4.0m。断面形状，一般采用上圆下方的标准廊道断面。廊道上游侧设排水沟，下游侧设排水孔及扬压力观测孔，在廊道最低处设集水井，以便自流或抽排坝体渗水。

灌浆廊道随坝基面由河床向两岸逐渐升高。坡度不宜陡于 45°，以便钻孔、灌浆及其设备的搬运。当两岸坡度陡于 45°时，基础灌浆廊道可分层布置，并用竖井连接。当岸坡较长时，每隔适当的距离设一段平洞，为了灌浆施工方便，每隔 50～100m 宜设置横向灌浆机室。

2.8.4.2　检查和排水廊道

为检查、观测和坝体排水的方便，一般沿坝高每隔 15～30m 设置一层。纵向廊道的上游侧距上游坝面的距离不应小于坝面作用水头的 0.07～0.1，且不得小于 3.0m。寒冷地区应适当加厚。各层廊道在两岸均应有进出口，并应设门。如廊道较长，沿廊道应每隔 200～300m 用竖井连通各层廊道。大型工程的高坝应设置 1～2 座电梯连通各层廊道。检查排水廊道的断面形状，一般也多采用上圆下方的标准廊道，如图 2.39 所示。廊道的最小宽度为 1.2m，最小高度为 2.2m。重力坝内部廊道布置如图 2.40 所示。

对于坝体断面尺寸较大的高坝，为了检查、观测和交通的方便，尚需另设纵向和横向的廊道。此外，还可根据需要设专门性廊道。

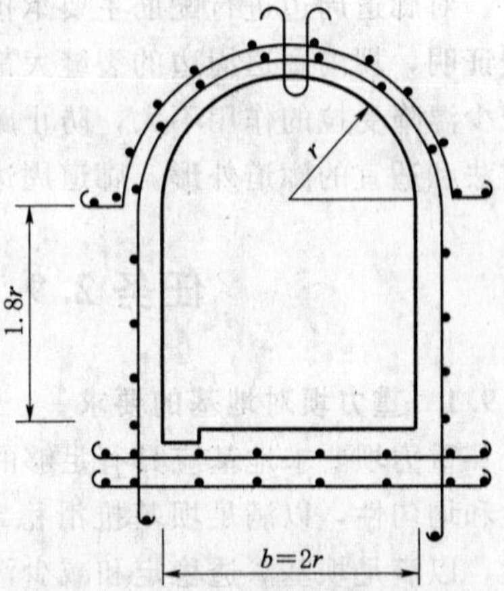

图 2.39　重力坝标准廊道断面

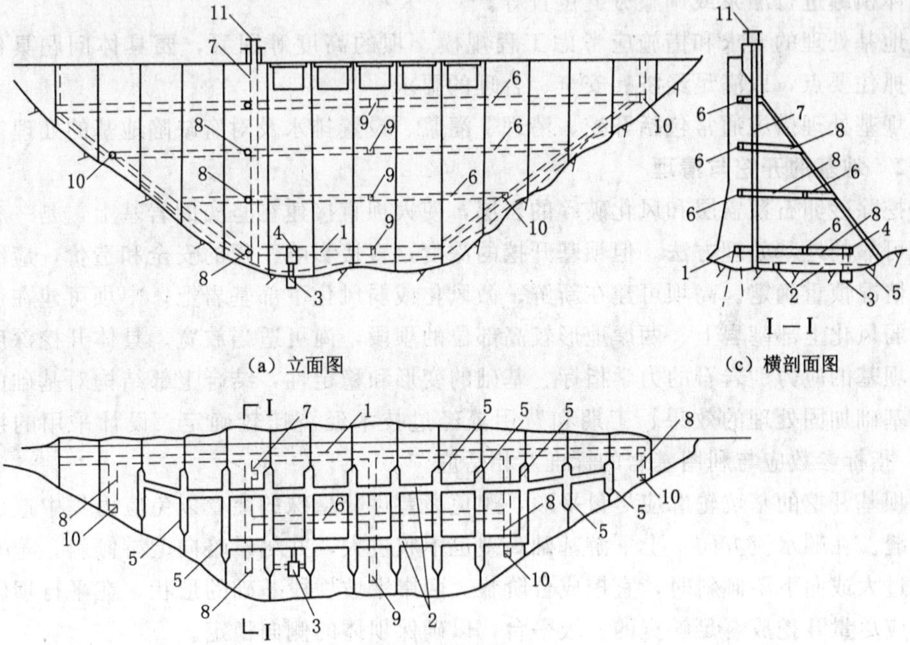

(a) 立面图　(c) 横剖面图　(b) 水平剖面图

图 2.40　重力坝坝内廊道系统示意图

1—坝基灌浆排水廊道；2—基面排水廊道；3—集水井；4—水泵室；5—横向排水廊道；6—检查廊道；7—电梯井；8—交通廊道；9—观测廊道；10—进出口；11—电梯塔

2.8.4.3　廊道的应力和配筋

廊道的存在破坏了坝体的连续性、改变了周边应力分布，其中廊道的形状、尺寸大小和位置对应力分布影响较大。

2.6 ▶
重力坝的构造

对廊道周边进行配筋主要承担拉应力和防止裂缝。但我国修建混凝土重力坝的实践证明，坝内廊道周边的裂缝大都是由于施工期表层混凝土受温降而产生。而钢筋对减少温降受拉的作用不大，防止廊道周边产生温度裂缝的措施主要应采用合理的施工方法和适宜的廊道外形。廊道周边是否需要配筋，应根据具体情况进行研究确定。

任务2.9 重力坝的地基处理

2.9.1 重力坝对地基的要求

重力坝要求地基应具有足够的强度，以满足坝基应力的要求；应具有足够的整体性和均匀性，以满足坝基抗滑稳定和减少不均匀沉陷的要求；应具有足够的不透水性，以满足坝基渗透稳定和减少渗漏的要求；应具有足够的抗浸蚀和抗风化的能力，以满足建筑物耐久性的要求。但是天然地基条件往往是很复杂的，必须通过适当的处理，才能达到上述要求。确定坝基处理方案时，应综合考虑基础与其上部结构之间的相互关系。必要时可调整上部结构形式，以适应基础条件。例如扩大坝体底部尺寸；对坝体横缝进行灌浆或调整分缝位置等。

地基处理的要求和措施应考虑工程规模、坝的高度等因素，要具体问题具体分析，抓住要点，以满足经济、安全、合理的要求。

坝基处理措施通常包括开挖、清理、灌浆、设置排水及对有缺陷地基的处理。

2.9.2 地基的开挖与清理

挖除砂卵石覆盖层和风化破碎的岩层，使大坝直接建在坚实的岩基上，是一种简单而可靠的地基处理方法。但坝基开挖的深度，直接影响工程的安全和造价，应结合具体情况慎重确定。高坝可建在新鲜、微风化或弱风化下部基岩上；中坝可建在微风化至弱风化上部基岩上。两岸地形较高部位的坝段，尚可适当放宽。具体开挖深度应根据坝基的应力、岩石的力学指标、基础的变形和稳定性，结合上部结构对基础的要求和基础加固处理的效果、工期和费用等经过技术经济比较确定。设计采用的抗剪（断）指标参数应与利用基岩的标准互相适应。

坝基开挖的基坑轮廓应尽量平顺，避免高差过分悬殊的突变以免应力集中造成坝体裂缝。在顺水流方向，上下游基础高差也不宜过大，并尽量略向上游倾斜。若基础高差过大或向下游倾斜时，宜挖成台阶状。两岸岸坡坝段基础的形状，在平行坝轴线方向应尽量开挖成有足够宽的分级平台，以确保坝体的侧向稳定。

坝基范围内埋藏不深的溶洞、溶蚀面和局部工程地质缺陷，如表层夹泥裂隙、严重风化区、节理密集带等均应挖除。对于深部岩溶等应根据基础受力扩散范围和防渗条件，研究处理方法。

为了保持基岩的完整性，避免爆破震裂，基岩应分层开挖。我国丹江口、葛洲坝在施工中采用预裂爆破，取得了良好经验。距设计开挖线0.5～1.0m的岩层，宜用手风钻钻孔，以小药量爆破。如岩石较软弱，也可以用人工借助风镐清除。开挖到设计线后，对基槽要进行彻底清理和冲洗，经验收合格后方可浇筑混凝土。遇到易风化的岩石时，应留0.2～0.3m的保护层，待浇混凝土时，随挖随浇以防风化。

2.9.3 地基的加固处理

为了减少岩石的开挖和回填混凝土的方量，可以对地基进行大面积的或局部的加固处理，以满足对地基的要求。

2.9.3.1 固结灌浆

当基岩的节理裂缝发育或较破碎而挖除困难或不经济时，可在坝基的较大面积范围内钻孔，进行低压浅层灌水泥浆加固地基，这种灌浆叫固结灌浆。它不仅能够改善基岩的强度和整体性，还能提高坝基表层岩石的不透水性。对于多缝隙而无其他缺陷的基岩，固结灌浆是加固地基的有效措施。当岩石裂缝中被夹泥等物充填时，必须在灌浆前将充填物冲洗干净。

固结灌浆孔布置成梅花形或方格形。孔距、排距一般为3～4m，在破碎区、帷幕灌浆区和应力较大部位可以密些。灌浆孔的深度一般为5～8m，局部应力较大处可适当加深。帷幕上游区域宜配合帷幕深度确定，一般采用8～15m。灌浆孔的方向一般垂直于基岩面，根据需要，也可打斜孔以保证灌浆效果。灌浆压力一般为100～400kPa，以不掀动岩石为限。为了保证灌浆质量，最好在基础面上浇筑一、二层混凝土后，再进行灌浆，这样可把灌浆压力提高到400～700kPa。

2.9.3.2 局部加固措施

当地基中存在断层破碎带和软弱夹层等局部缺陷时，需要进行专门的局部处理。否则可能由于局部地基承载能力低而使坝体产生应力集中、不均匀沉陷或滑动失稳。还可能沿破碎带发生大量漏水、管涌或增加坝基的扬压力。对于断层破碎带或软弱夹层的处理方法，通常是采用混凝土塞或拱进行加固，即挖除部分破碎带，然后回填以混凝土。其具体处理方式则根据破碎带与坝体的相对位置和倾角的陡缓而定。

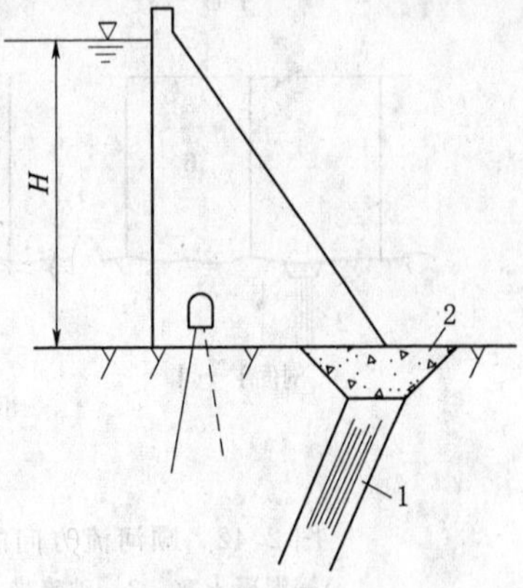

图2.41 平行于坝轴线的陡倾角断层破碎带
1—断层；2—混凝土

走向大致平行于坝轴线的陡倾角断层破碎带，如图2.41所示。这种情况对漏水影响不大，主要是改善其力学性能。对于宽度小于2～3m的断层破碎带，混凝土的厚度一般等于破碎带宽度的1～2倍，但不得小于1m。

混凝土塞的两侧可挖成1：1～1：0.5的斜坡，以便坝体的压力经过混凝土塞（或拱）传到两边完整的岩石上。

顺河流方向的陡倾角断层破碎带如图2.42（a）所示。这种情况，除沿破碎带设置水平混凝土塞改善应力性能外，还应在破碎带与防渗帷幕线交点处，设置近似垂直而较深的混凝土塞，在其下接防渗帷幕。

缓倾角破碎带如图2.42（b）所示。这种情况同时存在强度、防渗和滑动问题，除应加厚表层混凝土塞外，还应考虑其下面埋深部位对沉陷和稳定的影响。一般是沿破碎带开挖若干个斜井和平洞，然后用混凝土回填密实。封闭破碎物，形成一组框格形的支承系统，兼有防渗、抗滑和提高承载能力防止过大沉陷的作用。

2.9.4　地基防渗处理——帷幕灌浆

为了减小坝底的渗透压力，防止渗透破坏和减少漏水，坝基及两岸均应进行防渗处理。最常用的防渗方法是进行帷幕灌浆，即在坝踵附近钻孔，进行深层高压灌水泥浆，充填基岩裂缝等渗水通道，形成一道垂直的防渗帷幕，如图 2.43 所示。经过论证，也可采用混凝土齿墙、防渗墙或水平防渗铺盖等措施。用灌浆帷幕防渗时，需要确定帷幕的深度、厚度和伸入两岸的范围。

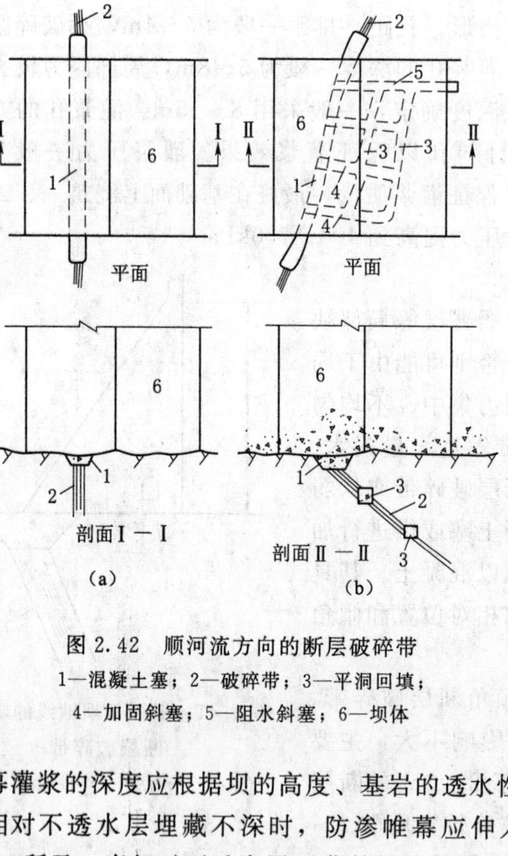

图 2.42　顺河流方向的断层破碎带

1—混凝土塞；2—破碎带；3—平洞回填；4—加固斜塞；5—阻水斜塞；6—坝体

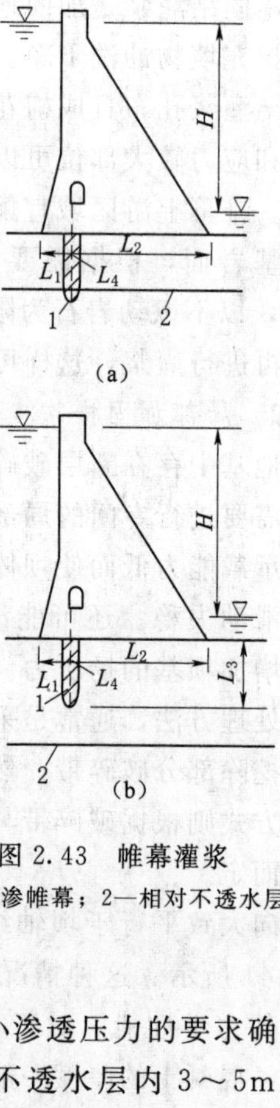

图 2.43　帷幕灌浆

1—防渗帷幕；2—相对不透水层

帷幕灌浆的深度应根据坝的高度、基岩的透水性和减小渗透压力的要求确定。若坝基下相对不透水层埋藏不深时，防渗帷幕应伸入相对不透水层内 3～5m，如图 2.43（a）所示。当相对不透水层埋藏较深，帷幕与其连接有困难或不经济时，可将帷幕延伸到一定深度成为悬挂式帷幕，如图 2.43（b）所示。此时，帷幕深度应根据设计采用的剩余水头系数 a 来确定，一般可在 0.3～0.7 倍坝高范围内选用。

帷幕厚度 L_4 应当满足抗渗稳定的要求，即帷幕内的渗透坡降应小于容许的渗透坡降 $[J_c]$。防渗帷幕厚度应以浆液扩散半径组成区域的最小厚度为准，厚度与排数有关，中高坝可设两排以上，低坝设一排，多排灌浆时一排必须达到设计深度，两侧其余各排可取设计深度的 1/3～1/2。孔距一般为 1.5～4.0m，排距宜比孔距略小。还可以在上游坝踵处加一排补强。

防渗帷幕伸入两岸的范围，应由河床向两岸延伸一定距离，与两岸不透水层衔接起来，形成一道从左到右、从上到下的完整防渗帷幕，如图 2.44 所示。当两岸相对不透水层较深时，可将帷幕伸入原地下水位线与最高库水位交点（图中 B 点）以内。在最高库水位以上的岸坡可设置排水孔以降低地下水位，增加岸坡的稳定性。

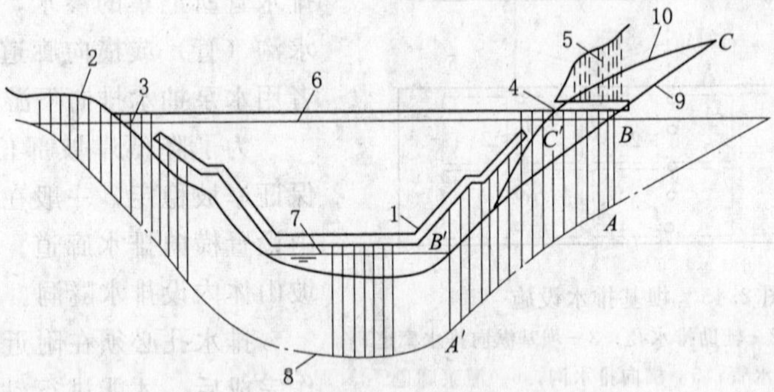

图 2.44　帷幕深入两岸的范围

1—灌浆廊道；2—山坡钻进；3—坝顶钻进；4—平洞内钻进；5—排水孔；6—最高库水位；7—原河水位；8—相对不透水层；9—原地下水位线；10—蓄水后地下水位线

帷幕灌浆的压力在不破坏岩体的原则下，尽量使用较高的压力，以便使浆液能压入岩石中大小缝隙内，保证帷幕的不透水性。具体压力的大小，应通过现场试验确定。通常在帷幕表层段不宜小于 1～1.5 倍坝前静水压强，在孔底段不宜小于 2～3 倍坝前静水压强。为了能够采用较大的灌浆压力，帷幕灌浆必须在浇筑一定厚度的坝体混凝土作为盖重后进行。某灌浆层的灌浆压力可按等于或小于该层以上的岩石和盖重之和进行估算。

钻孔的方向一般为铅锤向，必要时可有一定的倾斜度，以便穿过更多的裂缝。但倾角不宜过大，以便于施工，一般应在 10°以下。

2.9.5　坝基排水

一般情况下，在防渗帷幕的下游侧设置排水设施，可以有效降低坝基渗透压力。当地基的透水性与帷幕的透水性相差很小时，则帷幕防渗的作用不大，坝基排水将是降低渗透压力的主要措施。这时可不设帷幕灌浆，只设排水孔。对于坝基条件差、透水性强的基础，排水的作用不显著，且易产生管涌，经研究论证后也可不设坝基排水，而只设灌浆帷幕进行防渗。

坝基排水设施，一般是在平行于坝轴线方向设一排主排水孔，形成一道排水幕。对于能充分利用排水作用的坝基，除设主排水孔外，尚应设辅助排水孔和基面排水廊道或排水管，如图 2.45 所示。

主排水孔的位置，一般设在基础灌浆廊道内防渗帷幕下游 2～4m 范围内。孔距 2～3m。孔深为防渗帷幕深的 0.4～0.6 倍，高、中坝不应小于 10m。当基础内有裂缝承压水层、较大的深层透水区以及存在滑动面时，除加强防渗措施外，排水孔应穿过这些部位。排水孔幕一般略向下游倾斜，与帷幕成 10°～15°交角。

辅助排水孔的位置，一般设在基础纵向排水廊道内，孔距一般 3～5m。孔深一般

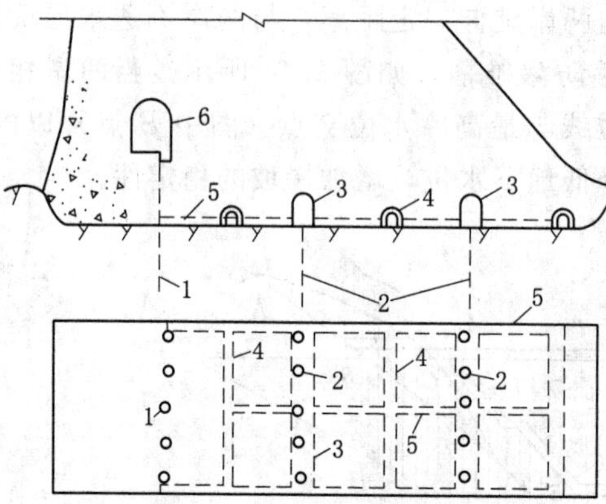

图 2.45　坝基排水设施

1—主排水孔；2—辅助排水孔；3—坝基纵向排水廊道；4—半圆形排水管；5—横向排水沟；6—灌浆廊道

6～12m。高坝可设2～3 排，中坝可设 1～2 排。

排水孔的孔径不宜过小。以免堵塞，一般为 15～25cm 排水孔和基面排水管所汇集的渗水，一般由横向排水沟（管）或横向廊道排入下游，或者用水泵抽水排向下游。

为了降低岸坡部位的渗透压力，保证岸坡稳定，一般在岸坡段的坝体内设置横向排水廊道。必要时可在岸坡山体内设排水隧洞。

排水孔必须在附近地区的灌浆工作完成后，才能进行钻孔。否则，排水孔可能会被浆液堵塞，降低排水效果。

2.7 重力坝的地基处理

思　考　题

1. 重力坝的工作原理是怎样的？工作特点有哪些？
2. 重力坝的类型有哪些？
3. 重力坝的主要荷载有哪些？如何计算？
4. 简述重力坝的设计过程。
5. 简要说出抗剪强度公式和抗剪断公式的优缺点。提高重力坝抗滑稳定性的措施有哪些？
6. 重力坝有哪些构造组成？各部分有哪些作用？
7. 溢流重力坝剖面由哪几部分组成？
8. 溢流重力坝作用是什么？
9. 溢流坝消能方式有哪些？
10. 重力坝底孔的作用有哪些？
11. 重力坝的材料如何分区？分哪几个区？为什么？
12. 重力坝地基处理的措施有哪些？

项目3 拱 坝

学习目标：

（1）能说明拱坝的工作原理及其特点。

（2）能阐述拱坝对地形地质条件的要求，能说清拱坝的类型、布置过程、拱坝的泄洪及地基处理基本内容。

（3）能说清拱坝的荷载组合和计算方法、温度荷载的概念。

学习重点：

（1）拱坝的类型和构造。

（2）拱坝坝身泄水方式及地基处理方式。

学习难点：

拱坝荷载组合与计算方法。

任务3.1 拱 坝 概 述

拱坝是固接于基岩的空间壳体结构，在平面上呈凸向上游的拱形，其拱冠剖面呈竖直的或向上游凸出的曲线形。坝体结构既有拱的作用又有梁的作用，其承受的荷载一部分通过拱的作用压向两岸，另一部分通过竖直梁的作用传到坝底基岩，以达到维持坝体稳定的目的。

3.1.1 拱坝的发展概况与工程实例

人类修建拱坝有着悠久的历史，现在发现的最古老拱坝遗址是古罗马时期建于法国南部的鲍姆拱坝，坝高约12m。13世纪伊朗修建的库力特拱坝，高达60m，这个纪录一直保持到20世纪初。早期的拱坝建设没有理论指导，只是通过实践积累的经验，摸索前进。随着拱坝结构分析方法的提出，才使拱坝建设得到飞速发展。20世纪二三十年代，美国开始大规模修建较高的拱坝，于1936年建成了高221m的胡佛重力拱坝，并对大体积混凝土的温度控制进行了系统研究。1935年法国著名的坝工专家柯因设计了世界上第一座既有水平曲率又有竖向曲率的双曲拱坝——马立奇拱坝(坝高90m)。1939年，意大利建成了高75m，设有垫座及周边缝的奥·西列塔薄拱坝。第二次世界大战后，高拱坝建设在意大利、西班牙、瑞士、法国、美国等国家取得了更快的发展，建成了一系列著名的拱坝，如莫瓦桑拱坝（高236m）、瓦依昂拱坝(高262m)，第一座抛物线拱坝——埃默森拱坝，第一座椭圆拱坝——莱图勒斯拱坝等。

中华人民共和国成立以来，我国在拱坝建设上取得了很大的进展。据不完全统计，全世界已建成的坝高大于 30m 的拱坝共 1111 座。其中，中国有 528 座，占 48%。截至 2020 年，我国已建成的坝高大于 100m 的混凝土拱坝 22 座，高于 70m 的混凝土拱坝 46 座，高于 70m 的砌石拱坝 20 余座。目前，我国已建成的最高拱坝是四川省的锦屏一级拱坝，高 305m；最高的重力拱坝是青海省的龙羊峡拱坝，坝高 178m；最薄的拱坝是广东省的泉水双曲拱坝，高 80m。为适应不同的地质条件和布置要求，我国还修建了一些特殊形式的拱坝，如湖南省的凤滩拱坝，采用了空腹形式；贵州省的窄巷口水电站，将拱坝修建在拱形支座上，以跨过河床的深厚砂砾层。我国的拱坝建设正在快速发展，一批高拱坝已陆续开工建设或已建成使用，如小湾拱坝（坝高 292m）、溪洛渡拱坝（坝高 278m）、白鹤滩拱坝（坝高 277m）等。

1. 锦屏一级水电站

锦屏一级水电站大坝是目前世界最高的双曲拱坝——坝高 305m。锦屏一级水电站位于四川省凉山彝族自治州木里县和盐源县交界处的雅砻江大河湾干流河段上，距河口 358km，距西昌市宜线距离约 75km，是雅砻江干流下游河段的控制性水库梯级电站。

雅砻江是金沙江的最大支流，发源于青海省玉树市境内巴颜喀拉山南麓，自西北向东南至呷依寺附近进入四川境内，经甘孜、凉山两州，在攀枝花市的倮果注入金沙江。雅砻江从河源至江口，干流全长 1570km，流域面积约 13.6 万 km^2，天然落差高达 3830m，蕴藏水能资源丰富，是罕有的绿色能源“宝库”。其中两河口以下至江口是我国能源发展规划的十二大水电基地之一，是规划的“西电东送”重要电源基地。

锦屏一级水电站前期勘测设计工作始于 20 世纪 50 年代。可行性研究报告于 2003 年 11 月通过国家发展改革委审查，2003 年 12 月国务院正式批准立项。2005 年 9 月 8 日锦屏一级水电站通过国家开工核准。2005 年 11 月 12 日正式开工，2012 年首台机组投产发电，2014 年全部建成，总工期 9 年零 3 个月。锦屏一级水电站静态总投资 196.81 亿元，动态总投资 245.79 亿元，是同类大型水电站中淹没损失最小的项目之一。锦屏一级电站建成后，将送电四川、重庆和华东地区，为地区经济的发展提供能源保障。

锦屏一级水电站总装机容量 360 万 kW，年均发电量 166.2 亿 kW·h。电站主要由拦河坝、右岸泄洪洞、右岸引水发电系统及开关站等组成，拦河坝为混凝土双曲拱坝，最大坝高 305m，为世界第一高坝。电站总库容 77.65 亿 m^3，调节库容 49.1 亿 m^3。水库正常蓄水位 1880m，死水位 1800m，正常蓄水位以下库容 77.6 亿 m^3，调节库容 49.1 亿 m^3，属年调节水库，对下游梯级电站的补偿效益显著。一级电站施工导流采用全年断流围堰、隧洞导流方案，左右岸各布置一条长度约 1200m、断面为 15m×19m 导流洞。

电站地处地质灾害频发的深山峡谷地区，地质条件复杂，工程规模巨大，技术难度高。水电站大坝工程设计具有“三不对称”特点，即坝址地形不对称、坝址两岸地质条件不对称、拱坝体型及应力不对称；施工条件具有“四高一深”特点，即高山峡谷、高边坡、高地应力、高压大流量地下水及深部裂隙。在工程建设过程中，经过中国水利人的不懈努力和探索，这些问题都一一解决，为我国拱坝的建设提供了大量的成功经验。

2. 溪洛渡水电站双曲拱坝

溪洛渡水电站是一座以发电为主，兼有防洪、拦沙和改善下游航运条件等巨大综合效益的工程。溪洛渡电站装机容量1260万kW，目前位居世界第三。溪洛渡水电站工程是长江防洪体的重要组成部分，是解决川江防洪问题的主要工程措施之一。通过水库合理调度，可使三库区入库含沙量比天然状态减少34%以上。由于水库对径流的调节作用，将直接改善下游航运条件，水库区亦可实现部分通航。

溪洛渡水电站枢纽由拦河坝、泄洪、引水、发电等建筑物组成。拦河坝为混凝土双曲拱坝，坝顶高程610m，最大坝高278m，坝顶中心线弧长698.09m；左右两岸布置地下厂房，各安装9台单机容量70万kW·h的水轮发电机组，年发电量为571亿～640亿kW·h。溪洛渡水库正常蓄水位600m，死水位540m，水库总容量126.7亿m^3，调节库容64.6亿m^3，可进行不完全年调节。溪洛渡工程于2003年开始筹建，2005年底主体工程开工，2015年竣工投产，总工期13年。

3.1.2 拱坝的特点

1. 稳定特点

坝体的稳定主要依靠两岸拱端的反力作用，不同于重力坝依靠自重来维持稳定。因此拱坝对坝址的地形、地质条件要求较高，对地基处理的要求也较为严格。1959年12月，法国马尔巴塞拱坝溃决，就是由于左坝肩失稳造成拱坝破坏最为严重的一例。所以，在设计与施工中，除考虑坝体强度外，还应十分重视拱坝坝肩岩体的抗滑稳定和变形。

2. 结构特点

拱坝属于高次超静定结构，超载能力强，安全度高，当外荷载增大或坝的某一部位发生局部开裂时，坝体的拱和梁作用将会自行调整，使坝体应力重新分配。国内外拱坝结构模型试验成果表明，拱坝的超载能力可以达到设计荷载的5～11倍。意大利的瓦依昂拱坝，坝高262m，建成后两年多的时间，库区左岸发生大面积滑坡，2.7亿m^3的滑坡体以25～30m/s的速度滑入水库，产生的涌浪越过坝顶，右岸涌浪超过坝顶260m，左岸涌浪超过坝顶100m，致使2600人丧生，水库因淤满而报废。但拱坝仅在左岸坝顶略有损坏，可见拱坝的超载能力是很强的。迄今为止，几乎没有拱坝因坝身出现问题而失事。

拱坝是整体空间结构，坝体轻韧，弹性较好，工程实践表明，其抗震能力也很强。1999年9月21日，我国台湾南投县发生7.3级强烈地震，坝高181m的德基拱坝坝址处的水平向地震加速度达$0.4g$～$0.5g$。震后，坝体总体状态良好，未发现新的裂缝，老裂缝亦无恶化现象。

另外，由于拱是一种主要承受轴向压力的推力结构，拱内弯矩较小，应力分布较为均匀，有利于发挥材料的强度。拱的作用利用得越充分，混凝土或砌石材料抗压强度高的特点就越能充分发挥，从而可以减薄坝体厚度，节省工程量。拱坝的体积比同一高度的重力坝节省1/3～2/3，从经济意义上讲，拱坝是一种很优越的坝型。

3. 荷载特点

拱坝坝身不设永久伸缩缝，温度变化和基岩变形对坝体应力的影响比较显著。设计时，必须考虑基岩变形，并将温度作用列为一项主要荷载。

实践证明，拱坝不仅可以安全溢流，而且可以在坝身设置单层或多层大孔口泄水。目前，坝顶溢流或坝身孔口泄流的单宽泄量部分工程已达 $200m^3/s \cdot m$ 以上。

3.1.3 拱坝的分类

拱坝的分类方法很多，但按照不同分类理念，拱坝的分类情况如下。

1. 按坝的高度 H 划分

按坝高不同，可以将拱坝分为三种：①低坝，即坝高 $H<30m$ 的拱坝；②中坝，即坝高 $30m<H<70m$ 的拱坝；③高坝，即坝高 $H>70m$ 的拱坝。

2. 按拱坝坝顶中心角划分

按照拱坝坝顶中心角来划分，可分为一般弯曲程度拱坝和扁平（扁薄）拱坝。一般弯曲程度拱坝的坝顶中心角多为105°～125°，扁平拱坝的坝顶中心角多为60°～80°。

3. 按水平拱圈形式划分

按水平拱圈的形式可分为以下五种：①单圆心拱；②多心拱（二心、三心、四心等）；③抛物线拱；④椭圆拱；⑤对数螺旋线拱。水平拱圈的形式如图 3.1 所示。

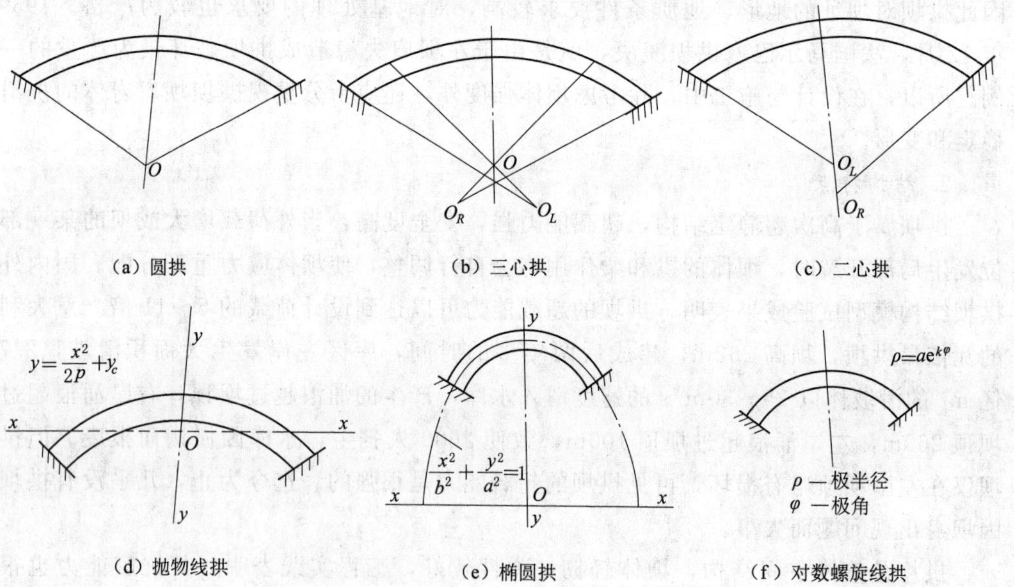

图 3.1 水平拱圈的形式

水平拱圈以单圆心拱最为常用。合理的拱圈形式应当是压力线（拱圈各截面上外力的合力作用点的连线）接近拱轴线，使拱截面内的压应力分布趋于均匀。在河谷狭窄而对称的坝址，水平荷载大部分靠拱的作用传到两岸，采用圆弧拱圈，在设计和施工上都比较方便。但从水平荷载在拱梁系统的分配情况看，拱所分担的水平荷载并不是沿拱圈均匀分布，而是从拱冠向拱端逐渐减小。因此，为改善拱圈的受力条件，并考虑到坝肩岩体的抗滑稳定，最合理的拱圈形式应是变曲率、变厚度、扁平的。因此，对建在较宽河谷中的拱坝或者峡谷中较高的拱坝，拱圈形式已由早期的单心圆拱向多心圆拱、抛物线拱、椭圆拱、对数螺旋线拱等多种形式发展。

4. 按厚高比 T/H 划分

按厚高比 T/H 数值，可将拱坝分为：①薄拱坝，$T/H<0.2$；②中厚拱坝，$T/H=0.2\sim0.35$；③厚拱坝（或重力拱坝），$T/H>0.35$。

5. 按中心角和半径沿高度变化划分

按中心角和半径 R 沿高度变化可分为定圆心定半径拱坝、等中心角拱坝和变中心角变半径拱坝三种。定圆心定半径拱坝是拱坝轴线的圆心和半径固定或基本固定，如我国的龙羊峡拱坝等。等中心角拱坝是指大坝从坝顶到坝底，有相等或基本相等的中心角（或矢跨比）的拱坝，如美国的萨尔曼河拱坝等，如图3.2所示。变中心角变半径拱坝是指各高程中心角和半径均有一定程度变化的拱坝，一般是随着高度从坝顶或某一高程向下，中心角（或矢跨比）变小，如我国的石门拱坝等，如图3.3所示。

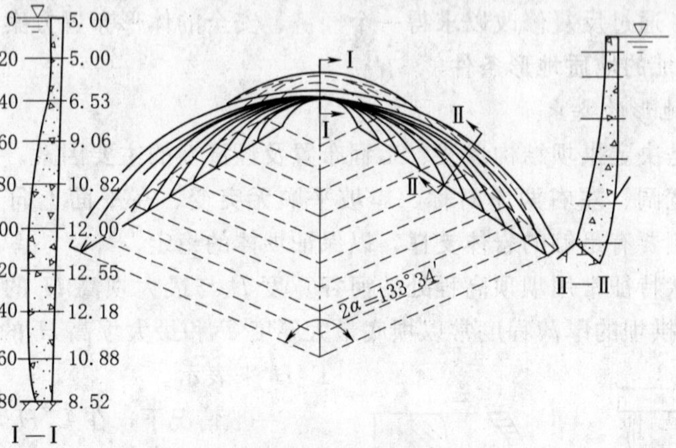

图3.2 等中心角拱坝（单位：m）

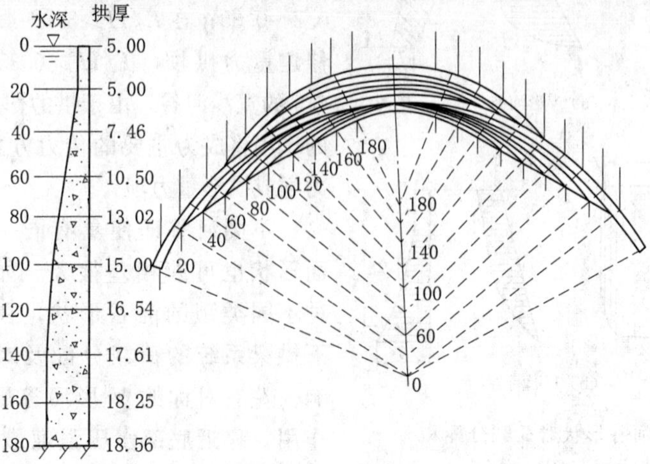

图3.3 变中心角变半径拱坝（单位：m）

6. 按拱坝垂直向曲率划分

在垂直方向上坝面无曲率或基本没有曲率的拱坝称单曲拱坝；在垂直方向上坝面有曲率的拱坝称双曲拱坝。到目前为止，中国已建成坝高在 70m 以上的混凝土双曲拱坝有 20 余座，如锦平一级水电站的拱坝（坝高 305m）等。

7. 按坝身结构形式划分

按坝身结构形式可划分为：①一般拱坝（单曲、双曲拱坝）；②混合型拱坝（隔河岩拱坝、乌江渡拱坝）；③上拱下部支墩式拱坝（蒙弗特拱坝）；④空腹拱坝（凤滩混凝土空腹重力拱坝）；⑤多层拱坝（法国玛雷琪拱坝）；⑥拱上拱坝（窄巷口混凝土拱坝）；⑦预应力拱坝；⑧垫座拱坝。

3.1 拱坝概述

任务 3.2 拱坝的体型与布置

拱坝的平面、立面布置是根据所选定坝址的地形、地质、枢纽布置、运用要求、施工等条件，选择拱坝体形，拟定坝体尺寸，进行拱坝布置，然后经应力分析和坝肩岩体稳定分析，通过反复修改以求得一个经济、安全的体形布置方案。

3.2.1 拱坝坝址的地质地形条件

1. 拱坝对地形的要求

地形条件是决定拱坝结构形式、工程布置及经济性的主要因素。理想的地形是坝址的上游较为宽阔、左右两岸对称、岸坡平顺无突变、在平面上向下游收缩的峡谷段。坝段下游侧要有足够的岩体支撑，以保证坝体的稳定。

河谷的形状特征常用坝顶高程处的河谷宽度 L 与最大坝高 H 的比值，即宽高比 L/H 来表示。拱坝的厚薄程度常以坝底最大厚度 T 和最大坝高 H 的比值，即厚高比 T/H 来表示。

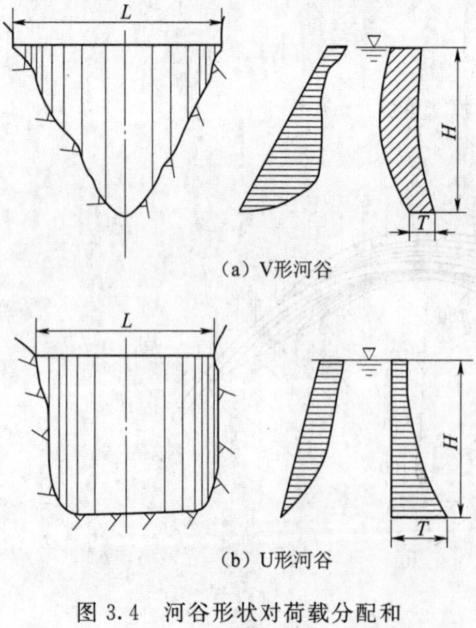

图 3.4 河谷形状对荷载分配和坝体剖面的影响

一般情况下，在 $L/H<1.5$ 的深河谷可以修建薄拱坝，$T/H<0.2$；在 $L/H<1.5\sim3.0$ 的稍宽河谷可以修建中厚拱坝，$T/H=0.2\sim0.35$；在 $L/H>3.0\sim4.5$ 的宽河谷可以修建重力拱坝，$T/H>0.35$；而在 $L/H>4.5$ 的宽浅河谷，由于拱的作用已经很小，梁的作用将成为主要的传力方式，一般修建重力坝或拱形重力坝。

不同河谷即使具有同一宽高比，其断面形状也可能相差很大。如图 3.4 所示两种不同类型的河谷形状，在水压荷载作用下拱梁系统的荷载分配及对坝体剖面的影响。左右对称的 V 形河谷最适于发挥拱的作用，靠近底部水压强度最大，但拱跨短，所以底拱厚度仍可较薄；U 形河谷靠近底部拱的作用显著降低，大部分荷载由梁的作用来承担，故厚度较大；梯形河谷的情况介于两者之间。

2. 拱坝对地质的要求

地质条件是拱坝建设中的一个重要问题，甚至是坝址选择的关键。河谷两岸的基岩必须能承受由拱端传来的推力，且需要在任何情况下都能保持稳定，不致危及坝体的安全。

因此，修建拱坝的最理想地质条件是：基岩坚硬致密，质地均匀，有足够的强度、不透水性和耐久性；两岸坝座附近河岸边坡稳定、整体性好，没有大的断层构造和软弱夹层，在荷载作用下不产生大的压缩变形。

任何一个坝址，由于地质等自然因素，基岩总会存在这样那样的不连续面，如断层带、剪切带、节理裂隙密集带、软弱岩石夹层、软弱风化破碎带等，要完全避开这些不连续面往往不可能。一方面要力求把拱坝和枢纽中的重大建筑物选择在不连续面尽量小、数量尽量少的坝址；另一方面要在查明工程地质条件的基础上，采取妥善的措施处理好各种地质缺陷。

3.2.2 拱坝体型的确定

3.2.2.1 拱圈中心角的选取

1. 根据坝身应力和经济方面的要求选择中心角

对于一定宽度的河谷，拱中心角越大，拱圈厚度越小，材料的强度越能得到充分的利用，因而适当加大中心角对拱坝是有利的。但加大中心角会使拱圈的弧长增加，这样又会极大地增加工程量，同时从坝体稳定的角度考虑，过大的中心角将使拱轴线与河岸基岩等高线间的交角过小，以致拱端推力过于趋向岸边，不利于坝肩岩体的稳定。因此拱顶角一般为105°～125°。

顶拱中心角的取值要考虑多种因素，综合确定。U形河谷，由于拱坝上、下部河宽没有实质性变化，结合其他要求，数值可以取下一些。V形河谷，由于上、下部河谷宽度变化大，宜选用较大值。梯形河谷介于两者之间。对于单曲拱坝，为使中下部拱圈有较好的中心角，拱顶中心角宜选大值；对于双曲拱坝，相对于单曲拱坝可以取小值。但一般按照基岩条件较好的情况下，选用较大中心角的原则进行。

2. 按坝肩稳定与安全要求选择中心角

从坝肩稳定的角度出发，拱坝最优的中心角为60°～90°，多为60°～80°。

综上所述，中心角的大小直接影响到应力条件、工程造价和坝肩岩体的稳定。当中心角较大时，拱圈应力条件较好，坝体工程量也较小，但拱端处的推力会更接近于平行河岸，对坝头稳定不利。因此，选择中心角时，应当是在满足坝肩稳定条件下，尽量加大中心角，保证坝体力学工作条件，使坝体体积最小。

我国《混凝土拱坝设计规范》（SL 282—2018）规定，水平拱圈最大中心角应根据稳定、应力、工程量等因素综合确定，拱顶中心角采用75°～110°；而在坝的底部，由于拱实际作用不大，拱中心角可适当减小。

3.2.2.2 拱坝体形选择

拱坝体形应根据坝址河谷形状、地质条件、拱座稳定、坝体应力、泄洪布置、施工条件等因素进行综合选择。

1. 从河谷剖面形状出发选择拱坝体形

(1) V形河谷。由于V形河谷高、中、低部跨度变化过大，需采用等角拱坝或双曲拱坝，以获得良好的工程布置。在这种河谷中，如采用单曲拱坝，必然要加大坝体中下部厚度，使开挖量剧增，很不经济。

(2) U形河谷。由于U形河谷高、中、低部的河谷宽度差别不大，无论从对坝体的应力或从对坝肩的稳定来说，采用定心定径拱坝或单曲拱坝都可获得良好的大坝和坝肩工作状态，没有必要再在垂直曲率上做文章。对窄一点的U形河谷，一般采用单圆心拱形。对宽一点的U形谷，考虑到拱向刚度、拱坝推力角等因素，可采用三心拱、抛物线拱等非圆拱形。

(3) 梯形河谷。梯形河谷的特点是其底部具有一定甚至相当的宽度，不像U形河谷岸坡常在70°或80°以上，而且它的河谷总宽度一般都比前两种大。鉴于此，要获得全部高程或主要高程内比较理想的拱圈，梯形河谷仍需采用双曲拱坝。

梯形河谷岸坡比较陡时，几乎接近于U形谷；河谷底宽较小时，几乎接近于V形河谷。对这两种情况，应分别采用接近于单曲拱坝和接近于双曲拱坝的坝型。总之，拱坝体形应随河谷情况的不同而渐变。

(4) 不对称河谷。当坝址的河谷对称性较差时，坝体的水平拱可设计成不对称的拱，或者采用其他措施。

(5) 河谷形状不规则或者有局部深槽。当河谷形状不规则或者有局部深槽时，可设计成有垫座的拱坝。

2. 从垂直断面形状出发选择拱坝体形

拱坝的垂直剖面形状（一般以拱冠剖面为代表）有多种多样，但不外乎两类，一类是垂直剖面内坝面曲率为0，这种拱坝称为单曲拱坝；另一类是垂直剖面内坝面曲率不为0，这种拱坝由于水平、垂直两向均有曲率而称为双曲拱坝。

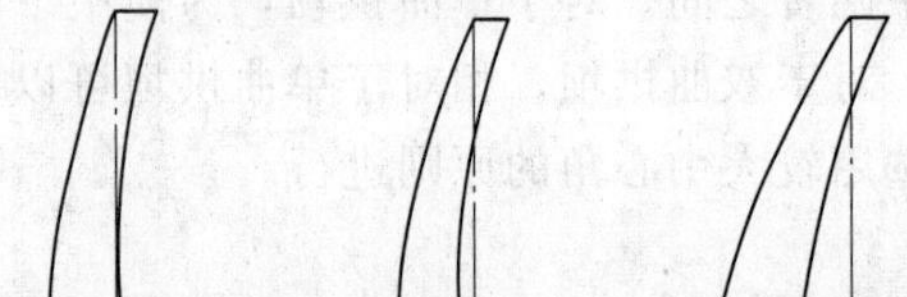

(a) 前倾　(b) 一般　(c) 后倒

图3.5 双曲拱坝拱冠剖面

(1) 单曲拱坝。单曲拱坝在U形河谷中造价经济。这种拱坝一般都有一个直立的筒形参考面，而且常常是上游面，体形简单，便于设计、施工，泄水、引水布置方便，在一定程度上具有重力坝泄放大流量比较方便可靠的优点。

(2) 双曲拱坝。双曲拱坝的拱冠剖面有多种多样，但可归纳为三种，如图3.5所示。

图3.5(c)所示为后倒双曲拱坝，即拱冠梁往下游倾倒，两侧悬臂梁基本直立；图3.5(a)所示为前倾双曲拱坝，即拱冠梁有垂直曲率并向上游倾斜，而两侧悬臂梁向上游倾斜较大；图3.5(b)所示为中间状态，即拱冠梁前倾或后倒不明显但有垂直曲率的一般双曲拱坝，这种拱坝两侧悬臂梁略向前倾。

双曲拱坝梁呈弯曲形状，兼有垂直拱的作用，垂直拱在水平拱的支撑下，将有更多的水荷载传至坝肩；垂直拱在水荷载作用下上游面受压，下游面受拉，而在自重作用下刚好相反，因此应力状态得到改善，材料强度得到充分发挥，坝身泄水更易解决，抗震性和经济性好。

3.2.2.3 拱坝体形设计

拱坝布置应根据坝址地形、地质、水文等自然条件及枢纽综合利用要求统筹布置，在满足稳定和建筑物运用的要求下，通过调整拱坝的外形尺寸，使坝体强度得到充分发挥，控制拉应力在允许范围之内，而使坝体工程量最小。

1. 确定坝顶高程

按照《混凝土拱坝设计规范》（SL 282—2018）规定进行，与重力坝的坝顶高程计算方法相同，这里不再赘述。坝顶高程（不考虑防浪墙）不得低于水库最高静水位(校核洪水位)。

2. 绘制可利用基岩面等高线地形图

根据坝址地形图、地质图和地质查勘资料，定出开挖深度，画出可利用基岩面等高线地形图，一般在该图上进行拱坝的剖面和平面布置。

3. 确定坝轴线位置和坝顶中心角

在可利用基岩面等高线地形图上，确定顶拱轴线的位置。在实际工程中常以顶拱外弧线作为拱坝的轴线。如果是圆拱，顶拱轴线的半径可用 $R_{轴}=(0.6\sim0.8)L_1$，L_1 为坝顶高程处两拱端可利用基岩面的直线距离。按上述半径在透明纸上绘制坝轴线，并在可利用基岩面等高线地形图上移动调整位置，尽量使拱轴线与基岩等高线在拱端处的夹角不小于30°，并使两端夹角大致相等，进而确定坝轴线的位置。在此基础上，再调整确定中心角。为此，在地形图上可按选定的半径、中心角、坝顶高程及顶拱厚度画出顶拱的平面布置图。

4. 确定拱冠梁剖面的位置

拱冠梁通常位于河谷开挖后的最深部位。如果河谷对称或基本对称，其位置往往取于河床中部；很不对称的河谷，可适当偏移。

5. 拱冠梁顶厚与底厚尺寸初步拟定

拱冠梁的厚度尺寸可根据我国《水工设计手册》建议的公式初步拟定：

$$t_c=\frac{2\Phi_c}{\pi}\sqrt{\frac{3R_f}{2E}}\cdot R_{轴} \tag{3.1}$$

$$t_b=\frac{0.7Lh}{[\sigma]} \tag{3.2}$$

$$t_{0.45h}=\frac{0.385hL_{0.45h}}{[\sigma]} \tag{3.3}$$

式中 t_c、t_b、$t_{0.45h}$——拱冠梁顶厚、底厚和 $0.45h$ 高度处的厚度，m；

Φ_c——顶拱的半中心角，rad；

$R_{轴}$——顶拱中心线的半径，m；

R_f——混凝土的极限抗压强度，kPa；

E——混凝土的弹性模量；

L——两岸可利用基岩面间河谷宽度沿坝高的平均值，m；

h——拱冠梁的高度，即最大坝高，m；

$[\sigma]$——坝体混凝土的容许压应力，kPa；

$L_{0.45h}$——拱冠梁 0.45h 高度处两岸可利用基岩面间的河谷宽度，m。

美国垦务局建议的公式为

$$t_c = 0.01(h + 1.2L_1)$$

$$t_b = \sqrt[3]{0.0012hL_1L_2\left(\frac{h}{122}\right)^{\frac{h}{122}}} \tag{3.4}$$

$$t_{0.45h} = 0.95t_b$$

式中 L_1——坝顶高程处拱端可利用基岩面间的河谷宽度，m；

L_2——坝底以上 0.15h 处拱端可利用基岩面间的河谷宽度，m。

式（3.1）～式（3.3）是根据混凝土强度确定的，式（3.4）是根据拱坝设计资料总结出来的，可以互为参考。在选择拱冠梁的顶部厚度时，还应考虑工程规模和运用要求。若无交通规定，一般为 3～5m，至少不小于 3m。坝顶厚度体现了顶部拱圈的刚度。顶拱刚度不仅对坝体上部应力有影响，而且对拱冠梁附近的梁底应力也有较大的影响。当河谷上部较宽时，适当加大坝顶厚度将有利于降低梁底上游面的拉应力。

6. 拱冠梁中部厚度初定

拱冠梁中部厚度一般是指上游面具有最大外挺（凸）值相对点 A 的厚度 t_a。该厚度可用两种方法之一初定：①按圆筒公式并以全水压估算出厚度；②可以按照弹性固端拱圈，并以全水头进行应力初步核估求出。

7. 最大外挺高度 h_d 及最大外挺值 $e_{\max}$ 初定

对于双曲拱坝，要决定各给定点（一般为 3 点，坝顶、坝底及中间部分）的外挺值及高度，以利于做出拱坝的基本剖面。

最大外挺高度与河谷情况和悬臂梁内的应力等因素有关。美国垦务局在初步布置中认为可按 0.45h 考虑；我国拱坝专家对上百座较高和少数经过全面体形优化的拱坝资料分析，最大外挺高度 h_d 的平均值为 0.37h，一般 h_d 的取值在（0.25～0.45)h 范围内。综上所述，建议对 h 的取值可在（0.3～0.45)h 内考虑，但需控制悬臂梁仅在自重作用下产生的拉应力不超（0.3～0.5)MPa，对高坝还可适当加大，并使坝体在正常荷载组合情况下具有良好的应力状态。

8. 坝基外挺值 e_b 的确定

我国按照以上游面下部倒悬度即 $(e_{\max} - e_b)/h_d$ 作为指标来确定 e_b 值。并建议：当弧高比小于 1 时，该值可在 0.02 以下选用；弧高比为 1～3 时，其值在 0.02～0.1 附近选取；弧高比为 3～4 时，可以在 0.1～0.15 间取值；弧高比大于 4 时，若无特殊措施，亦不宜再超过前值，但必须控制倒悬度在规定范围之内。

9. 拱冠梁剖面拟定

根据拱坝在 3 个高度处的外挺值、最大外挺高度，即可确定上游面曲线。以图 3.6 为例，假定上游面为两段圆弧组成，则 A 点为其公切点，并考虑 A 点有最大的外挺值，上下圆弧的圆心均在通过该点的水平线上，这样再据 O 和 B 点的位置，定出相应的圆心位置 O_1、O_2 和半径 R_1、R_2，即可以确定上游面曲线。有了上游面曲线和 3 个特征厚度，则可定出相应高程下游面的 3 个点。对于该 3 点，用圆或二次或其他曲线可以定出下游面轨迹，最终确定拱冠剖面的形状。

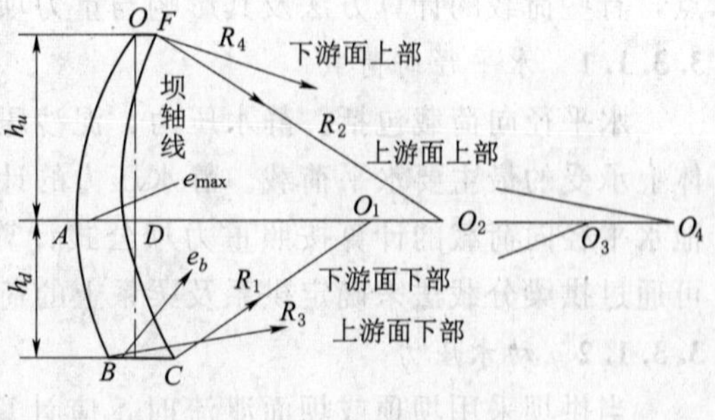

图 3.6 拱冠梁体型初定

10. 拱坝平面布置

拱冠梁剖面初定后，拱冠梁各高程的厚度即可定。按照拱冠梁剖面尺寸，自坝顶往下，一般选取 5～10 层拱圈，绘制各层拱圈平面图，其布置原则与顶拱相同。各层拱圈的圆心连线在平面上最好能对称于河谷可利用基岩面的等高线，在竖直面上圆心连线应能形成光滑的曲线。如果是等厚的拱圈，还需要考虑各层中心角，即可初步绘制出拱坝平面布置图。

11. 拱坝倒悬情况检查

平面布置确定后，在左右两岸可分别切出若干个边梁的铅直剖面，检查其轮廓线是否光滑连续，有无上层突出下层倒悬现象，并确定倒悬程度。为了便于检查，可将各层拱圈的半径、圆心位置及中心角分别按高程点绘制，连成上、下游面圆心线和中心角线。必要时，可修改不连续或变化急剧的部位，以求沿高程各点连线达到平顺光滑为度。若倒悬度过大可考虑用上游开挖边坡支撑，人工支撑，或重新修改拱冠剖面，直至满意为止。

12. 进行坝体应力计算和坝肩岩体抗滑稳定性校核

对拟定的坝体体形，要进行应力计算和坝肩岩体抗滑稳定校核。经计算后若不符合要求，应修改坝体布置和尺寸，直至满足要求为止。

常见的拱坝失稳有两种形式：一种为坝肩岩体（拱座）在拱端推力作用下的滑动失稳，坝肩岩体失稳一般发生在岩体中存在着明显的滑裂面，如断层、节理、裂隙、软弱夹层等；另一种为拱坝沿建基面及附近软弱面的上滑失稳。

13. 绘制坝体的立视图

将坝体沿拱轴线展开，绘成坝的立视图，显示基岩面的起伏变化，对突变处应采取削平或填塞措施。

14. 计算坝体工程量

根据布置设计的工作成果，参照地形图，计算拱坝的坝基开挖工程量和坝体工程量，作为不同方案比较的依据。

任务 3.3 拱坝的荷载及组合

3.3.1 拱坝的荷载

拱坝承受的荷载主要包括静水压力、动水压力、自重、泥沙压力、冰压力、浪压力、扬压力、温度应力及地震荷载等，基本上与重力坝相同。但由于拱坝本身的特点，有些荷载的计算方法及其影响与重力坝不同，本节只介绍不同之处。

3.3.1.1 水平径向荷载

水平径向荷载包括：静水压力、泥沙压力、冰压力及浪压力，其中静水压力是坝体上承受的最主要水平荷载。静水压力的计算按照水力学中的静水压强公式计算，其他水平径向荷载的计算按照重力坝公式计算，水平径向作用由拱、梁系统共同承担，可通过拱梁分载法来确定拱系及梁系上的荷载分配。

3.3.1.2 动水压力

当拱坝采用坝顶或坝面泄流时，应计算溢流段反弧面上的动水压力（离心力），动水压力按重力坝公式计算。在进行大坝整体设计时，动水压力也可以忽略不计。

3.3.1.3 自重

当坝体倒悬度较小，为柱状块浇筑，最后进行封拱灌浆，形成整体。自重产生的变位在蓄水前基本完成时，可认为自重均由倒悬梁来承担。当边浇筑混凝土边封拱灌浆或坝体倒悬度较大时，应考虑自重由拱和悬臂梁共同承担，拱和悬臂梁各自承担的荷载大小可通过拱梁分载法中的变位调整确定。有时为了简化计算也常假定自重全部由梁来承担。

由于拱坝各坝块的水平截面呈扇形，故其自重可按式（3.5）计算：

$$G=\frac{1}{2}\gamma_c\Delta Z(A_1+A_2) \tag{3.5}$$

式中 γ_c——混凝土重度；

A_1、A_2——上、下两端面截面面积，m^2；

ΔZ——计算坝块的高度，m。

《水工建筑物荷载设计规范》(SL 744—2016) 规定，自重的作用分项系数取1.0。

3.3.1.4 扬压力

从近年美国对一座中等高度拱坝坝内渗流压力所作的分析表明，由扬压力引起的应力在总应力中约占5%。由于所占比重很小，设计中对薄拱坝可以忽略不计；对重力拱坝和中厚拱坝应予以考虑；在进行坝肩岩体抗滑稳定分析时，必须考虑扬压力的不利影响。扬压力的计算可按《混凝土拱坝设计规范》(SL 282—2018) 荷载计算公式进行。

3.3.1.5 温度应力

温度荷载是拱坝设计中的主要荷载之一，尤其是薄拱坝和年温差较大地区的拱坝。拱坝系分块浇筑，经充分冷却，待温度趋于相对稳定后，再灌浆封拱，形成拱坝整体。拱坝封拱一般选在年平均气温或略低时进行，封拱温度较低有利于降低坝内的拉应力。封拱温度即作为坝体温升和温降的计算基准，以后坝体温度随外界温度作周期性变化，产生了相对于封拱温度改变值，这个改变值即为温度作用。温度作用引起拱坝的伸缩和弯扭，由于拱座嵌固在基岩中，限制了坝体随温度变化而自由伸缩，就在坝体内产生了约束内力，这种约束内力在拱坝截面上的分布常被称为温度应力。

当坝体温度低于封拱温度时，坝轴线收缩，使坝体向下游变位，由此产生的弯矩和剪力的方向与水压力作用所产生的相同，但轴力方向相反。当坝体温度高于封拱温度时，坝轴线伸长，使坝体向上游变位，由此产生的弯矩和剪力的方向与水压力产生的相反。因此，一般情况下，温降对坝体应力不利；温升将使拱端推力加大，对坝肩岩体稳定不利。

3.3.1.6 地震荷载

地震荷载包括地震惯性力和地震动水压力，其可参照《水工建筑物抗震设计规范》(SL 203—97) 执行。

3.3.2 荷载组合

混凝土拱坝设计荷载组合可分为基本组合和特殊组合两大类。基本组合由基本荷载组成，特殊组合除相应的基本荷载外，还应包括某些特殊荷载。荷载组合应按表3.1规定确定。

地震较频繁的地区，当施工期较长时，应采取措施及时封拱。必要时，施工期的荷载组合增加地震荷载，其地震烈度可按设计烈度降低1度考虑。

荷载组合中，可根据工程的实际情况选择控制性的荷载组合进行计算。

表3.1 荷载组合表

荷载组合	主要考虑情况		荷载类别									
			自重	静水压力	温度荷载		扬压力	淤沙压力	浪压力	冰压力	动水压力	地震荷载
					设计正常温降	设计正常温升						
基本组合	1. 正常蓄水位＋温降		√	√	√		√	√	√	√		
	2. 正常蓄水位＋温升		√	√		√	√	√	√			
	3. 设计洪水位＋温升		√	√		√	√	√	√		√	
	4. 死水位（或运行最低水位）＋温升		√	√		√	√	√	√			
	5. 其他常遇的不利荷载组合											
特殊组合	1. 校核洪水位＋温升		√	√		√	√	√	√		√	
	2. 地震情况	1）正常蓄水位＋温降＋地震	√	√	√		√	√	√	√		√
		2）正常蓄水位＋温升＋地震	√	√		√	√	√	√			√
		3）常遇低水位＋温升＋地震	√	√		√	√	√	√			√
	3. 施工期情况	1）接缝未灌浆遭遇施工洪水	√	√								
		2）横缝部分灌浆＋温降	√	√	√							
		3）横缝部分灌浆＋温升	√	√		√						
		4）横缝部分灌浆遭遇施工洪水	√	√		√	√					

注 1. 上述荷载组合中，可以根据工程实际情况选择控制性的荷载组合进行计算。

2. 施工期情况的温度荷载，系指施工期坝体温度与封拱温度之差。

任务3.4 拱座稳定分析

拱座稳定是拱坝安全的根本保证。拱座稳定分析主要研究岩体的可能滑动问题，但在拱座下游附近如存在较大的软弱带或断层面有可能引起较大的变形时，即使拱座抗滑稳定能够满足要求，也应对拱座变形问题进行专门研究。

3.4.1 稳定分析方法

目前，国内外评价拱座稳定的方法归纳起来有三种：刚体极限平衡法、有限元法和地质力学模型试验法。

3.4.1.1 刚体极限平衡法

在实际工程设计中，用作判断拱座稳定性的常用方法是刚体极限平衡法，其基本假定是：①将滑移体视为刚体，不考虑其中各部分之间的相对位移；②不考虑拱端作用力矩的影响，认为可由力的分布自行调整满足，只考虑滑移体上力的平衡；③忽略拱坝的内力重分布作用，认为作用在岩体上的力系为定值；④达到极限平衡状态时，滑裂面上的剪力方向将与滑移的方向平行，指向相反，数值达到极限值。

刚体极限平衡法是半经验性的计算方法，因其具有长期的工程实践经验，采用的抗剪强度指标和安全系数是配套的，与目前勘探试验所得到的原始数据的精度相匹配，方法简便易行。所以，目前国内外仍沿用它作为判断拱座稳定的主要手段。对于大型工程或当地基本情况复杂时，可辅以结构模型试验和有限元分析法进行相应的稳定分析。

《混凝土拱坝设计规范》(SL 282—2018) 规定，拱座抗滑稳定分析应按空间问题计算可能滑动体的抗滑稳定安全系数。拱座无特定的滑裂面或作初步计算时，可简化为平面问题进行核算。

3.4.1.2 有限元法

《混凝土拱坝设计规范》(SL 282—2018) 规定，拱座抗滑稳定的计算方法应以刚体极限平衡法为主，对于大型或坝基地质情况复杂的工程，可辅以有限元法或其他方法进行分析论证。实际上，岩体并非刚体，其应力应变关系有着显著的非线性特性。岩体的破坏过程十分复杂，一般要经过硬化、软化、剪胀阶段，并伴随裂隙的扩展过程。这样复杂的本构关系，刚体极限平衡滑移破坏的假定并不能真实反映拱座的失衡机理。有限元法，特别是三维非线性有限元分析，为复合和论证拱座稳定条件提供了较为合理的途径。

有限元分析法可用于进行平面或空间拱座稳定分析。对于单元的物理力学特性，可以采用线弹性模型，也可以采用非线性模型。对于平面问题，可取单高拱圈或单宽悬臂梁剖面划分单元；对于空间问题，则整体划分单元，如图 3.7 所示。计算模型的边界范围应根据地质和载荷条件选定，一般为 1.0～1.5 倍坝高。

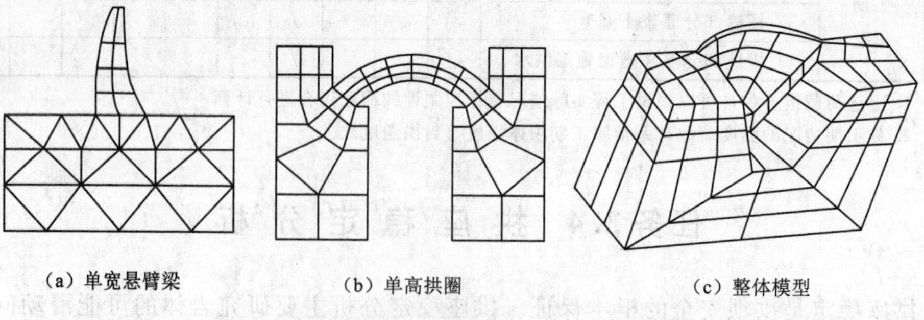

(a) 单宽悬臂梁　　(b) 单高拱圈　　(c) 整体模型

图 3.7　拱坝坝肩岩体抗滑稳定有限元计算图形

3.4.1.3 地质力学模型试验

20 世纪 70 年代发展起来的地质力学模型试验是研究拱座稳定的有效途径。这种方法能模拟不连续岩体的自然条件：岩体结构（软弱结构面、断层破碎带等）及其物理力学特性（岩体自重、变形模量、抗剪强度指标等）。国内多采用石膏加重晶石粉、甘油、淀粉等作为模型材料，其特性是重度高、强度和变形模量低。采用小块体叠砌或用大模块拼装成型。量测系统主要是位移量测和应变量测。通过试验可以了解复杂地基上拱坝和拱座相互作用下的变形特性、超载能力、破坏过程和破坏机理、拱推力在拱座内的影响范围、裂缝的分布规律、各部位的相对位移和需要加固的薄弱部位及地基处理后的效果等，是一种很有发展前途的研究方法。但由于地质构造复杂，模型不易做到与实际一致，一些参数难以准确测定，温度作用和渗透压力难以模拟，因而试验成果也带有一定的近似性；另外，试验工作量大，费用高。就试验本身讲，还需要进一步研究模型材料，改进测试手段和加载方法等，以提高试验精度。

3.4.2 拱坝的失稳形式

在拱坝设计的各个阶段，都应重视两岸拱座的稳定性，作出相应于各阶段工作深度的分析论证。必要时应采取适当的工程措施，以保证拱座的稳定。分析以往一些拱坝事故原因，绝大多数是坝肩岩体失稳或变形过大所致，很少是拱坝本身应力问题所造成的。

坝肩岩体失稳最常见的形式是坝肩岩体荷载作用后发生滑动破坏。这种情况一般发生在岩体中存在着明显的滑裂面，如断层、节理、裂隙、软弱夹层等，如图3.8所示。另一种情况是当坝的下游岩体中存在较大的软弱带或断层时，即使坝肩岩体抗滑稳定性满足要求，但过大的变形仍会在坝体内产生不利的应力，同样会给工程带来危害，应当尽量避免，如图3.9所示。

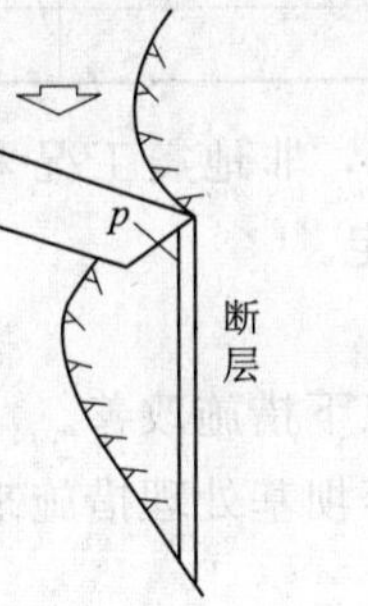

图3.8 坝肩岩体失稳情况

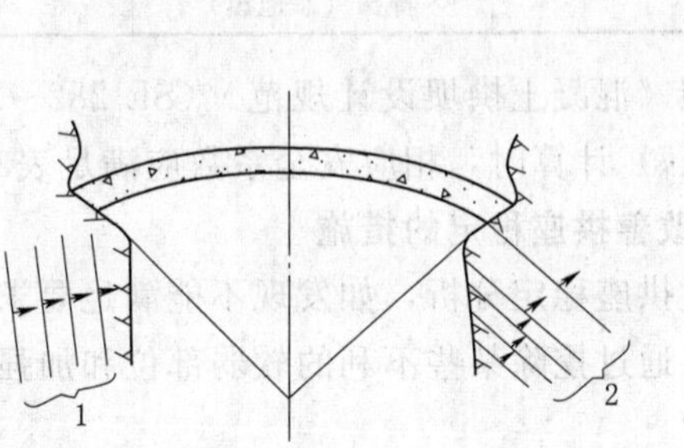

图3.9 不利结构面对坝肩稳定的影响

1—平行于河流方向的垂直断裂层；2—倾向河槽的水平断裂层

3.4.3 渗透水压力对拱座稳定的影响

在拱坝拱座稳定计算中，应当考虑下列荷载：坝体传来的作用力、岩体的自重、渗透水压力和地震荷载。其中，渗透水压力是控制拱座稳定的重要因素之一。如1959年法国马尔巴塞拱坝在初次蓄水不久即全坝溃决，其原因是渗透压力增大而导致岩体失稳；1962年我国梅山连拱坝右坝端发生错动，其原因也是水库内的水渗入裂隙，渗透压力加大（达水库静压力的82%），致使岩体沿另一组缓倾角裂隙面向河床方向滑动。还有许多岩体滑坡事故都与渗透压力直接有关。这就充分说明在拱座稳定分析中渗透压力的重要作用，它不仅能在岩体中形成相当大的渗透压力推动岩体滑动，而且会改变岩体的力学性质（降低抗压强度和抗剪强度）。

3.4.4 拱座稳定的控制指标

根据《混凝土拱坝设计规范》(SL 282—2018)的规定：拱座抗滑稳定计算，以刚体极展平衡法为主。对1、2级拱坝及高拱坝采用抗剪断公式计算，其他则可采用抗剪或抗剪强度公式计算：

$$K_1=\frac{\sum(f_1N+C_1A)}{\sum Q} \tag{3.6}$$

$$K_2=\frac{\sum f_2N}{\sum Q} \tag{3.7}$$

式中 N——滑动面上的法向力，kN；

Q——滑动面上的滑动力，kN；

K_1、K_2——抗滑稳定安全系数，按表3.2选取；

A——计算滑裂面的面积，m^2；

f_1、f_2、C_1——滑裂面的抗剪断摩擦系数、抗剪摩擦系数和凝聚力，MPa。

表3.2 拱座抗滑稳定安全系数

荷载组合		建筑物级别		
		1	2	3
按式(3.6)计算	基本	3.50	3.25	3.0
	特殊(非地震)	3.00	2.75	2.50
按式(3.7)计算	基本	—	—	1.30
	特殊(非地震)	—	—	1.10

按照《混凝土拱坝设计规范》(SL 282—2018)规定，非地震工况采用式(3.6)和式(3.7)计算时，相应安全系数应满足表3.2中的规定。

3.4.5 改善拱座稳定的措施

通过拱座稳定分析，如发现不能满足要求，可采取以下措施改善。

(1)通过挖除某些不利的软弱部位和加强固结灌浆等坝基处理措施来提高基岩的抗剪强度。

(2)深开挖。将拱端嵌入坝肩深处，可避开不利的结构面及增大下游抗滑体的重力。

(3)加强坝肩帷幕灌浆及排水措施，减小岩体内的渗透压力。

(4)调整水平拱圈形态，采用三心圆拱或抛物线等扁平的变曲率拱圈，使拱推力偏向坝肩岩体内部。

(5)如坝基承载力较差，可采用局部扩大拱端厚度、推力墩或人工扩大基础等措施。

任务3.5 拱坝坝身泄水

拱坝泄洪方式的选择，应根据泄洪量的大小，结合工程具体情况确定。除有明显合适的岸边溢洪道外，宜首先采用坝身泄水的形式。但由于拱坝在平面上呈拱形，坝体较薄，下泄水流有向心集中的特点，使水流入水处单宽流量增大，加剧下游消能防冲的困难。故而应重视消能设计。

3.5.1 拱坝坝身泄水方式

根据拱坝坝身泄水结构布置的特点不同，拱坝坝身泄水方式有坝顶自由跌流式、坝顶鼻坎挑流式、坝面泄流式、滑雪道泄流式和坝身孔口泄流式。

1. 坝顶自由跌流式

对于比较薄的双曲拱坝或小型拱坝，常采用坝顶自由跌流式泄水（图3.10），溢流头部通常采用非真空的标准堰型。这种形式适用于基岩良好、单宽泄洪量较小的情况。由于下落水舌距坝脚较近，坝下必须设有防护设施，堰顶设或不设闸门，视水库淹没损失和运用条件而定。

2. 坝顶鼻坎挑流式

为了使泄水跌落点远离坝脚，常在溢流堰顶曲线端以下反弧段连接成为挑流鼻坎，如图3.11所示。挑流鼻坎多采用连续式结构，挑坎末端与堰顶之间的高差一般

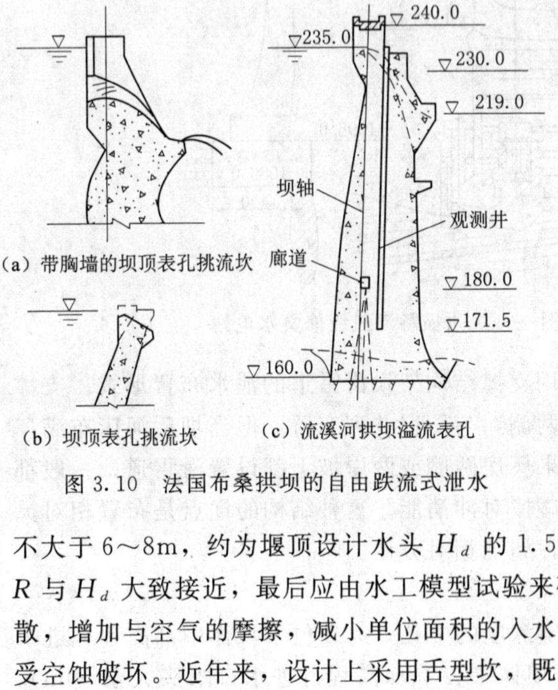

图3.10 法国布桑拱坝的自由跌流式泄水

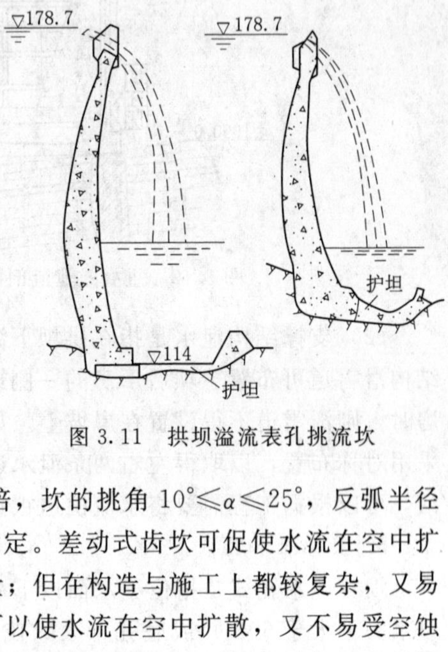

图3.11 拱坝溢流表孔挑流坎

不大于6～8m，约为堰顶设计水头 H_d 的1.5倍，坎的挑角 $10°\leqslant\alpha\leqslant25°$，反弧半径 R 与 H_d 大致接近，最后应由水工模型试验来确定。差动式齿坎可促使水流在空中扩散，增加与空气的摩擦，减小单位面积的入水量；但在构造与施工上都较复杂，又易受空蚀破坏。近年来，设计上采用舌型坎，既可以使水流在空中扩散，又不易受空蚀破坏。溢流段有的工程是沿全坝顶布置，有的只布置在坝顶中部。溢流顶高程有的同高，有的中间低两侧稍高；小流量时由中间过水，大流量时中部流量大于两岸以利于消能。可以根据工程布置和使用要求确定堰顶是否设置闸门。

3. 坝面泄流式

坝面泄流式是指采用重力拱坝一类厚拱坝时，水流沿下游坝面下泄至底部后，经挑流鼻坎或消力泄消能的一种泄流方式。一般只适用于断面较厚，下游面较规则的重力拱坝。

4. 滑雪道泄流式

滑雪道泄流式是拱坝特有的一种泄洪方式，其溢流面由溢流坝顶和与之相连接的泄槽组成。水流过坝后经泄槽，由槽末端的挑流鼻坎挑出，使水流在空中扩散，下落到距坝址较远的地点。挑流坎一般都较堰顶低很多，落差较大，因而挑距较远，适用于泄洪量较大的拱坝。

滑雪道式泄水结构因滑雪道支垫形式的不同，有重叠式泄流和支撑结构泄水两种布置形式。

(1) 重叠式泄流布置指坝身泄水建筑物与发电主厂房在顺河向呈依次布置，在高度上呈双层布置。属于这种布置的有厂房顶溢流（见图3.12）、厂房前挑流等。这种布置的最大优点在于布置紧凑，解决了狭窄河谷中拱坝—厂房—泄洪布置的问题。除此之外，这种布置也可以将水流挑送得较远，落点和水舌的空中轨迹较易控制。

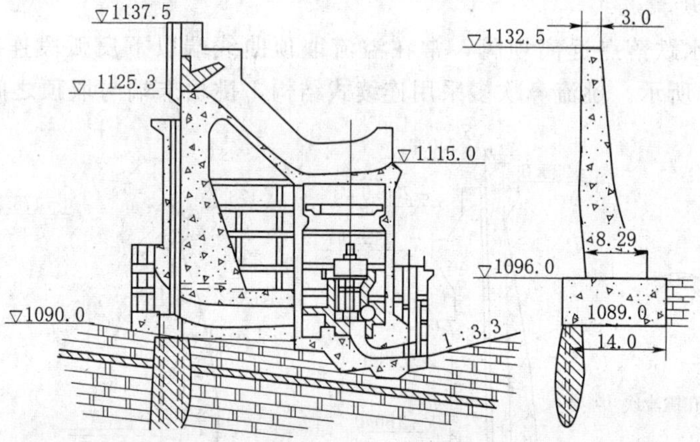

图3.12　重叠式泄流剖面图——贵州猫跳河三级修文水电站

(2) 支撑结构泄水是指在拱坝下游用支撑结构架设滑雪道的泄水布置形式。支撑结构滑雪道可布置于坝后厂房的一侧或两侧，与厂房并列布置，但当坝后河床布满厂房时，则滑雪道不得设置在岸坡上。如果厂房两侧或两岸坡上都设置滑雪道，一般都采用对称布置，以取得左右两条泄水道碰撞对冲消能。这种结构的优点是布置相对灵活，可以根据工程需要将水流挑送很远，施工相对方便。

5. 坝身泄水孔式

坝身泄水孔式是指位于水面以下一定深度的中孔（大致位于坝体中部高程，进水口水头不大于60m）或底孔（大致位于坝体中、下部高程，进水口水头大于60m），中孔多用于泄流，底孔多用于放空水库、辅助泄洪和排沙及施工导流。坝身泄水孔一般都是压力流，比坝顶溢流流速大，挑射距离远。泄水中孔一般设置在河床中部的坝段，以便于消能与防冲。泄水中孔孔身一般做成水平或近乎水平、上翘和下弯三种形式。对于设置在河床中部的泄水中孔，通常多布置成水平形式。

泄水孔的工作闸门多采用弧形闸门，布置在出口、进口设事故检修闸门。这样不仅便于布置闸门的提升设备，还利于改善孔口周边的应力状态，对孔底的拱应力也有所改善。

由于拱坝较薄，中孔断面一般采用矩形。为使孔口泄流保持压力流，避免产生负压，应将出口断面缩小，出口高为孔身高的70%～80%。为使水流平顺，提高泄水能力，进口及沿程体型宜做成曲线形。

底孔处于水下更深处，孔口尺寸限于高压闸门的制作和操作条件而不能太大。在薄孔坝内，多采用矩形断面；对于重力拱坝等较厚的坝体，可以采用圆形断面，以渐变段与闸门段的矩形断面相连接。

3.5.2 拱坝的消能与防冲

拱坝的消能防冲有以下几种形式。

1. 跌流消能

水流从坝顶表孔直接跌落到下游河床，利用下游水垫消能。跌流消能最为简单，但由于水舌入水点距坝趾较近，需要采取相应的防冲措施。例如美国的卡尔德伍德拱坝（图3.13），在跌流的落水处建戽斗，并在其下游设置了二道坝，运行情况良好。

2. 挑流消能

鼻坎挑流式、滑雪道式和坝身泄水孔式大都采用各种不同形式的鼻坎，使水流扩散、冲撞或改变方向，在空中消减部分能量后再跌入水中，以减轻对下游河床的冲刷。

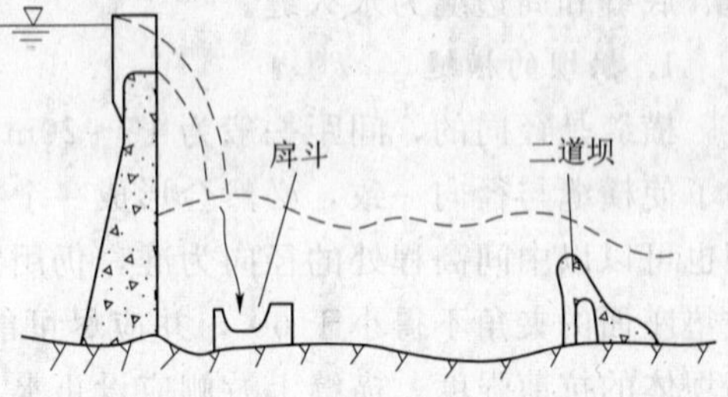

图3.13 卡尔德伍德拱坝消力池

泄流过坝后向心集中是拱坝泄水的一个特点。对于中、高拱坝，可利用这个特点在拱冠两侧各布置一组溢流表孔或泄水孔，使两侧挑射水流在空中对冲，并沿河槽纵向扩散，从而消耗大量的能量，减轻对下游河床的冲刷。但应注意必须使两侧闸门同步开启，否则射流将直冲对岸岸坡，危害更大。

近年来，不少中、高拱坝，特别是在大泄量情况下，采用高低坎大差动形式，形成水流上下对撞消能。这种消能形式不仅把集中的水流分散成多股水流，而且由于通气充分，有利于减免空蚀破坏。但却造成水流的“雾化”加剧，必要时需采取一定的防护措施加以控制。

3. 底流消能

对重力拱坝，有的也可采用底流消能，如前所述的萨扬舒申斯克重力拱坝，高245m，采用下弯型中孔，泄流沿下游坝面流入设有二道坝的收缩式消力池，池的上游端宽123m，下游端宽97m，长约130m，二道坝下游护坦长235m，末端设有齿墙，单宽泄流量为139m^3/s·m,运用情况良好。

拱坝坝址处的河谷一般比较狭窄，不仅要防止过坝水流冲刷岸坡，而且要注意当泄流量集中在河床中部时，避免两侧形成强力回流，淘刷岸坡，以保证坝体稳定。

泄水拱坝的下游一般都需采取防护加固措施，如护坦、护坡、二道坝等。护坦、护坡的长度、范围以及二道坝的位置、高度等，应由水工模型试验确定。

拱坝的泄洪宜采用多种泄水建筑物相结合的布置形式。其消能方式主要是采取挑流或跌流消能，仅有少数重力拱坝采用底流水跃消能。

任务3.6 拱坝的构造与地基处理

3.6.1 拱坝分缝与接缝处理

拱坝是整体结构，为便于施工期间混凝土散热和降低收缩应力，防止混凝土产生裂缝，需要分段浇筑，各段之间设有收缩缝，在坝体混凝土冷却至年平均气温以下，混凝土充分收缩后，再进行灌浆封填，以保证坝的整体性。因此需对各类坝缝进行妥善处理。

拱坝坝缝按位置不同可分为横缝、纵缝、水平缝、坝身缝、坝踵缝、底缝、周边缝等；按作用不同可分为收缩缝（即纵横缝）、防止传力的坝身“切缝”；按存在时间不同可分为永久缝和临时缝。收缩缝、水平缝为临时缝。某些坝身的“切缝”、坝踵缝、底缝和周边缝为永久缝。

1. 拱坝的横缝

横缝是径向的，间距一般为15～20m，也有略大于20m的。在变半径的拱坝中，为了使横缝与径向一致，必然会形成一个扭曲面。有时为了简化施工，对不太高的拱坝也可以以中间高程处的径向为准，仍用铅直平面来分缝，横缝底部的缝面与建基面或垫座面的夹角不得小于60°，并应尽可能接近正交。缝内设铅直的梯形键槽，以提高坝体的抗剪强度。横缝上游侧应设止水片，止水片可与上游止浆片结合。在一定的条件下，也可将横缝的一部分保持为永久性的明缝。当拱端有一岸或两岸自坝顶到某一高程范围内的地质条件很差，不足以承担拱端的巨大推力时，可将这一范围内的横缝保持为永久缝，或自拱冠顶部起向两侧往下逐渐加深明缝，使拱端的推力向下斜传入两岸基岩。

2. 拱坝的纵缝

拱坝厚度较薄，一般可不设纵缝，对厚度大于40m的拱坝，可考虑设计纵缝。纵缝基本上平行于坝轴线布置，其作用主要是防止混凝土沿上下游方向收缩而产生裂缝。相邻坝体间的纵缝应错开，纵缝间距为20～40m。为方便施工，一般采用铅直纵缝，到缝顶附近应与下游坝面正交，避免浇筑的坝体出现尖角。

国外的双曲拱坝的纵缝只设一道，并由基底布置至一定高程即中断。国内双曲拱坝由于底宽都不大，因而不设纵缝。

3. 拱坝纵、横缝的灌浆

纵、横缝将坝体切割为若干柱状体，混凝土按此柱状体浇筑上升。纵、横缝面上一般设有键槽，并进行接缝灌浆，以保持坝的整体性。纵、横缝的设置需考虑多种因素统筹安排。由于纵、横缝不仅给施工带来许多不便，而且缝面只能传递压应力，难以传递拉应力，是坝体的薄弱部位。因此，在满足设计与施工的情况下，应尽量减少纵、横缝数量。

横缝和纵缝都必须进行接缝灌浆。在进行接缝灌浆时，坝体温度应降到设计规定值，缝的张开度不应小于0.5mm，缝两侧坝体混凝土不宜小于4个月。灌浆浆液达到预期强度后，坝体才能蓄水。

4. 拱坝的垫座与周边缝

对于地形不规则的河谷或者局部有深槽时，可先在拱坝与基础之间先浇筑一层大体积混凝土，称之为垫座，然后在垫座上浇筑拱坝，垫座与坝体之间，在全坝段上设置一道缝，称之为拱坝的周边缝。

拱坝设置周边缝后，梁的刚度有所减弱，相对加强了拱的作用，这就改变了拱梁分载的比例。周边缝还可减小坝体传至垫座的弯矩，从而可减小甚至消除坝体上游面的竖向拉应力，使坝体和垫座接触面的应力分布趋于均匀，并可利用垫座增大与基岩的接触面积，调整和改善地基的受力状态。由于周边缝的存在，坝体即使开裂，只能延伸到缝边就会停止发展。若垫座开裂，也不致影响到坝体。从而改善坝体与基础的受力条件。

拱坝的垫座及周边缝的构造示意图，如图3.14所示。周边缝的构造一般是在大坝垫座浇筑后，混凝土表面不打毛，作为老混凝土，在其上浇筑坝体。缝的上游面设置钢筋混凝土塞，该塞与其周围混凝土之间涂以沥青等防渗填料，缝面设止水铜片，为防止止水片漏水，在其下游又设置排水管，并在周边缝的两侧布设钢筋。

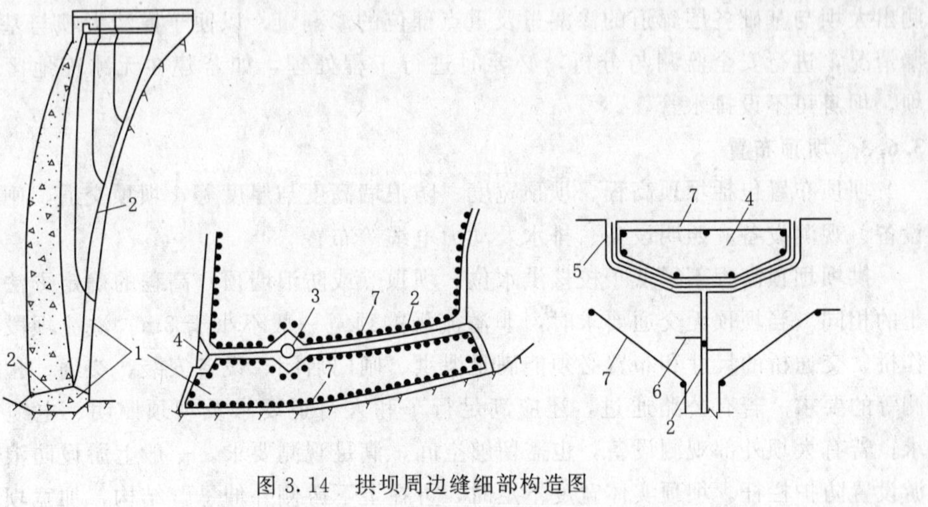

图3.14 拱坝周边缝细部构造图

1—垫座；2—周边缝；3—排水孔；4—钢筋混凝土止水塞；5—防渗填料；6—止水钢片；7—钢筋

工程施工过程中，由于周边缝存在结构复杂、施工难度大，施工质量难以保证的问题，使其在中、高坝上均采用周边缝，只有在一些宽浅河谷中的小型拱坝中采用沥青底滑缝垫座。

3.6.2 拱坝的廊道与排水

1. 拱坝的廊道

坝内设置廊道的主要目的是坝体与基础进行灌浆、排水、检查、维护和安全监测。同时，可兼顾交通运输。

廊道按其用途可分为帷幕灌浆廊道、排水廊道、观测廊道、电缆廊道、交通廊道等。按其与坝轴线的关系，可分为纵向廊道和横向廊道。前者平行于坝轴线，后者垂直于坝轴线。

纵向廊道距上游面不宜太近，应布置在压应力区，且不过分恶化坝体应力，同时应满足防渗要求。廊道上游壁坝体厚度一般为水头的0.05～0.1倍，且不小于3m。除此之外，廊道的布置应根据需要来设置，一般两层廊道的高差为20～40m。

对于低坝或薄拱坝，可不设廊道，常在坝后或混凝土浇筑面上进行帷幕灌浆，但却会影响坝体浇筑进度。排水孔设在坝后或两岸坝肩的排水隧洞内，形成三维空间排水系统，坝体的检查、维护、监测、交通等可利用坝后桥进行。坝体内可只设置一层灌浆廊道，而将其他检查观测、交通、灌浆等工作移到坝后桥上进行。桥宽一般为1.2～1.5m，上下层间隔20～40m，在与坝体横缝对应处留有伸缩缝，缝宽约1～3cm。

2. 坝体排水

坝体内一般采用竖向排水管，管间距宜为2.5～3.5m，管内径宜为15～25cm。排水管内的水，一般排至纵向廊道的排水沟内，各层廊道的渗水与基础排水系统形成一体，集中引到排水井，在抽排至下游。在排水系统中，需在控制部位设置量水堰。一般要求通过控制部位的量水堰测量出大坝与基础的总渗漏量和各自的渗漏量，分别测出大坝与基础各层廊道的渗漏量及重点部位的渗漏量，以便于摸清大坝与基础的渗漏情况，进行安全监测与分析，必要时进行工程处理，如若建在无冰冻地区的薄拱坝，坝身可不设排水管。

3.6.3 坝顶布置

坝顶布置包括坝顶高程、坝顶宽度、防浪墙高度与厚度等，坝顶交通、闸门启闭设备、观测设备、照明设备、排水及动力电缆等布置。

拱坝坝顶高程不得低于校核洪水位。坝顶（或防浪墙顶）高程的确定方法与混凝土的相同。当坝顶无交通要求时，非溢流坝的顶宽一般不小于3m。溢流坝段坝顶工作桥、交通桥的尺寸和布置必须能满足泄洪、闸门启闭、设备安装、交通、检修、观测等的要求。若有公路通过，还应满足行车和人行道要求及坝顶照明、电缆布置要求；若有大坝外部观测设备，也需留够空间，满足观测要求。一般上游设防浪墙，下游设置防护栏杆。坝顶实体宽度不足时，可在上下游侧外伸悬臂结构，加宽坝顶，以满足各方面要求。

3.6.4 拱坝重力墩

重力墩是拱坝坝端的人工支座，可用于河谷形状不规则，减小宽高比，避免岸坡的大量开挖；河谷有一岸较为平缓，用重力墩与其他坝段（重力坝或土坝）或岸边溢洪道相连接等情况。

3.6.5 拱坝的建基面与地基处理

拱坝对地基的要求比重力坝的要求高，因此必须足够重视拱坝地基的处理。但是，天然地基条件复杂、多变，任何一个坝址的地形和工程地质条件均有其特点。在坝基开挖和施工爆破过程中，表层地基也会受到一定程度的扰动和破坏。为了使拱坝建在安全可靠的地基上，除工程布置与拱坝体形应和坝基地形地质条件适应外，尚需采取一定的工程措施以改造岩体的性能，以保证基础的稳定性。

3.6.5.1　拱坝建基面的确定

在拱坝建设中，确定建基面时多以岩体的风化标准为依据，一般高坝宜开挖至新鲜或微风化的基岩；中坝应开挖至微风化或弱风化中、下部的岩体。这种利用岩体固有的力学强度来满足拱坝稳定和变形要求的规定，有时会使建基面开挖过深（对于高坝更甚）而难以实现。所以，在确定建基面时，已不过分强调利用岩体固有力学强度来满足坝的稳定和变形，而要求坝基岩体在进行加固处理后，要能够满足强度和稳定性的验算要求（包括抗滑稳定性和不超过允许变形）。

3.6.5.2　增强坝基岩体的措施

由于坝基岩体内会有不同程度的断裂和裂隙存在，以及开挖爆破、卸荷、松弛等影响，建基附近的岩体工程地质条件会有所恶化，为了提高岩体的完整性，增加岩体的变形模量和岩体的整体强度，常采用灌浆方法进行加固处理。

1. 固结灌浆

固结灌浆的范围和孔深主要是根据基岩的裂隙情况、受力条件、对坝基与拱座的变形控制和稳定要求来确定的。

固结灌浆孔有浅孔和深孔两类。浅孔灌浆是以加固基岩表层为主，布孔均匀且范围较大，孔深一般为5～10m，少数达15～20m。采用的灌浆压力较低，目的是增加表层岩体的完整性。一般采用弹性波测试岩体的完整程度并用以控制灌浆孔深度。

深孔灌浆主要是加固深部基岩的断层破碎带或软弱夹层，孔深可达15～30m。布孔较集中，灌浆压力较高。有时采用化学浆液进行断层的固结灌浆，效果良好。孔距、排距大部分采用3～4m。灌浆孔方向一般应与主要裂隙有较大的交角，以便提高灌浆效果。灌浆材料一般多采用水泥浆液。灌浆压力应根据工程和地质情况进行分析计算并结合工程类比拟定，以不掀动岩石、防止破坏岩石结构为原则，必要时应进行灌浆试验论证，而后在施工过程中调整确定。

为减少坝基的变形，固结灌浆的范围在平面上向上游扩大5m、向下游扩大15m。同时对拱座风化裂隙岩体进行深孔固结灌浆，以利于地基应力扩散，增加坝肩岩体抗滑稳定。

2. 接触灌浆

为提高坝基接触面上的抗剪强度和抗压强度，防止沿着基础接触面渗漏，对两岸坝肩，需进行接触灌浆。在基岩表面钻孔进行，灌浆压力为0.5～1.0MPa。按10～15m高度设一接触灌浆区。《混凝土拱坝设计规范》（SL 282—2018）规定：接触灌浆宜在坝身混凝土浇筑到一定高度、基础混凝土充分收缩以后，并在排水孔钻设之前进行。另外，也可利用帷幕灌浆孔或部分固结灌浆孔进行接触灌浆。

3. 坝基防渗与排水处理

坝基防渗及排水处理的目的是减少坝基渗漏，降低坝基渗透压力及其逸出坡降，以保证坝体安全。处理的措施主要是帷幕灌浆和布置坝内排水系统。

（1）帷幕灌浆。帷幕灌浆水平或垂直向的设置范围与坝区地质情况和工程情况密切相关。防渗帷幕的布置应避开坝踵拉力区，为减少大坝两岸的绕坝渗流量和降低渗透压力，两岸帷幕一般是延伸至相对隔水层或与蓄水前的天然地下水位线相接。

拱坝帷幕灌浆一般采用水泥灌浆。一般认为，基岩裂隙在0.15～0.2mm或大于水泥颗粒直径的3倍以上、单位吸水率大于0.0111、地下水流速不大于80～100m/d、地下水的化学成分不妨碍水泥浆的凝结硬化等情况下可以灌注。对重要的、规模很大的拱坝，其参数须通过现场灌浆试验确定。

帷幕灌浆的深度一般与坝高及基岩的单位透水率等因素有关，通常要求帷幕插入相对隔水层。如果相对隔水层太深，可根据大坝水头大小制成“悬挂式”帷幕。一般帷幕深度为坝高的1/3～1/2。

帷幕孔的排数、排距、孔距、孔向等应根据地质条件、拱坝稳定要求、灌浆试验资料、允许水力坡降等有关因素确定。帷幕一般采用一排或两排，有的工程在河床或局部断裂破碎带部位采用三排。帷幕的孔距大约2～3m，灌浆孔的方向应考虑岩体内节理裂隙的方向，以较大角度与较多裂隙相交。其主要有斜孔和垂直孔，斜孔大部分均倾向上游。

(2) 排水系统。一般坝基排水系统均设置于防渗帷幕的下游，与防渗帷幕同时起作用。尤其是当岩体的透水性较小、防渗帷幕作用不大时，主要靠排水系统降低幕后渗水压力，改善拱坝坝肩的稳定性。但也要防止渗透坡降过大，引起地基软弱带的渗透破坏和帷幕侵蚀等。

排水孔的布置应根据岩体受力情况，相对隔水层的位置及裂隙分布情况来确定。排水孔应布置在坝肩受压区的上游侧，但不能距帷幕太近，以避免产生较大的渗透坡降，影响坝基岩体及帷幕的渗透稳定。对高坝及两岸地形较陡、地质情况复杂的中坝，可在两岸专设排水平洞。

《混凝土拱坝设计规范》(SL 282—2018) 规定，排水孔深度宜为防渗帷幕深度的0.4～0.6倍，坝高50m以上的坝基主排水孔不应小于10m，副排水孔深宜为6～12m。孔距一般为2～3m。为便于清理和防止堵塞，孔径一般为10～15cm。

排水孔的方向多为垂直方向。另外，排水孔与帷幕下游侧的距离应不小于防渗帷幕孔中心距的1～2倍，且不得小于2～4m。

3.6.5.3 断层破碎带及软弱夹层的处理措施

当坝基岩体中有较大的断层破碎带或软弱夹层（以下简称软弱带）时，由于它们一般都是由一定厚度的各种破碎、软弱物质组成的，所以其强度和变形模量较低、抗水性差、与两侧岩体的物理力学特性有明显差异，造成坝基的不均匀性。因此，必须进行专门的处理，以保证大坝的安全。

对于坝基范围内的断层破碎带或软弱夹层，应根据其产状、宽度、充填物性质、所在部位和有关的试验资料，分析研究其对坝体和地基应力、变形、稳定与渗漏的影响，并结合施工条件，采用适当的方法进行处理。

一般情况下，位于坝肩部位的断层破碎带比位于河床部位的断层破碎带对拱坝的安全影响大；缓倾角比陡倾角断层的危害性严重；位于坝趾附近的比位于坝踵附近的断层破碎带对坝体应力和稳定更不利；断层破碎带宽度越大，对应力和稳定的影响也越严重。要针对断层破碎带对拱坝的危害程度，采取不同的处理方法。断层破碎带及软弱夹层的常见处理措施有坝基的开挖与回填、混凝土塞、抗剪洞塞和传力洞塞、锚固措施等。

1. 坝基的开挖与回填

埋藏较浅或倾角较小的软弱带，常用的处理措施是在适当深度范围内将其全部或部分挖除，然后再回填混凝土的处理措施。必须注意，开挖后回填的混凝土应当与建基面上浇筑的混凝土物理力学性能基本一致。

2. 混凝土塞

对于规模不大的与建基面交角较大的软弱带，多采用挖槽进行混凝土塞置换处理，并对混凝土塞下部断层进行固结灌浆以提高其弹性模量。挖槽深度一般根据坝基应力大小、软弱带的宽度等因素确定。如果断层为贯通上下游的顺河断层，其开挖深度应考虑上下游水位差及断层材料的空隙率、相对密度等因素。

3. 抗剪洞塞和传力洞塞

对于深层软弱带，当其产状与推力方向以小角度相交，在推力作用下，坝肩岩体可能产生滑移失稳时，可采用抗滑键或网格式抗剪洞塞处理。对于埋藏深且与拱推力交角较大的软弱带可采用传力洞塞，以减少软弱带的应力，将大部分拱推力通过传力洞塞传至断层一侧的岩体。

采用传力洞塞回填混凝土的处理措施，应注意洞挖后围岩的松弛变形及构造面暴露卸荷后的力学指标降低，因此必须采用高压固结灌浆提高围岩的弹性模量。

4. 锚固措施

采用预应力锚索整体加固坝肩岩体。例如，东风拱坝的坝肩处理中，在右坝肩的拱端下游 30m 范围内，共布置 45 根 250t 级的预应力锚索，穿过软弱结构面锚索长 30m，倾角 30°，间排距为 6.0m，井字形布置。其间交错布置长 15m 的 φ36 锚杆。在左坝肩下游边坡高程 860～915m 范围布置有 84 根 250t 级的预应力锚索，锚索穿过软弱结构面平均长度 30～50m，倾角 30°。

思　考　题

1. 拱坝对地形、地质条件有哪些要求？
2. 拱坝的分类有哪些？
3. 拱坝布置的内容有哪些？
4. 什么是拱坝的温度荷载？为什么将其列为主要荷载？
5. 温度是如何沿拱坝厚度变化的？
6. 拱坝失稳的形式有哪几种？
7. 拱坝有哪些泄水方式？试述其特点和适用条件？
8. 拱坝下泄水流有哪些特点？拱坝消能有哪些形式？各有何特点？
9. 拱坝的廊道和排水应该怎样进行布置？
10. 拱坝的接缝有哪些？各有什么特点？

项目4 土 石 坝

学习目标：

（1）能阐述土石坝的特点和类型。

（2）会设计土石坝的剖面及构造。

（3）能进行土石坝的渗流分析。

（4）能进行土石坝的稳定分析。

（5）能确定合理的土石坝地基处理的方式。

（6）能妥善处理土石坝与其他建筑物的连接。

学习重点：

（1）土石坝的特点和类型。

（2）中小型土石坝设计。

学习难点：

（1）土石坝的渗流分析。

（2）土石坝的稳定分析。

任务4.1 土石坝的基本知识

4.1.1 土石坝的概念

土石坝是利用坝址附近的土石料填筑而成的，故又称当地材料坝。土石坝在国内外得以广泛应用和发展的主要原因是：

（1）可以就地取材，节约大量水泥、木材和钢材，几乎任何土石料均可筑坝。

（2）能适应各种不同的地形、地质和气候条件。

（3）大功率、多功能、高效率施工机械的发展提高了土石坝的施工质量，加快了进度，降低了造价，促进了土石坝建设的发展。

（4）岩土力学理论、试验手段和计算技术的发展提高了大坝分析计算的水平，加快了设计进度，进一步保障了大坝设计的安全可靠性。

（5）高边坡、地下工程结构、高速水流消能防冲等设计和施工技术的综合发展，对加速土石坝的建设和推广也起了重要的促进作用。

4.1

土石坝的概念

4.1.2 土石坝的特点

由于土石坝是一种散粒体结构，因而具有与其他坝型不同的特点。

土石坝的适应变形能力较强，对地基的要求低，几乎在任何地基上都可修建，在修建混凝土高坝的优良坝址越来越少的情况下，土石坝将得到更大的发展，土石坝的抗冲能力低，决不允许水流漫顶，许多土石坝由于泄洪设施不足，溢洪道泄洪能力不够，遇超标准洪水而失事。中小型上石坝由于泄洪设备不完备而漫顶失事的则更多。因此，除有专门防冲措施的小型溢流土石坝外，绝不允许坝顶过水。为防止土石坝发生漫顶溃坝，设计时必须慎重确定洪水标准，正确设计溢洪道的尺寸，选用具有超泄能力的溢洪道形式。

土石坝必须采取防渗措施，土石坝挡水后，在坝体内形成由上游向下游的渗流。渗流不仅使水库损失水量，还易引起管涌、流土等渗透变形。坝体内渗流的水面线叫作浸润线，如图4.1所示。浸润线以下的土料承受着渗透动水压力，并使土的内摩擦角和黏着力减小，对坝坡稳定不利。坝体与坝基、两岸以及其他非土质建筑物的结合面，易于产生集中渗流。因此，设计土石坝时，必须采取防治措施以减少渗漏，保证坝体的渗透稳定性，并做好各种结合面的处理，避免产生集中渗流，以保证工程安全。

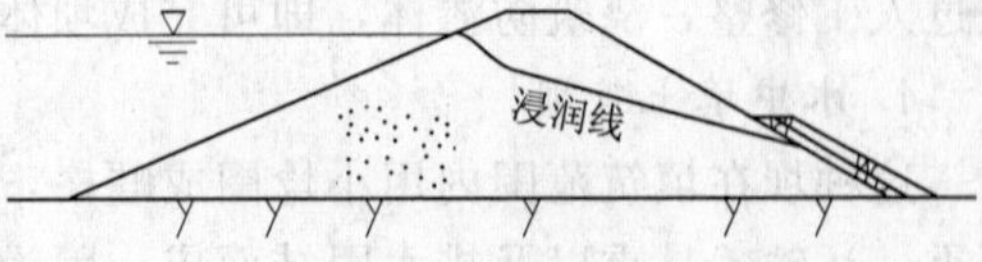

图4.1　浸润线

土石坝体积庞大，一般不会产生整体滑动。土石坝失稳的形式是坝坡滑动或连同部分地基一起滑动。土石坝的剖面应是梯形，要有足够的坡度以保持稳定。

由于土石料存在较大的孔隙，且易产生相对移动，在自重及水压力作用下，会有较大的沉陷。沉陷使坝的高度不足，不均匀沉陷还将导致土石坝裂缝，横缝对坝的防渗极为不利。为防止坝顶低于设计高程和产生裂缝，施工时应严格控制碾压标准并预留沉陷量，使竣工时坝顶高于设计高程。对于重要工程，沉陷值应通过沉陷计算确定。对于施工质量一般的中小型土石坝，如坝基没有压缩性很大的土层，可按坝高的1%～2%预留沉陷值。

根据土石坝的特点，认真分析研究基本资料，在枢纽布置时应特别重视并尽量避免或减少土石坝与刚性建筑物的连接。对有条件的坝址，尽量选用开敞式溢洪道，以提高泄洪的超载能力。使土石坝满足稳定、渗流、变形、冲刷以及不漫顶的要求。

4.1.3　土石坝的类型

4.1.3.1　按坝高分类

《碾压式土石坝设计规范》（SL 274—2020）规定：土石坝按其坝高可分为低坝、中坝和高坝。高度在30m以下的为低坝，高度在30～70m为中坝，高度在70m以上为高坝。

4.1.3.2　按施工方法分类

1. 碾压式土坝

碾压式土坝的施工方法是用适当的土料、以合理的厚度分层填筑，逐层压实而成。碾压填筑是应用最广的土坝施工方法。

4.2

土石坝的类型之碾压式土石坝

2. 水力冲填坝

以水力为动力完成土料的开采、运输和填筑全部筑坝工序而建成的土坝称为水力冲填坝。利用水力冲刷泥土形成泥浆，通过泵或沟槽将泥浆输送到土坝填筑面，泥浆在土坝填筑面沉淀和排水固结形成新的填筑层，这样逐层向上填筑，直至完成整个坝体填筑。

4.3

土石坝的类型之水力冲填坝

3. 定向爆破堆石坝

利用定向爆破方法，将河两岸山体的岩石爆出、抛向筑坝地点，形成堆石坝体，经过人工修整，浇筑防渗体，即可完成坝体建筑。

4. 水中填土筑坝

这种坝在填筑范围内用小埝围成畦格，在畦格内灌水填土，逐层填筑，利用上层土重、运输工具重以及排水固结而成。因为施工期土料的抗剪强度较低，应控制施工速度并加强排水措施以防施工期滑坡。

4.4

土石坝的类型之定向爆破筑坝

4.1.3.3　按坝体材料分类

按坝体材料可分为土坝、土石混合坝和堆石坝三种。

1. 土坝

土坝是用土料填筑而成的挡水坝。根据土料的分布情况，土坝还可分为均质坝、黏土心墙坝或斜墙坝、人工材料心墙坝或斜墙坝和多种土质坝。均质坝采用单一土料填筑，要求土料具有一定的防渗性能。黏土心墙坝或斜墙坝是采用防渗能力强的黏土作防渗体，设在坝体中上游位置，两边用透水性较大、抗剪强度较大的土料填筑。人工材料心墙坝或斜墙坝则是采用防渗能力强的人工材料，如沥青混凝土、钢筋混凝土作防渗体，设在坝体中上游位置，两边用土料填筑。多种土质坝采用多种土料填筑，一般要设防渗心墙或斜墙。

2. 土石混合坝

多种土质坝的下游部分采用砂砾石料时，就构成土石混合坝。

3. 堆石坝

堆石坝坝体绝大部分采用石料堆筑，需要设置防渗心墙或斜墙。堤防大多选用土石材料，其形式与土石坝类似，后文均称土石坝。

4.1.3.4　碾压式土石坝的类型

碾压式土石坝是应用最多的一种坝型，本章主要讲述这种坝型。

碾压式土石坝根据坝体横断面的防渗材料及其结构，分为以下三类：

(1) 均质坝。坝体的绝大部分基本上是由均一土料筑成，坝体的整个断面用以防渗并保持稳定［图 4.2 (a)］。均质坝一般由具有黏性的壤土筑成。由于黏性土的抗剪强度较低，且施工碾压较困难，故用于低坝较多。

(2) 分区坝。坝体由土质防渗体及若干透水性不同的土石料分区筑成。其中，土质防渗体设在坝体中央或稍向上游倾斜的称为心墙［图 4.2 (b)、(e)］或斜心墙坝［图 4.2 (i)］，坝体上游面或接近上游面有薄土质防渗体的称为斜墙坝［图 4.2 (c)、(d)、(h)］。此外，还有其他形式的分区坝。

(3) 人工材料防渗面板坝和心墙坝坝体的防渗体由沥青混凝土、钢筋混凝土或其他人工材料制成，其余部分用土石料构成。其中防渗体在上游面的称防渗面板坝［图 4.2 (k)］，防渗在坝体中央的称心墙坝［图 4.2 (j)］。沥青混凝土防渗体也可做成斜心墙坝。

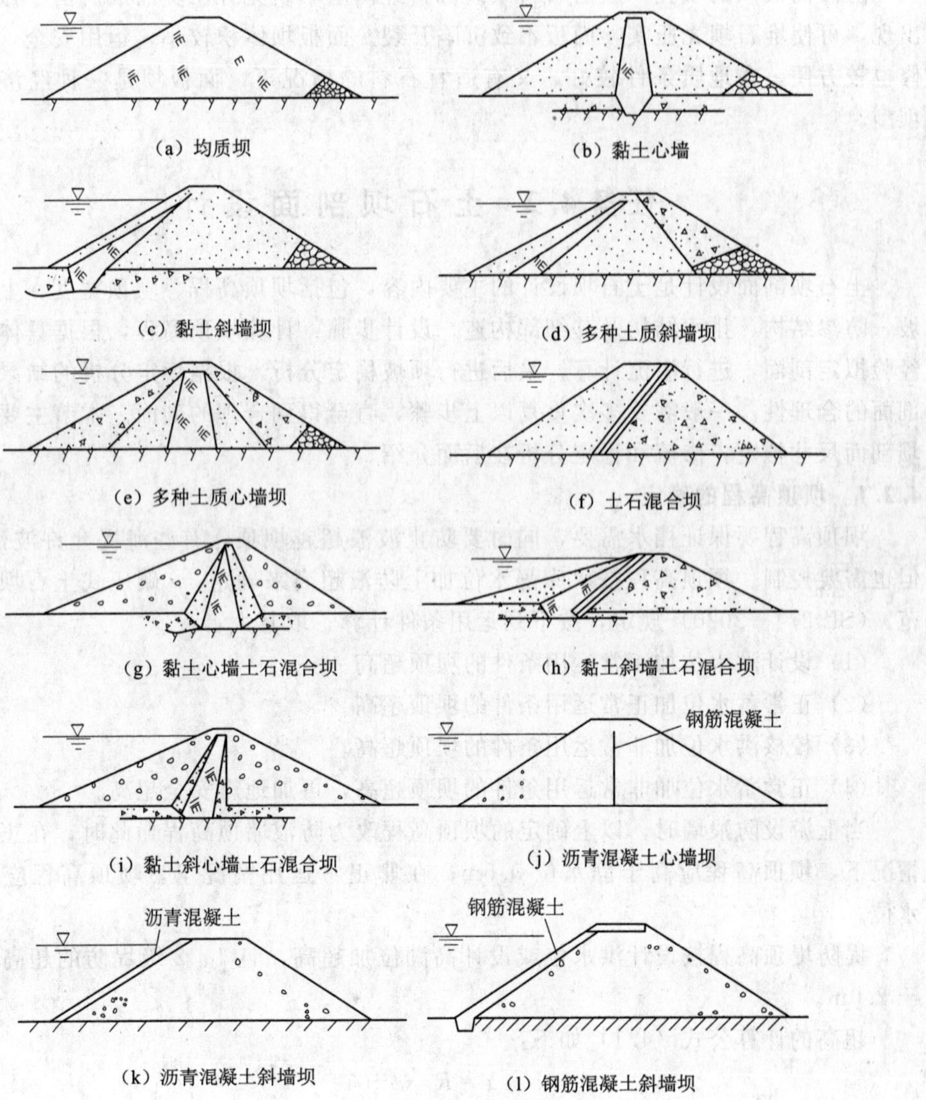

图 4.2　土石坝的类型

土石坝坝型选择应综合考虑筑坝材料情况，坝址的地质、地形条件，施工、运用条件等因素，通过技术经济比较确定。目前，高坝多采用分区坝，低坝多采用均质坝，而人工材料防渗面板坝和心墙坝正处在由低坝向高坝发展阶段。

土质斜墙坝（又称塑性斜墙坝）的上游坝坡较缓，黏土用量和总工程量可能较土质心墙坝（塑性心墙坝）大些，其抗震性能和对不均匀沉陷的适应性也都不如心墙坝。但斜墙和坝壳两者施工干扰相对较小，其下游坡的稳定性也比心墙坝有利。

斜心墙坝是近 20 年发展的一种新坝型。斜心墙的位置介于心墙和斜墙之间，它既保留了斜墙坝的某些优点，又保持了心墙坝较陡的上游坡，斜心墙坝的抗震性能比斜墙坝好，而下游坝坡的稳定性比心墙坝高。这种坝型用于高土石坝中较多。

防渗面板坝的坝壳一般由石料或砂砾料经薄层填筑充分压实而成。由于振动碾的出现，可使堆石坝壳压实，面板不致沉陷开裂。面板坝体积较小，运用安全，施工维修也较方便，在地质条件较好，又有适宜石料的情况下，面板坝是一种经济安全的坝型。

4.1 ▶
土石坝的特点和类型

任务4.2　土石坝剖面设计

土石坝剖面设计是土石坝设计的主要内容，包括坝顶高程、坝顶宽度、上下游坝坡、防渗结构、排水结构及其细部构造。设计步骤：计算坝顶高程，根据具体要求和经验拟定剖面，进行渗流计算，最后进行坝坡稳定分析，根据稳定分析的结果判断坝剖面的合理性。一般需要多次重复以上步骤，直至得到合理的剖面。本节主要介绍土坝剖面尺寸拟定，渗流和稳定分析在后面介绍。

4.2.1　坝顶高程的确定

坝顶高程要保证挡水需要，同时要防止波浪超越坝顶，有些海堤允许波浪越顶，但也需要控制。坝顶高程按水库静水位加上防浪超高来确定，《碾压式土石坝设计规范》（SL 274—2020）规定，按下列运用条件计算，取其大者：

（1）设计洪水位加正常运用条件的坝顶超高。

（2）正常蓄水位加正常运用条件的坝顶超高。

（3）校核洪水位加非常运用条件的坝顶超高。

（4）正常蓄水位加非常运用条件的坝顶超高，再加地震安全超高。

当上游设防浪墙时，以上确定的坝顶高程改为防浪墙顶高程。此时，在正常运用情况下，坝顶高程应高于静水位 0.5m；在非正常运用情况下，坝顶高程应高于静水位。

堤防堤顶高程按设计洪水位或设计高潮位加超高，且1、2级堤防的超高不应小于2.0m。

超高的计算公式（4.1）如下：

$$Y=R+e+A \tag{4.1}$$

式中　R——波浪在坝坡上的爬高，m；

e——最大风壅水面高度，m；

A——安全加高，m。

1. 波浪爬高 $R(R_p)$

波浪爬高与累积频率有关，一般用 R_p 表示，P 为累积频率（%）。对于Ⅰ、Ⅱ、Ⅲ级土石坝取累积频率 $P=1\%$ 的波浪爬高值 $R_{1\%}$，对于Ⅳ、Ⅵ级土石坝取累积频率 $P=5\%$ 的波浪爬高值 $R_{5\%}$。对于不允许越浪的堤防取累积频率 $P=2\%$ 的波浪爬高值 $R_{2\%}$；对于允许越浪的堤防取累积频率 $P=13\%$ 的波浪爬高值 $R_{13\%}$。可根据波浪平均爬高 R_m，统计波浪设计爬高 R_p 见式（4-2）。爬高统计分布，见表4.1。

$$R_p=R_m\left[\frac{R_p}{R_m}\right] \tag{4.2}$$

表 4.1 爬高统计分布 (R_p/R_m)

h_m/H_m \ P/%	0.1	1	2	4	5	10	14	20	30	50
<0.1	2.66	2.23	2.07	1.90	1.84	1.64	1.54	1.39	1.22	0.96
0.1～0.3	2.44	2.08	1.94	1.80	1.75	1.57	1.48	1.36	1.21	0.97
>0.3	2.13	1.86	1.76	1.65	1.61	1.48	1.42	1.31	1.19	0.99

波浪平均爬高 R_m 计算如下：

当坝坡为 $m \leqslant 1.25$ 时，见式（4.3）：

$$R_m = K_\Delta K_w R_0 h_m \tag{4.3}$$

式中，R_0 为无风情况下，平均波高 $h_m = 1$、$K_\Delta = 1$ 时的爬高值，可查表 4.2。

表 4.2 R_0 值

m	0	0.5	1.0	1.25
R_0	1.24	1.45	2.20	2.50

当 $1.25 < m < 1.5$ 时，可由 m 为 1.25 和 1.5 的值按直线内插求得。

当坝坡为 $m = 1.5 \sim 5.0$ 时，R_m 的计算公式如下：

$$R_m = \frac{K_\Delta K_w K_p}{\sqrt{1+m^2}} \sqrt{h_m L_m} \tag{4.4}$$

式中 K_Δ——斜坡的糙率及渗透系数，见表 4.3；

K_w——经验系数，与 $\frac{v_0}{\sqrt{gH_m}}$ 有关，见表 4.4；

v_0——计算风速，m/s，正常运用条件下的 1、2 级坝，采用多年平均最大风速的 1.5～2.0 倍，正常运用条件下的 3、4 级和 5 级坝，采用多年平均最大风速的 1.5 倍，非常运用条件下，采用多年平均最大风速；

H_m——坝前水域平均水深，m；

K_p——爬高累积频率换算系数，见表 4.5；

h_m、L_m——平均波高和波长，m。

表 4.3 斜坡的糙率及渗透系数 K_Δ

护面类型	K_Δ	护面类型	K_Δ
光滑不透水护面（沥青混凝土）	1.0	砌石护面	0.75～0.85
混凝土板护面	0.9	抛填两层块石（不透水地基）	0.6～0.85
草皮护面	0.85～0.90	抛填两层块石（透水地基）	0.5～0.55

表 4.4 经验系数 K_w

$\frac{v_0}{\sqrt{gH_m}}$	≤1	1.5	2.0	2.5	3.0	3.5	4.0	>5.0
K_w	1.0	1.02	1.08	1.16	1.22	1.25	1.28	1.30

表 4.5 **爬高累积频率换算系数 K_p**

h_m/H_m \ P/%	0.1	1	2	5	10	14	20	30	50
<0.1	2.66	2.23	2.07	1.84	1.64	1.53	1.39	1.22	0.96
0.1～0.3	2.44	2.08	1.94	1.75	1.57	1.48	1.36	1.21	0.97
>0.3	2.3	1.86	1.76	1.61	1.48	1.39	1.31	1.19	0.99

平均波高和波长采用莆田试验站的计算公式。

(1) 平均波高 h_m 为

$$\frac{gh_m}{v_0^2}=0.13\text{th}\left[0.7\left(\frac{gH_m}{v_0^2}\right)^{0.7}\right]\text{th}\left\{\frac{0.0018\left(\frac{gD}{v_0^2}\right)^{0.45}}{0.13\text{th}\left[0.7\left(\frac{gH_m}{v_0^2}\right)^{0.7}\right]}\right\} \tag{4.5}$$

式中 D——风区长度（有效吹程），m。

1) 正常运用条件下的 1 级、2 级坝，取多年平均最大风速的 1.5～2.0 倍；3 级、4 级、5 级坝，取多年平均最大风速的 1.5 倍；

2) 非常运用条件下，取多年平均年最大风速。

(2) 平均波长 L_m 采用式 (4.6)～式 (4.8) 计算。

当$\frac{H_m}{L_m}\geqslant 0.5$时，为深水波，其波长计算公式为

$$L_m=\frac{gT_m^2}{2\pi}\approx 1.56T_m^2 \tag{4.6}$$

$$T_m=4.438h_m^{0.5} \tag{4.7}$$

式中 T_m——平均波周期，s。

当$\frac{H_m}{L_m}<0.5$时，为浅水波，其波长计算公式为

$$L_m=\frac{gT_m^2}{2\pi}\text{th}\frac{2\pi H_m}{L_m} \tag{4.8}$$

2. 最大风壅水面高度 e

最大风壅水面高度为

$$e=\frac{Kv_0^2D}{2gH_m}\cos\beta \tag{4.9}$$

式中 K——综合摩阻系数，其值在 $(1.5\sim5.0)\times10^{-6}$ 之间，计算时可取 3.6×10^{-6}；

β——风向与坝轴法线的夹角；其余同前。

3. 安全加高 A

土石坝安全加高，根据坝等级和运行情况确定，见表 4.6。

表 4.6　　土石坝安全加高　　单位：m

运行情况		坝的级别			
		Ⅰ	Ⅱ	Ⅲ	Ⅳ、Ⅴ
设计		1.5	1.0	0.7	0.5
校核	山区、丘陵区	0.7	0.5	0.4	0.3
	平原、滨海区	1.0	0.7	0.5	0.3

4.2.2　坝顶宽度的确定

坝顶宽度主要满足运行、施工、交通和人防等要求。无特殊要求时，高坝的最小坝顶宽度一般为10～15m，中低坝为5～10m；有交通要求时，应按交通规定确定。

当坝高在30～100m时，坝宽为

$$B=0.1H \tag{4.10}$$

当坝高超过100m时，坝顶最小宽度 $B_{\min}$ 可按式（4.11）计算：

$$B_{\min}=\sqrt{H} \tag{4.11}$$

坝顶宽度必须考虑心墙或斜墙顶部及反滤层布置的需要。

在寒冷地区，坝顶还须有足够的厚度以保护黏性土料防渗体免受冻害。

4.2.3　上下游坝坡的确定

坝坡应根据坝型、坝高、坝体材料和坝基情况，还要考虑坝体承受的荷载、施工和运用条件等因素，通过技术经济分析比较确定。一般方法是：根据经验初步拟定坝坡，再进行渗流和稳定分析，根据分析计算结果修改坝坡，直至获得合理的坝坡。

较高的土石坝采用变坡方式，一般每隔10～30m高度变坡，变坡处设马道，宽度1.5～2.0m。

一般坝坡为1∶2.0～1∶4.0，初拟坝坡时，可参照表4.7和表4.8。

表 4.7　　均质坝坝坡经验数据

坝高/m	马道		坝坡	
	宽度/m	级数	上游坡	下游坡
<15.0	1.5	1	1∶2.50（上）	1∶2.25（上）
			1∶2.75（下）	1∶2.50（下）
15～25	2.0	2	1∶2.75（上）	1∶2.50（上）
			1∶3.00（下）	1∶2.75（下）
25～35	2.0	3	1∶2.75（上）	1∶2.50（上）
			1∶3.00（中）	1∶2.75（中）
			1∶3.50（下）	1∶3.00（下）

表 4.8 心墙坝坝坡经验数据

坝高/m	坝壳部分				心墙部分	
	马道		坝坡		顶宽/m	边坡
	宽度/m	级数	上游坡	下游坡		
<15.0	1.5	1	1∶2.25（上） 1∶2.50（下）	1∶2.0（上） 1∶2.25（下）	1.5	1∶0.2
15～25	2.0	1～2	1∶2.50（上） 1∶2.75（下）	1∶2.25（上） 1∶2.50（下）	2.0	1∶0.15～0.25
25～35	2.0	3	1∶2.75（上） 1∶3.00（中） 1∶3.50（下）	1∶2.50（上） 1∶2.75（中） 1∶3.00（下）	2.5	1∶0.15～0.25

此外，对于面板堆石坝，上游坝坡采用1∶1.4～1∶1.7，下游坝坡为1∶1.3～1∶1.6。

4.2.4 马道

碾压式土石坝上下游坝坡常沿高程每隔10～30m设置一条马道，其宽度不小于1.5～2.0m，用以拦截雨水，防止冲刷坝面，同时也兼作交通、检修和观测之用，还有利于坝坡稳定。马道一般设在坡度变化处。

4.2 ▶
土石坝的剖面设计

任务4.3 土石坝构造与坝体材料

4.3.1 坝顶构造

坝顶一般都做护面。护面的材料应根据当地材料情况及坝顶用途而定。可采用单层砌石、密实的碎石或砾石层、碴油，Ⅳ级以下的坝也可采用草皮护面。在坝顶上游边缘应尽量设置坚固不透水的防浪墙或其他安全挡护设备，下游侧宜设缘石。

为了排除雨水，坝顶应做成向一侧或两侧倾斜的横向坡度，坡度宜采用2%～3%。对于有防浪墙的坝顶，则宜采用单向的向下游倾斜的横坡。在坝顶下游侧设纵向排水沟，将汇集的雨水经坝面排水沟排至下游。

防浪墙可用混凝土或浆砌石修筑。墙的基础应牢固地埋入坝内，当土石坝有防渗体时，防浪墙墙基要与防渗体可靠地连接起来，以防高水位时漏水。防浪墙的高度一般为1.2m左右，如图4.3所示。坝面布置与坝顶结构应力求经济实用，在建筑艺术处理方面要美观大方。

4.3.2 防渗体

为了将渗流量和渗透坡降控制在允许范围以内，为了降低浸润线以增加坝体下游坡的稳定性，土石坝必须设有防渗体（均质坝不需专门的防渗设备）。

1. 分区坝的防渗体

(1) 心墙。分区坝的防渗心墙是用渗透系数小的黏性土料筑成，极易满足防渗要求，由于黏性土施工困难，其填筑单价高于无黏性土，抗剪强度也较低，所以过于肥厚的心墙弊多利少，但过薄又不利于防裂和抗震。按构造要求，心墙顶部的厚度应考

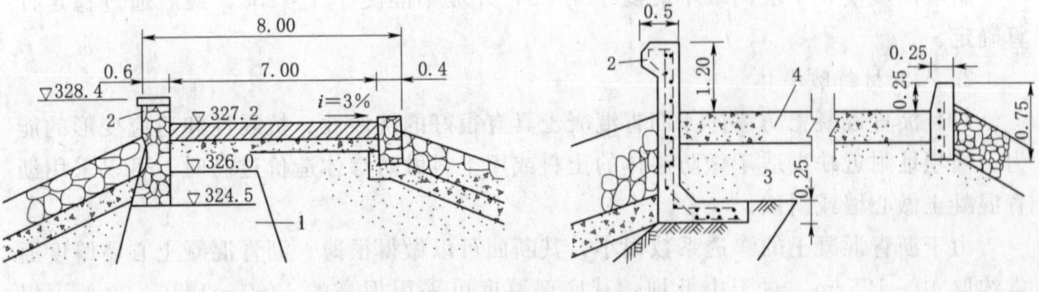

图 4.3　某土坝坝顶构造（单位：m）
1—防渗体；2—防浪墙；3—路面；4—护面

虑机械施工的最小宽度，并不小于 2.0m，自墙顶向下应逐渐加厚，使心墙两侧保持一定的坡度（1∶0.15～1∶0.3）以便于与坝壳结合紧密，有利于防裂。心墙底部厚度应满足允许渗透坡降的要求，即底部厚度不小于 $H/[J]$ 且不小于 3.0m，H 为计算点的作用水头，$[J]$ 为心墙土料的允许渗透坡降，黏土 $[J]=6$，壤土 $[J]=4$。

心墙顶部高程应高于设计洪水位 0.3～0.6m，且不低于校核洪水位。与防浪墙连接时不受此限。心墙顶应有无黏性土料做保护层以防冻裂或干缩。保护层厚度根据当地冰冻或干燥深度面定，但在任何情况下不得小于 1.0m。心墙两侧与坝壳之间应设置足够厚的过渡层或反滤层，一直延伸到心墙顶部，如图 4.4 所示。

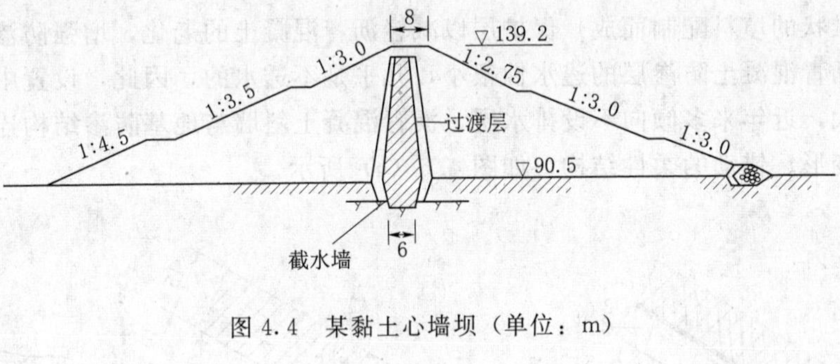

图 4.4　某黏土心墙坝（单位：m）

（2）斜墙。斜墙的厚度以垂直于斜墙上游面方向量取，顶部最小厚度为 2.0m，底部最小厚度，对于黏土为 $H/8$，对于壤土为 $H/5$，且亦不得小于 3.0m，顶部高程如前所述。斜墙上游面的保护层厚度应不小于当地冰冻深度或干燥深度，且不小于 1.0m，一般采用 2～3m，斜墙上下游均应设过渡层或反滤层，如图 4.5 所示。

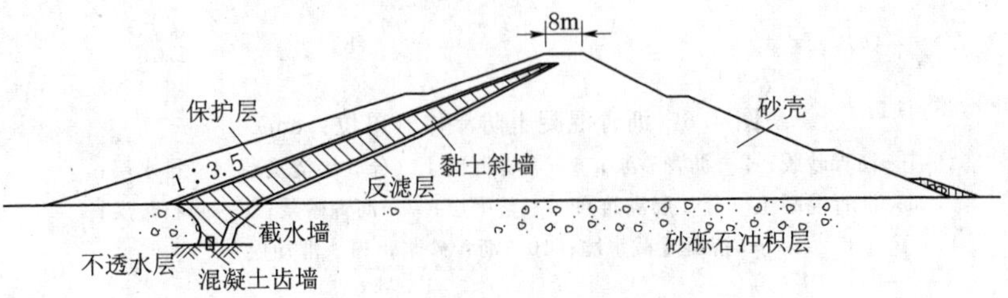

图 4.5　某黏土斜墙坝

斜墙的坡度，一般内坡不能陡于1∶2，外坡不能陡于1∶2.5，最后通过稳定计算确定。

2. 人工材料防渗体

(1) 沥青混凝土防渗体。沥青混凝土具有很好的抗渗性、抗震性和适应变形的能力。当坝址附近缺少适于做防渗体的土料或用土料做防渗体造价过高时，可以采用沥青混凝土做心墙或斜墙。

由于沥青混凝土的渗透系数很小，其断面可以做得很薄。沥青混凝土心墙厚度通常约取40～125cm，对于中低坝，其底部厚度可采用坝高的1/60～1/40，顶部可以减小，但不得小于30cm，我国甘肃党河水库渣油沥青混凝土心墙坝，坝高58m，其心墙底部厚度为1.5m，顶部厚为0.5m。

沥青混凝土斜墙的构造有两种形式，一种是设有中间排水层的双层沥青混凝土斜墙，如图4.6 (a) 所示。它由填平层，防渗底层、排水层、防渗表层组成。填平层为粗粒碎石沥青混凝土，厚6～12cm；防渗层为密实的沥青混凝土，分层铺压，表层厚约6～12cm，底层厚4～6cm，排水层的沥青混凝土是由不含砂的粗骨料加2%～3%的沥青拌制而成。渗过防渗表层的水由排水层导入廊道，再排出坝外。这种形式有利于检查维修，但构造复杂。另一种是不设中间排水层的简单结构，如图4.6 (b) 所示。但无论哪一种形式，斜墙均应铺筑在坝体上游面的垫层上，垫层一般为碎石或砾石，其最大粒径应不超过沥青混凝土骨料最大粒径的7～8倍，以防沥青混凝土被挤入相邻料中，垫层厚约1～3m。在防渗层的迎水面都要涂一层沥青玛蹄脂（沥青加粉状或纤维状的填料配制而成）保护层以减轻沥青混凝土的老化，增强防渗效果。实践证明，沥青混凝土防渗层的透水性很小，几乎是不透水的，因此，设置中间排水层的作用不大，近年来多倾向不设排水层，沥青混凝土斜墙与地基防渗结构连接周边要做成适应变形、错动的柔性结构，如图4.6 (c) 所示。

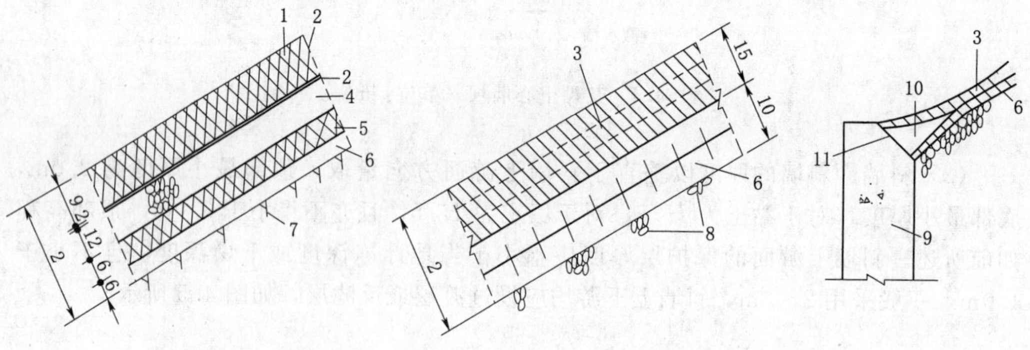

(a) (b) (c)

图4.6 沥青混凝土防渗体（单位：cm）

1—沥青砂胶；2—沥青砂浆；3—沥青混凝土（分3层浇筑）；4—排水层；5—沥青混凝土（分2层浇筑）；6—整平层；7—沥青砂浆；8—碎石垫层；9—混凝土截水墙；10—沥青砂浆；11—滑动层

我国从20世纪70年代开始，目前已有数十座大中小型土石坝采用了沥青混凝土防渗体。国内外实践证明，这种防渗体工作可靠、工程量小、工期短、节省劳力；缺点是施工困难、技术要求高、设计施工经验少。对于高坝还应加强研究论证，慎重采用。

(2) 钢筋混凝土面板。钢筋混凝土面板要求坝壳必须具有很小的变形，而其本身应能适应坝壳的相对变形。因此，面板应尽可能在沉陷大体完成后铺筑；面板与坝壳之间应设置过渡层或垫层，使防渗面板受到的水压力能均匀地传递到坝体。

钢筋混凝土面板的设计，应保证其不透水性、强度和耐久性。面板底部厚度宜采用最大水头的1%，考虑到气候和施工条件，顶部厚度不小于30cm。

为使面板适应变形，应设置伸缩缝。垂直缝的间距根据结构设计要求和施工方法确定，一般为10～18m。两岸间距应减小。垂直缝宜采用平接，不使用柔性充填物，以便最大限度地减少面板移动。水平缝一般设在坝底以上1/4至1/3坝高处，以防面板产生剪切变形。在面板与底座的结合处产生的变形最大，故应设置牢固可靠、紧密不透水的周边接缝。

根据实践经验，面板往往设置双向钢筋，每向钢筋百分率约为0.4%～0.5%，由于面板内力方向难以确定，故将钢筋布置在面板截面的中间部位。在配筋时，周边缝、垂直缝和水平缝附近都应增加少量加强钢筋，以防止局部拉应力和边角挤碎。

面板底座的结构形式，其宽度约为水头的1/20，厚度可由河床向上分级减薄。巴西佛士度爱利坝的底座宽度分为4.0、5.5、7.5m三级；厚度分为0.6、0.7、0.9m三级，既能防渗，又便于灌浆。面板底座沿坝轴线方向，每隔20m左右设一道伸缩缝。

4.3.3　坝体排水设备

土石坝虽有防渗设备，但仍有一定水量渗入坝内。设置坝体排水设备，可以将渗入坝内的水有计划地排出坝外，以达到降低浸润线及孔隙水压力；增加坝坡稳定性和保护坝坡土；防止渗透变形与冻胀破坏的目的。除能论证渗流不会使下游坝坡产生渗透破坏者外，土石坝均应设置坝体排水设备。

排水设备应具有充分的排水能力，不致被泥沙堵塞，以保证在任何情况下都能自由地排出全部渗水；在排水设备与坝体和土基接合处，都应设置反滤层，以保证坝体与地基土不产生渗透破坏；应便于观测和检修。常用排水设备的构造形式和使用条件如下。

1. 贴坡排水

贴坡排水是在下游坝坡底部用块石、卵石、砂料等分层筑成的排水设备，如图4.7所示。当坝体为黏性土时，排水设备的总厚度应大于当地冰冻厚度，以保证渗透水流不遭冻结。其顶部高程应超过浸润线逸出点1.5～2.0m，并要求坝体浸润线在该地

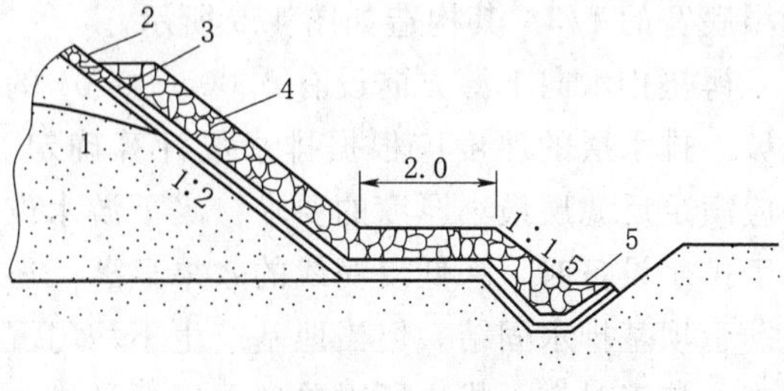

图4.7　贴坡排水（单位：m）
1—浸润线；2—护坡；3—反滤层；4—排水体；5—排水沟

区冻结深度以下，当下游有水时，还应满足波浪爬高的要求，在贴坡排水层基础处，必须设置排水沟或排水体，共保度应使水面结冰后，沟（体）的下部仍有足够的排水断面。

这种排水设备的优点是：用料较少，便于检修，能够防止沙流逸出处的渗透变形，并可保护下游坝坡不受泥水冲刷。缺点是：不能降低浸润线，这种排水设备适用于浸润线较低的坝型和下游无水的中小型土石坝。

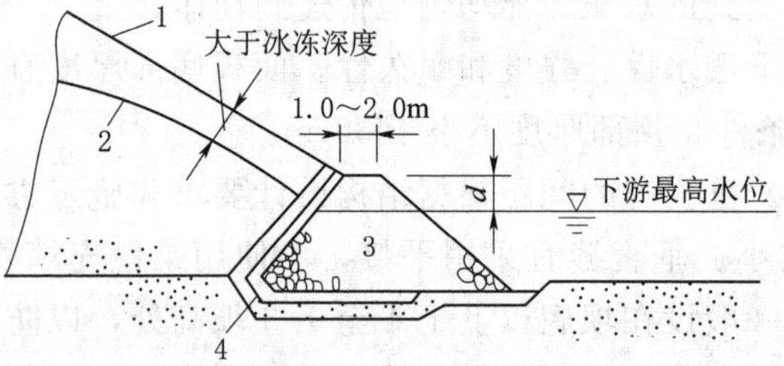

图 4.8 棱体排水

1—坝坡；2—浸润线；3—堆石棱体；4—反滤层

2. 棱体排水

这种排水设备的构造如图 4.8 所示。其顶部高程应保证使浸润线距下游坝面的距离大于该地区的冻结深度，并应满足波浪爬高的要求；其高出下游水位的高度 Δh，对于Ⅰ、Ⅱ、Ⅲ级坝不小于 1.0m，对Ⅳ、Ⅴ级坝不小于 0.5m，且大于波浪爬高。

棱体排水的顶宽应根据观测与施工的需要确定，一般为 1.0～2.0m，但不应作为交通道路之用，以防泥土污物落入堆石内影响排水性能。

棱体的内坡由施工条件确定，一般为 1：1.25～1：1.5；外坡根据坝基的抗剪强度和施工条件确定，一般为 1：1.5～1：2.0。为使逸出段的渗透坡降分布得更均匀，在非岩石地基上的棱体排水，应尽量避免在棱体上游底部出现锐角，应做成图 4.8 所示的形式。

这种排水设备能够降低浸润线，防止坝坡冻胀；保护坝坡不被冲刷；当地基强度足够时，还能对坝坡有支撑作用，增加坝坡的稳定性。这是一种工作可靠、应用较多的排水形式。缺点是用石料较多、造价较高，于坝体施工有些干扰。适用于较高的坝或石料较多的地区。土石坝的河槽部分常用这种排水设备。

3. 褥垫排水

褥垫式排水是伸入坝体内部的一种平铺式排水，其伸入坝体内的极限长度为：对于黏性土均质坝为坝底宽的 1/2；对于砂性土均质坝为坝底宽的 1/3。其构造如图 4.9 所示。

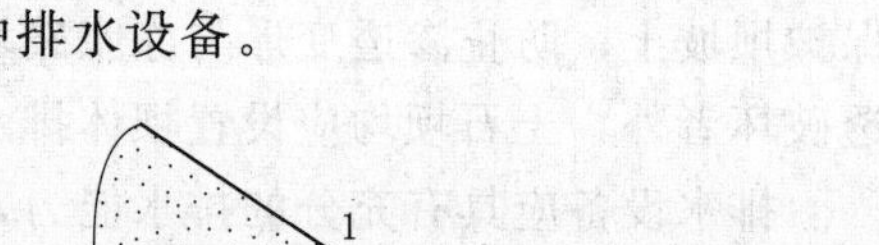

图 4.9 褥垫排水

1—坝坡；2—浸润线；3—褥垫排水；4—反滤层

褥垫排水向下游方向设有 0.005～0.01 的纵坡。排水层的厚度应根据排水量计算确定，并应满足反滤层最小厚度的要求。当下游水位低于排水设备时，降低浸润线的效果显著，还有助于坝基排水固结。但当地基产生不均匀沉陷时，褥垫排水层易遭断裂，而且检修困难，施工时有干扰。所以单独采用这种排水形式的不多。

4. 管式排水

管式排水的构造如图 4.10 所示。埋入坝体的暗管可以是带孔的陶瓦管、混凝土管或钢筋混凝土管，还可以由碎石堆筑而成。平行于坝轴线的集水管收集渗水，经由垂直于坝轴线的横向排水管排向下游。横向排水管的间距为15～20m。管式排水的优缺点与褥垫式排水相似，排水效果不如褥垫式好，但用料少。一般用于土石坝岸坡及台地地段，因为这里坝体下游经常无水，所以排水效果好。

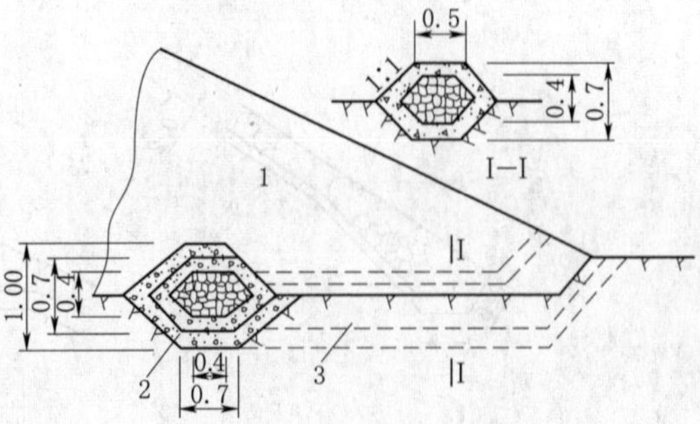

图 4.10　管式排水（单位：m）

1—坝体；2—集水管；3—横向排水管

5. 综合排水

为充分发挥各种形式的排水优点，降低造价，可将几种排水形式组合在一起成为综合式排水，如图 4.11、图4.12所示。

4.3　坝体排水设备

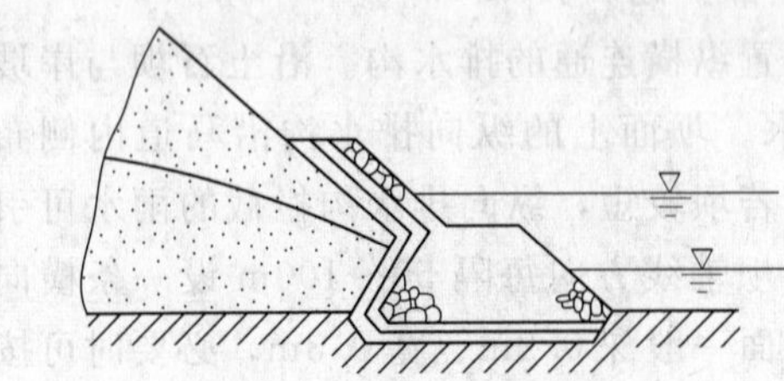

图 4.11　贴坡＋棱体综合排水

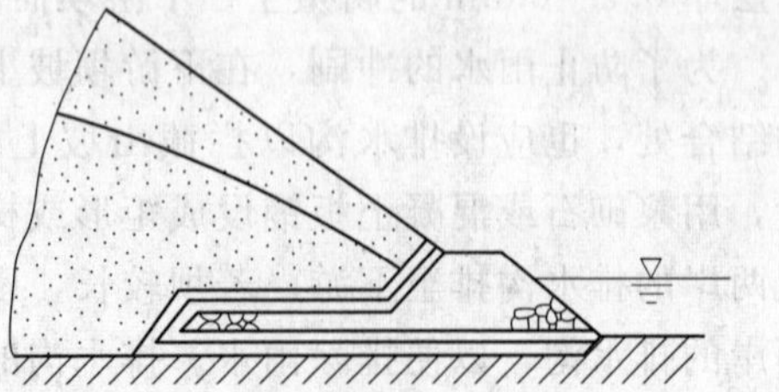

图 4.12　褥垫＋棱体综合排水

4.3.4　土石坝的护坡与坝坡排水

土石坝设置护坡的目的是：防止波浪淘刷，避免雨冲、风扬、冻胀、干裂以及动植物的破坏。土石坝除由堆石、卵石、碎石筑成的下游坝坡外，均应设置护坡。

护坡的形式有块石护坡、草皮护坡、碎石或卵石护坡、混凝土及钢筋混凝土护坡、沥青混凝土护坡（通常与防渗体结合）等。选择护坡的形式时，应根据坝的高低、工作条件、当地材料情况等因素，按就地取材的原则，选用工作可靠、造价低廉、施工简单、维修方便、外形美观的护坡。

上游坝面的工作条件较差，承受风浪的淘刷和冰层、漂浮物的损害，应选择有足够抗冲能力的护坡。我国建造的土石坝的上游面多采用干砌石护坡。干砌石护坡根据波浪的大小可做成单层或双层。单层干砌石护坡厚约 0.30～0.35m，如图 4.13（a），双层干砌石护坡厚约 0.4～0.6m，如图 4.13（b）。干砌石下面要设碎石或砾石垫层（当护坡与坝体土料之间满足过滤原则时除外），以防波浪淘刷坝坡。垫层厚度一般为0.15～0.25m，并满足反滤层的要求。在寒冷地区，若坝坡为黏性土时，为使护坡不因受冻而变形，垫层厚度还应满足坝坡不冻的要求。护坡范围，通常上至坝顶，下至最低库水位以下能满足坝坡土料抗冲和冰冻层要求的高程，一般至最低水位以下 1.0～1.5 倍浪高处即可满足要求，不高的坝常护至坝底。护坡在马道及护坡的最下端应适当加厚，嵌入坝体或坝基内以增加护坡的稳定性。

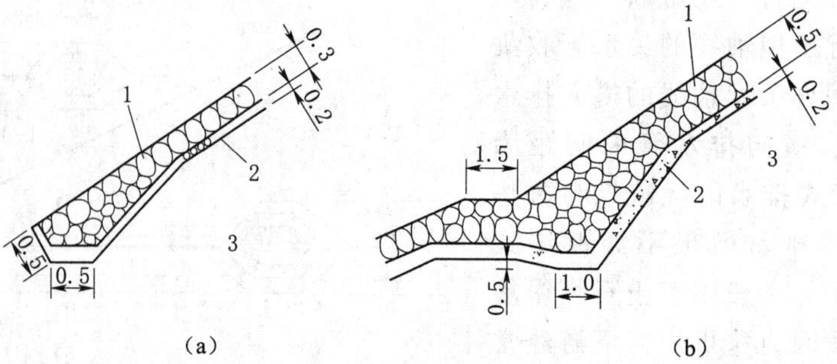

图 4.13 砌石护坡构造（单位：m）

1—干砌石；2—垫层；3—坝体

下游坝坡工作条件较好，常用堆石（包括卵石，砾石）或单层干砌石护坡。气候温和地区的黏性土均质坝，也可用草皮护坡，若坝坡为无黏性土时，则应在草皮下铺一层厚 0.2～0.3m 的腐殖土。下游坝面需要全部护砌。

为了防止雨水的冲刷，在下游坝坡上常设置纵横连通的排水沟。沿土石坝与岸坡的结合处，也应设排水沟以拦截山坡上的雨水。坝面上的纵向排水沟沿马道内侧布置，用浆砌石或混凝土板铺设成矩形或梯形。若坝较短，纵向排水沟拦截的雨水可引至两岸的排水沟排至下游。若坝较长，则应沿坝轴线方向每隔 50～100m 设一条横向两岸的排水沟，以便排除雨水。排水沟的横断面一般深 0.2m、宽 0.3m，必要时可按一小时暴雨强度和集水面积计算确定。暴雨频率为：Ⅰ级坝为 1%，Ⅱ级坝为 2%，Ⅲ级坝为 5%，Ⅳ、Ⅴ级坝为 10%。

4.3.5 筑坝材料与填筑标准

1. 坝体各组成部分对材料的要求

(1) 均质坝对材料的要求。

1) 均质坝土料应具有一定的抗渗性能，其渗透系数不宜大于 10^{-4}cm/s。

2) 黏粒含量一般为 10%～30%。

3) 有机质含量（按重量计）不大于 5%，最常用于均质坝的土料是砂质黏土和壤土。

(2) 心墙坝和斜墙坝对坝壳材料的要求。多用粒径级配较好的中砂、粗砂、砂石、卵石及其他透水性较高、抗剪强度参数较大的混合料。

(3) 防渗设施对土料的要求。

1) 防渗性：一般要求渗透系数不大于 10^{-5}cm/s，它与坝壳材料的渗透系数之比应最小，最好不大于 1/1000，以便有效地降低坝体浸润线，提高防渗效果。

2) 土质：防渗体对杂质含量的要求也比对坝体材料的要求高，一般要求有机质含量不超过 2%，水溶盐含量不超过 3%（均按重量计）。

(4) 排水设施和砌石护坡对石料的要求。

1) 物理性能：较高的抗压强度，良好的抗水性、抗冻性和抗风化性。块石料的重度应大于 22kN/m³；岩石孔隙率不应大于 3%，吸水率（按孔隙体积比例计）不应大于0.8；块石料的饱和抗压强度不应小于30MPa，软化系数不应小于0.75～0.85。

2）几何尺寸：块石的形状要尽可能做成正方形，最大边长与最小边长之比不应大于1.5～2.0，以避免挠曲折断，保证工程质量。

2. 风化料的应用

随着土石坝堆石体施工机械的改进，施工方法已由抛填改为薄层碾压，从而提高了碾压效率，降低了碾压费用；碾压后堆石表面平整，可以减少运输车辆轮胎的磨损；碾压的密实度高，碾压的堆石很少发生颗粒分离现象，沉降和扭曲变形都较小。为此，对堆石料的石质、尺寸、级配、细料含量等要求均大大放宽，并有可能采用风化岩、软岩等劣质石料修建高坝。

(1) 风化岩、软岩等劣质石料的工程性质。质软，抗压强度低，细料多，但级配良好，碾压密实，孔隙率低，摩擦角达到37°～49°，其工程性质基本满足筑坝要求。

(2) 应用风化岩、软岩筑坝时应注意的几个问题。

1）应按石料质量分区使用，将坝壳由内向外分成几个区，质量差的、粒径小的石料放在内侧，质量好的、粒径大的石料放在外侧，这样可扩大材料的使用范围。

2）为防风化，堆石料表面铺一层1～1.5m厚的新鲜岩石保护层。

3）细料含量易适当控制；如含量过高应填筑在任意料区。

4）注意浸水后的抗剪强度降低和沉陷问题。

3. 土石料的填筑标准

(1) 黏性土的压实标准。对不含砾或含少量砾的黏性土料，以设计干重度作为设计指标，按击实试验的最大干重度乘以压实度确定。对于Ⅰ级坝和高坝压实度为0.98～1.00，对于Ⅱ级、Ⅲ级及其以下的中坝压实度为0.96～0.98。

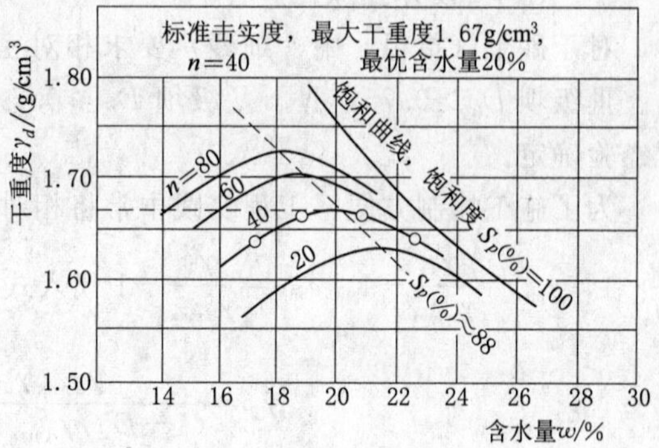

图4.14 干重度与击实功能和含水量的关系图

土料的压实度在一定的压实功能条件下达到最佳压实效果的含水量称为最优含水量。填土所能达到的干重度与击实功能和含水量的关系，如图4.14所示。最优含水量多在塑限附近。黏性土的填筑含水量控制在最优含水量附近。

1）填土含水量 w。

$$w = w_p + \beta I_p \tag{4.12}$$

式中 w——土的最优含水量；

w_p——土的塑限；

I_p——土的塑性指数；

β——系数［高坝可取±0.1，中低坝可取±(0.1～0.2)］。

2）填土的干重度 r_d。根据最优含水量 w，用式（4.13）计算：

$$r_d = m\frac{r_s(1-v_a)}{1+0.01wr_s} \tag{4.13}$$

式中 v_a——单位土体中空气的体积（黏性土取为0.05，壤土可取为0.04，砂壤土可取为0.03）；

r_s——土粒比重；

m——施工条件系数（高坝可取0.97～0.99，中低坝可取0.95～0.97）。

(2) 非黏性土料的压实标准。非黏性土料是填筑坝体或坝壳的主要材料之一，对它的填筑密度也应有严格的要求，以便提高其抗剪强度和变形模量，增加坝体稳定和减小变形，防止砂土料的液化。密实的砂砾料不仅抗剪强度高，而且其抗渗与抗震性能好，还能减少沉陷。非黏性土的颗粒之间是直接接触的，与含水量无关，土粒排列好就密实。非黏性土的填筑标准，采用相对密度 D_r 作为设计指标，见式(4.14)：

$$D_r = \frac{e_{\max}-e}{e_{\max}-e_{\min}} \tag{4.14}$$

式中 $e_{\max}$——土石料最大孔隙比；

$e_{\min}$——土石料的最小孔隙比；

e——设计孔隙比。

对于砂土（指粗、中、细砂）要求相对密度 $D_r>0.7$；对于砂砾石料要求：Ⅰ、Ⅱ、Ⅲ级坝 $D_r>0.75$，Ⅳ、Ⅴ级坝 $D_r\geqslant 0.7$。如不具备试验条件时，可参照实际工程经验确定。

为了施工控制方便，工程实践中常将相对密度 D_r 换算成干容重 γ_d 表示。将 $e=\frac{\gamma_s}{\gamma_d}-1$，$e_{\max}=\frac{\gamma_s}{\gamma_{d\min}}-1$，$e_{\min}=\frac{\gamma_s}{\gamma_{d\max}}-1$ 代入式(4.14)中，化简可得式(4.15)：

$$\gamma_d = \frac{\gamma_{d\max}\gamma_{d\min}}{(1-D_r)\gamma_{d\max}+D_r\gamma_{d\min}}-1 \tag{4.15}$$

式中 $\gamma_{d\max}$、$\gamma_{d\min}$——分别为砂料的最大和最小干容重，均由试验得出。

对于砂砾料，应根据其含砾量的不同，确定其相应的设计干容重，其做法是：先将砾石（大于5mm的颗粒）筛除，再按对砂土的要求确定不含砾的相对密度，由式(4.14)计算 γ_d，然后按式(4.15)计算不同含砾量的填土干容重 γ_d'，见式(4.16)：

$$\gamma_d' = \frac{\gamma_d\gamma_s'}{\gamma_d+\gamma_s'(1-p)}-A \tag{4.16}$$

式中 γ_d——不含砾时控制的干容重；

γ_s'——砾石比重；

p——砾石含量，以小数计；

A——干容重改正值，当 $p<30\%$ 时，$A=0$；$p>30\%$ 时，需通过大型击实试验确定，或参照已建工程经验而定。

对于堆石料，常用孔隙率进行控制，根据不同部分，可用 $n=25\%\sim30\%$，由现场试验确定。

任务4.4 土石坝渗流分析

4.4.1 渗流计算的任务和计算方法

1. 渗流计算的任务

土石坝的渗流计算是为选定经济可靠的坝体横断面提供依据。其主要计算任务如下：

(1) 计算渗流量。根据通过坝体与坝基的渗透流量，确定采取防渗措施的必要性。

(2) 绘出浸润线。确定浸润线的位置，作为坝坡稳定计算和布置观测设备的依据，判断浸润线以下的饱和土料是否有被冻结的可能，从而验证排水设备形式、尺寸的合理性。

(3) 核算土料是否发生渗透变形。计算坝体及坝基的渗透坡降或流速，检验土料是否发生渗透变形，从而论证渗流控制措施的合理性。

2. 渗流计算方法

土石坝渗流计算的方法，基本上可分为公式计算法和流网法两大类。公式计算法分为流体力学法和水力学法；流网可用作图、数值分析和模型试验（电拟法、电阻网法、缝隙水槽试验法等）绘制。

流体力学法是从数学、物理观点来考虑渗透水流运动的，可以求得任意点的渗流要素，理论上可以得到精确解答，但由于土石坝渗流的边界条件复杂，还未能完全得到解答。

水力学法是一种近似解法，计算简单，精度可满足工程要求，是一种常用的方法。但它只能求得断面平均渗透坡降和流速，不能提供任意点的渗流要素。

采用图解流网法可求得渗流场中任意点的渗流要素。对于重要工程还可采用模型试验对计算结果进行核对。

(1) 基本假定。

1) 土料为均匀的、各向同性的即每一点在各个方向的渗透系数 K 是相同的，但实际上，由于施工条件、料场供应、分层开挖等原因，土料并非是均匀和各向同性的。

2) 渗流为层流数，即认为渗透水流符合达西定律，$v=KJ$（v 为渗透流速，K 为渗透系数，J 为渗透坡降）。

3) 渗流为渐变流即认为任意过水断面上各点的坡降和流速是相同的。

(2) 渗流计算的基本公式。

对于不透水地基上矩形土体内的渗流，如图 4.15 所示。

假设铅直线上各点的渗流坡降均相等，并可用浸润线导数来表示，即$\dfrac{dy}{dx}$。那么，渗流的达西定律可以写成微分方程表达式（4.17）：

$$v=-k\frac{dy}{dx} \tag{4.17}$$

式中 x——渗流沿程坐标；

y——浸润线高度坐标；

k——渗透系数；

v——渗透流速。

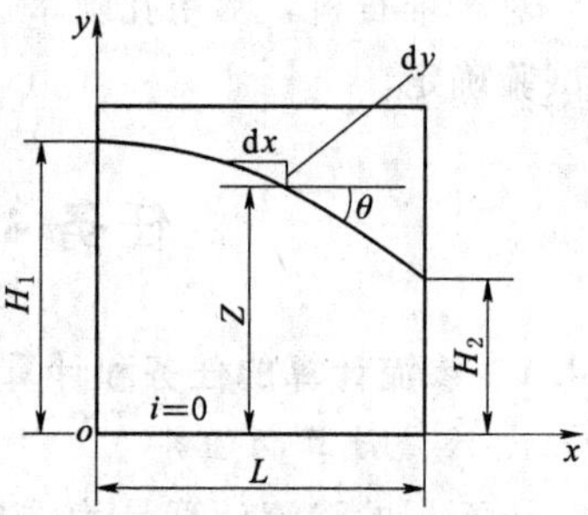

图 4.15 渗流计算图

设渗流单宽流量为 q，则由式（4.17）可得式（4.18）。

$$q=-ky\frac{dy}{dx} \tag{4.18}$$

式（4.17）为浸润线微分方程，其解为式（4.19）。

$$y=\sqrt{H_1^2-\frac{2q_1}{k}x} \tag{4.19}$$

式中 H_1——上游水深；

q_1——坝体单宽渗流流量。

对于心墙坝和斜墙坝，式（4.19）变为式（4.20）。

$$y=\sqrt{h^2-\frac{2q_1}{k}x} \tag{4.20}$$

式中 h——防渗体后水深。

土坝浸润线基本公式为式（4.19）或式（4.20），其中 q_1、h 为待定常数，其求解方程见表 4.9。

单宽渗流量计算式，见式（4.21）。

$$q=q_1+q_2 \tag{4.21}$$

式中 q_2——坝基渗流量，见表 4.9。

表 4.9　　渗流计算基本方程

坝型	计算简图	基本方程	备注
均质坝，无排水设施	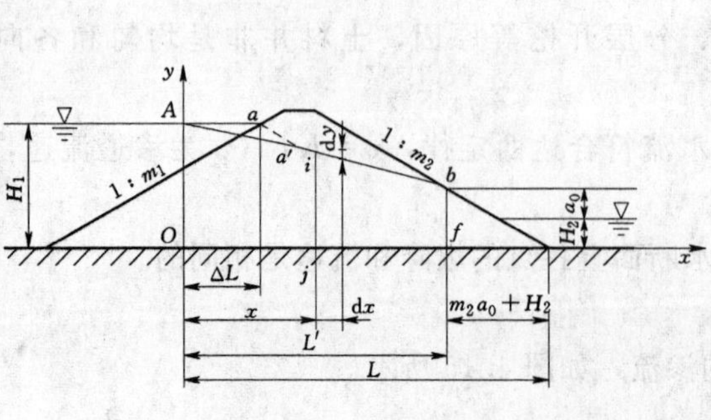	$\frac{H_1^2-(H_2+a_0)^2}{2L'}=\frac{a_0}{m_2+0.5}\left(1+\frac{H_2}{a_0+a_mH_2}\right)$ $a_m=\frac{m_2}{2(m_2+0.5)^2}$ $L'=L-m_2(a_0+H_2)$ $q_1=k\frac{H_1^2-(H_2+a_0)^2}{2L'}$ $q_2=k_T\frac{H_1-H_2}{nL_0}T$	先求解 a_0。L_0 为坝底宽度

续表

坝型	计算简图	基本方程	备注
均质坝，棱体排水	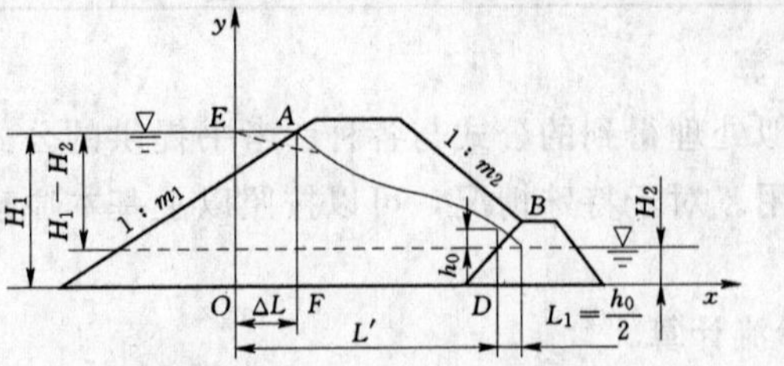	$h_0=\sqrt{L'^2+(H_1-H_2)^2}-L'$ $T=0$ 时，$q_2=0$，$q=q_1$ $T>0$ 时，$q_1=k\dfrac{H_1^2-(H_2+h_0)^2}{2L'}$ $q_2=k_T\dfrac{H_1-H_2-h_0}{nL_0}T$	L_0 为上游坝脚至棱体上游点 D 的宽度
均质坝，褥垫排水	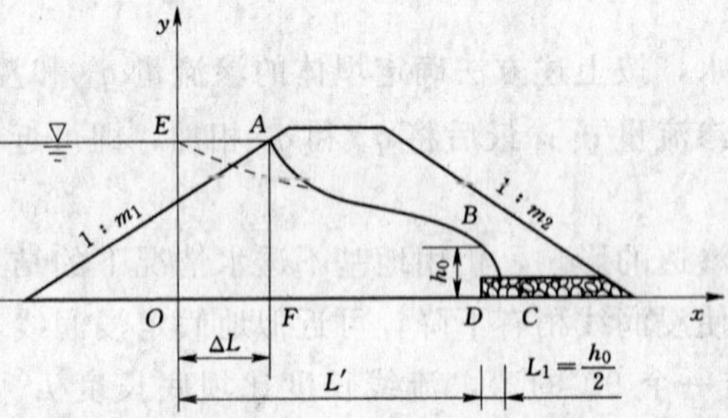	$h_0=\sqrt{L'^2+H_1^2}-L'$ $T=0$ 时，$q_2=0$，$q=q_1$ $T>0$ 时，$q_1=k\dfrac{H_1^2-h_0^2}{2L'}$ $q_2=k_T\dfrac{H_1}{L'+0.44T}T$	
心墙坝	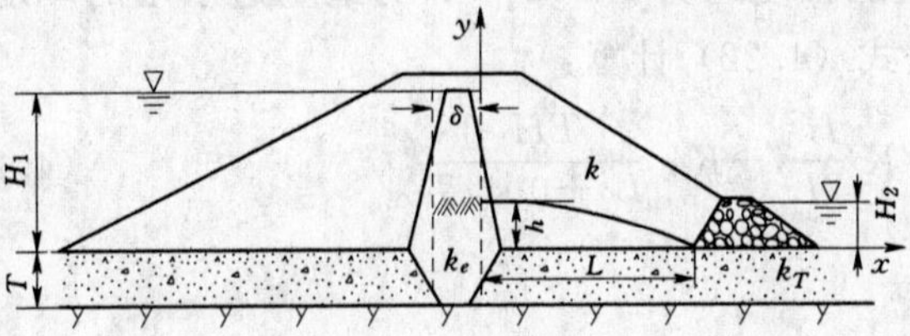	$k_e\dfrac{(H_1^2+T)-(h+T)^2}{2\delta}=$ $k\dfrac{h^2-H_2^2}{2L'}+k_T\dfrac{h-H_2}{n'L'}T$ $L'=L+m_3H_2$ $q_1=k\dfrac{h^2-H_2^2}{2L'}$，$q_2=k_T\dfrac{h-H_2}{n'L'}T$	先求解 h
带截水墙的斜墙坝	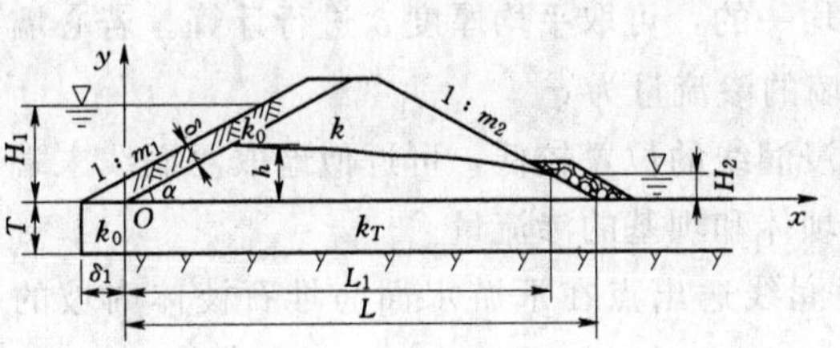	$k_e\dfrac{H_1^2-h^2}{2\delta\sin\alpha}+k_e\dfrac{H_1-h}{\delta}T=$ $k\dfrac{h^2-H_2^2}{2(L-m_1h)}+k_T\dfrac{h-H_2}{n'(L-m_1h)}T$ $q_1=k\dfrac{h^2-H_2^2}{2(L-m_1h)}$ $q_2=k_T\dfrac{h-H_2}{n'(L-m_1h)}T$	先求解 h
带水平铺盖的斜墙坝	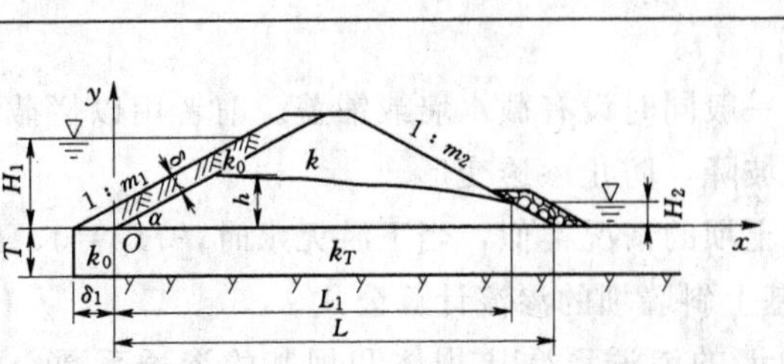	$k_T\dfrac{H_1-h}{n'(L_n+m_1h)}T=$ $k\dfrac{h^2-H_2^2}{2(L-m_1h)}+k_T\dfrac{h-H_2}{n'(L-m_1h)}T$ $q_1=k\dfrac{h^2-H_2^2}{2(L-m_1h)}$ $q_2=k_T\dfrac{h-H_2}{n'(L-m_1h)}T$	先求解 h

注 表中 k、k_e、k_T 分别为坝体、防渗体和坝基的渗透系数；T 为透水地基深度；L_0 为排水体上游起点前的坝底宽度；n 为坝基渗径修正系数，见表4.10；$n'=\dfrac{n+1}{2}$；m_1、m_2、m_3 分别是上游坝坡、下游坝坡和排水棱体上游边坡坡比；$\Delta L=\dfrac{m_1}{1+2m_1}H_1$。

表 4.10 坝基渗径修正系数

L_0/T	20	5	4	3	2	1
n	1.15	1.18	1.23	1.30	1.44	1.87

4.4.2 不透水地基上土石坝的渗流计算

这里水力学法对边界条件进行近似处理得到的公式与各种参考书提供的公式都有一定的差异，引用时需要仔细分析选用。对于特殊情况，可以按照以上基本原理和边界条件进行推求。

4.4.3 有限深透水地基上土石坝的渗流计算

1. 均质土石坝

(1) 渗流量。可先假定地基不透水，按上述方法确定坝体的渗流量 q_1 和浸润线；然后再假定坝体不透水，计算坝基的渗流量 q_2；最后将 q_1 和 q_2 相加，即可近似得到坝体和坝基的渗流量。

(2) 坝体浸润线。可不考虑坝基渗透的影响，仍用地基不透水情况下的结果。对于有褥垫排水的情况，因地基渗水而使浸润线稍有下降，可近似地假定浸润线与排水起点相交。由于渗流渗入地基时要转一个 90°的弯，流线长度比坝底长度 L'要增大些。根据实验和流体力学分析，增大的长度约为 $0.44T$（T 为地基透水层的厚度）。这时，通过坝体和坝基的渗流量可按式（4.22）计算：

$$q=q_1+q_2=K\frac{H_1^2}{2L'}+K_T\frac{TH_1}{L'+0.44T} \tag{4.22}$$

式中 q——用坝身的渗流量 q_1。

2. 心墙土石坝

心墙、截水墙段：其土料一般是均一的，可取平均厚度 δ 进行计算。若心墙后的浸润线高度为 h，则通过心墙、截水墙的渗流量为 q_1。

下游坝壳和坝基段：由于心墙后浸润线的位置较低，可近似地取浸润线末端与堆石棱体的上游端相交，然后分别计算坝体和坝基的渗流量。

当下游有水时，可近似地假定浸润线逸出点在下游水面与堆石棱体内坡的交点处，用上述同样的方法进行计算。

3. 斜墙土石坝

有限渗透水地基上的斜墙土坝，一般同时设有截水墙或铺盖。前者用以拦截透水地基，后者用以延长渗径、减小渗透坡降，防止渗透变形。

(1) 有截水墙的情况。它与心墙土坝的情况类似，当下游无水时，$H_2=0$，$L_1=L$。当 $T=0$ 时，也可得出不透水地基上斜墙坝的渗流计算公式。

(2) 有铺盖的情况。当铺盖与斜墙的渗透系数比坝体和坝基的渗透系数小很多时，可近似地认为铺盖与斜墙是不透水的，并以铺盖末端为分界线，将渗流区分为两段进行计算。

4.4.4 总渗流量计算

计算总流量时，应根据地形及透水层厚度的变化情况，将土石坝沿坝轴线分为若干段，如图4.16所示，然后分别计算各段的平均单宽流量，则全坝的总渗透流量Q可按式（4-23）计算：

$$Q=\frac{1}{2}[q_1l_1+(q_1+q_2)l_2+\cdots+(q_{n-2}+q_{n-1})l_{n-1}+q_{n-1}l_n] \quad (4.23)$$

式中　l_1、l_2、…、l_n——各段坝长，m；

q_1、q_2、…、q_n——断面1、断面2处的单宽流量，m^3/s。

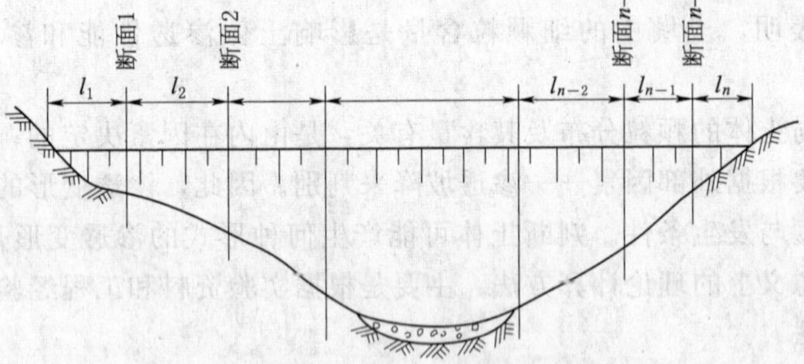

图4.16　总渗流量计算图

4.4.5　土石坝的渗透变形及防止措施

土坝及地基中的渗流，由于其机械或化学作用，可能使土体产生局部破坏，称为“渗透破坏”，严重的渗透破坏可能导致工程失事，因此必须加以控制。

1. 渗透变形的形式

渗透变形的形式及其发生、发展、变化过程，与土料性质、土粒级配、水流条件以及防渗、排渗措施等因素有关，一般可归纳为：管涌、流土、接触冲刷、接触流土、接触管涌等类型。最主要的是管涌和流土两种类型。

(1) 管涌。坝体或坝基中的细土壤颗粒被渗流带走，逐渐形成渗流通道的现象称为管涌或机械管涌。管涌一般发生在坝的下游坡或闸坝的下游地基面渗流逸出处。没有凝聚力的无黏性砂土、砾石砂土中容易发生管涌；黏性土的颗粒之间存在有凝聚力(或称黏结力)，渗流难以将其中的颗粒带走，一般不易发生管涌。管涌开始时，细小的土壤颗粒被渗流带走；随着细小颗粒的大量流失，土壤中的孔隙加大，较大的土壤颗粒也会被带走；如此逐渐向内部发展，形成集中的渗流通道。使个别小颗粒土在孔隙内开始移动的水力坡降称为管涌的临界坡降；使更大的土粒开始移动从而产生渗流通道和较大范围破坏的水力坡降称为管涌的破坏坡降。

单个渗流通道的不断扩大或多个渗流通道的相互连通，最终将导致大面积的塌陷、滑坡等破坏现象。

(2) 流土。在渗流作用下，成块的土体被掀起浮动的现象称为流土。流土主要发生在黏性土及均匀非黏性土体的渗流出口处。发生流土时的水力坡降，称为流土的破坏坡降。

(3) 接触冲刷。当渗流沿两种不同土壤的接触面或建筑物与地基的接触面流动时，把其中细颗粒带走的现象称为接触冲刷。

(4) 接触管涌。当渗流垂直作用于两种不同土壤的接触面时，渗流可能将其中一层的细颗粒带到另一层的粗颗粒中去的现象称为接触管涌。接触管涌一般发生在黏土心（斜）墙与坝壳砂砾料之间、坝体或坝基与排水设施之间、坝基内不同土层之间的渗流中。

(5) 接触流土。当渗流垂直作用的两种不同土壤中的一层为黏性土时，渗流可能将黏性土成块地移动，从而导致隆起、断裂或剥蚀等现象称为接触流土。

4.4 ▶
土石坝的渗透变形及防止措施

2. 渗透变形形式的判别

试验研究表明，土壤中的细颗粒含量是影响土体渗透性能和渗透变形的主要因素。

渗流类型与土体的颗粒分布及其含量有关，是由内在因素决定的；至于会不会发生渗透变形还要根据外部因素——渗透坡降来判别。因此，渗透变形的判别包括两个方面：渗透类型与发生条件。判断土体可能产生何种形式的渗透变形是比较困难的，目前尚无严格意义上的理论计算方法，主要是根据实验资料和工程经验得出的一些经验性的判断方法。

水利部和交通部共同管辖的南京水利科学研究院提出的也是以土体中的细粒（粒径小于 2mm）含量 P_z 作为判断依据的方法，并提出了 P_z 界限值的计算公式，见式(4.24)。

$$P_z=\alpha\frac{\sqrt{n}}{1+\sqrt{n}} \tag{4.24}$$

式中 n——土体孔隙率；

α——修正系数，一般取为 0.95～1.00。

判据：当土体中的细粒含量 P_z 大于式（4.24）计算出的 P_z 时，可能产生流土；当土体中的细粒含量 P_z 小于式（4.24）计算出的 P_z 时，可能产生管涌。该方法在使用上比较简便，且相对较准确。

3. 渗透变形的临界坡降

(1) 管涌的临界坡降。对于大中型工程，应通过管涌试验来确定管涌的临界坡降。对中小型工程及初步设计时，当渗流方向为由下向上时，可用南京水利科学研究院的经验公式推算，见式（4.25）。

$$J_c=\frac{42d_3}{\sqrt{\frac{K}{n^3}}} \tag{4.25}$$

式中 d_3——相应于粒径曲线上含量为 3%的粒径；

K——渗透系数；

n——土壤孔隙率。

容许渗透坡降 [J] 可根据建筑物的级别和土壤的类型选用安全系数 2～3。[J] 值还可参照不均匀系数 η 值选用：$10<\eta<20$ 的非黏性土，[J]＝0.20；$\eta>20$ 的非黏性土，[J]＝0.10。其中 d_{60} 为土体的粒径，表示土体中小于该粒径的土体占总土重的 60%；d_{10} 表示土体中小于该粒径的土体占总土重的 10%。

(2) 流土的临界坡降。当渗流自下向上作用时，常采用根据极限平衡得到的太沙基公式计算，见式 (4.26)。

$$J_B=(G-1)(1-n) \tag{4.26}$$

式中 G——土粒比重；

n——土的孔隙率。

J_B 一般在 0.8～1.2 变化。南京水利科学研究院建议把上式乘以 1.17。容许渗透坡降 $[J_B]$ 也要采用一定的安全系数，对于黏性土，可用 1.5；对于非黏性土，可用 2.0～2.5。

4. 防止渗透变形的工程措施

设置反滤层是提高抗渗破坏能力、防止各类渗透变形特别是防止管涌的有效措施。在任何渗流流入排水设施处一般都要设置反滤层。

(1) 反滤层的结构。反滤层一般是由 2～3 层不同粒径的非黏性土、砂和砂砾石组成的。层次排列应尽量与渗流的方向垂直，各层次的粒径则按渗流方向逐层增加，如图 4.17 所示。

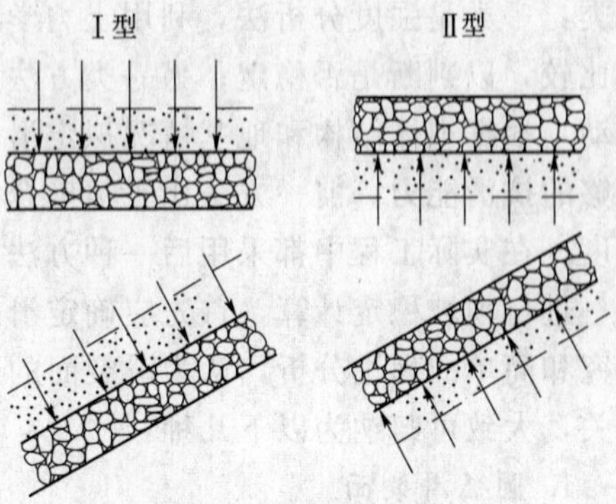

图 4.17 反滤层布置图

(2) 反滤层的材料。反滤层的材料首先应该是耐久的、能抗风化的砂石料。为保证滤土排水的正常工作，材料的布置和要求应满足如下原则：

1) 被保护土壤的颗粒不得穿过反滤层。但对细小的颗粒（如粒径小于 0.1mm 的砂土），则可允许被带走。因为它的被带走不会使土的骨架破坏，不至于产生渗透变形。

2) 各层的颗粒不得发生移动。

3) 相邻两层间，较小的一层颗粒不得穿过较粗一层的孔隙。

4) 反滤层不能被堵塞，而且应具有足够的透水性，以保证排水畅通。

5) 应保证耐久、稳定，其工作性能和效果应不随时间的推移和环境的改变而遭受破坏。

(3) 反滤层级配的设计。根据上述要求，《碾压式土石坝设计规范》(SL 274—2020) 中提出如下的设计方法：对于被保护的第一层反滤层，建议用式 (4.27) 与式 (4.28)。

$$\frac{D_{15}}{d_{85}}\leqslant 5 \tag{4.27}$$

$$\frac{D_{15}}{d_{15}}\geqslant 5 \tag{4.28}$$

式中 D_{15}——反滤层的粒径，小于该粒径的土重占总重的 15%；

d_{85}——被保护土的粒径，小于该粒径的土重占总重的 85%；

d_{15}——被保护土的粒径，小于该粒径的土重占总重的 15%。

(4) 土工织物材料的反滤层。土工织物反滤层已在国内外的水利工程、铁路路基和海港等工程中广泛应用，我国也在广泛的研究和试用中。

4.5 土石坝渗流分析

土工织物是由聚合物形成的纤维制成的。使用最广泛的聚合物是聚酯、聚丙烯、聚乙烯和聚酰胺，它们都具有较高的机械强度。按其制成的方法可分为三种类型：①有纺型：由相互正交的纤维组成；②编织型：用一根根单一的纤维按一定的方式编成；③无纺型：其纤维呈无规则编列的状态。

任务4.5 土石坝稳定分析

4.5.1 坝坡滑裂面形状

土石坝稳定计算的目的是校核所拟坝坡是否安全稳定。计算方法基本上可分为两大类：一类是强度分析法，利用土力学理论算出坝内各点应力，然后与土体具有的强度比较，以判断是否稳定；另一类方法是假定土石坝失稳是部分土体沿某滑裂面产生滑动，根据坝体结构和地基情况拟定滑裂面的形状，计算滑裂面以上的土体是否具有足够的抗滑能力。前一方法比较精确合理，是今后发展的方向，但目前还未达到实用程度。在实际工程中都采用后一种方法。

进行坝坡稳定计算，首先应确定滑裂面的形状。根据实验和大量实际工程资料的研究和简单的理论分析，认为滑裂面的形状与坝体结构、坝基情况以及坝的工作条件有关，大致可归纳为以下几种：

1. 圆弧滑裂面

当滑裂面通过黏性土的部位时，其形状常是上陡下缓近似圆柱面的曲线形，实际计算中用圆弧表示，如图4.18所示。坝基为岩石或坚硬的土质时，滑弧从坝脚处滑出，如图4.18（a）所示；坝基土与坝体土料相近或坝基土软弱时，滑弧可能深入坝基，从坝脚以外滑出，如图4.18（b）所示。

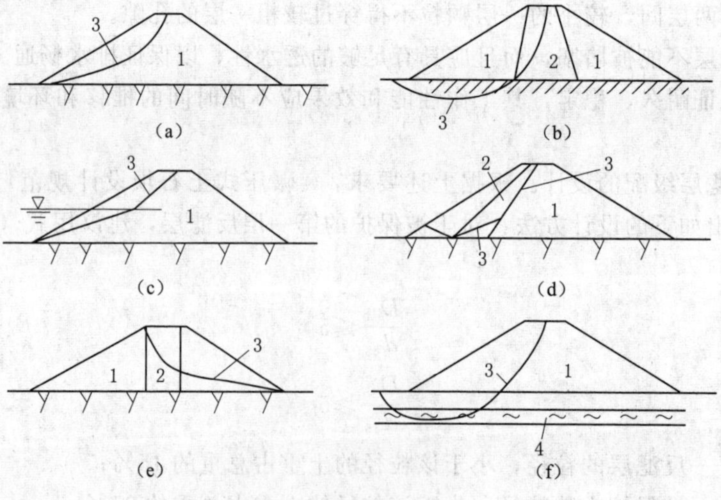

图4.18 滑裂面形式

1—坝壳；2—防渗体；3—滑裂面；4—软弱层

2. 直线或折线滑裂面

滑裂面通过无黏性土的部位时，滑裂面的形状可能是直线或折线形。当坝坡干燥或全部浸入水中时呈直线形；当坝坡部分浸入水中时呈折线形，其转折点在水位高程处，如图 4.18（c）所示。斜墙坝的上游坡失稳时，通常是沿着斜墙与坝体交界面滑动，如图 4.18（d）所示，由三段直线形成折线滑裂面。

3. 复合滑裂面

当滑裂面通过性质不同的几种土料时，可能是由直线和曲线组成的符合形状滑裂面。图 4.18（e）为滑裂面通过黏土心墙时为圆弧、通过砂砾土坝壳时为直线的组合滑裂面；图 4.18（f）为坝基存在软弱夹层的情况，由两段圆弧和一段直线组合成的复合滑裂面。

在计算黏土心墙坝的砂砾石坝壳时，有时也可按圆弧法计算或圆弧法与折线法并用。

4.5.2 圆弧法

1. 瑞典圆弧法

瑞典圆弧法是目前土石坝设计中坝坡稳定分析的主要方法之一。该方法简单、实用，基本能满足工程精度要求，特别是在中小型土石坝设计中应用更为广泛。

假设滑动面为一个圆柱面，在剖面上表现为圆弧面。将可能的滑动面以上的土体划分成若干铅直土条，不考虑土条之间作用力的影响，作用在土条上的力主要包括：土条自重、土条底面的凝聚力和摩擦力，如图 4.19 所示。

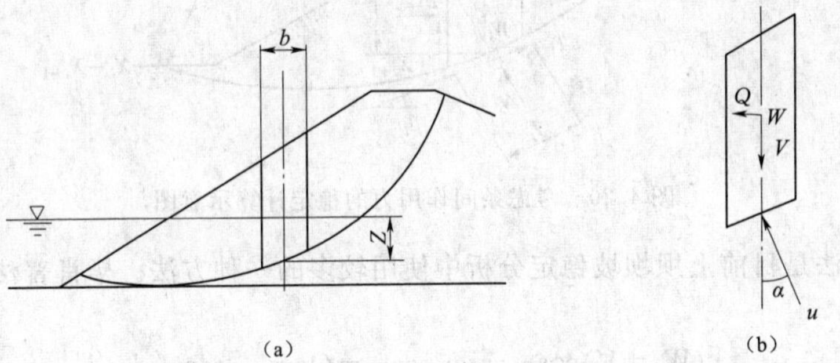

图 4.19 圆弧滑动法条分示意图

瑞典圆弧法安全系数定义为土条在滑动面上所提供的抗滑力矩与滑动力矩之比。

按有效应力法计算时，瑞典圆弧法安全系数 K_C 为

$$K_C=\frac{\sum\{[(W_i\pm V)\cos\alpha_i-ub_i\sec\alpha_i-Q\sin\alpha_i]\tan\varphi_i'+C_i'b_i\sec\alpha_i\}}{\sum\left[(W_i\pm V)\sin\alpha+\frac{M_c}{R}\right]} \tag{4.29}$$

式中 W_i——第 i 土条的自重；

Q、V——水平和垂直地震惯性力；

u——作用于土条上的孔隙水压力；

φ_i'、C_i'——按总应力法计算时采用的抗剪强度指标摩擦系数和凝聚力；

α_i——第 i 土条沿滑动面的坡角；

b_i——土条宽度；

M_c——水平地震惯性力对圆心的力矩；

R——圆弧半径。

按总应力法计算时，上式中 φ_i'、C_i'应改为 φ_i、C，同时令 u_i 为 0。土石坝各种工况下，土体抗剪强度指标的选取可参照《碾压土石坝设计规范》（SL 274—2020）的有关规定确定。

2. 简化的毕肖普法

瑞典圆弧法的主要缺点是没有考虑土条间的作用力，因而不满足力和力矩的平衡条件，所计算出的安全系数一般偏低。

毕肖普法是对瑞典圆弧法的改进。其基本原理是：考虑了土条水平方向的作用力（$H_i+\Delta H_i$ 与 H_i，即 $H_i+\Delta H_i\neq H_i$），忽略了竖直方向的作用力（切向力，$X_i+\Delta X_i$ 与 X_i，即令 $X_i+\Delta X_i=X_i=0$），如图 4.20 所示，由于忽略了竖直方向的作用力，因此称为简化的毕肖普法。

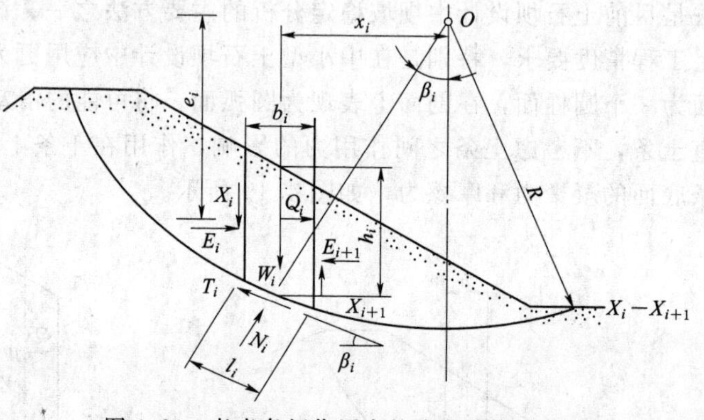

图 4.20 考虑条间作用力的稳定计算示意图

毕肖普法是目前土坝坝坡稳定分析中使用较多的一种方法。毕肖普法的安全系数计算公式为

$$K_C=\frac{\sum\dfrac{[(W_i\pm V)\cos\alpha_i-ub_i\sec\alpha_i-Q\sin\alpha_i]\tan\varphi_i'+c_i'b_i\sec\alpha_i}{1+\tan\alpha_i\tan\varphi'/K_C}}{\sum\left[(W_i\pm V)\sin\alpha+\dfrac{M_C}{R}\right]} \tag{4.30}$$

式中符号意义同式（4.29）。

上式中，两端均含有 K_C，必须用试算法或迭代法求解。

3. 考虑渗透动水压力时的坝坡稳定计算

当坝体内有渗流作用时，还应考虑渗流对坝坡稳定的影响。在工程中常采用替代法。例如，在审查下游坝坡稳定时，可将下游水位以上、浸润线与滑弧间包围的土体在计算滑动力矩时用饱和重度，而计算抗滑力矩时则用浮重度，浸润线以上仍用湿重度计算，下游水位以下土体仍用浮重度计算，其稳定安全系数表达式为

$$K_C=\frac{\sum b_i(\gamma_m h_{1i}+\gamma' h_{2i})\cos\beta_i\tan\varphi_i+\sum C_i l_i}{\sum b_i(\gamma_m h_{1i}+\gamma' h_{2i})\sin\beta_i} \tag{4.31}$$

式中 γ_m——土体的湿重度，kN/m^3；

γ'——土体的浮重度，kN/m^3；

γ_{sat}——土体的饱和重度，kN/m^3；

h_{1i}、h_{2i}——浸润线以上和浸润线与滑弧之间的土条高度，m。

替代法适用于浸润面与滑动面大致平行且 β 角较小的情况，因而是近似的。

4. 最危险圆弧位置的确定

圆弧法计算需要选定圆弧位置——圆心位置和圆弧半径，但很难确定最危险圆弧位置（对应最小安全系数），一般是在一定范围内搜索，经过多次计算才能找到最小安全系数。确定搜索范围有两种方法：

（1）B.B 方捷耶夫法。最小安全系数范围如图4.21中的 $bcdf$，a 点为边坡中点，ca 为垂直线；$R_内$、$R_外$ 见表4.11。

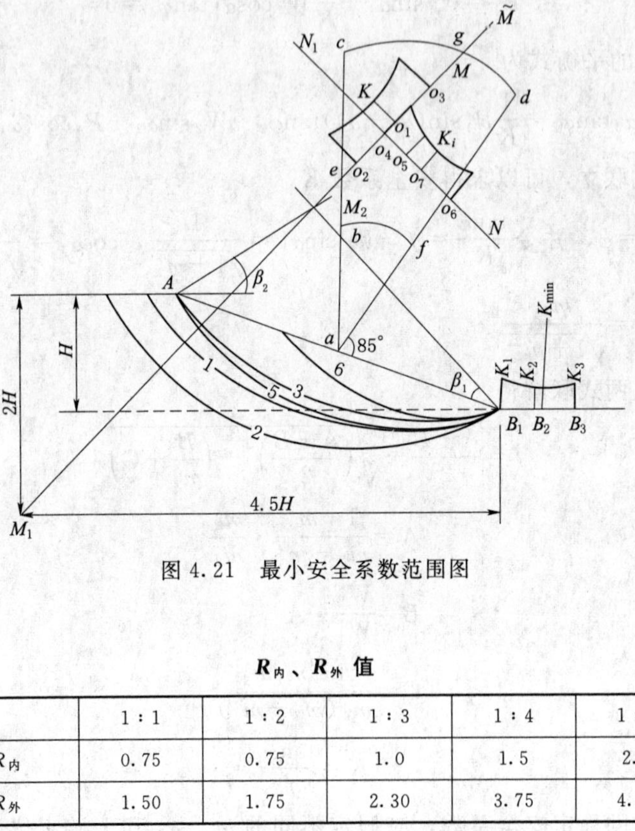

图4.21 最小安全系数范围图

表4.11 **$R_内$、$R_外$ 值**

坝坡		1:1	1:2	1:3	1:4	1:5	1:6
$\frac{R}{H}$	$R_内$	0.75	0.75	1.0	1.5	2.2	3.0
	$R_外$	1.50	1.75	2.30	3.75	4.80	5.50

（2）费兰钮斯法。最小安全系数范围在 M_1M_2 连线上，参数 β_1、β_2 见表4.12。

表4.12 **β_1、β_2 值**

坝坡	1:1.5	1:2.0	1:3.0	1:4.0
β_1/(°)	26	25	25	25
β_2/(°)	35	35	35	36

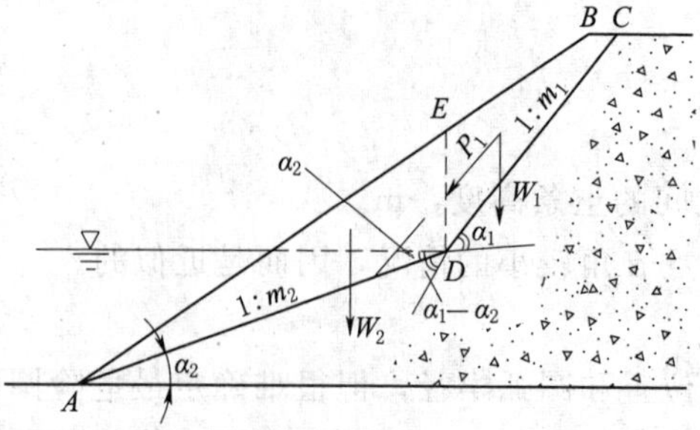

图 4.22 某心墙坝上游坝坡

4.5.3 直线与折线法

常采用两种假定：①滑楔间作用力为水平向，采用与圆弧滑动法相同的安全系数；②滑楔间作用力平行滑动面，采用与毕肖普法相同的安全系数。

1. 非黏性土坝坡部分浸水的稳定计算

对于部分浸水的非黏性土坝坡，由于水上与水下土的物理性质不同，滑裂面不是一个平面，而是近似折线面，以图4.22所示的心墙坝上游坝坡为例，说明折线法按极限平衡理论计算安全系数的方法。

$$P_1=W_1\sin\alpha_1+\frac{1}{K}W_1\cos\alpha_1\tan\varphi_1=0$$

土体 ADE 的平衡式为

$$\frac{1}{K}W_2\cos\alpha_2\tan\varphi_2+\frac{1}{K}P_1\sin(\alpha_1-\alpha_2)\tan\varphi_2-W_2\sin\alpha_2-P_1\cos(\alpha_1-\alpha_2)=0$$

由以上二式联立，可以求得安全系数 K。

若 $\varphi_1=\varphi_2=\varphi$，并令 $\frac{\tan\varphi}{K}=f$，则 $\sin\alpha_1=\frac{1}{\sqrt{1+m_1^2}}$，$\cos\alpha_1=\frac{m_1}{\sqrt{1+m_1^2}}$；$\sin\alpha_2=\frac{1}{\sqrt{1+m_2^2}}$，$\cos\alpha_2=\frac{m_2}{\sqrt{1+m_2^2}}$。

并再将以上两式联解得

$$f=\frac{A+B}{2}-\sqrt{\left(\frac{A+B}{2}\right)^2-\left(\frac{B}{m_2}+C\right)} \tag{4.32}$$

其中

$$A=\frac{1+m_1^2}{m_2-m_1}\cdot\frac{m_2}{m_1}$$

$$B=\frac{W_2}{W_1}\cdot A$$

$$C=\frac{1+m_1m_2}{m_1(m_2-m_1)}$$

安全系数

$$K=\frac{\tan\varphi}{f}$$

为求得坝坡的稳定安全系数，应假定不同的 α_1、α_2 和上游水位，即先求出在某一水位和 α_2 下不同 α_1 值时的最小稳定安全系数，然后在同一水位下再假定不同的 α_2 值，重复上述计算可求出在这种水位下的最小稳定安全系数。一般还必须至少再假设两个水位，才能最后确定坝坡的最小稳定安全系数。

2. 斜墙坝上游坝坡的稳定计算

斜墙坝上游坝坡的稳定计算，包括保护层沿斜墙和保护层连同斜墙沿坝体滑动两种情况，因为斜墙同保护层和斜墙同坝体的接触面是由两种不同的土料填筑的，接触面处往往强度低，有可能斜墙和保护层共同沿斜墙底面折线滑动，如图 4.23 所示，对厚斜墙还应计算圆弧滑动稳定。

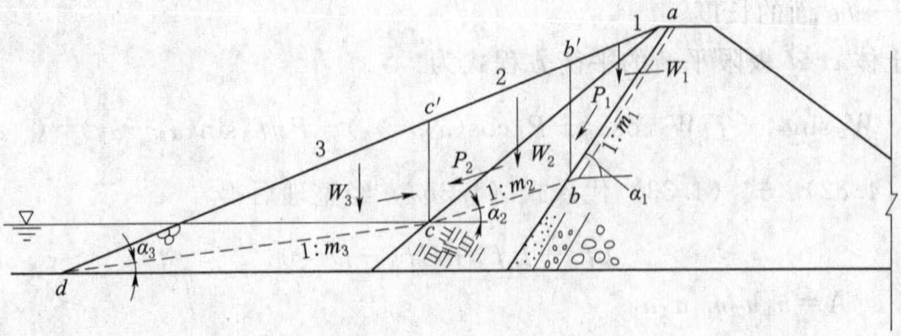

图 4.23　某斜墙坝上游坝坡

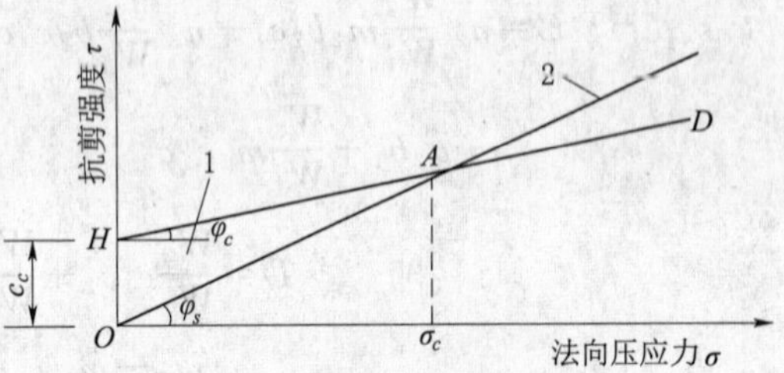

图 4.24　抗剪强度

斜墙与下游坝壳接触面的抗剪强度，可用直剪仪做两种接触面的抗剪强度试验得到，也可根据两种土料的强度包线 OAD 确定接触面的抗剪强度，当接触面法向压应力小于 σ_c 时，抗剪强度用 OA 线；当接触面法向压应力大于 σ_c 时，抗剪强度用 AD 线，如图 4.24 所示。

设试算滑动面 $abcd$，如图 4.23 所示，将滑动土体分成三块。如 abb' 土体重量为 W_1，ab 面的砂料内摩擦角为 φ_1（按图4－24原理决定），abb' 土体作用在 bb' 面上的土压力为 P_1，P_1 的方向假定与底面平行。令

$$\left.\begin{aligned}n_1&=\frac{\tan\varphi_1}{\tan\varphi_3}=\frac{f_1}{f_3}\\n_2&=\frac{\tan\varphi_2}{\tan\varphi_3}=\frac{f_2}{f_3}\\n_3&=\frac{c_2}{\tan\varphi_3}=\frac{c_2}{f_3}\end{aligned}\right\}\tag{4.33}$$

式中　φ_2、φ_3——bc 及 cd 面上的实际内摩擦角；

c_2——bc 面上斜墙土料的实际单位凝聚力；

f_1、f_2、f_3——各滑动面为维持极限平衡所需的摩擦系数。

式（4.33）的意义是：各滑动面为维持极限平衡所需的摩擦系数之比值应与相应的土料抗剪强度之比值一致，也就是说各滑动面的安全系数相等。

由于 f_1、f_2、f_3 未知，故先用已知的 φ_1、φ_2、φ_3 及 c_2 算出 n_1、n_2、n_3，然后列出维持土体 $cc'd$ 极限平衡时方程式，求出 f_3，由图 4.23 可知：

$$P_1=W_1\sin\alpha_1-n_1W_1f_3\cos\alpha_1\tag{4.34}$$

$$P_2=W_2\sin\alpha_2-n_2W_2f_3\cos\alpha_2-n_3f_3l_2+P_1\cos(\alpha_1-\alpha_2)-P_1n_2f_3\sin(\alpha_1-\alpha_2) \tag{4.35}$$

式中 l_2——bc 面的长度。

维持土体 $cc'd$ 极限平衡的平衡方程式为

$$W_3\sin\alpha_3-f_3W_3\cos\alpha_3+P_2\cos(\alpha_2-\alpha_3)-P_2f_3\sin(\alpha_2-\alpha_3)=0 \tag{4.36}$$

将式（4.32）、式（4.33）代入式（4.35），经整理后得

$$Af_3^3+Bf_3^2+Cf_3-D=0 \tag{4.37}$$

其中

$$A=n_1n_2m_1a_1a_2$$

$$B=n_1n_2m_1a_1a_2+n_2\frac{W_2}{W_1}m_2a_2c_1+\frac{n_3l_2}{W_1}a_2c_1c_2+n_1m_1a_2b_1+n_2a_1a_2$$

$$C=n_2\frac{W_2}{W_1}m_2b_2c_1+n_3\frac{l_2}{W_1}b_2c_1c_2+n_1m_1b_1b_2+n_2a_1b_2+\frac{W_2}{W_1}a_2c_1+a_2b_1+\frac{W_3}{W_1}m_3c_1c_2$$

$$D=\frac{W_3}{W_1}c_1c_2+\frac{W_2}{W_1}b_2c_1+b_1b_2$$

$$a_1=\frac{m_2-m_1}{\sqrt{1+m_1^2}};a_2=\frac{m_3+m_2}{\sqrt{1+m_2^2}}$$

$$b_1=\frac{1+m_1m_2}{\sqrt{1+m_1^2}};b_2=\frac{1+m_2m_3}{\sqrt{1+m_2^2}}$$

$$c_1=\sqrt{1+m_1^2};c_2=\sqrt{1+m_2^2}$$

由式（4.37）求出 f_3 值，稳定安全系数 K 为

$$K=\frac{\tan\varphi_3}{f_3} \tag{4.38}$$

为求得最危险滑动面，须用试算的方法，先假定某一上游水位，再假定 c 点位置（随即得出 m_3），再假定不同的 b 点，如图 4.25 所示。

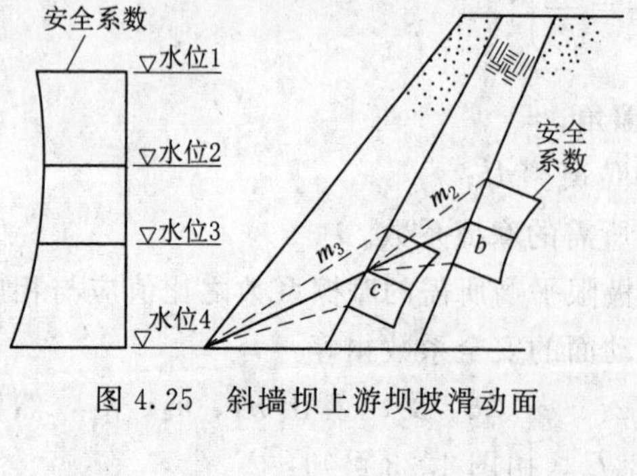

图 4.25 斜墙坝上游坝坡滑动面

3. 复合滑动面法

当滑动面通过不同土料时，常为直线与圆弧组合的形式。例如厚心墙坝的滑动面，通过砂性土为直线，通过黏性土为圆弧。当坝基下不深处存在有软弱夹层时，滑动面也可能通过软弱夹层而形成如图 4.26 所示的复合滑动面。

计算时，可将滑动土体分为 3 个区，土体 abf 的滑动推力为 P_a，土体 cde 的推力为 P_n，分别作用于 fb 和 ec 面上。由土体 $bcef$ 产生的抗滑力 S 作用于 bc 面上，

稳定安全系数 K 可表示为

$$K=\frac{\text{抗滑力}}{\text{滑动力}}=\frac{S}{P_a-P_n}=\frac{w\tan\varphi+CL}{P_a-P_n} \tag{4.39}$$

式中　w——土体 $bcef$ 的自重，kN；

φ、C——软弱夹层的内摩擦角（°）和凝聚力，kPa。

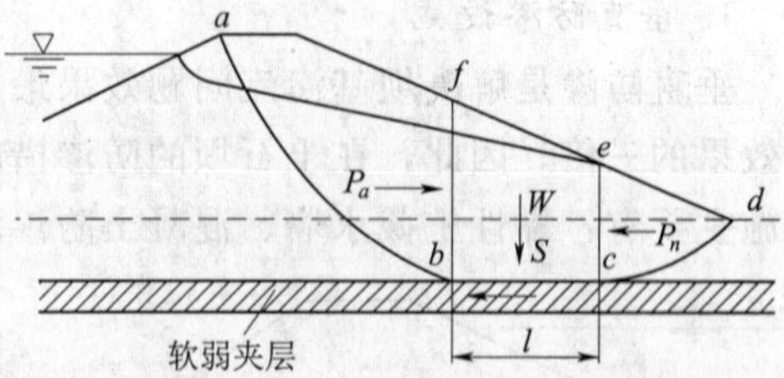

图 4.26　复合滑动面示意图

求 P_a、P_n 时，也可用条分法将两边的滑动土体 abf 和 cde 分成几个条块，并假定条块间的推力近似于水平。用上述试算法，拟定一个安全系数 K，推求各条块对下一块的推力（求 P_a 时从左块开始，求 P_n 时则从右块开始），得出 P_a 和 P_n 后代入式（4.39），如果得到 K 值与拟定的 K 值不同，则重新拟定 K，重复计算，直至两者相等为止。当然，也要多假定几个 ab 弧和 cd 弧的位置，经过多次试算，才能求出沿这种滑动面的最小稳定安全系数。

4.6 ▶
土石坝稳定分析

任务 4.6　土石坝的地基处理

4.6.1　土石坝的地基处理作用

土石坝主要优点之一就是对地基要求最低，几乎在各种地基上都可建造土石坝。但地基的性质对土石坝的影响很大，在相当大的程度上决定着土石坝的构造和尺寸，如坝基透水性很大，就必须采取防渗措施，否则，地基渗漏量大，使水库效益降低，严重的根本不能注水而成为干库；渗透还可能使地基覆盖层产生渗透变形而影响坝坡稳定；如地基的强度太低，就必须采取加固或其他措施，否则坝坡极易滑动失稳和产生过大的变形使坝体产生有害的裂缝，因此，在建坝前必须对间些的地质技术性质进行详细勘探研究，从渗透、稳定和变形三方面来判断地基的优劣和考虑坝基处理的方法。必须注意，不少土石坝的失事是由于对地基情况没有摸清或处理方法不当造成的。

土石坝地基处理的目的是：①控制渗流，要求坝基不产生渗透变形，保证坝体及坝基渗流逸出处的渗透稳定；减少渗漏，将渗漏量控制在允许范围之内；降低坝体浸润线，减少下游的淹设和浸设。②进行稳定控制，使坝基具有足够的强度，不致因坝基强度不足而使坝体及坝基发生整体或局部的滑动，软土层不致被挤出，砂土不致发生液化，黏土不致产生过大的孔隙压力。③控制变形，要求沉陷量控制在容许范围之内，以免影响坝的正常运用；防止产生不均匀沉陷，以免坝体开裂，

岩石地基的强度大、变形小，一般均能满足土石坝的要求，其处理的目的主要是控制渗流，处理方法基本与重力坝相同。

4.6.2　砂砾石地基的处理

砂砾石具有足够的承载能力，压缩性不大，干湿变化对体积的影响也不大。但砂砾石地基的透水性很大，渗漏现象严重，而且可能发生管涌、流土等渗透变形。

因此，砂砾石地基的处理主要是对地基的防渗处理。

1. 垂直防渗设施

垂直防渗是解决坝基渗流问题效果最好的措施。垂直防渗的效果，相当于水平防渗效果的三倍。因此，在土石坝的防渗措施中，应优先选择垂直防渗措施。垂直防渗措施主要有：黏性土截水墙、混凝土防渗墙、灌浆帷幕、板桩等。

4.7

砂砾石地基的处理

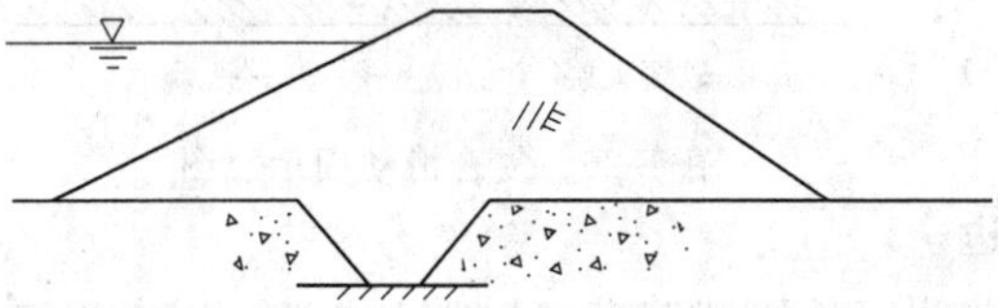

图 4.27　黏性土截水墙

（1）黏性土截水墙。

1）当砂砾石透水地基的深度不大时，可将截水墙直接伸入岩基，并与岩基紧密相连，如图 4.27 所示。这种情况下的截水墙结构简单，工作可靠，防渗效果好；当砂砾石透水地基的深度较大时，可将截水墙深入坝基一定深度，不与岩基相连，称为悬挂式截水墙，但防渗效果较差。

2）截水墙的厚度 L 应满足容许渗透坡降的要求，且一般不小于 3m。

$$L \geqslant \frac{\Delta H}{[J_c]} \tag{4.40}$$

式中　ΔH——运行期最大水头；

$[J_c]$——回填土料的容许渗透坡降，对轻壤土，$[J_c]=3\sim4$；对壤土，$[J_c]=4\sim6$；对黏土，$[J_c]=5\sim10$。

3）截水槽的开挖边坡应缓于 1：1，以保持边坡的稳定。

4）截水墙一般位于心墙或斜墙的底部，截水墙的土料应与心墙或斜墙一致。

（2）混凝土防渗墙。对深厚砂砾石地基，采用混凝土防渗墙是比较有效和经济的防渗设施，图 4.28 为碧口土石坝混凝土防渗墙。

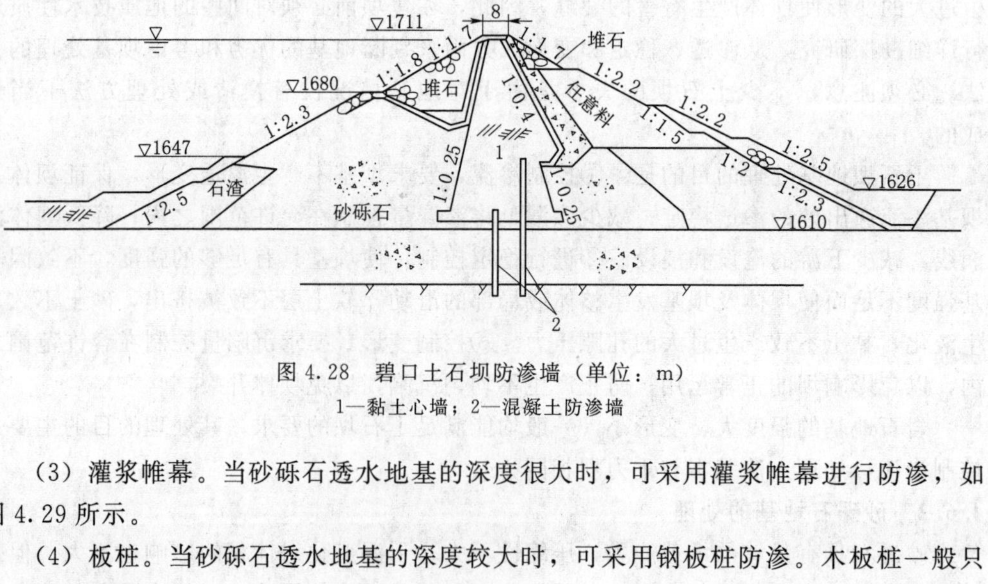

图 4.28　碧口土石坝防渗墙（单位：m）

1—黏土心墙；2—混凝土防渗墙

（3）灌浆帷幕。当砂砾石透水地基的深度很大时，可采用灌浆帷幕进行防渗，如图 4.29 所示。

（4）板桩。当砂砾石透水地基的深度较大时，可采用钢板桩防渗。木板桩一般只用于临时工程。

由于钢板桩在打入砂砾石地基中时可能产生弯曲、脱缝等现象，影响防渗效果，且造价较高，因此目前已较少采用。

2. 水平防渗设施

土石坝中，水平防渗措施主要是设置防渗铺盖，如图4.30所示。

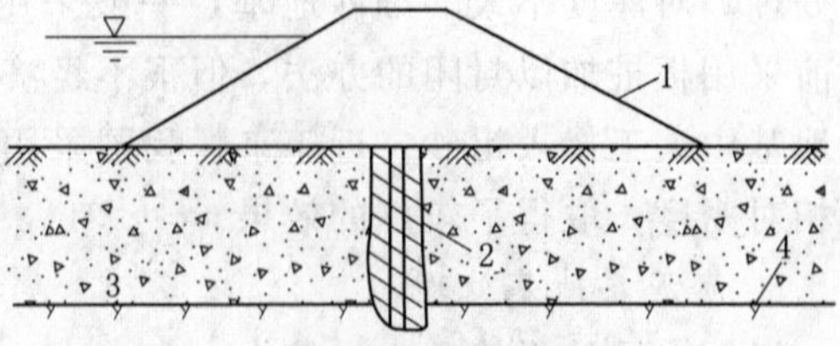

图4.29　灌浆帷幕

1—土石坝；2—灌浆帷幕；3—透水地基；4—相对不透水层

防渗铺盖是位于上游坝脚、渗透系数很小的黏性土做成的水平防渗设施。水平铺盖的防渗效果远不如垂直防渗措施，但它结构简单，施工方便，造价较低。因此，当设置垂直防渗措施困难时，也是一种合适的防渗措施。

铺盖的渗透系数一般应小于10～5cm/s，铺盖的长度一般为4～6倍水头，铺盖的厚度应满足铺盖材料的容许渗透坡降的要求，一般不小于0.5～1.0m。

防渗铺盖很少单独作为土石坝的防渗措施，一般与其他措施相结合。

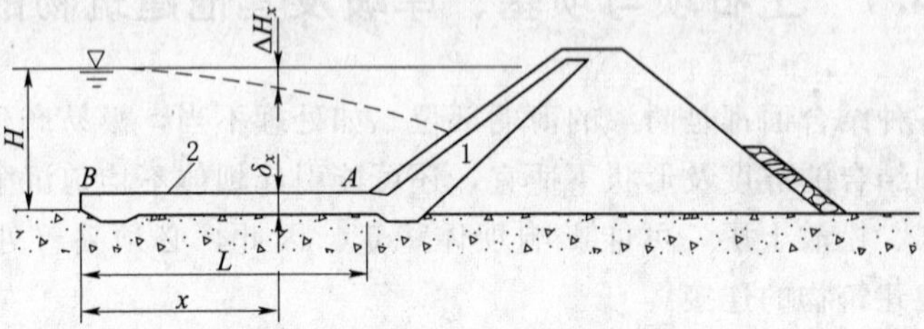

图4.30　防渗铺盖示意图

1—黏土斜墙；2—黏土铺盖

4.6.3　其他地基的处理

1. 岩基处理

针对土石坝的特点，岩基的处理主要应注意以下几点：

(1) 岩基上的覆盖层。对中、低土石坝，只需将防渗体坐落在基岩上，形成截水槽以隔断渗流即可。对高土石坝，最好挖除全部覆盖层，使防渗体和坝壳均建在基岩上。

(2) 防渗体与基岩的连接。防渗体与基岩的接触面应紧密结合。以前多要求在防渗体的基岩面上浇筑混凝土垫层或混凝土齿墙。

但研究表明，混凝土垫层和齿墙的作用并不明显，受力条件不佳，易产生裂缝，因此，现在的发展趋势是将防渗体直接建在基岩上。

(3) 基岩内部防渗处理。土石坝地基为岩基时，岩基内部主要是防渗要求，防渗处理方法是和混凝土坝一样，通常采用帷幕灌浆的方法进行防渗。

(4) 对不良地质构造的处理。对断层、破碎带等不良地基构造，主要考虑起渗透稳定性和抗溶蚀性能，而不太看重其承载力和不均匀沉降。处理方法主要有：水泥灌浆或化学灌浆、混凝土塞、混凝土防渗墙、设置防渗铺盖等。

2. 细砂地基处理

细砂地基，特别是饱和的细砂地基，在动力作用下容易产生液化现象，因此应加以处理。对厚度不大的细砂地基，一般采用挖除的办法。对于厚度较大的细砂地基，以前采用板桩加以封闭的办法，但很不经济。现在主要采用人工加密的办法，即在细砂地基中人工掺入粗砂。近年来，我国采用振冲法加密细砂地基，从而提高细砂地基的相对密度，取得了较好的效果。

3. 淤泥层地基处理

淤泥夹层的天然含水量较大，容重小，抗剪强度低，承载能力差。当淤泥层埋藏较浅时，一般将其全部挖除。当淤泥层埋藏较厚时，一般采用压重法或设置砂井加速固结的方法。

4. 软黏土和湿陷性黄土地基处理

当软黏土层较薄时，一般全部挖除。当软黏土层较厚时，一般采用换砂法或排水砂井法。对黄土地基，一般的处理方法有：预先浸水，使其湿陷加固；将表层土挖除，换土压实；夯实表层土，破坏黄土的天然结构，使其密实等。

任务4.7 土石坝与坝基、岸坡及其他建筑物的连接

土石坝的各种结合面都是防渗的薄弱部位。如处理不当，极易产生集中渗流，造成接触冲刷；如结合的坡度及形状不适宜，还可能引起坝体不均匀沉陷而裂缝；如结合面上存在软弱、松散土层，可能影响坝体稳定。因此，必须妥善处理土石坝与坝基、岸坡及其他建筑物的连接。

4.7.1 土石坝与坝基的连接

1. 清基

不论是土基还是岩基，在筑坝之前，都必须进行清基，将坝体与基础接触范围内的表层腐殖土、稀泥、草皮、乱石、松动岩块等清除掉。对于其他不符合设计要求的土层。必须进行有效的处理，松散土层必须压实，岩基上的突出岩石体应清除，以便于碾压和防止不均匀沉陷。对于易风化的岩石，如清基后不能立即回填，应预留10～15cm 的保护层，待大坝即将回填时挖除。如地基有遭受冻害的可能时，保护层厚按冻层深确定。非岩石地基上的堆石坝体，地表层应设置反滤层以防基土流失。

2. 防渗体与不进水层或其他防渗设施的连接

防渗体必须坐落在基岩或不透水土基上。如基岩或不透水层土基距坝基面较深时，防渗体必须与其他垂直的或水平的坝基防渗设备连接好。

土质防渗体与岩基连接时，对岩石表面的各种裂缝、断层等缺陷都应适当处理，按缺陷的大小用混凝土、水泥浆或水泥砂浆予以填充堵塞。如岩面裂隙发育，可在整个接触面上设置混凝土底板、喷混凝土或砂浆。在填土前，必须在岩石或混凝土表面涂刷黏土浆、水泥砂浆或沥青以利接合。国内许多工程实践证明，在防渗体与岩石之间的接合面上浇筑混凝土底板对于保证填土质量、便于施工碾压、防止接触冲刷、特别是便于帷幕灌浆等，都是必要的有效措施。如防渗体与岩面的接触渗径不足时，还可设置混凝土齿墙插入防渗体内以增加渗径，其高度按渗径要求确定，但不宜太高，为使土料填筑密实并与齿墙接合紧密，齿墙的边坡应不陡于1：0.1，齿墙顶部应填

高塑性土以减小不均匀沉陷带来的危害。

4.7.2　土石坝与岸坡的连接

岸坡也是坝基的一部分，故岸坡也应与上述要求一样进行清基和处理。由于岸坡是倾斜的，处理时应注意以下几点：

1. 岸坡形状与坡度

为使坝体与岸坡紧密结合，防止不均匀沉陷引起坝体裂缝，与坝体连接的岸坡不应成阶梯状或反坡、凸起。岸坡上缓下陡时，其变坡角应小于20°。开挖后的岸坡不能太陡，对于岩石岸坡，不应陡于1：0.5～1：0.75；对于土质岸坡不应陡于1：1.5；对于坝壳砂砾石等压缩性小的透水料与岸坡连接时，原则上应保持岸坡自身的稳定。

当岸坡有倒坡，而开挖成要求的坡度工程量太大或有困难时，可用混凝土或浆砌石补成正坡。

2. 防渗体与岸坡的连接

防渗体常因坝体沿坝轴线方向的不均匀沉陷而使其与岸坡接触不紧密，容易产生集中渗流。为使结合可靠，除在与岸坡连接处适当提高填土的塑性外，常随岸坡的上升，逐渐放缓心墙的上下游坡比，以增加心墙与岸坡的接触面积。对于斜墙坝，有时在靠近岸边处将斜墙变为心墙与岸坡连接，以提高连接的可靠性。

4.7.3　土石坝与其他建筑物的连接

土石坝与重力坝、输水通管等建筑物的连接之处，不仅容易产生集中渗流，而且由于建筑物的荷载与结构的不同，还容易产生不均匀沉陷。塑性防渗体与刚性建筑物之间的结合，除认真夯实填土保证结合紧密外，还必须使结合面的渗径有足够的长度和一定适应变形的能力。

现将土石坝与重力坝的连接形式介绍如下：

1. 插入式

土石坝与溢流坝连接时，可用一段非溢流坝插入土石坝内，将溢流坝与土石坝连接起来。采用这种连接形式时，土石坝的护坡必须考虑泄流时的影响，下游坡也应护砌，以防下泄水流的淘刷。插入部分的重力坝，应建筑在可靠的基础上以满足稳定和强度的要求，为了减小插入段重力坝的断面，可计入下游侧的土压力作用。这种形式结构简单、工作可靠，常用于较高的坝。

2. 翼墙式

翼墙的形式如图4.31所示，其中图4.31（a）的上下游翼墙在平面图上为圆弧形，其顶都高出上游水位。圆弧形翼墙与土石坝的接触渗径较长，水流条件也较好，但工程量较大。图4.31（b）是仅将上游翼墙做成圆弧形，而下游冀墙做成逐渐降低的斜降翼墙以节省工程量，但渗径较短。图4.31（c）是上下游翼墙均做成斜降墙式，为了增加渗径，可在翼墙背面设一至数道刺墙。为改善刺墙的受力条件，在刺城与翼墙之间可设不透水的伸缩缝。当刺墙较短时，也可不设伸缩缝，但刺墙必须有足够的强度，保证不发生断裂。

为了保证土料与墙面紧密结合，翼墙与边墩的背面应做成不陡于1：0.2的斜坡。塑性防渗体在与边墩连接处宜加大断面，以增加连接的可靠性。连接处最好用塑性较

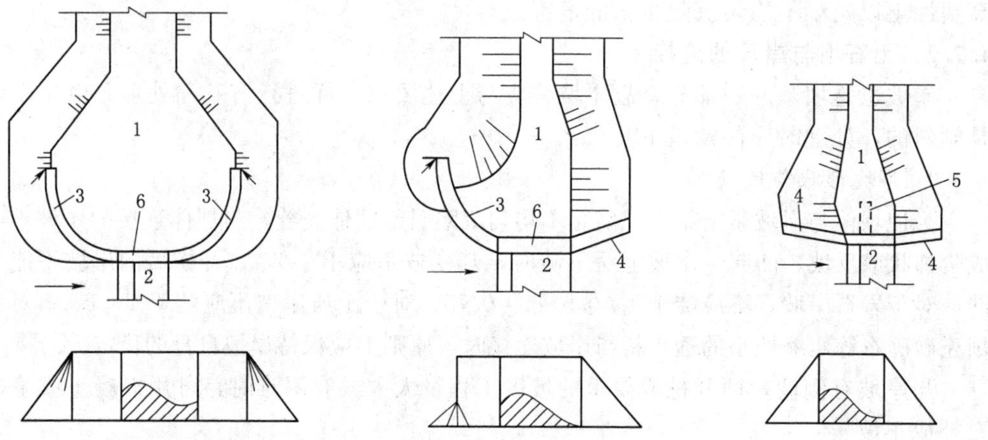

(a)　　(b)　　(c)

图 4.31　翼墙式土石坝细部构造

1—土石坝；2—溢流重力坝；3—圆弧形翼墙；4—斜降翼墙；5—刺墙；6—边墩

大的黏土填筑，并充分夯实。在寒冷地区，要防止因翼墙厚度或保护层厚度不足而使填土冻结。

4.8

土石坝与坝基、岸坡及其他建筑物的连接

这种形式是将重力坝与土石坝的连接部分做成楔形边墩，楔形体与黏土心墙的结合面模拟天然岸坡的连接要求，采用1∶0.5～1∶0.7左右的直坡。为了增加连接的可靠性，楔形体与心墙结合面上常设置防渗槽，使心墙嵌入其中。

这种连接形式抗震性能较好。日本20世纪60年代在许多坝中采用了这种形式，比较成功地抵御了烈度为8度的地震。

思　考　题

1. 土石坝的特点是什么？试与重力坝、拱坝作比较？

2. 土石坝的主要类型有哪些？各有什么优缺点？

3. 土石坝的基本剖面为什么是梯形？

4. 确定土石坝坝顶高程和重力坝坝顶高程的不同点是什么？

5. 土石坝的上下游坝坡通常采用值的范围如何？为什么上游坝坡比下游坝坡平缓？

6. 渗流分析的任务是什么？有哪些方法？常用的理论方法是什么？它的基本假定是什么？

7. 土石坝渗流变形有哪几类？什么叫流土？什么叫管涌？什么叫接触冲刷？什么叫接触流土？

8. 防止渗流变形的措施有哪些？

9. 为什么要进行地基处理？地基处理的目的是什么？

10. 土石坝基坝、岸坡以及其他建筑物连接时应注意什么问题？

项目5 水 闸

学习目标：

(1) 能阐述水闸的基本概念、作用、类型及组成部分。

(2) 能设计中小型水闸闸孔形式及尺寸。

(3) 能设计中小型水闸闸室的构造。

(4) 能正确选择中小型水闸地基处理的方法。

学习重点：

(1) 水闸的概念和分类。

(2) 中小型水闸设计。

学习难点：

中小型重力坝的设计。

任务5.1 水闸基本知识

5.1 水闸

5.1.1 水闸的作用和类型

水闸是一种利用闸门的开启和关闭来调节水位、控制流量的低水头水工建筑物，具有挡水和泄水的双重作用，它常与堤坝、船闸、鱼道、水电站、抽水站等建筑物组成水利枢纽，以满足防洪、灌溉、排涝、航运以及发电等水利工程的需要。

5.1.1.1 按照水闸所承担的任务分类

5.2 进水闸

1. 进水闸

进水闸建在河道、湖泊的岸边或渠道的渠首（灌溉渠系的进水闸又称渠首闸），用来引水灌溉、发电或其他用水需要。灌溉渠系中建于干渠以下各级渠道渠首的进水闸，其作用是把上一级渠道的水分进下一级渠道。位于下一级渠首的进水闸称为分水闸；位于斗渠、农渠渠首的又称为斗门、农门。

5.3 节制闸

2. 节制闸

节制闸建在河道或在渠道上，枯水期用以抬高水位，以满足上游取水和航运等要求，洪水期用以控制下泄流量，以保证下游河道安全。拦河建造的节制闸又称拦河闸，一般选择在河道顺直、河势相对稳定的河段。灌溉渠系中的节制闸一般建于支渠分水口的下游，用以抬高闸前水位，满足支渠引水时对水位的要求。

5.4 冲沙闸

3. 冲沙闸

冲沙闸常建在多泥沙河道上引水枢纽或渠系中沉沙池的末端，也可设在引水渠内布置有节制闸的分水枢纽处，常与节制闸并排布置。用于排除进水闸、节制闸前河道

5.5
分洪闸

5.6
排水闸

5.7
挡潮闸

或渠道中淤积的泥沙，减少引水水流中的含沙量。冲沙闸又称为排沙闸。

4. 分洪闸

为了减轻洪水对江河下游的威胁，通常在泄洪能力不足的河段上游河岸的适当位置建分洪闸，洪峰来临时开闸分泄一部分洪水进入湖泊、洼地等滞洪区。进入滞洪区的水，待外河水位低落时，再由排水闸流入原河道。

5. 排水闸

排水闸多修建在江河沿岸排水渠道末端，用以排除河道两岸低洼地区的积水。当外河上涨时，可以关闸防止洪水倒灌，避免洪灾；当外河水位退落时，开闸排水防止涝害。其特点是具有双向挡水的作用。

6. 挡潮闸

在河流入海的河口地段，为防止海水倒灌，常建有挡潮闸。同时还可用来抬高内河水位，满足蓄淡灌溉的需要。内河感潮河段两岸受涝时，可用其在退潮时排涝。建有通航孔的挡潮闸，可在平潮时开闸通航。

各种水闸的布置如图 5.1 所示。典型水闸如图 5.2 所示。

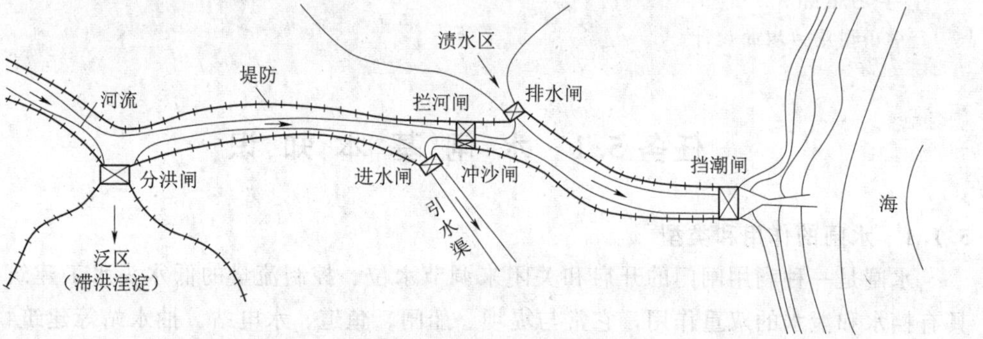

图 5.1　水闸的分类及布置示意图

图 5.2　水闸

5.1.1.2　按照闸室的结构形式分类

1. 开敞式水闸

开敞式水闸指水闸闸室上面没有填土，是开敞的。这种水闸又分为胸墙式和无胸墙式两种。当上游水位变幅较大而过闸流量又不是很大时，即挡水位高于泄水位时，可采用胸墙式，如进水闸、挡潮闸及排水闸等。有泄洪、通航、排冰、过木要求的水闸常采用无胸墙的开敞式水闸，如图5.3所示。

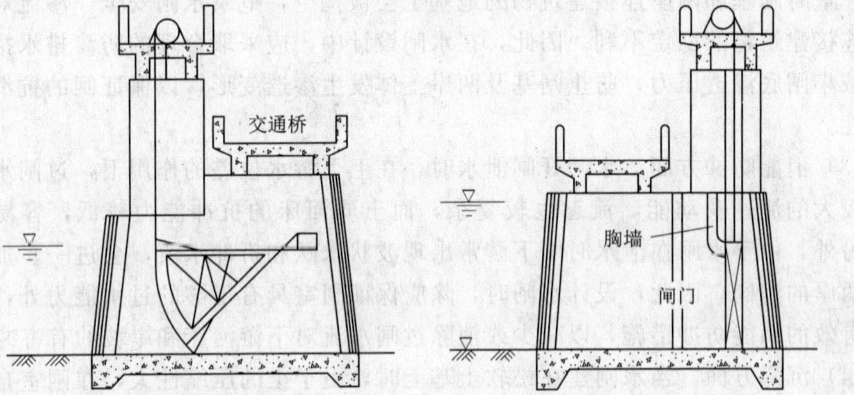

(a) 无胸墙的开敞式水闸　　(b) 设有胸墙的开敞式水闸

图5.3　开敞式水闸

2. 涵洞式水闸

水闸修建在河（渠）堤之下，闸（洞）身上面填土封闭的则称为涵洞式水闸。它的适用条件基本上与胸墙式水闸相同。根据水力条件的不同，涵洞式水闸分为有压式和无压式两类，如图5.4所示。

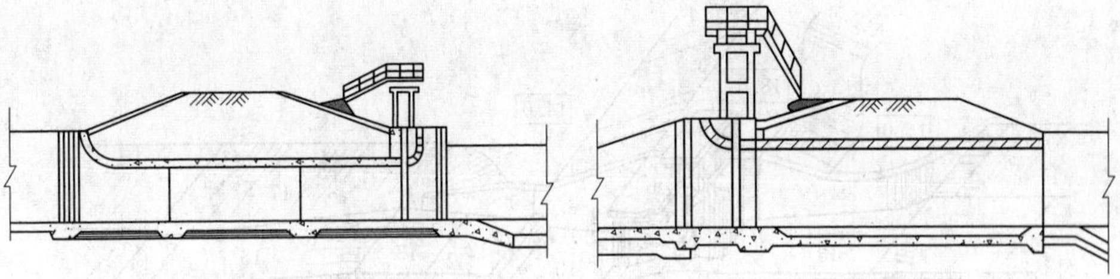

(a) 有压式涵洞进水闸　　(b) 无压式涵洞进水闸

图5.4　涵洞式水闸

5.1 ▶ 水闸的类型

5.1.1.3　按照最大过闸流量分类

水闸按最大过闸流量分为：流量不小于$5000m^3/s$为大（1）型，流量$1000\sim5000m^3/s$为大（2）型，流量$100\sim1000m^3/s$为中型，流量$20\sim100m^3/s$为小（1）型，流量小于$20m^3/s$为小（2）型。

5.1.2　水闸的工作特点及设计要求

水闸可以修建在土基或岩基上，但多数建于软土地基上。地基条件差和水头低且变幅大是水闸工作条件比较复杂的两个主要原因。因而它具有许多与其他水工建筑物

5.8
水闸的工作特点

不同的工作特点，主要表现在抗滑稳定性、防渗、消能防冲和沉降等方面。

(1) 稳定性方面。水闸关门挡水时，水闸上下游形成较大的水头差，造成较大的水平推力，使水闸有可能沿闸基产生向下游的滑动，为此，水闸必须具有足够的重力，以维持自身的稳定。

(2) 防渗方面。由于上下游水位差的作用，水将透过地基和两岸向下游产生渗流。渗流会引起水量损失，同时在渗流作用下，容易引起闸基及两岸土壤产生渗透变形，严重时闸基和两岸连接建筑物的地基土会被掏空，危及水闸安全。渗流对闸室和两岸连接建筑物的稳定不利。因此，在水闸设计中，应采取合理的防渗排水措施，尽可能减小闸底渗透压力，防止闸基及两岸土体发生渗透变形，以保证闸的抗滑及抗渗稳定性。

(3) 消能防冲方面。水闸开闸泄水时，在上下游水位差的作用下，过闸水流往往具有较大的流速及动能，流态也较复杂，而土质河床的抗冲能力较低，容易引起冲刷。另外，由于水闸在泄水时闸下游常出现波状水跃和折冲水流，会进一步加剧对河床和两岸的淘刷。因此，设计水闸时，除应保证闸室具有足够的过水能力外，还必须采取有效的消能防冲措施，以减少或消除过闸水流对下游河床和岸坡的有害冲刷。

(4) 沉降方面。当水闸建在松软土基上时，由于土的压缩性大，在闸室自重及其他荷载作用下，往往会产生较大的沉降；当闸室基底压力分布不均匀，或相邻结构的基底压力相差较大时，还会产生较大的不均匀沉陷。过大的地基沉降会影响水闸的正常使用，严重的不均匀沉降会造成闸室的倾斜，甚至断裂。因此，应合理选择水闸的形式、构造，确定合理的施工程序及地基处理措施，以减小地基的沉降。

5.2
水闸的组成

5.1.3　水闸的组成

开敞式水闸由闸室段、上游连接段和下游连接段三部分组成，如图5.5所示。

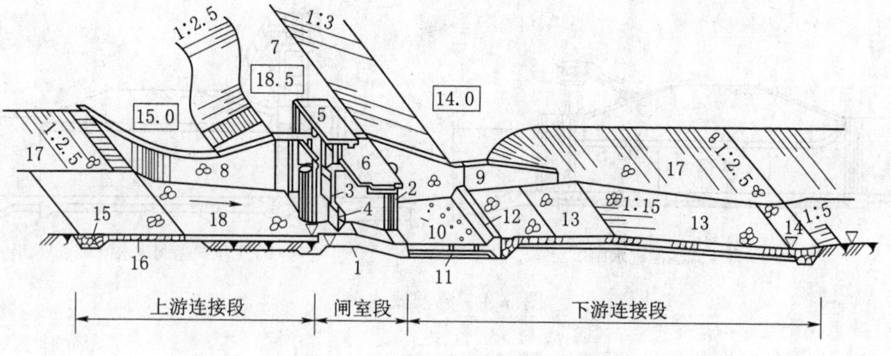

图5.5　开敞式水闸

1—闸室底板；2—闸墩；3—胸墙；4—闸门；5—工作桥；6—交通桥；7—堤顶；8—上游翼墙；9—下游翼墙；10—护坦；11—排水孔；12—消力坎；13—海漫；14—下游防冲槽；15—上游防冲槽；16—上游护底；17—上下游护坡；18—上游铺盖

(1) 闸室段。闸室是水闸的主体，通常包括底板、闸墩、闸门、胸墙、工作桥及交通桥等。底板是闸室的基础，承受闸室的全部荷载，将荷载较均匀地传给地基，并利用底板与地基土之间的摩擦阻力来维持闸室的抗滑稳定，同时还有防冲、防渗等作用。闸墩的作用是分隔闸孔，支承闸门和工作桥等上部结构。闸门的作用是挡水和控制下泄水流。工作桥供安置启闭机和工作人员操作之用。交通桥的作用是连接两岸交通。岸墙是闸室与河岸的连接结构，主要用以挡土及侧向防冲、防渗等。

5.9
水闸的闸室段

(2) 上游连接段。主要作用是引导水流平顺地进入闸室，同时起防冲、防渗、挡土等作用。一般包括上游翼墙、铺盖、护底、上游防冲槽及护坡等部分。上游翼墙的作用是引导水流平顺进闸，并起挡土、防冲及侧向防渗作用。铺盖主要起防渗作用，并兼有防冲作用。护坡及护底的作用是保护河岸及河床不受冲刷。上游防冲槽主要是保护护底的头部，防止河床冲刷向护底方向发展。

5.10
水闸的上游连接段

(3) 下游连接段。主要作用是将下泄水流平顺引入下游河道，具有消能、防冲、防止渗透破坏及扩散水流的功能。下游连接段包括消力池、海漫、下游防冲槽、下游翼墙及护坡等。消力池是消能的主要设施，并具有防冲作用。海漫的作用是进一步消除水流余能、扩散水流、整流速分布，以免河床受到冲刷。下游防冲槽是海漫末端的防冲设施，防止海漫下游河床的冲刷向上游发展。下游翼墙的作用是引导过闸水流均匀扩散，并保护两岸免受冲刷。在海漫和防冲槽范围内，两侧岸坡均应砌筑护坡，防止冲刷。

5.11
水闸的下游连接段

5.1.4 水闸设计的内容

水闸设计的内容包括闸址选择，水闸等级划分及洪水标准确定，进行水闸枢纽布置，水闸孔口形式和尺寸确定，消能防冲设计，防渗、排水设计，闸室稳定计算、沉降校核和地基处理，两岸连接建筑物的形式和尺寸的确定，水闸结构计算等。

水闸设计时所需要的基本资料主要包括闸址处地形、地质资料，水文、气象资料，工程施工条件、建筑材料、河流规划状况、运用要求、所在地区的生态环境及社会经济状况等资料。

在设计时要考虑水闸应同时满足技术先进、安全可靠、经济合理、实用耐久、管理方便、环境协调六个方面的要求，不能只强调其中某个方面而忽视其他几个方面。由于我国幅员辽阔，对环境整治的要求也不尽相同，考虑水工建筑物布置与周边环境和谐融会，并不是片面追求奢华，各地对水闸建设如何融入周边环境，对设计者提出了更高的要求。

5.1.5 水闸闸址的选择

闸址选择是水闸设计中的一项重要内容，直接关系到工程的安全和效益的正常发挥。应根据水闸的功能、特点、运用要求、区域经济条件，综合考虑地形、地质、水流、潮汐、泥沙、冻土、冰情、淹没、征迁、环境、施工、管理、周围生态环境及综合规划等因素，通过技术经济比较确定。

闸址宜选择在地形开阔、岸坡稳定，岩土坚实和地下水水位较低的地点。宜优先选用地质条件好的天然地基，避免采用人工处理地基。

节制闸或泄洪闸闸址宜选择在河道顺直，河势稳定河段，经技术经济比较后也可选择在裁弯取直的新开河道上。

进水闸、分水闸或分洪闸宜选择在河岸稳定的顺直河段或弯道凹岸顶点稍偏下游处，分洪闸不宜选择在险工堤段和被保护重要城镇的下游堤段。

排水闸（排涝闸）或泄水闸（退水闸）宜选择在地势低洼、出水通畅处，排水闸（排涝）宜选择在靠近主要涝区和容泄区的老堤堤线上。

挡潮闸宜选择在岸线和岸坡稳定的潮汐河口附近，泓滩冲淤变化较小、上游河道有足够的蓄水容积的地点。

多支流汇合口下游河道上建闸，闸址与汇合口之间宜有一定的距离。

在铁路桥或Ⅰ、Ⅱ级公路桥附近建闸，闸址与铁路桥或Ⅰ、Ⅱ级公路桥的距离不宜太近。

选择闸址应考虑材料来源、交通、施工导流、场地布置、基坑排水、施工水电供应等条件及建成后工程管理和防汛抢险等条件。选择闸址还应考虑占地少、拆迁房屋少，尽量利用周围已有公路、航运、动力、通信等公用设施；利于绿化、美化环境、水土流失治理和生态环境保护，利于综合管理、经营等。

5.1.6　水闸等级划分及洪水标准的确定

5.1.6.1　工程等别及建筑物级别

水闸工程的等别、建筑物级别和洪水标准、设计使用年限及耐久性要求应分别符合《水利水电工程等级划分及洪水标准》（SL 252—2017）、《水利水电工程合理使用年限及耐久性设计规范》（SL 654—2014）的规定，不能只参照最大过闸流量确定工程等别。

表5.1　水闸枢纽建筑物级别划分

工程等别	永久性建筑物级别		临时性建筑物级别
	主要建筑物	次要建筑物	
Ⅰ	1	3	4
Ⅱ	2	3	4
Ⅲ	3	4	5
Ⅳ	4	5	5
Ⅴ	5	5	—

拦河闸永久性水工建筑物的级别，应根据其所属工程的等别按表5.1确定。

拦河闸永久性水工建筑物按表5.1规定为2级、3级，其校核洪水过闸流量分别大于5000m³/s、1000m³/s时，其建筑物级别可提高一级，但洪水标准可不提高。

规模巨大或在国民经济中占有特殊重要地位的水闸枢纽工程，其等别应经论证后报主管部门批准确定。

水闸枢纽中的水工建筑物应根据其所属枢纽工程等别，作用和重要性划分级别，其级别应按表5.1确定。

灌排渠系上的水闸、其级别可按现行的《灌溉与排水工程设计规范》（GB 50288—2018）的规定确定。

位于防洪（挡潮）堤上的水闸，其级别不得低于防洪（挡潮）堤的级别。

对失事后造成巨大损失或严重影响，或采用实践经验较少的新型结构的2～5级主要建筑物，经论证并报主管部门批准后可提高一级设计；对失事后造成损失不大或影响较小的1～4级主要建筑物，经论证并报主管部门批准后可降低一级设计。

5.1.6.2　拦河闸、挡潮闸永久性水工建筑物洪水标准的确定

拦河闸、挡潮闸挡水建筑物及其消能防冲建筑物设计洪（潮）水标准，应根据其建筑物级别按表5.2确定。

潮汐河口段和滨海区水利水电工程永久性水工建筑物的潮水标准，应根据其级别按表 5.2 确定。对于 1 级、2 级永久性水工建筑物，若确定的设计潮水位低于当地历史最高潮水位时，应按当地历史最高潮水位校核。

根据《水利水电工程等级划分及洪水标准》（SL 252—2017），拦河闸、挡潮闸的洪水标准应根据具体规划规定的任务，以近期防洪目标为主，并考虑远景发展要求，按表 5.2 所列标准综合分析确定。

表 5.2　　拦河闸、挡潮闸永久性水工建筑物洪（潮）水标准

水闸级别		1	2	3	4	5
洪水标准[重现期]/年	设计	100～50	50～30	30～20	20～10	10
	校核	300～200	200～100	100～50	50～30	30～20
潮水标准[重现期]/年		≥100	100～50	50～30	30～20	20～10

注　对具有挡潮工况的永久性水工建筑物按表中潮水标准执行。

山区、丘陵区水利水电枢纽中的水闸，其洪水标准应与所属枢杻中永久性建筑物的洪水标准一致。山区、丘陵区水利水电枢纽中水久性建筑物的洪水标准应按国家现行规范的规定确定。

任务 5.2　水闸的孔口尺寸确定

水闸的孔口尺寸可根据已知的设计流量、上下游水位、初步选定的闸孔及底板形式和底板高程，参考单宽流量数值，利用水力学公式计算闸孔总宽，拟定闸孔数量及单孔尺寸。

5.2.1　闸孔及底板形式的选择

水闸闸孔形式有开敞式和涵洞式两大类，其适用条件已在水闸类型中说明。

闸室底板的形式通常有宽顶堰底板和低实用堰底板两种。

宽顶堰的闸孔以采用平底板宽顶堰的最为广泛。平底板宽顶堰的优点是结构简单、施工方便、有利于冲淤排沙，自由泄流的范围较大，泄洪能力比较稳定。其缺点是自由泄流时流量系数较小，闸后比较容易产生波状水跃。如图 5.6（a）所示。

闸底板通常采用的低实用堰有梯形堰、驼峰堰和 WES 低堰等形式，如图 5.6（b）（c）（d）所示。

低实用堰型底板的优点是自由泄流时流量系数较大，可以缩短闸孔总宽度和减小闸门高度，并能拦截泥沙入渠。当上游水深较大而又需限制下泄单宽流量时，可考虑采用低实用堰。由于闸址处地基表层为软弱土基需要降低闸底高程又要避免闸门高度过大或有拦沙要求时，常采用低实用堰底板。它的缺点是泄洪能力受下游水位变化的影响较为显著，淹没度增加到一定程度时，泄洪能力急剧降低。

5.2.2　上下游水位差的确定

上下游水位差的确定，关系到水闸的上游淹没影响和工程造价。

采用较大的上下游水位差，可缩减闸孔总净宽，降低工程造价，但抬高了闸的上

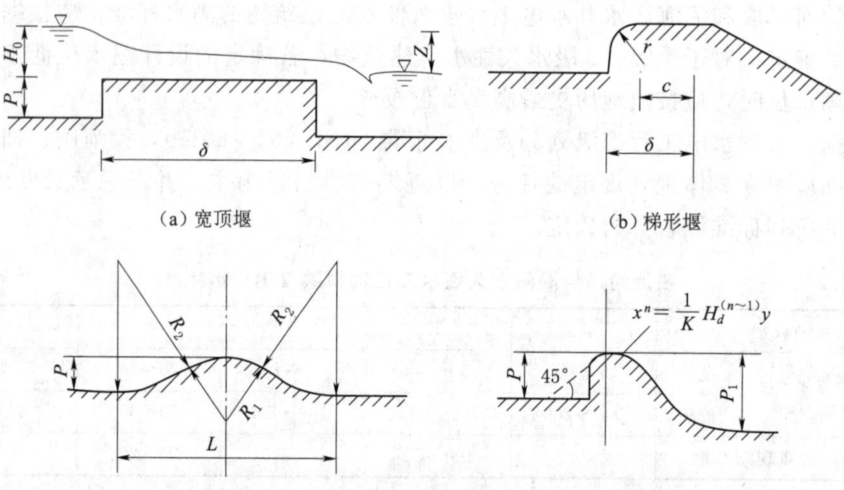

(a) 宽顶堰　(b) 梯形堰　(c) 驼峰堰　(d) WES低堰

图 5.6　闸室底板堰型

游水位，从而可能增加上游的淹没损失。因此，选用水闸的上下游水位差时，要认真处理好水闸的工程造价、上游堤防工程量及淹没影响等方面的关系，设计中结合水闸所承担的任务、特点、运用要求等具体情况综合选定，一般采用 0.1～0.3m。

5.2.3　闸底板高程的确定

水闸底板高程的确定，不仅对闸上游水位、闸孔尺寸、闸室稳定等有决定性影响，也直接关系到水闸的工程造价。若将底板高程定得低些，过闸水深和过闸单宽流量都要加大，但闸室总宽减小，降低了工程造价。如果水闸底板高程定得太低，闸室和两岸建筑物的高度就会增加，闸门增高，启闭设备随之加大，同时单宽流量也会加大，增加了下游消能防冲的困难，这都会提高工程造价。因此，闸底板高程的确定，应综合考虑运用地形、地质和施工条件等因素，结合堰型和闸孔形式，经过方案比较确定。

一般情况下，拦河闸底板高程可与河底齐平。进水闸的底板高程常等于或略高于闸后的渠底；为了拦沙防淤，应高出上游河床一定高度，但必须满足最低取水引水流量的要求。排水闸的底板高程，应尽量布置得低一些，以利排水，一般略低于或齐平闸前排水渠的渠底。分洪闸可比闸前河底高一些，以防止洪水冲刷河床，但应满足最低分洪水位时的泄量要求。

5.2.4　过闸单宽流量的选择

在确定闸室总宽时，过闸单宽流量是一个重要参数，直接影响到水闸的工程造价和下游消能防冲设施的安全。它的选择主要取决于河床的地质条件，同时考虑水闸的上下游水位差、下游水深和出闸水流的扩散情况等因素的影响，要兼顾泄洪能力和消能防冲两个方面。在不造成下游消能防冲设施破坏的条件下，一般选用较大的过闸单宽流量。根据实践经验，对粉砂、细砂、粉土和淤泥地基，单宽流量可取 5～10$m^3/s\cdot m$，砂壤土地基取 10～15$m^3/s\cdot m$，壤土地基取 15～20$m^3/s\cdot m$，黏土地基取 15～25$m^3/s\cdot m$。

5.2.5　闸孔尺寸的计算

根据已确定的过闸流量、上下游水位、底板高程、闸孔形式和堰型，用水力学公式即可计算水闸的闸孔尺寸。首先计算闸孔总净宽 B_0，再根据运用要求确定单孔净宽 b_0 及孔数 n，然后对初步拟定的闸孔尺寸进行校核。

5.2.5.1 闸孔总净宽 B_0 的确定

实际工程中水闸常采用的闸底坎形式是平底板宽顶堰，本章只列出该堰型闸孔总净宽的计算公式。设有其他堰型的水闸闸孔总净宽的计算，可参考有关规范及水力计算手册。

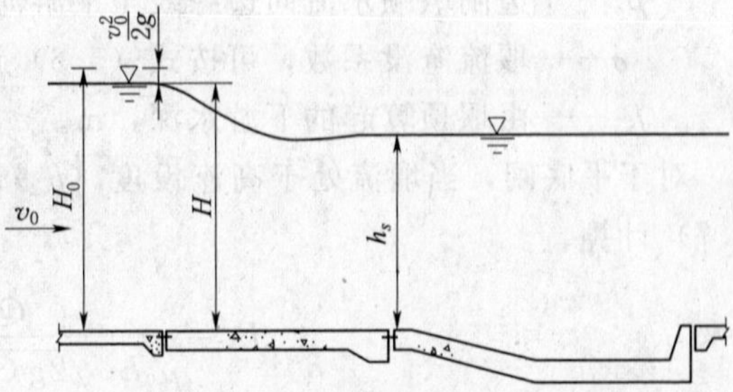

图 5.7 平底板宽顶堰水闸堰流示意图

1. 过闸水流为堰流时

对于平底坎水闸，当水流为堰流时，如图 5.7 所示，闸孔总净宽 B_0 可按式（5.1）计算。

$$B_0=\frac{Q}{\sigma\varepsilon m\sqrt{2gH_0^3}} \tag{5.1}$$

单孔闸

$$\varepsilon=1-0.171\left(1-\frac{b_0}{b_s}\right)\sqrt[4]{\frac{b_0}{b_s}} \tag{5.2}$$

多孔闸，闸墩墩头为圆弧形时

$$\varepsilon=\frac{\varepsilon_z(n-1)+\varepsilon_b}{n} \tag{5.3}$$

$$\varepsilon_z=1-0.171\left(1-\frac{b_0}{b_0+d_z}\right)\sqrt[4]{\frac{b_0}{b_0+d_z}} \tag{5.4}$$

$$\varepsilon_b=1-0.171\left[1-\frac{b_0}{b_0+\frac{d_z}{2}+b_b}\right]\sqrt[4]{\frac{b_0}{b_0+\frac{d_z}{2}+b_b}} \tag{5.5}$$

$$\sigma=2.31\frac{h_s}{H_0}\left(1-\frac{h_s}{H_0}\right)^{0.4} \tag{5.6}$$

式中 B_0——闸孔总净宽，m；

Q——过闸流量，m^3/s；

H_0——计入行近流速水头的堰上水深（总水头），m；

g——重力加速度，可采用 $9.81m/s^2$；

m——堰流流量系数，可采用 0.385；

ε——堰流侧收缩系数，对于单孔闸可按式（5.2）计算求得；对于多孔闸可按式（5.3）计算求得；

b_0——闸孔净宽，m；

b_s——上游河道一半水深处的宽度，m；

n——闸孔数；

ε_z——中闸孔侧收缩系数，可按式（5.4）计算；

d_z——中闸墩厚度，m；

ε_b——边闸孔侧收缩系数，可按式（5.5）计算；

b_b——边闸墩顺水流向边缘线至上游河道水边线之间的距离，m；

σ——堰流淹没系数，可按式（5.6）计算；

h_s——由堰顶算起的下游水深，m。

对于平底闸，当堰流处于高淹没度（$h_s/H_0 \geqslant 0.9$）时，闸孔总净宽也可按公式（5.7）计算。

$$B_0=\frac{Q}{\mu_0 h_s\sqrt{2g(H_0-h_s)}} \tag{5.7}$$

$$\mu_0=0.877+\left(\frac{h_s}{H_0}-0.65\right)^2 \tag{5.8}$$

式中 μ_0——淹没堰流的综合流量系数，可按式（5.8）计算。

2. 过闸水流为孔流时

平底坎水闸，过闸水流为孔流时，如图5.8所示，闸孔总净宽 B_0 可按式（5.9）、式（5.10）计算。

$$B_0=\frac{Q}{\sigma'\mu h_s\sqrt{2gH_0}} \tag{5.9}$$

$$\mu=\varphi\varepsilon'\sqrt{1-\frac{\varepsilon' h_e}{H}} \tag{5.10}$$

$$\varepsilon'=\frac{1}{1+\sqrt{\lambda\left[1-\left(\frac{h_e}{H}\right)^2\right]}} \tag{5.11}$$

$$\lambda=\frac{0.4}{2.78^{16\frac{r}{h_e}}} \tag{5.12}$$

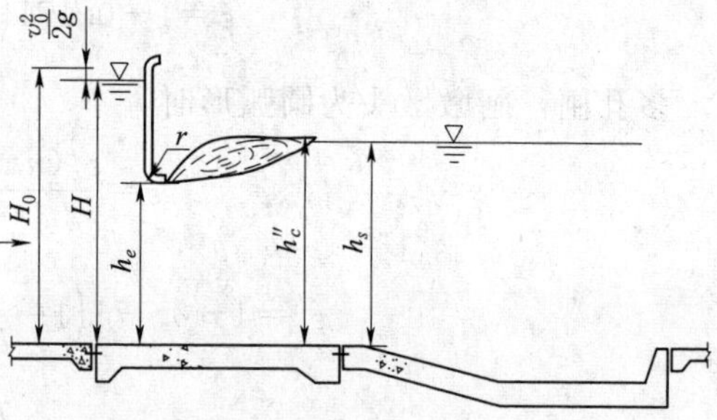

图5.8 平底板宽顶堰水闸孔流示意图

式中 h_e——孔口高度，m；

μ——孔流流量系数，可按式（5.10）计算求得；

H_0——闸孔出流的总水头，m；

φ——孔流流速系数，可采用0.95～1.0；

ε'——孔流垂直收缩系数，可由式（5.11）计算求得；

λ——计算系数，可由式（5.12）计算求得，该公式适用于 $0<r/h_e<0.25$ 范围；

r——胸墙底圆弧半径，m；

σ'——孔流淹没系数，可由表5.3查得，表中 h_c'' 为跃后水深，m。

表5.3 **σ' 值**

$\frac{h_s-h_c''}{H-h_c''}$	≤0	0.1	0.2	0.3	0.4	0.5	0.6	0.7	0.8	0.9	0.92	0.94	0.96	0.98	0.99	0.995
σ'	1.00	0.86	0.78	0.71	0.66	0.59	0.52	0.45	0.36	0.23	0.19	0.16	0.12	0.07	0.04	0.02

5.2.5.2　单孔净宽 b_0 与闸孔数目 n 确定

闸孔总净宽 B_0 求出后，即可根据水闸使用要求（包括排冰、过木等特殊要求）、闸门形式、启闭设备和工程投资等因素，参照闸门系列尺寸，选定闸孔的孔宽。我国大中型水闸采用的单孔宽度一般为8～12m，目前最大单孔宽度已达30m；小型水闸单孔宽一般为3～5m。

单孔宽度 b_0 确定后，孔数 $n \approx B_0/b_0$，n 值取略大于计算值的整数，但实际采用的闸孔总净宽不宜超过计算值的3%～5%。闸孔孔数少于8孔时，宜采用奇数孔，以利于对称开启闸门，改善下游水流条件。

5.2.5.3　闸室总宽度的确定

闸室总宽度 $B = nb_0 + (n-1)d_z + 2d_b$，其中 d_z 为中墩厚度，d_b 为边墩厚度。闸室总宽度应与上下游河道或渠道宽度相适应，一般应大于或等于河（渠）道宽度的0.6～0.85倍（河道底宽为50～100m时），河（渠）道宽度较大时，取较大值。

考虑闸墩形状等因素影响，孔宽、孔数和总宽度确定后，应再结合闸孔具体条件验算水闸的过水能力。设计水位和校核水位情况下计算的过水能力与相应设计流量的差值，一般不得超过±5%，否则须重新调整闸孔尺寸，直至满足要求为止。

任务5.3　水闸的消能防冲设计

水闸泄水时，部分势能转为动能，流速增大，具有较强的冲刷能力，而土质河床一般抗冲能力较低。因此，为了保证水闸的安全运行，必须采取适当的消能防冲措施。要设计好水闸的消能防冲措施，应先了解过闸水流的特点，进而采取妥善的防范措施。

5.3 ▶
水闸的消能防冲设计

5.3.1　过闸水流的特点及闸下游发生冲刷的原因

（1）闸下出流形式和下游流态比较复杂，初始泄流时，闸下游水深较浅，随着闸门开度的增加而逐渐加深，过闸水流由孔流到堰流，由自由出流到淹没出流都会发生。当闸下不能形成淹没水跃，或水跃淹没过大时，以致垂直扩散不良，急流沿底部推进，易形成严重的脉动现象，加剧对水闸下游的冲刷。

（2）一般闸宽较原河道窄，水流过闸时先收缩，出闸后再扩散，如设计布置不合理或操作运行不当，出闸水流不能均匀扩散，就会形成主流集中，左冲右撞，蜿蜒蛇行的折冲水流冲刷河床及河岸。

（3）由于上下游水位差较小，过闸水流的弗劳德数通常很小（$Fr = 1 \sim 1.7$ 时），下泄水流容易形成波状水跃，特别是平底板的水闸更加严重。波状水跃无强烈的水跃旋滚，消能效果较差，并严重影响闸后水流的扩散，增加了对下游的冲刷。

5.3.2　消能防冲设计条件及措施

5.3.2.1　闸下水流的衔接与消能方式

水闸的消能防冲设施应能在各种水流条件下，均能保证下泄水流与下游较好的衔接，才能避免产生冲刷破坏。水闸的消能方式一般有底流式消能、挑流消能和面流式消能。水闸大多修建在平原地区的土基上，最常采用的消能方式为底流式。当水闸承受水头较高，且闸下河床及岸坡为坚硬岩体时，可采用挑流消能。当下游河道有足够的水深且变化较小，河床及河岸的抗冲能力较强时，可采用面流式消能。在夹有较大砾石的多泥沙河流上的水闸，不宜设消力池，可采用抗冲耐磨的斜坡护坦与下游河道连接，末端应设防冲墙。在高速水流部位，还应采取抗冲磨与抗空蚀的措施。

5.3.2.2 消能设计条件的选择

水闸在泄水（或引水）过程中，随着闸门开启度不同，闸下水深，流态及过闸流量也随之而变，设计条件较难确定。一般采用上游水位高、闸门部分开启、单宽流量大作为控制条件。为保证水闸既能安全运行，又不增加工程造价，设计时应以闸门的开启程序、开启孔数和开启高度进行多种组合计算，通过分析比较确定。

上游水位一般采用开闸泄流时的最高挡水位。选用下游水位时，应考虑水位上升滞后于泄量增大的情况，计算时可选用相应于前一开度泄量的下游水位。下游起始水位应选择在可能出现的最低水位。同时还应考虑水闸建成后上下游河道可能发生淤积或冲刷以及尾水位变动的不利影响。

5.3.3 底流式消能设计

5.3.3.1 消力池

1. 消力池的形式

底流消能是利用消力池使过闸水流产生稍有淹没的淹没式水跃来消除水流能量。消力池的形式有三种：下挖式、突槛式和综合式，如图5.9所示。

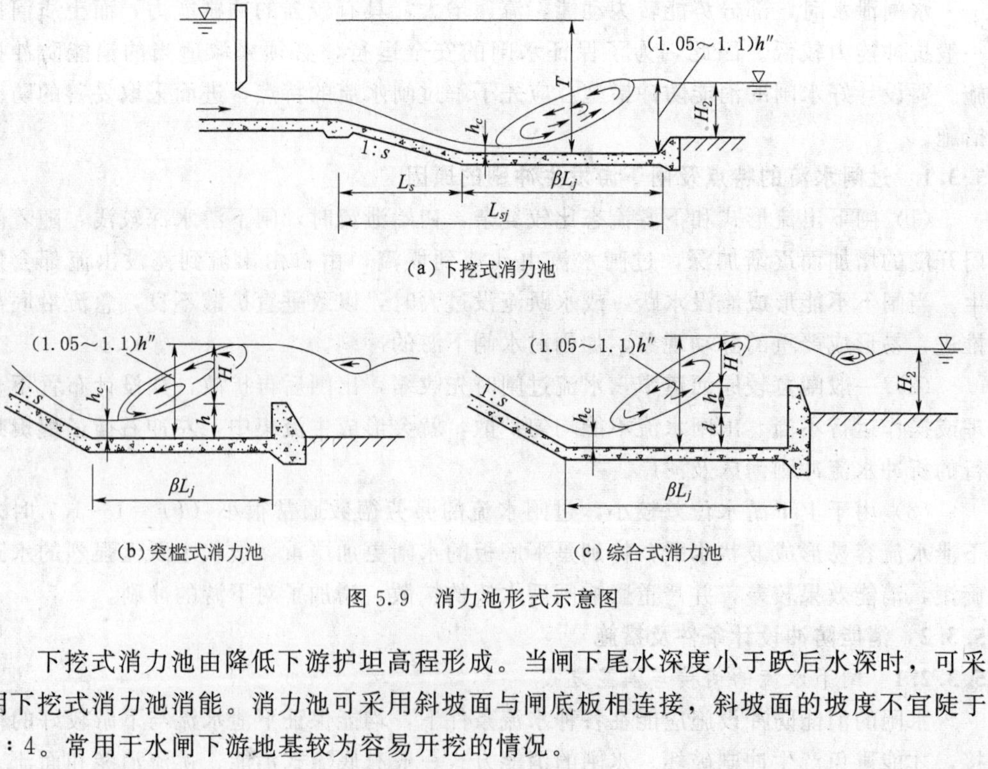

图5.9 消力池形式示意图

下挖式消力池由降低下游护坦高程形成。当闸下尾水深度小于跃后水深时，可采用下挖式消力池消能。消力池可采用斜坡面与闸底板相连接，斜坡面的坡度不宜陡于1∶4。常用于水闸下游地基较为容易开挖的情况。

突槛式消力池是在闸室下游适当位置建消力坎形成，当闸下尾水深度略小于跃后水深时，可采用突槛式消力池消能。常用于水闸下游地基较坚硬、不易开挖的情况。

综合式消力池是指部分挖深、部分建消力坎形成。当闸下尾水深度远小于跃后水深，且计算消力池深度又较深时，可采用下挖消力池与突槛式消力池相结合的综合式消力池消能。

当水闸上下游水位差较大，且尾水深度较浅时，宜采用二级或多级消力池消能。

消力池一般紧接闸室底板之后布置。但如闸室高度不大，地基较为密实，且上下游河底高差较大时，可将部分消力池向前布置到闸室内，以节省投资。这种情况下的闸室底板成为折线底板。

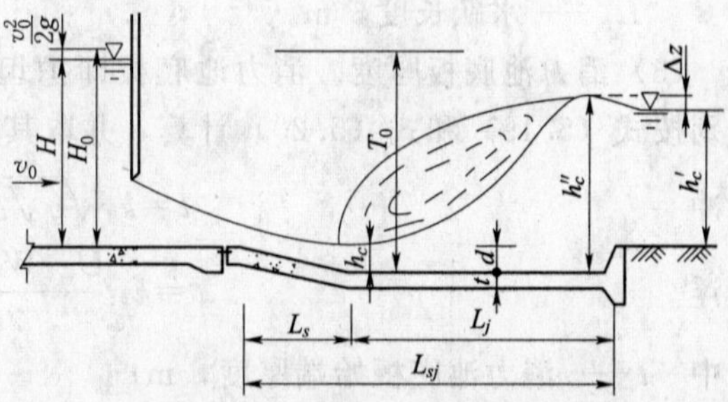

图 5.10　消力池尺寸计算示意图

2. 消力池尺寸的确定

消力池的尺寸包括消力池的池深、池长及消力池底板的厚度。

(1) 消力池深度。消力池深度如图 5.10 所示，可按式 (5.13) 计算。

$$d=\sigma_0 h_c''-h_s'-\Delta z \tag{5.13}$$

$$h_c''=\frac{h_c}{2}\left(\sqrt{1+\frac{8\alpha q^2}{g h_c^3}}-1\right)\left(\frac{b_1}{b_2}\right)^{0.25} \tag{5.14}$$

$$h_c^3-T_0 h_c^2+\frac{\alpha q^2}{2g\varphi^2}=0 \tag{5.15}$$

$$\Delta z=\frac{\alpha q^2}{2g\varphi^2 h_s'^2}-\frac{\alpha q^2}{2g h_c''^2} \tag{5.16}$$

式中　d——消力池深度，m；

σ_0——水跃淹没系数，可采用 1.05～1.10；

h_c''——跃后水深，m；

h_c——收缩水深，m；

α——水流动能校正系数，可采用 1.0～1.05；

q——过闸单宽流量，$m^3/s \cdot m$；

b_1——消力池首端宽度，m；

b_2——消力池末端宽度，m；

T_0——由消力池底板顶面算起的总势能，m；

Δz——出池落差，m；

φ——孔流流速系数，可采用 0.95～1.0；

h_s'——出池河床水深，m。

(2) 消力池长度。消力池长度如图 5.10 所示，可按式 (5.17) 和式 (5.18) 计算。

$$L_{sj}=L_s+\beta L_j \tag{5.17}$$

$$L_j = 6.9(h_c'' - h_c) \tag{5.18}$$

式中 L_{sj}——消力池长度，m；

L_s——消力池斜坡段水平投影长度，m；

β——水跃长度校正系数，可采用0.7～0.8；

L_j——水跃长度，m。

(3) 消力池底板厚度。消力池底板即护坦，（其）厚度可根据抗冲和抗浮要求，分别按式（5.19）和式（5.20）计算，并取其较大值。

抗冲
$$t = k_1\sqrt{q\sqrt{\Delta H'}} \tag{5.19}$$

抗浮
$$t = k_2\frac{U - W \pm P_m}{\gamma_b} \tag{5.20}$$

式中 t——消力池底板始端厚度，m；

$\Delta H'$——闸孔泄水时的上下游水位差，m；

k_1——消力池底板计算系数，可采用0.15～0.20；

k_2——消力池底板安全系数，可采用1.1～1.3；

U——作用在消力池底板底面的扬压力，kPa；

W——作用在消力池底板顶面的水重，kPa；

P_m——作用在消力池底板上的脉动压力，kPa，其值可取跃前收缩断面流速水头值的5%；通常计算消力池底板前半部的脉动压力时取“+”号，计算消力池底板后半部的脉动压力时取“-”号；

γ_b——消力池底板的饱和重度，kN/m^3。

消力池底板一般是等厚的，但也可采用不同的厚度，始端厚度大，向下游逐渐减小。如果采用不等厚度护坦，消力池末端厚度，可取 $t/2$。消力池底板厚度不宜小于0.5m。

3. 消力池的构造

由于消力池底板要承受水流的冲击力、水流的脉动压力和底部扬压力等作用，需要具有足够的重量、强度和抗冲耐磨的能力。消力池底板厚度按前面的方法确定，材料一般采用C15或C20混凝土浇筑而成，并按构造配置 φ10～12mm、间距为25～30cm的纵横向钢筋。大型水闸消力池底板的顶面、底面均需配筋，中、小型水闸一般可只在顶面配置钢筋。

为了降低护坦底部的渗透压力，可在水平护坦的后半部设置排水孔，孔下铺设反滤层，防止地基土流失。排水孔孔径一般为5～10cm，间距1.0～3.0m，呈梅花形布置。如图5.11所示。

护坦与闸室、岸墙及翼墙之间，以及其本身沿顺水流方向均应用缝分开，以适应不均匀沉陷和温度变形。护坦自身的缝距可取10～20m，靠近翼墙的消力池缝距应取小一些。护坦在垂直水流方向通常不设缝，以保证其稳定性。缝宽2.0～2.5cm。缝的位置如在闸基防渗范围内，缝中应设止水设备；在实际工程中一般都铺贴沥青油毛毡。

消力池的末端通常设有尾坎，用来稳定水跃，调整铅直断面的流速分布，减少池

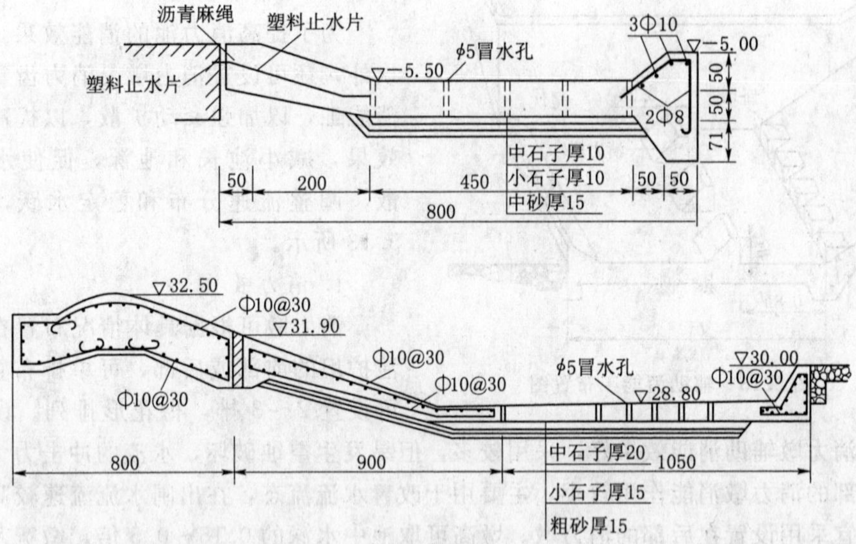

图 5.11　消力池构造（高程单位：m；尺寸单位：cm）

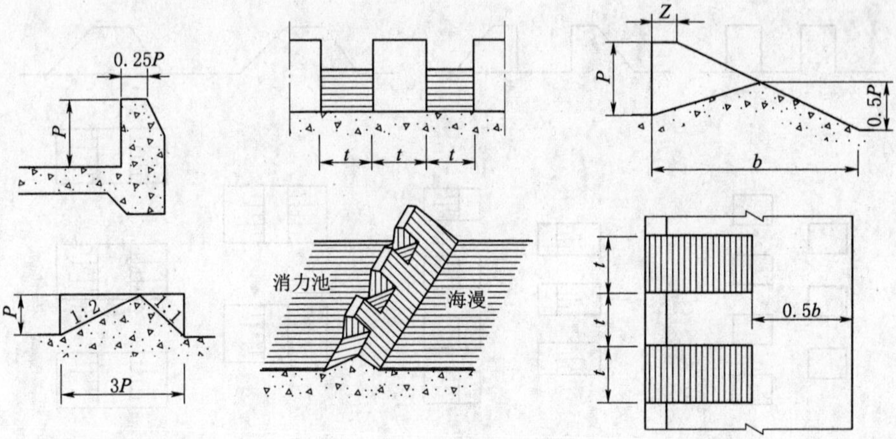

(a) 连续式尾坎　　(b) 差动式尾坎

图 5.12　消力池构造

$P=\left(\frac{1}{8}\sim\frac{1}{12}\right)H$（$H$ 为水头差）；$t=(1.1\sim1.5)P$；$b=0.25P$；$Z=(0.1\sim0.35)P$

后淘刷，促使水流的均匀扩散。尾坎不宜过高，一般 0.5～1.0m。消力坎多采用混凝土或钢筋混凝土结构，并与护坦连成整体，以增加其稳定性。尾坎的形式一般分为连续式的实体坎和差动式齿型尾坎如图 5.12 所示。一般多采用连续式尾坎，也有采用差动式的，差动式尾坎在改善水流分布方面，优于连续式，但当尾坎淹没较深时，其消能效果与前者无甚差异。

为增强护坦的抗滑稳定性，常在消力池的末端设置齿墙，墙深一般为 0.8～1.5m，宽为 0.6～0.8m。

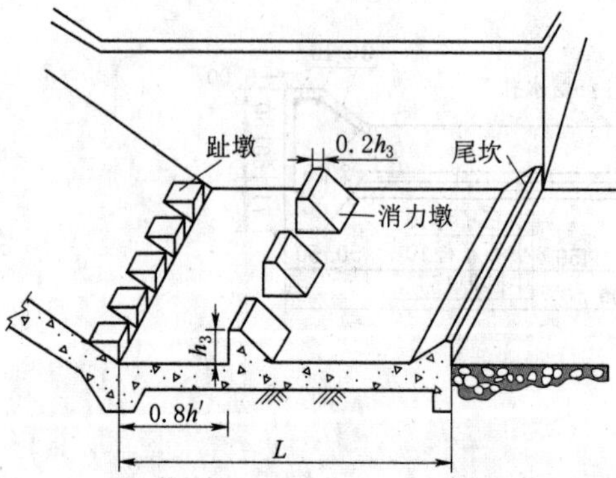

图 5.13 辅助消能工布置图

5.3.3.2 辅助消能工

为了提高消力池的消能效果，除尾坎外，还可设置消力墩、消力齿等辅助消能工，以加强紊动扩散，以提高消能效果，减小池长和池深，促使水流扩散，调整流速分布和稳定水跃，如图 5.13 所示。

1. 消力墩

消力墩可根据具体情况布置在消力池护坦的前部或后部，可单排布置，也可设置 2～3 排，梅花形排列。设置在前部的消力墩辅助消能效果好，采用较多，但易发生空蚀破坏，水流的冲击力大。设置在后部的消力墩消能作用较小，主要用于改善水流流态，在出闸水流流速较高的情况下，宜采用设置在后部的消力墩。墩高可取池中水深的 0.15～0.5 倍，墩宽及墩的净距一般采用墩高的一半，前后排的净距可比墩高稍大些。消力墩的形式，如图 5.14 所示。

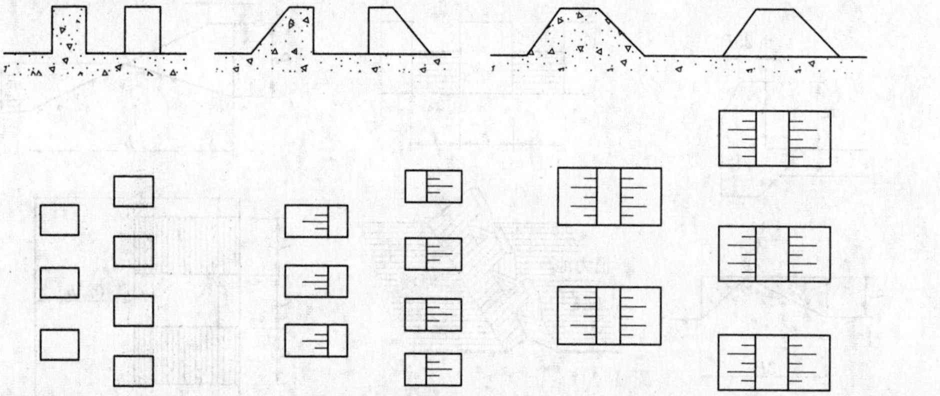

(a) 矩形消力墩　(b) 直角梯形消力墩　(c) 梯形消力墩

图 5.14 消力墩

2. 消力齿

消力齿适用于下游水深较小的情况，一般布置在消力池的陡坡坡脚处，其主要作用是改善水闸开门放水的始流条件。即可将部分高速水流挑起，促使水流在池内形成水跃，避免射流冲击尾坎，同时分散入池水流，各股水流在齿坎后互相冲击产生漩涡，消去一部分动能。齿的形式常采用梯形或三角形断面，为避免在高速水流中发生空蚀作用，多将齿顶削成半圆形，如图 5.15、图 5.16 所示。

辅助消能工既要受到水流的直接冲击，又可能遭受过大负压而产生振动和空蚀破坏，工作条件十分复杂。另外，即使采用同样布置的辅助消能工，其消能效率也将因池中水深、泄量变化等而有所不同；布置不妥时，不仅消能效果不显著，反而造成下

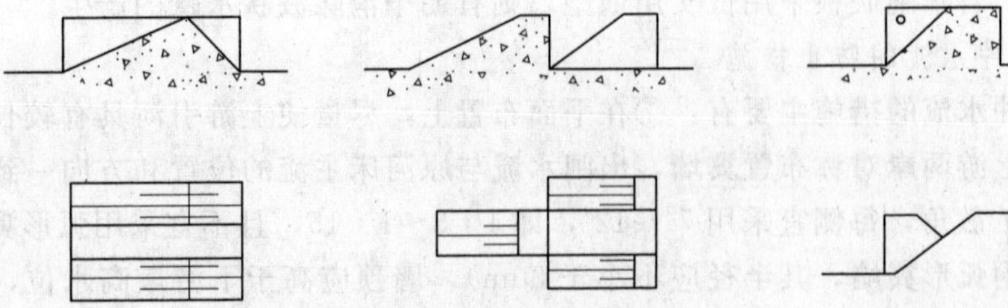

图 5.15　消力齿的结构形式

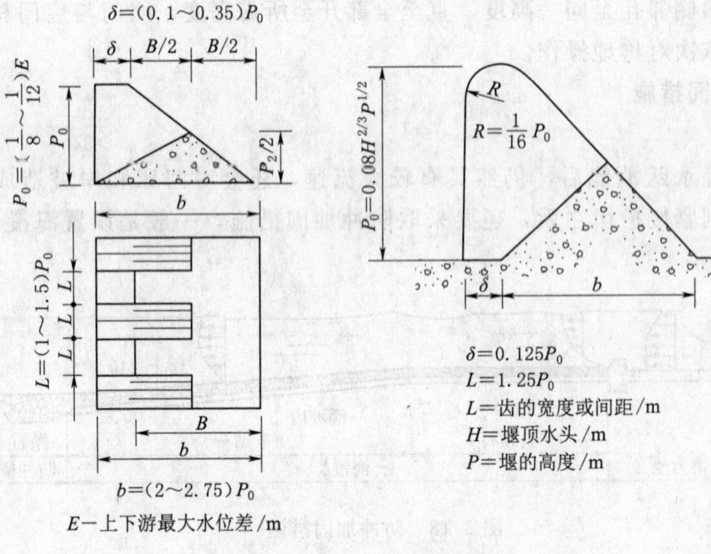

图 5.16　消力齿的结构尺寸

游水流波动，冲刷岸坡。低水头水闸已很少采用。对大型水闸，辅助消能工的形式、尺寸和布置也应通过水工模型试验确定。

5.3.4　波状水跃及折冲水流的防止措施

5.3.4.1　波状水跃的防止措施

对于平底板水闸，可在消力池斜坡段的顶部上游预留一段 0.5～1.0m 宽的平台，其上设置一道小槛，如图 5.17（a）所示，使水流越槛入池，促成底流式水跃。槛的高度 C 约为 $h_1/4$，h_1 为闸孔出流的第一共轭水深。小槛迎水面做成斜坡，以减弱水流的冲击作用，槛底设排水孔。如将小槛改成齿形槛分水墩，如图 5.17（b）所示，

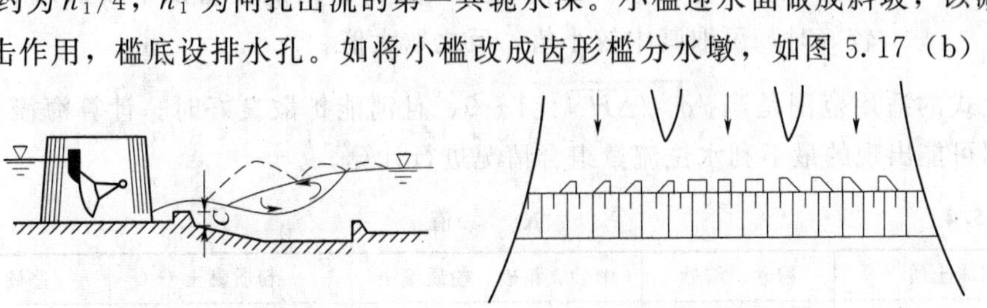

（a）在出流平台上设置小槛　　（b）齿形槛分水墩

图 5.17　波状水跃的防止措施

效果会更好。若水闸底板采用低实用堰型，则有助于消除波状水跃的产生。

5.3.4.2 折冲水流的防止措施

消除折冲水流的措施主要有：①在平面布置上，尽量使上游引河具有较长的直线段，并能在上游两岸对称布置翼墙，出闸水流与原河床主流的位置和方向一致。②控制下游翼墙扩散角，每侧宜采用7°～12°，即1∶8～1∶15，且不宜采用弧形翼墙（大型水闸如采用弧形翼墙，其半径应不小于30m），墙顶应高于下游最高水位，以免回流由墙顶漫向消力池。③可在消力池前端设置散流墩，防止折冲水流效果明显。④要制定合理的闸门开启程序，如低泄量时隔孔开启，使水流均匀出闸，或开闸时先开中间孔，继之开两侧邻孔至同一高度，直至全部开至所需高度，闭门与启门相反，由两边孔向中间孔依次对称地操作。

5.12

水闸的防冲加固措施——海漫

5.3.5 防冲加固措施

5.3.5.1 海漫

过闸水流经水跃消能后，仍然具有较大流速，还会对河床和岸坡造成冲刷。因此，土基上水闸紧接护坦之后，还要采取防冲加固措施，一般是设置海漫和防冲槽，如图5.18所示。

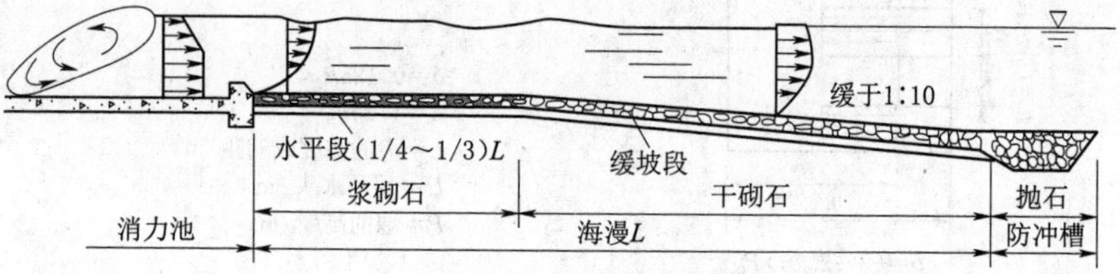

图5.18 防冲加固措施

5.4

水闸的防冲加固措施——海漫

1. 海漫长度计算

海漫的长度取决于水流余能的大小、水流扩散情况以及河床土质的抗冲能力等因素。一般按公式（5.21）计算：

$$L_p = K_s\sqrt{q_s\sqrt{\Delta H'}} \tag{5.21}$$

式中 L_p——海漫长度，m；

q_s——消力池末端单宽流量，$m^3/s\cdot m$；

K_s——海漫长度计算系数，可由表5.4查得。消能设备及下游翼墙扩散条件较好时，可取其中较小值，反之取大值。

上式的适用范围是当$\sqrt{q_s\sqrt{\Delta H'}}=1\sim9$、且消能扩散良好时。计算海漫长度时，应根据可能出现的最不利水位流量组合情况进行计算。

表5.4 **K_s 值**

河床土质	粉砂、细砂	中砂、粗砂、粉质壤土	粉质黏土	坚硬黏土
K_s	13～14	11～12	9～10	7～8

2. 海漫的构造

海漫一般采用整体向下游倾斜的形式或将起始段做 5～10m 长的水平段，其顶面高程可与护坦齐平或在消力池尾槛顶以下 0.5m 左右，水平段后做成不陡于 1：10 的斜坡，同时沿水流方向在平面上向两侧逐渐扩散，以使水流均匀扩散，调整流速分布，以获得更好的防冲效果。

海漫在构造上要求：①有一定的柔性，以适应地基的变形；②有一定的粗糙性，以加强消除水流余能；③有一定的透水性，以排出地基的渗透水流。常用的海漫形式有：

(1) 干砌石海漫。一般由粒径大于 30cm 的块石砌筑而成，厚度为 0.4～0.6m，下面铺设碎石、粗砂垫层，每层厚 10～15cm。如图 5.19 (a) 所示。

干砌石海漫的抗冲流速为 3～4m/s。为了加大其抗冲能力，可每隔 6～10m 设一浆砌石埂。干砌石常用在海漫的中后段。

(2) 浆砌石海漫。采用强度等级为 M5 或 M8 的水泥砂浆砌块石而成。砌石粒径大于 30cm，厚度为 0.4～0.6m，砌石内设排水孔，下面铺设反滤层或垫层。如图 5.19 (b) 所示。

浆砌石海漫的抗冲流速可达 3～6m/s，但柔性和透水性较差，一般用于海漫的前部约 5～10m 长的范围内。为节约砌料，也有工程采用小石子拌和的低标号混凝土砌块石海漫。

(3) 混凝土板、钢筋混凝土板海漫。整个海漫由混凝土或钢筋混凝土板块拼铺而成；每块板的边长 2～5m，厚度为 0.1～0.3m，板中设有排水孔，下面铺设垫层或反滤层。混凝土板海漫的抗冲流速可达 6～10m/s，但造价较高。有时为增加表面糙率，可采用斜面式或城垛式混凝土块体。板块砌筑时，顺水流方向的缝要错开，不宜有通缝。

(4) 其他形式海漫。实际工程中为了增加海漫的抗冲性和整体性，也有的采用铅丝石笼海漫或土工格栅石笼海漫。如图 5.19 (c) 所示。

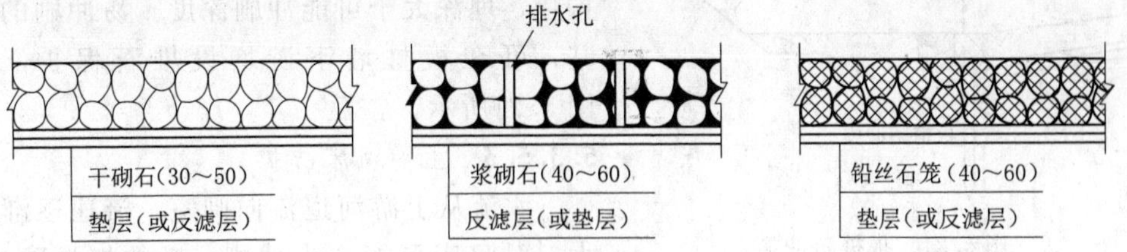

(a)干砌石海漫　(b)浆砌石海漫　(c)铅丝石笼海漫

图 5.19　海漫结构形式示意图（单位：cm）

5.3.5.2　防冲槽

水流径过海漫后，能量虽得到进一步消除，但海漫末端水流仍具有一定的冲刷能力，河床仍难免遭受冲刷。故需在海漫末端采取加固措施，即设计防冲槽。常见的防冲槽有抛石防冲槽和齿墙（或板桩）式防冲槽，如图 5.20、图 5.21 所示，其中抛石防冲槽应用最广。

5.13

水闸的防冲加固措施——防冲槽

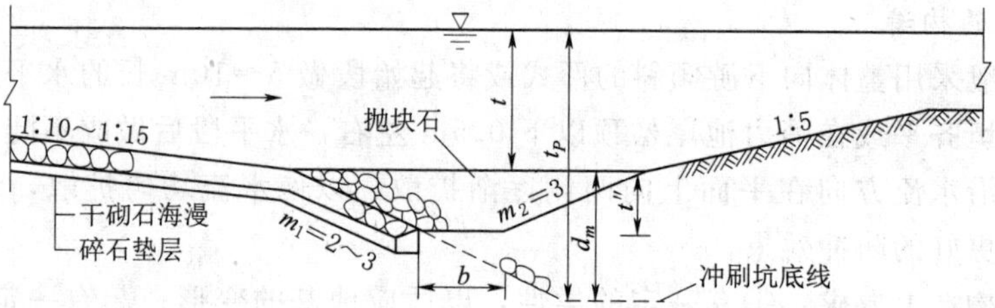

图 5.20 抛石防冲槽

1. 抛石防冲槽

在海漫末端处挖槽抛填预留足够的石块，当水流冲刷河床形成冲坑时，预留在槽内的石块沿斜坡陆续滚下，铺盖在冲坑的上游斜坡上，防止冲刷坑向上游扩展，保护海漫安全。

抛石体积可根据下游河床冲至最深时，石块坍塌在冲刷坑上游面所需要的方量而定。海漫末端河床可能冲刷深度按式（5.22）计算：

$$d_m=1.1\frac{q_m}{[v_0]}-h_m \tag{5.22}$$

式中 d_m——海漫末端河床冲刷深度，m；

q_m——海漫末端单宽流量，$m^3/s\cdot m$；

$[v_0]$——河床土质允许不冲流速，m^3/s；

h_m——海漫末端河床水深，m。

下游防冲槽的深度应根据河床土质，海漫末端单宽流量和下游水深等因素综合确定，且不应小于海漫末端的河床冲刷深度。工程上多开挖成宽浅式梯形断面防冲槽，槽深约 1.5～2.0m，梯形断面的两侧边坡按河床土质的安全坡度确定。

2. 齿墙（或板桩）式防冲槽

在防冲槽上游设置齿墙或板桩等刚性结构物，埋深大于可能冲刷深度。易冲刷的地基，可在板桩墙下游增设堆石保护，如图 5.21所示。

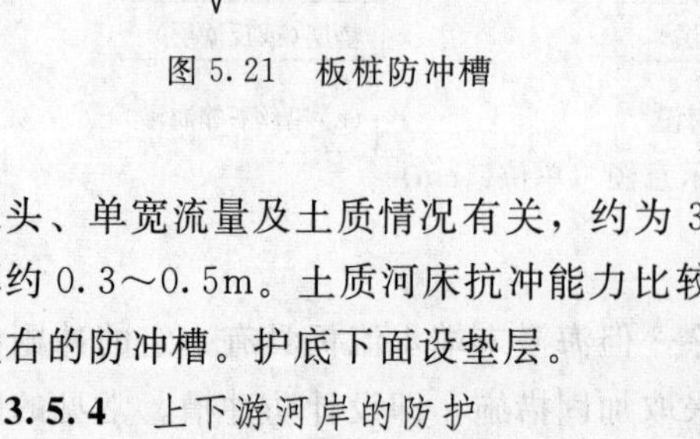

图 5.21 板桩防冲槽

5.3.5.3 上游河床防护

水流从上游河道流向闸室，流速逐渐加大，对河床可能产生冲刷，必须加强防护。一般采用浆砌石或干砌块石护底，其长度与水头、单宽流量及土质情况有关，约为 3～5 倍堰顶水头（不包括防渗铺盖的长度），厚约 0.3～0.5m。土质河床抗冲能力比较低时，护底上游端还应设置厚度约为 1.0m 左右的防冲槽。护底下面设垫层。

5.3.5.4 上下游河岸的防护

为了保证上下游翼墙附近河岸不受水流冲刷，通常用块石护坡。在靠近闸身一段距离内，由于流速较大，常用浆砌石护坡。上游护坡一般自铺盖起始端向上游延伸

2～3倍水头，下游自防冲槽末端向下游延伸4～6倍水头。

干砌块石护坡，厚约0.3～0.4m，其下铺砂卵石及砂垫层，厚度均为10cm，以防岸坡土在水位降落时被渗透水流带出。无论是纵向或横向，每隔8～10m设置混凝土或浆砌石石埂一道，断面尺寸约为0.3m×0.4m左右。护坡坡脚处应做混凝土齿墙嵌入地基土中，增加护坡的稳定性。

现浇混凝土护坡，厚度一般为0.2～0.3m，寒冷地区宜加厚至0.3～0.5m。若为预制的混凝土板护坡，厚度一般为0.1～0.2m。

近年来，随着土工合成材料的发展，很多水闸工程中采用了土工织物做护岸和防冲材料。防护用土工合成材料主要有无纺土工织物、织造土工织物、土工模袋等，具体见《水利水电工程土工合成材料应用技术规范》(SL/T 225—1998)。

任务5.4　水闸的防渗排水设计

水闸在上下游水位差的作用下，将在水闸基底及两岸形成渗流。渗流产生的渗透压力将降低闸室的抗滑稳定性，绕渗不利于翼墙和边墩的侧向稳定；渗流会引起土基产生渗透变形，使闸基淘空、沉陷，严重时导致水闸断裂和倒塌；渗流还会损失水量；地基内若有可溶性物质存在，渗流将会使其溶解，导致闸基破坏。防渗排水设计的目的就是经济合理地确定水闸的地下轮廓线并采取必要、可靠的防渗排水措施，以减小或消除渗流的不利影响，保证水闸安全。

5.5　水闸的防渗排水设计

水闸防渗排水设计的一般步骤：①根据水闸的作用水头、地基地质条件和下游排水情况，初步拟定地下轮廓线和防渗排水设施的布置；②通过渗流分析，计算闸底板渗透压力，验算地基土的渗透稳定性；③若抗滑稳定和渗透稳定均满足要求，即可采用初拟的地下轮廓线，否则，需进一步修改地下轮廓线，直至满足要求为止。

5.4.1　闸基防渗长度及地基地下轮廓线的布置

5.4.1.1　闸基防渗长度的确定

水闸在上下游水位差作用下，上游的水从河床渗入，绕过上游防渗铺盖、板桩、闸底板，经过反滤层由排水孔排至下游。其中铺盖、板桩和闸底板等不透水部分与地基的接触线，称为地下轮廓线。它是闸基渗流的第一根流线，其长度即为闸基防渗长度（又称渗径长度）。图5.22中0、1、2、3、…、16的折线，就是该水闸的地下轮廓线。

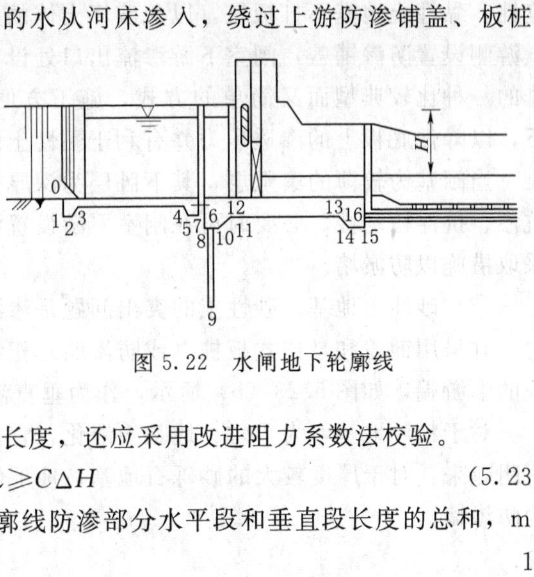

图5.22　水闸地下轮廓线

5.14　水闸的地下轮廓线

初步拟定闸基防渗长度可按式(5.23)计算。在工程初步设计或施工图设计阶段，按公式初拟的闸基防渗长度，还应采用改进阻力系数法校验。

$$L \geqslant C\Delta H \tag{5.23}$$

式中　L——闸基防渗长度，即闸基轮廓线防渗部分水平段和垂直段长度的总和，m；

C——允许渗径系数值，见表5.5，当闸基设板桩时，可采用表中规定值的小值；

ΔH——上下游水位差，m。

表5.5中对壤土和黏土以外的地基，只列出了有反滤层时的渗径系数，在这些地基上建闸，通常必须设反滤层。

表5.5　　允许渗径系数值

排水条件＼地基类别	粉砂	细砂	中砂	粗砂	中砾、细砾	粗砾夹卵石	轻粉质砂壤土	轻砂壤土	壤土	黏土
有滤层	9～13	7～9	5～7	4～5	3～4	2.5～3	7～11	5～9	3～5	2～3
无滤层	—	—	—	—	—	—	—	—	4～7	3～4

5.4.1.2 闸基防渗排水的布置

闸基防渗排水布置，即水闸地下轮廓线布置，主要是确定水闸地下轮廓线形状及尺寸。考虑因素主要有闸基地质条件、水闸上下游水位差、闸室的布置情况、消能防冲和两岸连接建筑物的布置等，并可参考条件类似的已建工程综合分析确定。

1. 布置原则

闸基防渗排水布置的原则是“高防低排”。“高防”就是在高水位一侧布置防渗设施，尽量阻滞水流渗入闸基，或延长渗径，降低渗透坡降，减小底板上的渗透压力，以防止发生渗透变形。“低排”则是在低水位一侧布置排水设施，尽快安全排走已渗入闸基的渗流，以防渗流出口附近的土壤颗粒被渗透水流带走而发生渗透变形，同时减小闸底板上的渗透压力，增加闸室的抗滑稳定性。防渗设施包括铺盖、板桩、齿墙、混凝土防渗墙及灌浆帷幕等；排水设施有排水孔、排水井、反滤层等。

2. 布置方式

不同的地质条件，闸基防渗排水布置方式也不同。现分述如下：

(1) 黏性土地基。黏性土地基不易发生管涌，主要是降低渗透压力，增加闸室稳定性。黏性土地基不打板桩，以免破坏土体的天然结构，造成集中渗流，而是在闸室上游侧设置防渗铺盖，闸室下游渗流出口处设置反滤层。这种平铺式的布置是高防低排的一种比较典型而又简单的方式，施工方便且较经济。排水设施可前移到闸底板下，以降低底板上的渗透压力并有利于黏性土的加速固结，如图5.23 (a) 所示。

当闸基为较薄的壤土层，其下卧层为深厚的相对透水层时，还应验算覆盖土层的抗渗、抗浮稳定性。必要时可在闸室下游设置深入相对透水层的排水井或排水沟，并采取措施以防淤堵。

(2) 砂性土地基。砂性土的突出问题是渗漏与渗透变形。当砂性土地基厚度较大时，宜采用铺盖和悬挂式板桩（或防渗墙）相结合的布置形式。板桩宜布置在闸室底板的上游端，如图5.23 (b) 所示，作为垂直渗径，其防渗效果比水平铺盖好。

对于粉沙地基，为了防止地基土液化，宜采用封闭式布置，即将闸基四周用板桩封闭起来。对于厚度较大的砂砾石地基，地下轮廓线的布置与前面相似，仅将板桩改为防渗墙。

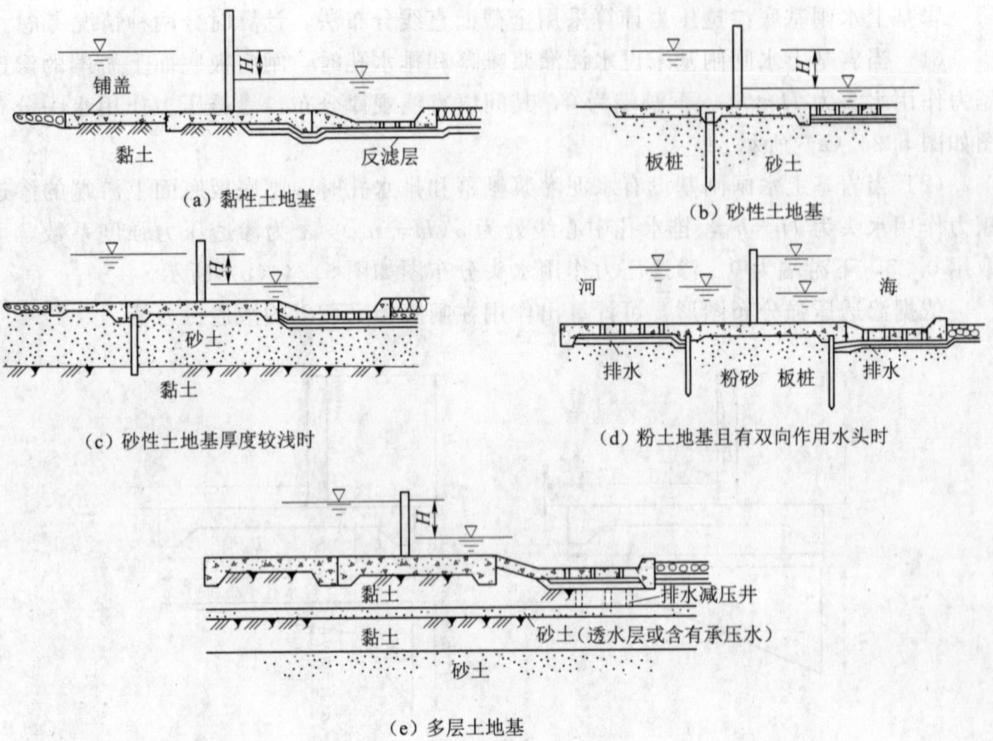

图5.23 地下轮廓布置图

砂类土层较薄，其下有相对不透水层时，可在上游一侧用截水墙或板桩切断砂土层，如图5.23（c）所示，其嵌入不透水层的深度不得小于1.0m。承受双向水头的水闸，其防渗排水布置，应以水位差较大一侧为主，合理地选择双向布置，如图5.23（d）所示为一双向水头水闸的防渗排水布置形式。

砂性土地基易发生管涌，地下轮廓线和两岸侧向渗径都应有足够的长度，并在渗流出口处铺设级配良好的反滤层。

（3）多层土地基。如图5.23（e）所示，黏性土基夹有透水砂层且含有承压水时，应首先验算黏土覆盖层的抗渗、抗浮稳定性。稳定性不够时，可在闸室下游设置深入透水层的排水减压井或排水沟，并采取防止被淤堵的措施。

（4）岩石地基。岩基上的水闸，可在闸室底板上游设防渗铺盖，或在底板上游端设灌浆帷幕，闸后设排水设施。

5.4.2 闸基渗流计算

渗流计算的目的是计算闸底板所受的渗透压力和验算地基土的抗渗稳定性，如果初拟的地下轮廓线不满足抗滑稳定和渗透稳定的要求，地下轮廓线要重新修改设计。计算渗透压力的方法有直线比例法、流网法和改进阻力系数法等。

岩基上采用全截面直线分布法进行计算，土基可采用改进阻力系数法和流网法。对于地下轮廓比较简单，地基又不复杂的中、小型工程，可考虑采用直线比例法。

5.4.2.1　全截面直线分布法

岩基上水闸基底渗透压力计算采用全截面直线分布法，计算时分两种情况考虑。

(1) 当岩基上水闸闸基未设水泥灌浆帷幕和排水孔时，闸底板底面上游端的渗透压力作用水头为 $H-h_s$，下游端为0，其间以直线规律分布，渗透压力作用水头分布图如图5.24 (a) 所示。

(2) 当岩基上水闸闸基设有水泥灌浆帷幕和排水孔时，闸底板底面上游端的渗透压力作用水头为 $H-h_s$，排水孔中心线处为 $\alpha(H-h_s)$，α 为渗透压力强度系数，可取用0.25，下游端为0。渗透压力作用水头分布图如图5.24 (b) 所示。

依据渗透压强分布图形，可计算出作用在闸底板底面上的渗透压力值。

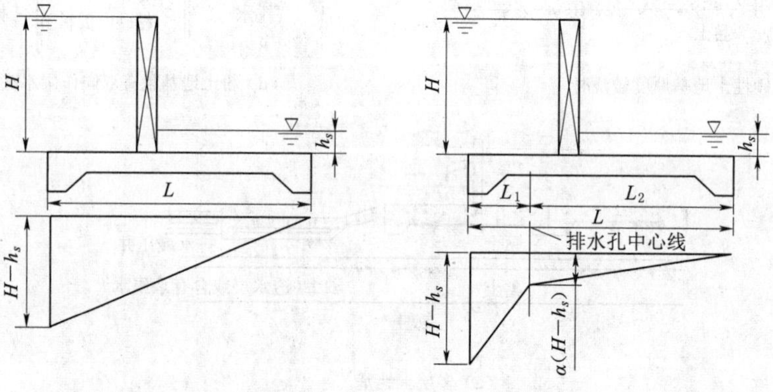

(a) 未设水泥灌浆帷幕和相排水孔情况　　(b) 设有水泥灌浆帷幕和排水孔情况

图5.24　全截面直线分布法渗透压力计算图

5.4.2.2　直线比例法

直线比例法（渗径系数法）的原理是假定渗流沿地下轮廓线流动时，其渗透水头是成直线比例逐渐减小的，即沿程渗透坡降的大小相同。当总水头 ΔH 及防渗长度 L 已定时，即可按直线比例关系求出防渗长度上各点（即沿地下轮廓上各点）的渗透压力水头值。这种方法计算精度不高，计算渗透压力及出逸坡降时，误差较大。

按照防渗长度确定的方法不同，直线比例法又分为勃莱法和莱因法两种。

(1) 勃莱法。勃莱认为地基渗流沿防渗长度各点的渗透坡降相同，即水头损失是均匀的。将地下轮廓线展开，按比例绘一直线，在渗流开始点1作一长度为 ΔH 的垂线，并由垂线顶点用直线和渗流逸出点8相连，即得地下轮廓线展开成直线后的渗透压力分布图。如图5.25所示。距地下轮廓线下游端为 x 处的渗透压力 h_x 可按式 (5.24) 计算。

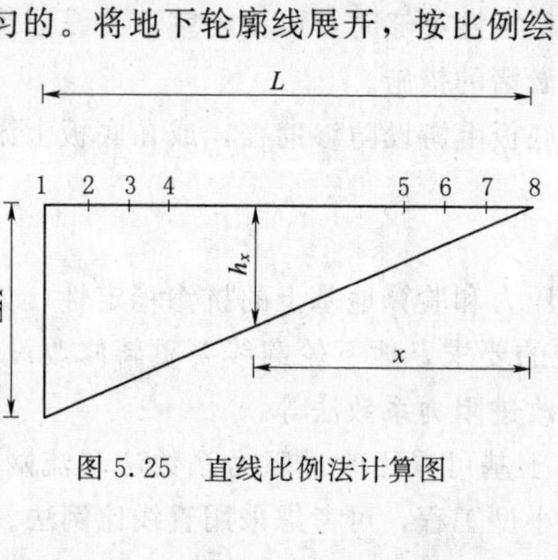

图5.25　直线比例法计算图

$$h_x=\frac{\Delta H}{L}x \tag{5.24}$$

(2) 莱因法。莱因认为水平渗径不如垂直渗径的防渗效果好，水平渗径的防渗效果只有垂直渗径的1/3。在防渗长度展开为一直线时，应将水平渗径除以3，再与垂直渗径相加，即得折算后的总渗径长度，然后按式（5.24）计算。

勃莱法没有考虑地下轮廓形状的影响，不符合实际情况，但方法简便。莱因法虽提出修正，但垂直渗径防渗效果也不一定是三倍于水平渗径的固定关系，而且没有考虑板桩、防渗墙等垂直渗径的具体位置对消杀水头效果的影响。因此，直线比例法是一种十分简单而近似的计算方法，一般用于小型水闸。

5.4.2.3　改进阻力系数法

这种方法是综合了独立函数法、分段法和阻力系数法等常用近似计算方法的优点，改进创立的一种精度较高的计算方法，也是《水闸设计规范》（SL 265—2016）推荐的计算方法。

该法把具有复杂地下轮廓的渗流区域分成若干简单的段，对每个分段，可用精确解答求解，最后综合叠加，即可得出地基渗流的有关解答。

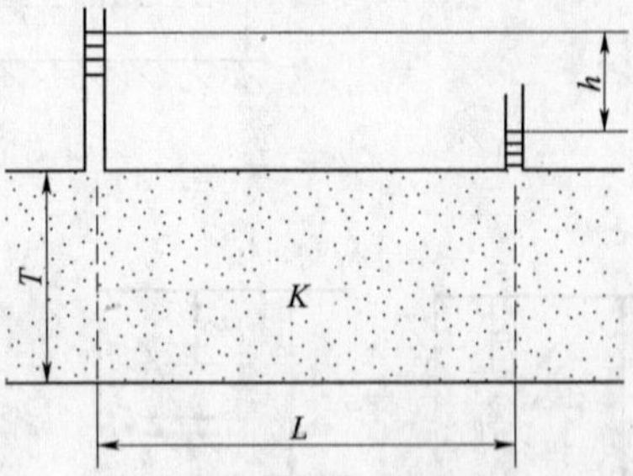

图5.26　基本原理示意图

1. 基本原理

图5.26所示为一矩形渗流区，渗流段长度为L，透水层厚度为T，地基渗透系数K，两断面间的水头差为h。根据达西定律，渗流区的单宽流量q为

$$q=K\frac{h}{L}T \tag{5.25}$$

令$\frac{L}{T}=\zeta$，则得

$$h=\zeta\frac{q}{K} \tag{5.26}$$

式中　ζ——阻力系数，ζ值与渗流区的几何形状有关，它是渗流边界条件的函数。

对于实际工程中的水闸，可将实际的地下轮廓进行适当的简化，使之成为垂直和水平两个主要部分，如图5.27（a）所示。由简化的地下轮廓线上各角点和板桩尖端引出等水头线（等势线），将渗流区划分为若干个简单的段，这些渗流区段都可归纳为三种基本段形式，即进出口段、内部垂直段和水平段，如图5.27（b）所示。其中①、⑦为进出口段，②、④、⑤为内部垂直段，③、⑥为水平段。

根据水流运动的连续性原理，经过各段的单宽渗流量均应相等。如果渗流区划分为n段，则任一段的水头损失h_i为

$$h_i=\zeta_i\frac{q}{K} \tag{5.27}$$

式中　ζ_i——各分段的阻力系数。

由于总水头差H是各分段水头损失之和，故

$$H=\sum_{i=1}^{n}h_i=\frac{q}{K}\sum_{i=1}^{n}\zeta_i \tag{5.28}$$

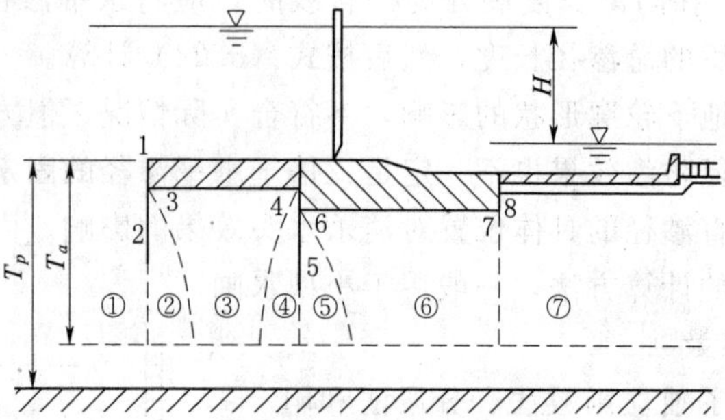

(a)地下轮廓线简化示意图

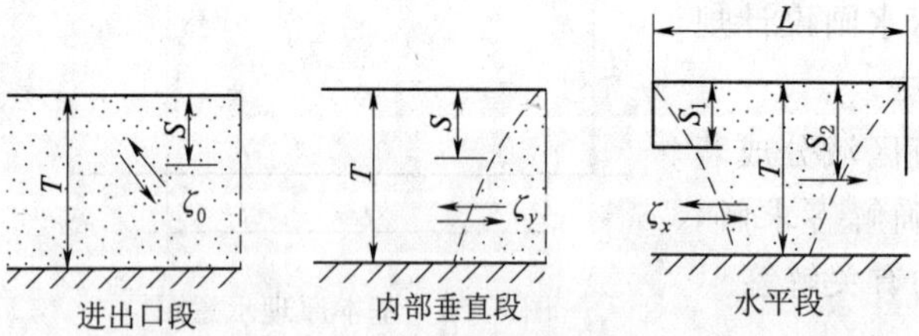

(b)三种典型流段

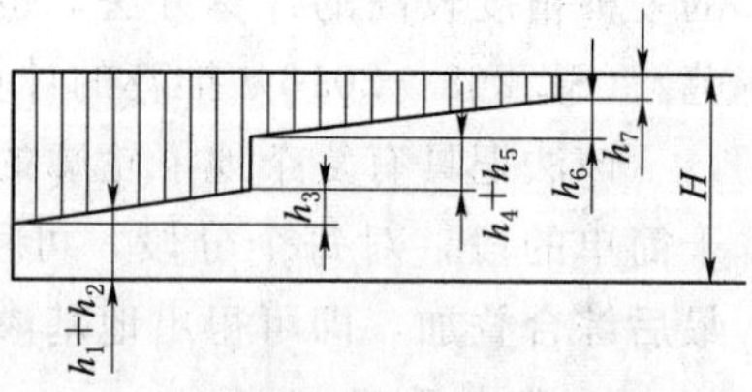

(c)闸底的渗透压力水头分布图

图 5.27 改进阻力系数法参数示意图

式中 $\sum_{i=1}^{n}\zeta_i$——各分段阻力系数之和。

由式 (5.27) 及式 (5.28) 可得出各分段水头损失为

$$h_i=\zeta_i\frac{H}{\sum_{i=1}^{n}\zeta_i} \tag{5.29}$$

由渗流出口处向上游叠加各分段的水头损失，即可得出各段分界线（即前面所说的等水头线）处的渗透压力水头值。沿地下轮廓水平段的水头损失近似地按直线规律变化，即可绘出闸底的渗透压力水头分布图，如图 5.27 (c) 所示。

2. 计算步骤

(1) 确定地基有效深度 T_e。地基有效深度是从各等效渗流段地下轮廓最高点垂直向下算起的地基透水层有效深度，可按式 (5.30) 或式 (5.31) 计算。

$$当\frac{L_0}{S_0}\geqslant 5 时，\quad T_e=0.5L_0 \tag{5.30}$$

$$当\frac{L_0}{S_0}<5 时，\quad T_e=\frac{5L_0}{1.6\frac{L_0}{S_0}+2} \tag{5.31}$$

式中 T_e——土基上水闸的地基有效深度，m；

L_0——地下轮廓的水平投影长度，m；

S_0——地下轮廓的垂直投影长度，m。

当计算的 T_e 值大于地基实际深度时，T_e 值应按地基实际深度采用。

(2) 地下轮廓分段，计算各段的水头损失 h_i。先将实际的地下轮廓适当简化，再根据地下轮廓形状将渗流区分成若干个典型渗流区域，利用表 5.6 计算各段的阻力系数 ζ_i 和各段的水头损失 h_i。

表 5.6　　典型流段的阻力系数

区段名称	典型流段形式	阻力系数 ζ 的计算公式
进口段与出口段	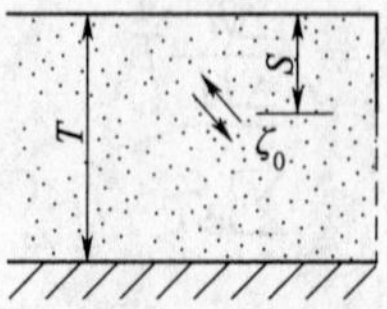	$\zeta_0=1.5\left(\frac{S}{T}\right)^{\frac{3}{2}}+0.441$
内部垂直段	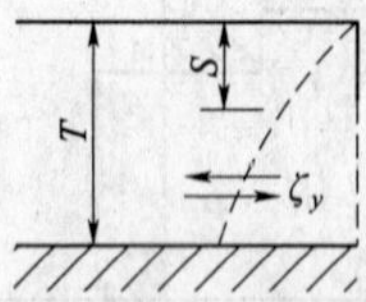	$\zeta_y=\frac{2}{\pi}\ln\cot\left[\frac{\pi}{4}\left(1-\frac{S}{T}\right)\right]$
内部水平段	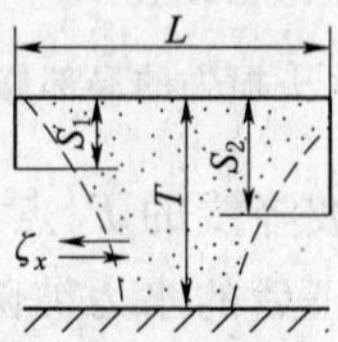	$\zeta_x=\frac{L-0.7(S_1+S_2)}{T}$

注　S 为板桩或齿墙的入土深度；T 为地基透水层深度；L 为内部水平段的长度。

如果计算某一水平段的阻力系数 $\zeta_x\leqslant 0$，说明该段水平距离太短，即可判断其不合理，可将该水平段与附近的渗流段合并后再进行计算。

(3) 用直线连接相邻拐点的渗压水头，便可绘出渗透压强分布图。

(4) 对进、出口段水头损失值和渗透压力强度分布图进行局部修正。当进、出口底板埋深及板桩长度较小时，进出口附近的水力坡降呈曲线形式，如图 5.28 所示。为精确考虑，应予局部修正。进、出口段修正后的水头损失值可按式 (5.32)～式 (5.34) 计算。

$$h'_0=\beta' h_0 \tag{5.32}$$

$$h_0=\sum_{i=1}^{n}h_i \tag{5.33}$$

$$\beta'=1.21-\frac{1}{\left[12\left(\frac{T'}{T}\right)^2+2\right]\left(\frac{S'}{T}+0.059\right)} \tag{5.34}$$

式中　h'_0——进、出口段修正后的水头损失值，m；

h_0——进、出口段水头损失值，m；

β'——阻力修正系数，当计算的 $\beta'\geqslant 1.0$ 时，采用 $\beta'=1.0$；

S'——底板埋深与板桩入土深度之和，m；

T'——板桩另一侧地基透水层深度，m。

若 $\beta'\geqslant 1$，表示不需要修正，取 $\beta'=1$；若 $\beta'<1$，需作修正，修正后的进、出口水头损失应减小，减小的值由式（5.35）计算可得。

$$\Delta h=h_0-h'_0=(1-\beta')h_0 \tag{5.35}$$

水力坡降线呈急变曲线段的长度 L'_x 可按下式计算：

$$L'_x=\frac{\dfrac{\Delta h}{\Delta H}T}{\sum\limits_{i=1}^{n}\zeta_i} \tag{5.36}$$

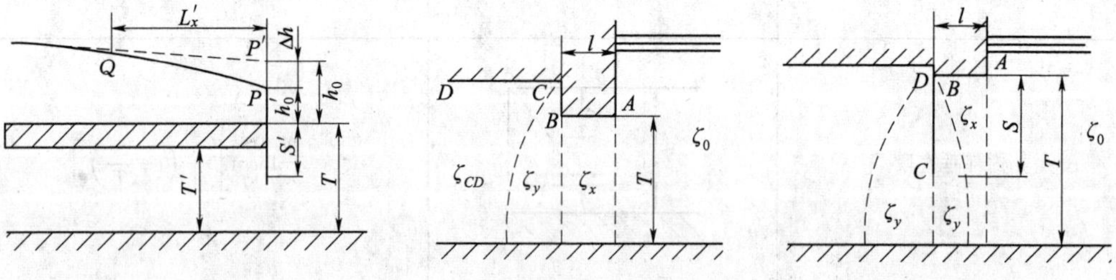

(a) 进出口水力坡降线修正示意图　　(b) 凸形进出口　　(c) Γ形进出口

图 5.28　水头损失的局部修正

如图 5.28（a）所示，从原有水力坡降线的 P' 点，向下截取 Δh 得 P 点，水平方向截取 L'_x 得 Q 点，连接 PQ，即得修正后的水力坡降线。

工程中常见到如图 5.28（b）、（c）所示的齿墙布置形式，修正计算方法为：

1）当 $h_x\geqslant\Delta h$ 时（h_x 为修正前水平段的水头损失值），可修正为 $h'_x=h_x+\Delta h$。

2）当 $h_x<\Delta h$ 时，按以下两种情况分别修正：

当 $h_x+h_y\geqslant\Delta h$ 时（h_y 为内部垂直段的水头损失值），则水平段和内部垂直段的水头损失值分别修正为

$$h'_x=2h_x \tag{5.37}$$

$$h'_y=h_y+\Delta h-h_x \tag{5.38}$$

当 $h_x+h_y<\Delta h$ 时，水平段的水头损失仍按式（5.37）修正为：$h'_x=2h_x$，内部垂直段和图 5.28（b）中 CD 段的水头损失值修正为

$$h'_y=2h_y \tag{5.39}$$

$$h'_{CD}=h_{CD}+\Delta h-(h_x+h_y) \tag{5.40}$$

式中　h_{CD}、h'_{CD}——分别为 CD 段修正前、修正后的水头损失值。

渗透压力分布图的进出口处，按修正后的各分段点的水头用直线连接得出。

（5）出口段渗流坡降 J 可按下式计算：

$$J=\frac{h'_0}{S'} \tag{5.41}$$

出口段和水平段的渗流坡降要满足表 5.7 的容许渗流坡降的要求，才能防止地基土的渗透变形。

表 5.7　　　水平段和出口段允许渗流坡降值

地基类别	允许渗流坡降值		地基类别	允许渗流坡降值	
	水平段	出口段		水平段	出口段
粉砂	0.05～0.07	0.25～0.30	砂壤土	0.15～0.25	0.40～0.50
细砂	0.07～0.10	0.30～0.35	壤土	0.25～0.35	0.50～0.60
中砂	0.10～0.13	0.35～0.40	软黏土	0.30～0.40	0.60～0.70
粗砂	0.13～0.17	0.40～0.45	坚硬黏土	0.40～0.50	0.70～0.80
中砾、细砾	0.17～0.22	0.45～0.50	极坚硬黏土	0.50～0.60	0.80～0.90
粗砾夹卵石	0.22～0.28	0.50～0.55			

注　当渗流出口处设滤层时，表列数值可加大 30%。

【例 5.1】 某水闸地下轮廓线如图 5.29 (a) 所示。根据钻探资料知地面以下 12m 深处为相对不透水的黏土层。用改进阻力系数法计算渗流要素。

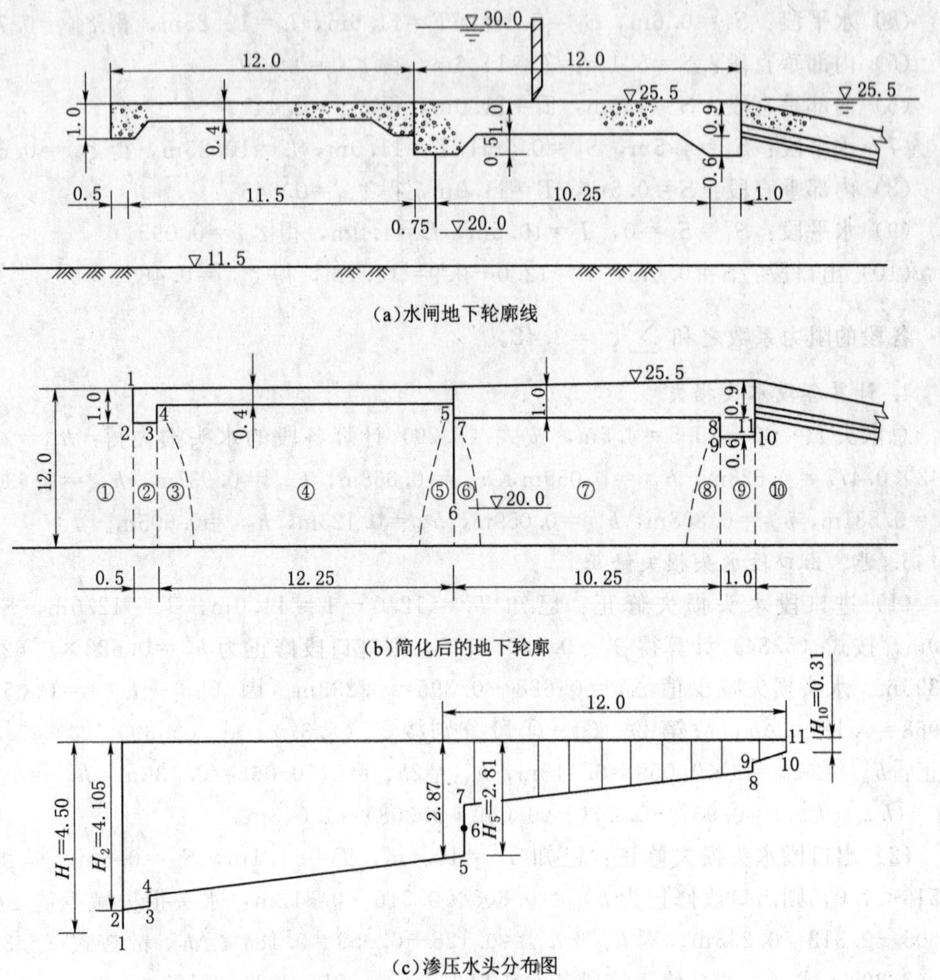

图 5.29　某水闸地下轮廓线及渗流计算简图（单位：m）

解：

1. 简化地下轮廓

简化后的地下轮廓如图 5.29（b）所示，划分 10 个基本段。

2. 确定地基的有效深度

由于 $L_0=24\text{m}$，$S_0=25.5-20=5.5\text{m}$，$L_0/S_0=24/5.5=4.36<5$，按式（5.31）得 $T_e=13.36>T_p=12.0\text{m}$，故按实际透水层深度 $T=T_p=12.0\text{m}$ 进行渗流计算。

3. 计算阻力系数

按表 5.7 计算各渗流段的阻力系数。

（1）进口段：$S=1.0\text{m}$，$T=12\text{m}$，得 $\zeta_{01}=0.477$。

（2）水平段：$S_1=S_2=0$，$L=0.5\text{m}$，$T=11.0\text{m}$，得 $\zeta_{x2}=0.045$。

（3）内部垂直段：$S=0.6\text{m}$，$T=11.6\text{m}$，得 $\zeta_{y3}=0.052$。

（4）水平段：$S_1=0.6\text{m}$，$S_2=5.1\text{m}$，$T=11.6\text{m}$，$L=12.25\text{m}$，得 $\zeta_{x4}=0.712$。

（5）内部垂直段：$S=5.1\text{m}$，$T=11.6\text{m}$，得 $\zeta_{y5}=0.479$。

（6）内部垂直段：$S=4.5\text{m}$，$T=11.0\text{m}$，得 $\zeta_{y6}=0.441$。

（7）水平段：$S_1=4.5\text{m}$，$S_2=0.5\text{m}$，$T=11.0\text{m}$，$L=10.25\text{m}$，得 $\zeta_{x7}=0.614$。

（8）内部垂直段：$S=0.5\text{m}$，$T=11.0\text{m}$，得 $\zeta_{y8}=0.045$。

（9）水平段：$S_1=S_2=0$，$T=10.5\text{m}$，$L=1.0\text{m}$，得 $\zeta_{x9}=0.095$。

（10）出口段：$S=0.6\text{m}$，$T=12.0-0.9=11.1\text{m}$，得 $\zeta_{010}=0.460$。

各段的阻力系数之和 $\sum_{i=1}^{10}\zeta_i=3.42$。

4. 计算各段水头损失

总水头 $H=30-25.5=4.5\text{m}$，按式（5.29）计算各段的水头损失得：$h_{01}=4.5/3.42\times0.477=0.628\text{m}$，$h_{x2}=0.059\text{m}$，$h_{y3}=0.068\text{m}$，$h_{x4}=0.937\text{m}$，$h_{y5}=0.630\text{m}$，$h_{y6}=0.581\text{m}$，$h_{x7}=0.808\text{m}$，$h_{y8}=0.059\text{m}$，$h_{x9}=0.125\text{m}$，$h_{010}=0.605\text{m}$。

5. 进、出口段水头损失修正

（1）进口段水头损失修正：已知 $T'=12.0-1=11.0\text{m}$，$T=12.0\text{m}$，$S'=1.0\text{m}$，按式（5.34）计算得 $\beta_1'=0.629<1.0$，则进口段修正为 $h_0'=0.628\times0.629=0.395\text{m}$。水头损失减少值 $\Delta h=0.628-0.395=0.233\text{m}$。因 $(h_{x2}+h_{y3})=0.059+0.068=0.127<\Delta h$，故第②、③、④段分别按式（5.37）、式（5.39）、式（5.40）修正：$h_{x2}'=2h_{x2}=2\times0.059=0.118\text{m}$，$h_{y3}'=2h_{y3}=2\times0.068=0.136\text{m}$，$h_{x4}'=h_{x4}+\Delta h-(h_{x2}+h_{y3})=0.937+0.233-(0.059+0.068)=1.043\text{m}$。

（2）出口段水头损失修正：已知 $T'=10.5\text{m}$，$T=11.1\text{m}$，$S'=0.6\text{m}$，得 $\beta_2'=0.516<1.0$，则出口段修正为 $h_{010}'=0.605\times0.516=0.312\text{m}$，水头损失减少值 $\Delta h=0.605-0.312=0.293\text{m}$。因 $h_{x9}+h_{y8}=0.125+0.059=0.184<\Delta h$，故按式（5.37）、式（5.39）、式（5.40）修正该段各水头损失：$h_{x9}'=2h_{x9}=2\times0.125=0.25\text{m}$，$h_{y8}'=2h_{y8}=2\times0.059=0.118\text{m}$，$h_{x7}'=h_{x7}+\Delta h-(h_{x9}+h_{y8})=0.808+0.293-(0.125+0.059)=0.917\text{m}$。

(3) 验算：H=0.395+0.118+0.136+1.043+0.630+0.581+0.917+0.118+0.250+0.312=4.5m，计算无误。

6. 计算各角点或尖端渗压水头

由上游进口段开始，逐次向下游从总水头 H=4.5m 减去各分段水头损失值，即可求得各角点或尖端渗压水头值：H_1=4.5m，H_2=4.5−0.359=4.105m，H_3=4.105−0.118=3.987m，H_4=3.987−0.136=3.851m，H_5=3.851−1.043=2.808m，H_6=2.808−0.630=2.178m，H_7=2.178−0.581=1.597m，H_8=1.597−0.917=0.680m，H_9=0.680−0.118=0.562m，H_{10}=0.562−0.250=0.312m，H_{11}=0.312−0.312=0。

7. 绘制渗压水头分布图

根据计算结果绘出渗压水头分布图，如图5.29 (c) 所示。

8. 计算渗流出口平均坡降

按式 (5.41) 求得 $J=h'_0/S'$=0.312 /0.6−0.52。

5.4.3　防渗排水设备

水闸的防渗设施包括水平防渗（铺盖）和垂直防渗设施（板桩、齿墙、防渗墙、灌注式水泥砂浆帷幕、高压喷射灌浆帷幕及防渗土T膜等），而排水设施则是指铺设在护坦、浆砌石海漫底部或闸底板下游段起导渗作用的砂砾石层。排水体常与反滤层结合使用。

5.4.3.1　防渗设备

1. 铺盖

实际工程中水闸常用黏土、混凝土、钢筋混凝土或土工膜等材料做防渗铺盖。其长度可根据闸基防渗需要确定，一般取上下游最大水位差的3～5倍。

(1) 黏土铺盖。常用渗透系数 $K=10^{-6}\sim10^{-8}$cm/s 的黏土填筑，一般要求其渗透系数应比地基土的渗透系数至少要小100倍。黏土铺盖的厚度应根据铺盖土料的允许水力坡降值计算确定，上游端的最小厚度不宜小于0.6m，逐渐向闸室方向加厚，且任一截面厚度不应小于 $(1/4\sim1/6)\Delta H$，ΔH 为该截面顶、底面的水头差。为了防止铺盖在施工期被损坏和运用期被水流冲刷，应在其表面铺砂层保护，砂层上再铺设单层或双层块石护面，或铺设混凝土板保护层。

铺盖与底板连接处为防渗薄弱部位，必须妥善处理，通常采取的措施是在连接处将铺盖加厚，将底板前端做成倾斜面，使黏土能借自重及其上的荷载与底板紧贴；在连接处铺设油毛毡等止水材料，一端用螺栓固定在斜面上，另一端埋入黏土中，如图5.30所示。

砂砾石地基上做黏土铺盖，还应考虑在两者之间设置反滤层。

(2) 混凝土或钢筋混凝土铺盖。如当地缺乏黏土、黏壤土或要用铺盖兼作阻滑板以提高闸室抗滑稳定性时，可采用混凝土或钢筋混凝土铺盖，如图5.31所示。其厚度一般根据构造要求确定，最小厚度不宜小于0.4m，一般做成等厚度形式。与底板连接的一端加厚至1.0m左右，做成浅齿墙。为了减小地基不均匀沉降和温度变化的影响，其顺水流方向应设永久缝，缝距可采用8～20m，地质条件好的取大值，靠近翼墙的铺盖缝距宜采用小值。

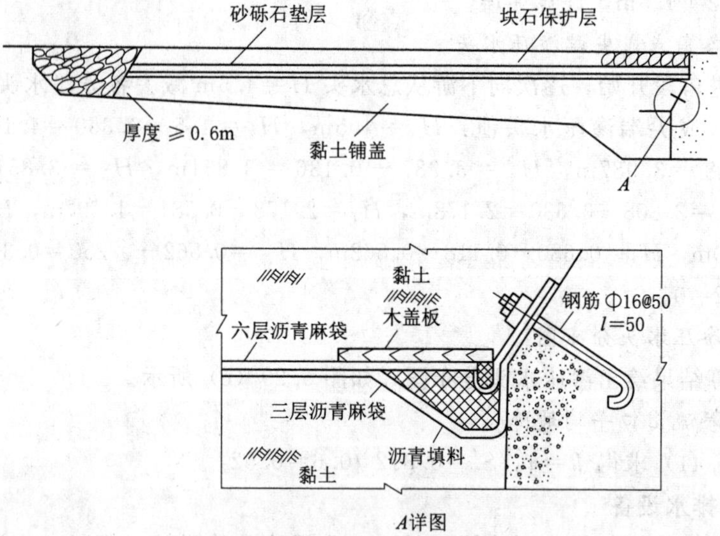

图 5.30 黏土铺盖构造图

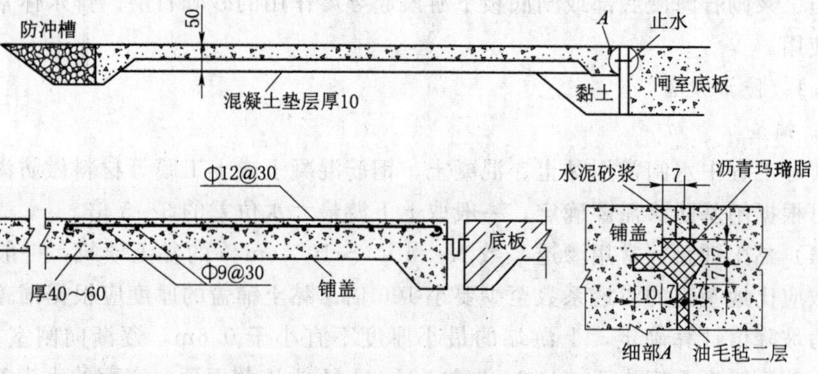

图 5.31 混凝土及钢筋混凝土铺盖构造（单位：cm）

铺盖与闸底板、翼墙之间也要分缝。缝宽可采用 2～3cm，缝内均应设止水。混凝土铺盖中应配置构造筋，对于起阻滑作用的钢筋混凝土铺盖则要根据受力情况配置受拉钢筋。受拉钢筋与闸室在接缝处应采用铰接的构造形式。铺盖的混凝土强度等级一般不低于 C20。

（3）土工膜防渗铺盖。水闸防渗铺盖也可用土工膜代替传统的弱透水土料。用于防渗的土工合成材料主要有土工膜或复合土工膜。其厚度应根据作用水头、土工膜所受的荷载、膜下土体可能产生裂隙宽度、膜的抗拉和抗顶破强度等因素确定，但不宜小于 0.5mm。土工膜上、下均应设砂垫层以防刺破，顶层可采用水泥砂浆、砌石、预制混凝土板块等做防护层。

2. 板桩

采用板桩，主要是为了增加垂直渗径，其防渗作用随布置的位置不同而异。设在铺盖前端或闸室底板上游端时，主要是为了降低底板下的渗透压力，且按前者布置更为有利。设在闸室底板下游端的板桩主要为减小出口处的渗透坡降，防止出口处土壤产生渗透变形。

根据所用材料不同，板桩可分为钢筋混凝土板桩、钢板桩及砂浆板桩、木板桩等类型。目前采用最多的是钢筋混凝土板桩，考虑防渗要求、结构刚度要求和打桩设备等条件，其最小厚度不宜小于 0.2m，宽度不宜小于 0.4m，其入土深度多数采用 3～5m，最长达 8m。板桩之间应采用梯形榫槽连接，它适合于各种地基。

板桩与闸室连接形式有两种：一种是把桩板紧靠底板前缘，顶部嵌入黏土铺盖一定深度；另一种是把板桩顶部嵌入底板底面特设的凹槽内，桩顶填塞可塑性较大的不透水材料，如图 5.32 所示。前者适用于闸室沉降量较大，而板桩尖已插入坚实土层的情况；后者则适用于闸室沉降量小，而板桩尖未达到坚实土层的情况。

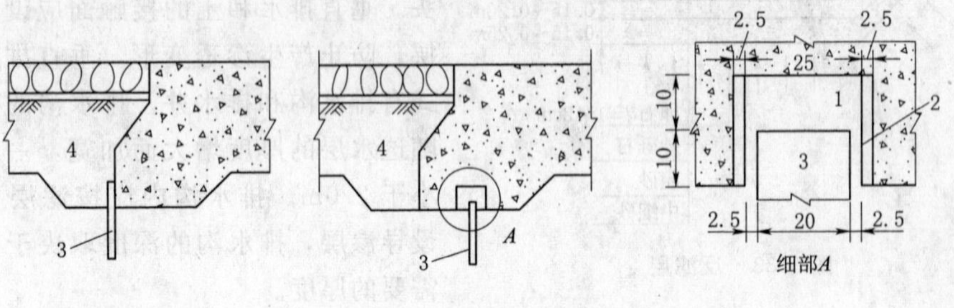

(a) 顶部嵌入黏土　　(b) 顶部嵌入底部凹槽

图 5.32　板桩与底板的连接（单位：cm）

1—沥青；2—预制挡板；3—板桩；4—铺盖

3. 齿墙

闸底板的上下游端一般都设有浅齿墙，辅助防渗，并有利于抗滑。齿墙深度一般为 0.5～1.5m，最大不宜超过 2.0m。当地基为粒径较大的砂砾石或卵石，不宜打板桩时，可采用深齿墙或混凝土防渗墙。混凝土防渗墙的厚度主要根据成槽器开槽尺寸确定，其厚度一般不小于 0.2m，否则混凝土浇筑较难，影响工程质量。

4. 水泥砂浆帷幕、高压喷射灌浆帷幕及垂直防渗土工膜

近年来，灌注式水泥砂浆帷幕和高压喷射灌浆帷幕等垂直防渗体被广泛应用，根据防渗要求和施工条件，它们的最小厚度一般不宜小于 0.1m。

当地基内强透水层埋深在开槽机能力范围内（一般在 12m 内），且透水层中大于 5cm 的颗粒含量不超过 10%（以重量计）、水位能满足泥浆固壁的要求时，也可考虑采用土工膜垂直防渗方案。地下垂直防渗土工膜可采用聚乙烯土工膜、复合土工膜或防水塑料板等。根据工程经验，其最小厚度一般不宜小于 0.25mm，太薄可能产生气孔，且在施工中容易受损，防渗效果不好。重要工程可采用复合土工膜，其厚度不宜小于 0.5mm。

5.4.3.2　排水体与反滤层

闸基设置排水设施的目的是将闸底渗透水流尽快排到下游，以减小渗透压力。因

此，要求排水设施透水性好，并与下游畅通。排水形式通常有以下几种：

（1）平铺式排水。土基上水闸多采用平铺式排水体，即用透水性较强的粗砂、砾石或卵石，平铺在闸底板、护坦等下面，渗流由此与下游连通，降低闸基底上的渗透压力。排水体越向上游布置，消减渗压水头的效果越显著，但渗流坡降大为增加，为防止地基土的渗透变形，应在渗流进入排水体处设置反滤层。

一般平铺式排水在护坦和浆砌石海漫的底部或伸入底板下游齿墙稍前方，平铺粒径为1～2cm的砾石、碎石或卵石等透水材料而成，其厚为0.2～0.3m。排水体一般不作专门设置，而将滤层中颗粒粒径最大的一层厚度加大，构成排水体，如图5.33所示。

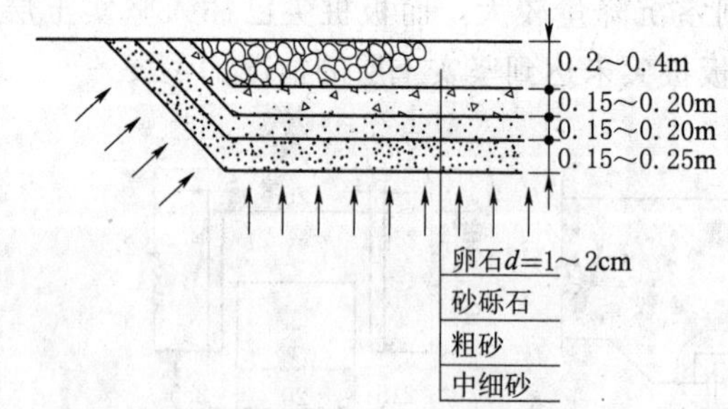

图5.33　反滤层

（2）垂直排水。在地基内有承压水层时，用垂直排水可有效地降低承压水头。垂直排水和土的接触面应设置反滤层，防止产生渗透变形。垂直排水的形式有排水沟和排水井。排水沟的宽度应随透水层的厚度增大而加宽，一般不宜小于2.0m。排水沟内应按滤层要求铺设导渗层，排水沟的深度取决于导渗层需要的厚度。

排水井的井深和井距根据透水层埋藏深度及厚度确定，井管内径不宜小于0.2m。一般采用0.2～0.3m时，减压效果最佳。滤水管的开孔率应满足出水量要求，管外应设滤层。

（3）水平带状排水。岩基上建闸，通常在护坦接缝和垂直排水孔的下面，铺筑沟状排水体，纵横呈网状排列。

5.4.4　侧向绕渗

水闸建成挡水后，除闸基渗流外，渗水还从上游绕过翼墙、岸墙和刺墙等流向下游，称为侧向绕渗，如图5.34所示。侧向绕渗具有自由水面，为无压渗流。绕渗对岸墙、翼墙产生渗水压力，加大了墙底扬压力和墙身的水平水压力，对翼墙、边墩或岸墙的结构强度和稳定产生影响；并有可能引起渗流出口处发生危害性渗透变形，增加渗漏损失。因此，应做好侧向防渗排水设施。

侧向防渗排水布置，应根据墙后地层和地下水位变化及回填土性质等综合考虑，并与闸基防渗排水布置协调，使在空间上形成防渗整体。防渗设备除利用翼墙和岸墙外，还可根据需要，在岸墙或边墩后面靠近上游处增设板桩或刺墙，以增加侧向渗径。刺墙与边墩或岸墙之间需用沉陷缝分开，缝中设止水设备。为避免填土与边墩、翼墙的接触面上产生集中渗流，常需设一些短的刺墙，并使边墩与翼墙的挡土面稍成倾斜，使填土借自重紧压在墙背上。为排除渗水，单向水头的水闸可在下游翼墙和护坡设置排水孔，并在挡土一侧孔口处铺设反滤层，防止发生渗透变形，如图5.35所示。

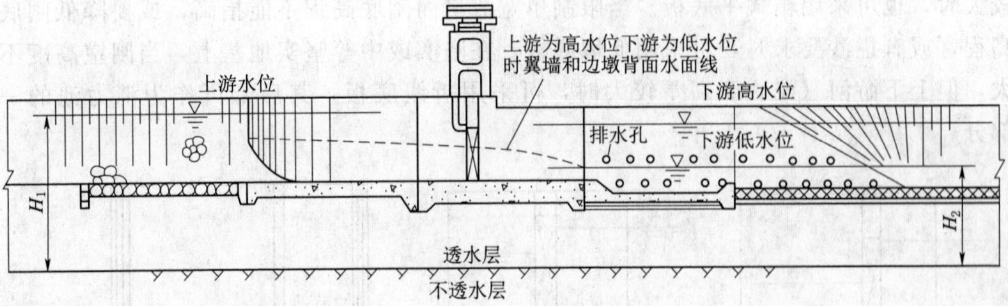

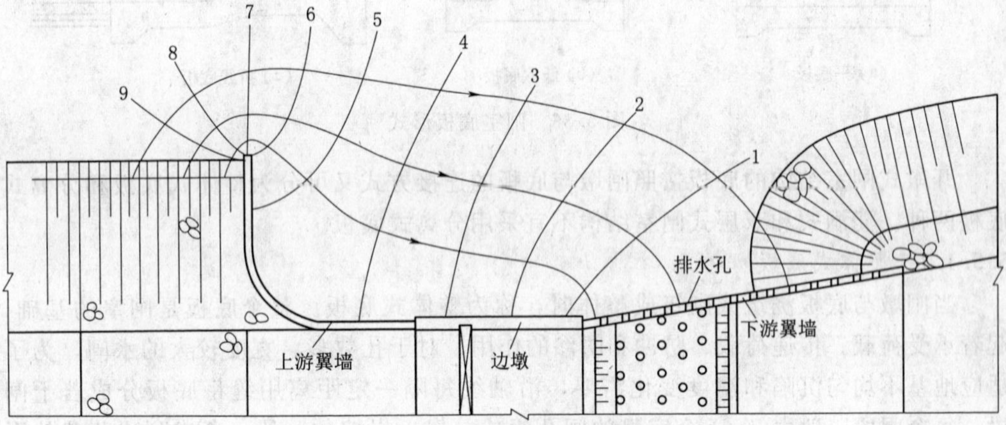

图5.34　侧向防渗排水布置图

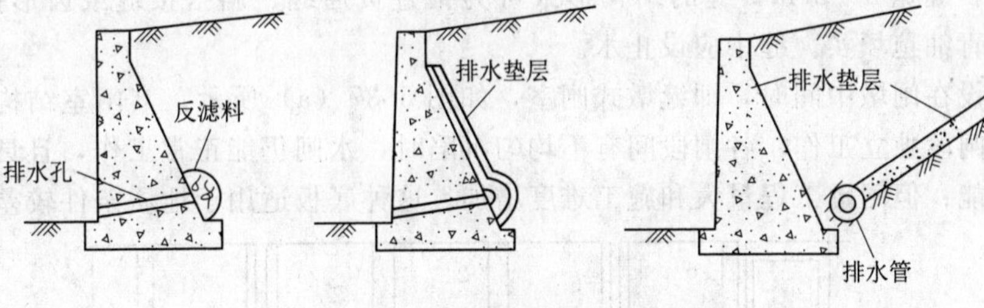

图5.35　下游翼墙后的排水设施

任务5.5　闸室的布置与构造

5.6 闸室的布置与构造

闸室结构布置包括底板、闸墩、边墩、胸墙、闸门、启闭机、工作桥、交通桥等结构布置和尺寸的初步拟定。应根据水闸挡水、泄水条件和运行要求，结合考虑地形、地质等因素，做到结构安全可靠、布置紧凑合理、施工方便、运用灵活及经济美观。

5.5.1　底板

闸室底板形式通常有平底板、低堰底板及折线底板，如图5.36所示。其形式可根据地基、泄流等条件进行选用。一般情况下，宜采用平底板；在松软地基上且荷载较大时，也可采用箱式平底板。当限制单宽流量而闸底高程不能抬高，或要降低闸底高程，或有拦沙要求时，可采用低堰底板。在坚实或中等坚实地基上，当闸室高度不大，但上下游河（渠）底高差较大时，可采用折线底板，其后部可作为消力池的一部分。

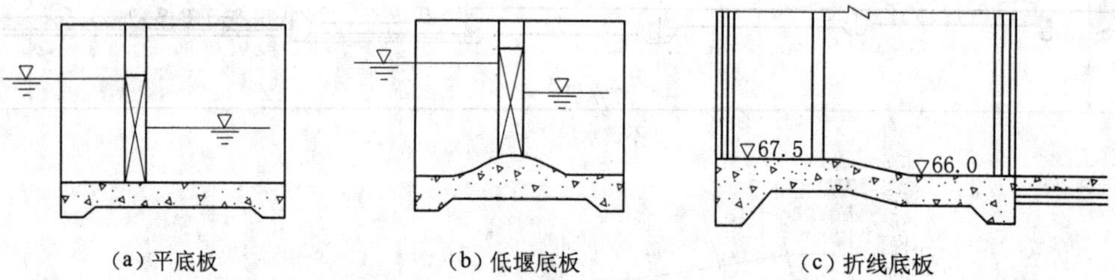

(a) 平底板　(b) 低堰底板　(c) 折线底板

图 5.36　闸室底板形式

开敞式闸室结构的底板按照闸墩与底板的连接方式又可分为整体式底板和分离式底板两种。涵洞式和双层式闸室结构不宜采用分离式底板。

5.5.1.1　整体式底板

当闸墩与底板浇筑或砌筑成整体时，称为整体式底板。整个底板是闸室的基础，起着承受荷载、传递荷载、防冲和防渗的作用。对于孔数多、宽度较大的水闸，为了适应地基不均匀沉陷和温度变化需要，沿轴线每隔一定距离用缝将底板分成若干闸段，每个闸段一般由 2～4 个完整的闸孔组成，靠近岸墙的闸段，考虑到边荷载的影响，宜为单孔。缝距一般不宜超过 20m（岩基）或 35m（土基），若超过此值，须作技术论证。缝宽 2～3cm，缝的结构形式可为铅直贯通缝、斜搭接缝或齿形搭接缝，缝内以沥青油毡填实。缝中应设止水。

将缝设在闸墩中间时，即缝墩式闸室，如图 5.37（a）所示。其闸室结构整体性好，缝间闸段独立工作，各闸段间有不均匀沉陷时，水闸仍能正常工作，且具有较好的抗震性能；但闸墩工程量大和施工难度增加。这种底板适用于地质条件较差的地基

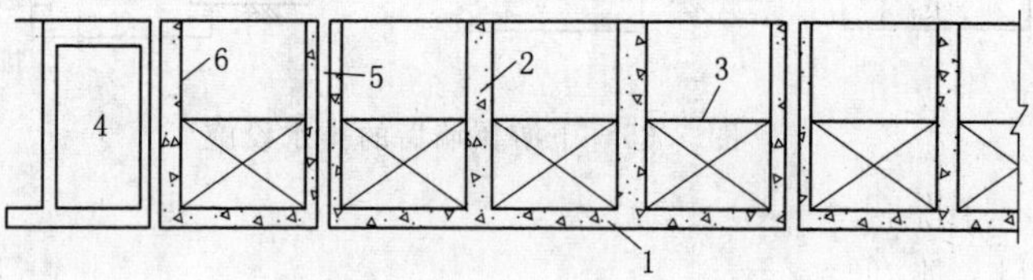

(a) 缝设在闸墩中间

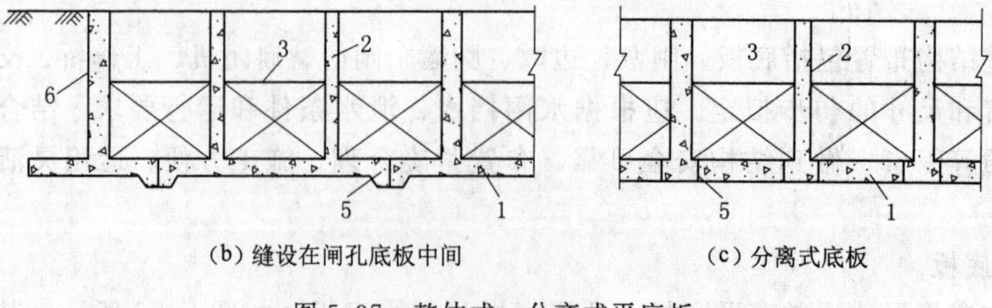

(b) 缝设在闸孔底板中间　(c) 分离式底板

图 5.37　整体式、分离式平底板

1—底板；2—闸墩；3—闸门；4—空箱式岸墙；5—温度沉陷缝；6—边墩

或地震区。

对于地质条件较好的地基，也可将缝设在闸孔中间的底板上，如图5.37（b）所示。可隔孔设缝，甚至每孔都设缝。缝中除设水平止水外，还应在闸门位置布置短的垂直止水。这种整体式底板属双悬臂式结构，与上述形式比较，它可缩短工期，减小了闸的总宽度和底板的跨中弯矩，但必须确保闸门启闭安全可靠。

5.5.1.2　分离式底板

在闸墩附近设缝，将闸室底板与闸墩断开的，称为分离式底板，如图5.37（c）所示，缝中设止水。闸孔部分的底板又称小底板，另一部分是闸墩的底板，其闸室上部结构的重量将直接由闸墩或连同部分底板传给地基。闸孔部分底板仅起防冲、防渗和稳定的作用，其厚度根据自身稳定的需要确定。分离式底板的优点是结构受力明确，设计计算简单，工程量小；缺点是底板接缝较多，闸室结构的整体性较差，给止水防渗和浇筑分块带来不利和麻烦，且不均匀沉陷将影响闸门启闭，故对地基要求较高。这种底板适用于地质条件较好、承载能力较大的地基。

5.5.1.3　底板尺寸及要求

底板顺水方向的长度，根据闸室稳定和地基应力分布较均匀的条件以及上部结构的布置需要而定。水头越大，地质条件越差，底板就越长。初拟时，可根据已建工程的经验数据选取。当地基为碎石土和砾（卵）石时，底板长度取（1.5～2.5）ΔH（ΔH 为水闸上、下游最大水位差）；砂土和砂壤土取（2.0～3.5）ΔH；粉质壤土和壤土取（2.0～4.0）ΔH；黏土取（2.5～4.5）ΔH。由工程实践可知，大型水闸闸室底板顺水流方向长度一般受闸室上部结构布置要求控制，多数为15～20m。如果为了增加闸基防渗长度而增加闸室底板长度，往往是不经济的。

底板厚度必须满足强度和刚度的要求，通常采用等厚度的，也可采用变厚度的（后者在坚实地基情况下有利于改善底板的受力条件）。应根据闸室地基条件、作用荷载及闸孔净宽等因素计算确定，同时满足构造要求。大中型水闸平底板厚度可取为闸孔净宽的1/8～1/6，一般为1.0～2.0m，最小厚度不宜小于0.7m；小型水闸不宜小于0.3m。

闸室底板还应具有足够的整体性、坚固性、抗渗性和耐久性，通常采用钢筋混凝土结构，小型水闸底板也可采用混凝土浇筑。常用的强度等级为C15、C20。

5.5.2　闸墩和胸墙

5.5.2.1　闸墩

闸墩的结构形式应根据闸室结构抗滑稳定性和闸墩纵向刚度要求确定，一般宜采用实体式。闸墩的外形轮廓设计应满足过闸水流平顺、侧向收缩小、过流能力大的要求。上游墩头可采用半圆形，以减小水流的进口损失；下游墩头宜采用流线型，以利于水流的扩散。

闸墩上游部分的顶面高程，应高出最高水位并有一定的超高，应满足挡水和泄水两种运用情况的要求。挡水时，闸顶高程不应低于水闸正常蓄水位（或最高挡水位）加波浪计算高度与相应安全超高值之和；泄水时，不应低于设计洪水位（或校核洪水位）与相应安全超高值之和。水闸安全超高下限值可根据表5.8查得。确定闸顶高程时，还应考虑闸室沉降、闸前河渠淤积、潮水位壅高等影响以及在防洪大堤上的水闸闸顶高程应不低于两侧堤顶高程。下游部分的闸顶高程可根据需要适当降低，但应保证下游的交通桥底部高出泄洪水位 0.50m 以上及桥面能与闸室两岸道路衔接。

闸墩长度取决于上部结构布置和闸门的形式，一般与底板同长或稍短些。闸墩上下游面常为铅直面；如上部结构布置后有富余，两端可做成 5∶1～10∶1 的竖坡。如果上部结构布置不下，顶部可做成向外挑出的牛腿。一般弧形闸门的闸墩长度比平面闸门的闸墩长。

闸墩厚度必须满足稳定和强度要求，根据闸孔孔径、受力条件、结构构造要求、闸门形式和施工方法等确定。弧形闸门的闸墩，因为没有门槽，可采用较小的厚度。平面闸门的闸墩厚度，受门槽深度的控制，闸墩门槽处最小厚度不宜小于 0.4m。

平面闸门的门槽尺寸应根据闸门的尺寸确定，门槽宽深比一般取 1.6～1.8。检修闸门门槽与工作闸门门槽之间应留有不小于 1.5m 的净距，以便于工作人员检修。弧形闸门的闸墩不需设置主门槽，或仅设置很浅的门槽，以供布置止水滑道。有的工程需在闸墩上下游均设置检修门槽。

表 5.8　水闸安全超高下限值　　单位：m

运用情况		水闸级别			
		1级	2级	3级	4级、5级
挡水时	正常蓄水位	0.7	0.5	0.4	0.3
	最高挡水位	0.5	0.4	0.3	0.2
泄水时	设计洪水位	1.5	1.0	0.7	0.5
	校核洪水位	1.0	0.7	0.5	0.4

5.5.2.2　胸墙

胸墙多为板式或梁板式钢筋混凝土结构。当孔径小于或等于 6.0m 时可采用板式，墙板也可做成上薄下厚的楔形板，如图 5.38（a）所示。其顶部厚度一般不小于 0.2m。当孔径大于 6.0m 时，宜采用梁板式，它由墙板、顶梁和底梁组成，如图 5.38（b）所示，其板厚一般不小于 0.12m；顶梁梁高一般为胸墙跨度的 1/15～1/12，梁宽常取 0.4～0.8m；底梁由于与闸门顶接触，要求有较大的刚度，梁高为胸墙跨度的 1/9～1/8，梁宽为 0.6～1.2m。当胸墙高度大于 5.0m，且跨度较大时，可增设中梁及竖梁构成肋形结构，如图 5.38（c）所示。各结构尺寸应根据受力条件和边界支撑情况计算确定。

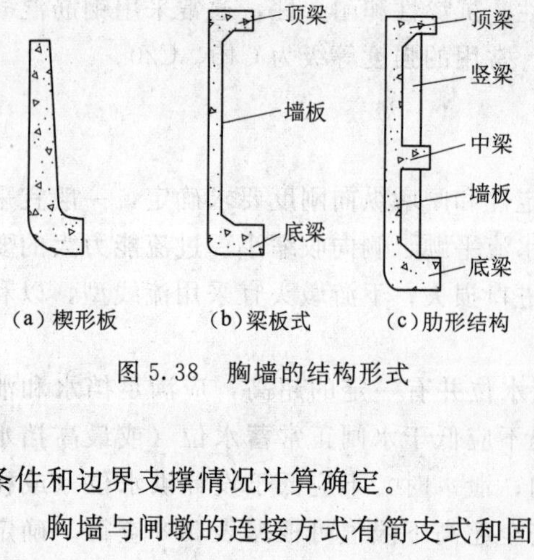

图 5.38　胸墙的结构形式

胸墙与闸墩的连接方式有简支式和固接式两种，如图 5.39 所示。

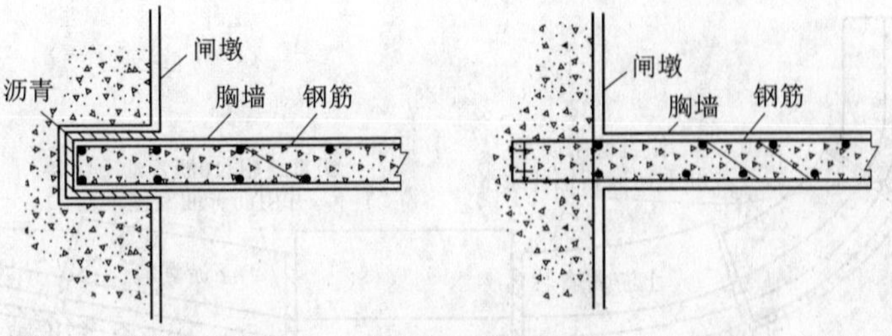

图 5.39　胸墙的支承形式

胸墙相对于闸门的位置取决于闸门的形式。采用弧形闸门时，胸墙设在闸门上游侧；若采用平面闸门，胸墙可设在闸门上游侧，也可设在闸门下游侧。一般情况下，大中型水闸的胸墙可设在闸门前，因门顶上无水重，可减小启门力；小型水闸的胸墙设在闸门的下游侧，除便于止水外，还可利用门顶上水重增加闸室的稳定。

5.5.3　工作桥与交通桥

为了安装启闭设备和便于工作人员操作的需要，通常在闸墩上设置工作桥。桥的位置由启闭设备、闸门类型及布置和启闭方式而定。工作桥的高程与闸门和启闭设备的形式、闸门高度有关，桥的高度必须保证闸门开启后不影响泄放最大流量，同时要有利于将闸门从孔中取出检修。对于平面直升门，若采用固定启闭设备，桥的高度（即横梁底部高程与底板高程的差值）约为门高的两倍加上 1.0～1.5m 的超高；若采用活动式启闭设备，则桥高可以低些，但也应大于 1.7 倍的闸门高度。对于弧形闸门及升卧式平面闸门，工作桥高度可以降低很多，具体应视工作桥的位置及闸门吊点位置等条件而定。工作桥的宽度，小型水闸为 2.0～2.5m，大中型水闸为 2.5～4.5m。

建闸后，为便于行人或车马通行，通常也在闸墩上设置交通桥。交通桥的位置应根据闸室稳定及两岸交通连接的需要而定，一般布置在闸墩的下游侧。

工作桥、交通桥可采用板式、梁板式或板拱式，其与闸墩的连接形式应与底板分缝位置及胸墙支承形式统一考虑。有条件时，可采用预制构件，现场吊装。

工作桥、交通桥的梁（板）底高程均应高出最高洪水位 0.5m 以上；如果有流冰，则应高出流冰面 0.2m。

5.5.4　分缝与止水

5.5.4.1　分缝方式与布置

水闸除按整体式底板或分离式底板的分缝原则分缝外，凡相邻结构荷重相差悬殊或结构较长、面积较大的部位都要设缝分开，例如铺盖与底板，消力池与底板及消力池与翼墙等连接处都要分别设缝。此外，混凝土铺盖、翼墙及消力池本身也应设缝分段分块。以适应地基的不均匀沉陷，如图 5.40 所示。

5.5.4.2　止水设备

凡是具有防渗要求的缝中都应设置止水设备。对止水设备的要求是：①防渗可靠；②具有适应混凝土收缩变形及地基不均匀沉降的性能；③应结构简单，施工维修

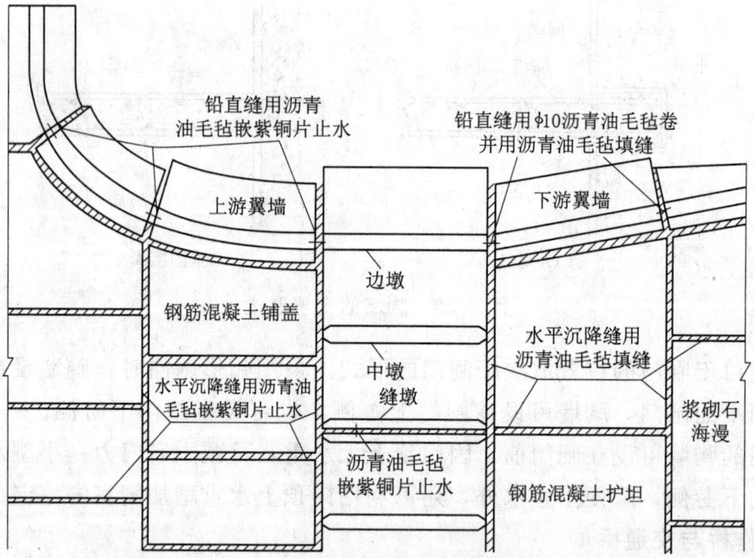

图 5.40 水闸的分缝与止水布置

方便。

按照止水的位置不同可分为水平止水和垂直止水两种。水平止水设在铺盖、消力池与底板和翼墙、底板与闸墩间，以及混凝土铺盖及消力池本身的缝内，常用的水平止水构造和形式如图 5.41 所示。水平止水多布置在距上面 0.1～0.3m 处，水平止水一般只设一道，重要的大型水闸应设两道。所有水平止水应布置在同一高程上，不可能时，可以缓坡相接，切忌陡弯。垂直止水设在闸墩中间、边墩与翼墙间及上游翼墙内，如图 5.42 所示。垂直止水应在距临水面 0.2～0.5m 处布置。缝墩内的止水宜靠近闸门并略偏上游。重要的水闸在垂直止水之后还要设检查井，以检查止水和缝的工作情况。

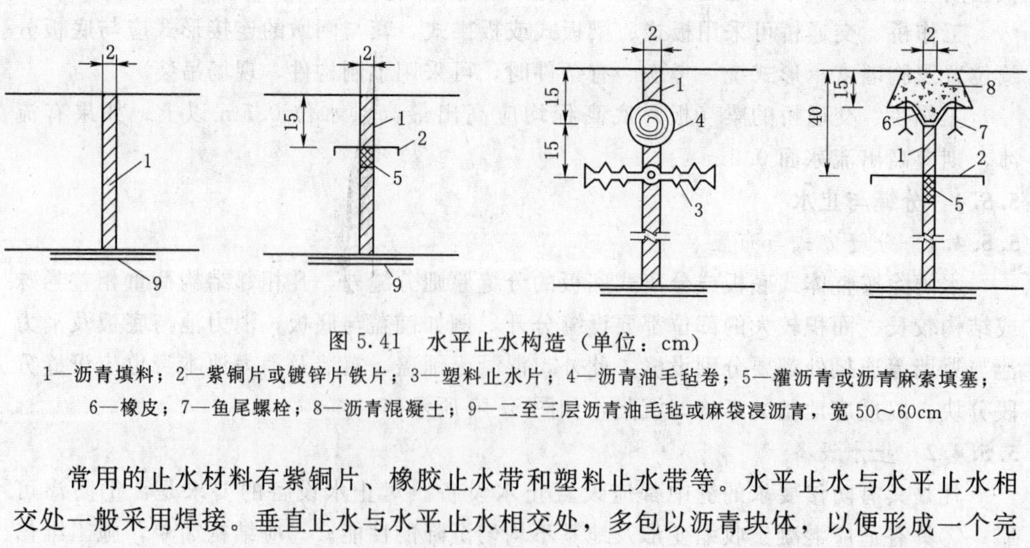

图 5.41 水平止水构造（单位：cm）

1—沥青填料；2—紫铜片或镀锌片铁片；3—塑料止水片；4—沥青油毛毡卷；5—灌沥青或沥青麻索填塞；6—橡皮；7—鱼尾螺栓；8—沥青混凝土；9—二至三层沥青油毛毡或麻袋浸沥青，宽 50～60cm

常用的止水材料有紫铜片、橡胶止水带和塑料止水带等。水平止水与水平止水相交处一般采用焊接。垂直止水与水平止水相交处，多包以沥青块体，以便形成一个完整的、密封的止水体系。位于非防渗范围内的缝，可铺贴沥青油毡止水片。

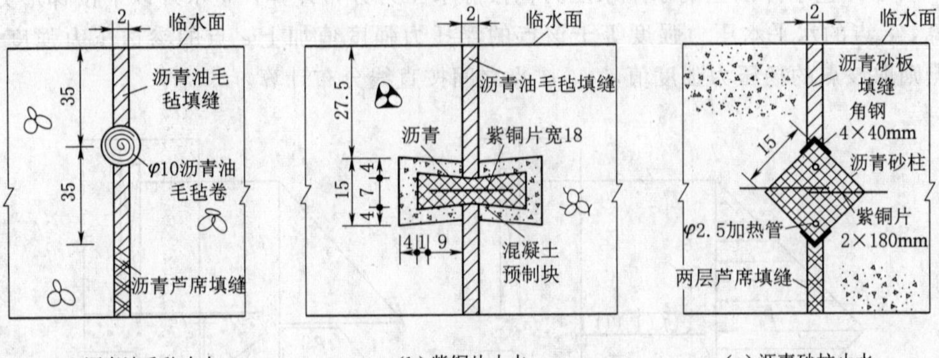

(a) 沥青油毛毡止水　　(b) 紫铜片止水　　(c) 沥青砂柱止水

图 5.42　垂直止水构造（单位：cm）

任务 5.6　闸室稳定计算及地基处理

水闸在自重、水重等外力作用下，对地基也会有较大的压力，使地基产生沉降。过大的沉降，特别是不均匀沉降，将导致闸室倾斜甚至断裂，影响水闸正常运行。当地基承受的荷载过大，超过其容许承载力时，会使地基发生整体破坏。水闸在运用期间，受水平推力的作用，有可能沿地基面或深层产生滑动。因此，必须分别计算水闸在各种工作情况下的稳定性。

对于孔数少又未分缝的小型水闸，可取整个闸室（包括边墩）作为计算单元；对于孔数较多设有沉降缝的水闸，闸室稳定计算宜取两相邻顺水流向永久缝之间的闸段作为计算单元计算。

5.7
闸室的稳定分析

5.6.1　荷载及其组合

5.6.1.1　水闸的荷载计算

作用在水闸上的荷载主要有自重、水重、水平水压力、扬压力、浪压力、土压力、淤沙压力等。

(1) 自重（包括其上部填料和永久设备的重量）。水闸结构及其上部填料应按其几何尺寸及材料重度计算确定，闸门、启闭机及其他永久设备应尽量采用实际重量。

(2) 水重。水重指闸室范围内作用在底板顶面上的水体重量。应按其实际体积及水的重度计算确定。多泥沙河流上的水闸，还应考虑含沙量对水的重度的影响。

(3) 水平水压力。水平水压力指作用在胸墙、闸门及闸墩上的水平水压力。上下游的水平水压力数值不同，方向相反。

作用在铺盖与底板连接处的水平水压力因铺盖所用材料不同而略有差异。对于黏土铺盖，如图 5.43 (a) 所示，a 点处压强按静水压强计算，b 点处则取该点的扬压力强度值，两点之间，按直线分布进行计算。混凝土或钢筋混凝土铺盖，如图5.43(b)所示，止水片以上的水平水压力仍按静水压力分布计算，止水片以下按梯形分布计算，*c*点的水平水压力强度等于该点的浮托力强度值加上*e*点的渗透压力强度值，*d*点则取该点的扬压力强度值，*c*、*d*点之间按直线分布计算。

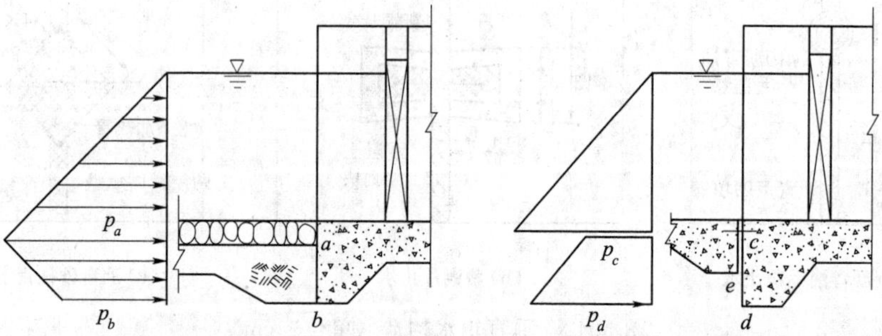

(a) 黏土铺盖　　(b) 混凝土或钢筋混凝土铺盖

图5.43　作用在铺盖与底板连接处的水平水压力计算图

(4) 扬压力。指作用在底板底面的渗透压力与浮托力之和，计算方法参见防渗设计一节。

(5) 浪压力。波长、波高和波浪中心线高出静水位高度等波浪要素的计算，《水闸设计规范》(SL 265—2016)要求按莆田试验站公式进行计算；根据风区范围内平均水深、波浪破碎的临界水深及半波长之间的关系，判别属深水波、浅水波或破碎波，分别用相应公式进行浪压力计算。

(6) 土压力。应根据填土性质、挡土高度、填土内的地下水位、填土顶面坡角及超载等计算确定。对于向外侧移动或转动的挡土结构，可按主动土压力计算；对于保持静止不动的挡土结构，可按静止土压力计算。

(7) 淤沙压力。应根据水闸上下游可能淤积的泥沙厚度及泥沙重度计算确定。

作用在水闸上的地震荷载、冰压力、土的冻胀力及其他荷载的计算可具体见《水闸设计规范》(SL 265—2016)。施工中各个阶段的临时荷载应根据工程实际情况确定。

5.6.1.2 荷载组合

设计水闸时，应将可能同时作用的各种荷载进行组合。荷载组合分为基本组合与特殊组合两类。基本组合由基本荷载组成；特殊组合由基本荷载和一种或几种特殊荷载组成，但地震荷载只应与正常蓄水位情况下的相应荷载组合。每种组合中所包含的计算情况及每种情况中所涉及的荷载见表5.9。计算闸室稳定和应力时的荷载组合可按表5.9采用。必要时也可考虑其他可能不利组合。

5.6.2 闸室抗滑稳定计算

5.6.2.1 闸室抗滑稳定计算

闸室稳定计算宜取两相邻顺水流向永久缝之间的闸段作为计算单元。稳定计算时，荷载应按标准值取用。

表 5.9　　荷 载 组 合 表

荷载组合	计算情况	荷载												说明
		自重	水重	静水压力	扬压力	土压力	淤砂压力	风压力	浪压力	冰压力	土的冻胀力	地震荷载	其他	
基本组合	完建情况	√	—	—	—	√	—	—	—	—	—	—	√	必要时，可考虑地下水产生的扬压力
	正常蓄水位情况	√	√	√	√	√	√	√	√	—	—	—	√	按正常蓄水位组合计算水重、静水压力、扬压力及浪压力
	设计洪水位情况	√	√	√	√	√	√	√	√	—	—	—	—	按设计洪水位组合计算水重、静水压力、扬压力及浪压力
	冰冻情况	√	√	√	√	√	√	√	—	√	√	—	√	按正常蓄水位组合计算水重、静水压力、扬压力及冰压力
特殊组合	施工情况	√	—	—	—	√	—	—	—	—	—	—	√	应考虑施工过程中各个阶段的临时荷载
	检修情况	√	—	√	√	√	√	√	√	—	—	—	√	按正常蓄水位组合（必要时可按设计洪水位组合或冬季低水位条件）计算静水压力、扬压力及浪压力
	校核洪水位情况	√	√	√	√	√	√	√	√	—	—	—	—	按校核洪水位组合计算水重、静水压力、扬压力及浪压力
	地震情况	√	√	√	√	√	√	√	√	—	—	√	—	按正常蓄水位组合计算水重、静水压力、扬压力及浪压力

注　表中“√”为需要考虑的荷载，“—”为不需要考虑的荷载。

1. 基本公式

土基上沿闸室基底面的抗滑稳定安全系数，应按式（5.42）或式（5.43）计算。土基上的水闸，一般情况下闸基面的法向应力较小，只验算沿地基面的抗滑稳定性。当地基面的法向应力较大时，还需要核算深层抗滑稳定性。

$$K_C=\frac{f\sum G}{\sum H} \tag{5.42}$$

$$K_C=\frac{\tan\varphi_0\sum G+C_0A}{\sum H} \tag{5.43}$$

式中　K_C——沿闸室基底面的抗滑稳定安全系数；

f——闸室基底面与地基之间的摩擦系数，可按表5.10采用；

$\sum H$——作用在闸室上的全部水平向荷载，kN；

φ_0——闸室基础底面与土质地基之间的摩擦角，（°），可按表5.11采用；

C_0——闸室基底面与土质地基之间的黏结力，kPa，可按表5.11采用。

其中式（5.42）计算简便，在水闸设计中，特别是在初步设计阶段采用较多。式（5.43）是根据现场混凝土板的抗滑试验资料进行分析研究后得出，既考虑了混凝土板底面与地基土之间的摩阻力，也考虑了两者之间的黏聚力对闸室抗滑稳定性的影响，所以其计算结果能够较真实地反映黏性土地基上水闸的实际情况。对于黏性土地基上的大型水闸，沿闸室基底面的抗滑稳定安全系数宜按公式（5.43）计算。

对于土基上采用钻孔灌注桩基础的水闸，若验算沿闸室底板底面的抗滑稳定性，应计入桩体材料的抗剪断能力。

表 5.10　　f 值

地基类别		f
黏土	软弱	0.20～0.25
	中等坚硬	0.25～0.35
	坚硬	0.35～0.45
壤土、粉质壤土		0.25～0.40
砂壤土、粉砂土		0.35～0.40
细砂、极细砂		0.40～0.45
中砂，粗砂		0.45～0.50
砂砾石		0.40～0.50
砾石、卵石		0.50～0.55
碎石土		0.40～0.50
软质岩石	极软	0.40～0.45
	软	0.45～0.55
	较软	0.55～0.60
硬质岩石	较坚硬	0.60～0.65
	坚硬	0.65～0.70

表 5.11　　ϕ_0、C_0 值（土质地基）

土质地基类别	ϕ_0/(°)	C_0/kPa
黏性土	0.9ϕ	$(0.2\sim0.3)C$
砂性土	$(0.85\sim0.9)\phi$	0

注　表中 ϕ 为室内饱和固结快剪（黏性土）或饱和快剪（砂性土）试验测得的内摩擦角（°）；C 为室内饱和固结快剪试验测得的黏结力（kPa）。

岩基上沿闸室基底面的抗滑稳定安全系数，应按式（5.42）或式（5.44）计算：

$$K_C=\frac{f'\sum G+C'A}{\sum H} \tag{5.44}$$

式中　f'——闸室基底面与岩石地基之间的抗剪断摩擦系数，可按表5.12采用；

C'——闸室基底面与岩石地基之间的抗剪断黏结力，kPa，可按表5.12采用。

当闸室承受双向水平向荷载作用时，应验算其合力方向的抗滑稳定性，其抗滑稳定安全系数应按土基或岩基分别不小于表5.13或表5.14规定的允许值。

表5.12　f'、C'值（岩石地基）

岩石地基类别		f'	C'/MPa
硬质岩石	坚硬	1.5～1.3	1.5～1.3
	较坚硬	1.3～1.1	1.3～1.1
软质岩石	较软	1.1～0.9	1.1～0.7
	软	0.9～0.7	0.7～0.3
	极软	0.7～0.4	0.3～0.05

注　如岩石地基内存在结构面、软弱层（带）或断层的情况，f'、C'值应按现行的《水力发电工程地质勘察规范》（GB 50287—2016）的规定选用。

2. 闸室基底面抗滑稳定安全系数容许值

沿闸室基底面抗滑稳定安全系数的计算值应不小于《水闸设计规范》（SL 265—2016）规定的允许值，否则要采取抗滑措施进行处理，以提高闸室抗滑稳定性。

土基上沿闸室基底面抗滑稳定安全系数的允许值，见表5.13。

表5.13　土基上沿闸室基底面抗滑稳定安全系数的允许值

荷载组合		水闸级别			
		1	2	3	4、5
基本组合		1.35	1.30	1.25	1.20
特殊组合	Ⅰ	1.20	1.15	1.10	1.05
	Ⅱ	1.10	1.05	1.05	1.00

注　1. 特殊组合Ⅰ适用于施工情况，检修情况及校核洪水位情况。
2. 特殊组合Ⅱ适用于地震情况。

岩基上沿闸室基底面抗滑稳定安全系数的允许值，见表5.14。

表5.14　岩基上沿闸室基底面抗滑稳定安全系数的允许值

荷载组合		按式（5.42）计算时			按式（5.43）计算时
		水闸级别			
		1	2，3	4，5	
基本组合		1.10	1.08	1.05	3.00
特殊组合	Ⅰ	1.05	1.03	1.00	2.50
	Ⅱ		1.00		2.30

注　1. 特殊组合Ⅰ适用于施工情况，检修情况及校核洪水位情况。
2. 特殊组合Ⅱ适用于地震情况。

5.6.2.2　提高抗滑稳定性的措施

当沿闸室基底面抗滑稳定安全系数的计算值小于允许值时，可在原有结构布置的基础上，结合工程的具体情况，采用下列一种或几种抗滑措施：

①将闸门位置移向低水位一侧，或将水闸底板向高水位一侧加长；②适当增大闸室结构尺寸；③增加闸室底板的齿墙深度；④增加铺盖长度或帷幕灌浆深度，或在不影响防渗安全的条件下将排水设施向水闸底板靠近；⑤利用钢筋混凝土铺盖作为阻滑板，但闸室自身的抗滑稳定安全系数不应小于1.0（计算由阻滑板增加的抗滑力时，阻滑板效果的折减系数可采用0.80），阻滑板应满足抗裂要求；⑥增设钢筋混凝土抗滑桩或预应力锚固结构。

利用上游钢筋混凝土铺盖作阻滑板时，阻滑板只能作为补充安全措施，闸室本身的抗滑稳定安全系数不应小于1.0。阻滑板与闸底板之间在接缝处应配置连接钢筋，其面积按阻滑板承受的最大抗滑力确定，交叉布置，以起到铰接作用。阻滑板应满足抗裂要求。

阻滑板所增加的抗滑力可由下式计算：

$$S=0.8f(G_1+G_2-V) \tag{5.45}$$

式中　G_1、G_2——阻滑板上的水重和自重，kN；

V——阻滑板下的扬压力，kN；

f——阻滑板与地基间的摩擦系数。

5.6.3　基底应力计算

闸室稳定包括两个方面：一方面是要求闸室具有一定的抗滑稳定性；另一方面是指在各种情况下闸室地基不致发生剪切破坏而失去稳定，导致水闸发生倾覆或过大的沉降差引起局部断裂。也就是闸室基底压力要满足地基承载能力方面的要求。计算单元的取法同闸室抗滑稳定计算。

5.6.3.1　计算公式

闸室基底应力应根据结构布置及受力情况，分别按下列规定进行计算：

(1) 当结构布置及受力情况对称时，考虑到闸墩和底板在顺水流方向的刚度很大，闸室基底应力可近似地认为呈直线分布，采用偏心受压公式计算：

$$P_{\min}^{\max}=\frac{\sum G}{A}\pm\frac{\sum M}{W} \tag{5.46}$$

式中　$P_{\min}^{\max}$——闸室基底应力的最大值或最小值，kPa；

$\sum G$——作用在闸室上的全部竖向荷载（包括闸室基础底面上的扬压力在内），kN；

$\sum M$——作用在闸室上的全部竖向和水平向荷载对于基础底面垂直水流方向的形心轴的力矩，kN·m；

A——闸室基底面的面积，m^2；

W——闸室基底面对于该底面垂直水流方向的形心轴的截面矩，m^3。

(2) 当结构布置及受力情况不对称时，如多孔水闸的边闸孔或左右不对称的单闸孔应按双向偏心受压公式计算闸室基底应力：

$$P_{\min}^{\max}=\frac{\sum G}{A}\pm\frac{\sum M_x}{W_x}\pm\frac{\sum M_y}{W_y} \tag{5.47}$$

式中 $\sum M_x$、$\sum M_y$——作用在闸室上的全部竖向和水平向荷载对于基础底面形心轴 x、y 的力矩，kN·m；

W_x、W_y——闸室基底面对于该底面形心轴 x，y 的截面矩，m^3。

5.6.3.2 安全指标

闸室基底应力在各种计算情况下应满足以下要求，土基上闸室的平均基底应力不大于地基允许承载力，最大基底应力不大于地基允许承载力的1.2倍；闸室基底应力的最大值与最小值之比 η 不大于《水闸设计规范》（SL 265—2016）规定的容许值，见表5.15。岩基上，闸室最大基底应力不大于地基允许承载力；非地震情况下，闸室基底不出现拉应力；在地震情况下，闸室基底拉应力不大于100kPa。

表5.15 **土基上闸室基底应力最大值与最小值之比的允许值**

地基土质	荷载组合		地基土质	荷载组合	
	基本组合	特殊组合		基本组合	特殊组合
松软	1.50	2.00	坚实	2.50	3.00
中等坚实	2.00	2.50			

注 1. 对于特别重要的大型水闸，其闸室基底应力最大值与最小值之比的允许值可按表列数值适当减小。
2. 对于地震区的水闸，闸室基底应力最大值与最小值之比的允许值可按表列数值适当增大。
3. 对于地基特别坚实或可压缩土层甚薄的水闸，可不受本表的规定限制，但要求闸室基底不出现拉应力。

岩石地基的允许承载力可根据岩石类别及其风化程度按表5.16确定。

表5.16 **岩石地基允许承载力** 单位：kPa

岩石类别	风化程度				
	未风化	微风化	弱风化	强风化	全风化
硬质岩石	≥4000	4000～3000	3000～1000	1000～500	＜500
软质岩石	≥2000	2000～1000	1000～500	500～200	＜200

注 1. 岩石风化程度的鉴别见《水闸设计规范》（SL 265—2016）附录F。
2. 强风化岩石改变埋藏条件后，如强度降低，宜按降低程度选用较低值。

碎石土地基的允许承载力可根据碎石土的密实度按表5.17确定。

表5.17 **碎石土地基允许承载力** 单位：kPa

颗粒骨架	密实度		
	密实	中密	稍密
卵石	800～1000	800～500	500～300
碎石	900～700	700～400	400～250
圆砾	700～500	500～300	300～200
角砾	600～400	400～250	250～150

注 1. 碎石土密实度的鉴别见《水闸设计规范》（SL 265—2016）附录F。
2. 表中数值适用于骨架颗粒孔隙全部由中砂、粗砂或坚硬的粘性土所充填的情况。
3. 当粗颗粒为弱风化或强风化时，可按其风化程度适当降低允许承载力；当颗粒间呈半胶结状时，可适当提高允许承载力。

对于土质地基，地基允许承载力的计算方法详见《水闸设计规范》（SL 265—2016）附录H。

5.6.4 闸基沉降及减少沉降的措施

在土质地基上建闸，当其承受荷载后，由于地基土的压缩性大，将产生沉降及不均匀沉降。沉降过大，会使闸顶高程降低，达不到设计要求；不均匀沉降过大时，会使底板倾斜，甚至断裂及止水破坏，严重地影响水闸正常工作。因此水闸应计算闸基的沉降，以便分析和了解地基的变形情况，作出合理的设计方案。

计算地基沉降时，应根据水闸各部分结构的特点和地质情况等选择有代表性的点作为计算点。如在闸室中心底板和与岸墙相邻的底板上，选择有代表性的断面2～3个，每个断面选3～5个计算点（至少选3个计算点，包括两端点和中心点）。若基底压力分布较均匀，计算点一般选在底板中央；若基底压力分布不均匀，地质情况较复杂或受边荷载影响较大的边闸孔（段），沉降点应选在底板四角，以便比较底板本身或相邻底板之间的沉降差。计算点确定后，用分层总和法计算其最终沉降量。

土质地基允许最大沉降量和最大沉降差，应以保证水闸安全和正常使用为原则，根据具体情况研究确定。天然土质地基上水闸地基最大沉降量不宜超过15cm，相邻部位的最大沉降差不宜超过5cm。

对于软土地基上的水闸，当计算地基最大沉降量或相邻部位的最大沉降差超过规定的允许值时，宜采用下列一种或几种措施：①变更结构形式（采用轻型结构或静定结构等）或加强结构刚度；②采用沉降缝隔开；③改变基础形式或刚度；④调整基础尺寸与埋置深度；⑤必要时对地基进行人工加固；⑥安排合适的施工程序，严格控制施工速率。

5.15 水闸的地基处理之换土垫层

5.16 水闸的地基处理之桩基础

5.17 水闸的地基处理之沉井

5.6.5 地基处理

水闸应尽可能利用天然地基。当天然地基不满足要求时，就要根据工程具体情况进行地基处理，以提高地基的承载能力和稳定性；减小或消除地基的有害沉陷，防止地基渗透变形。岩基的处理方法一般根据具体情况，通常有风化带及软弱夹层的清除、固结灌浆、混凝土回填、灌浆帷幕等。

土基常用的处理方法见表5.18，可根据水闸地基情况，结构特点和施工条件等，采用一种或多种处理方法。

对于地基中的液化土层，可采用挖除原松软土层置换为承载力比较高的土，即换土垫层法，强力夯实，振冲砂桩或碎石桩法，桩基础、板桩（连续墙）围封或沉井基础等常用处理方法。当采用板桩（连续墙）围封或沉井基础处理时，桩（墙、井壁）体必须嵌入非液化土层。

表5.18 土基常用处理方法

处理方法	基本作用	适用范围	说明
换土垫层法	改善地基应力分布，减少沉降量，适当提高地基稳定性和抗渗稳定性	厚度不大的软土地基	用于深厚的软土地基时，仍有较大的沉降量
强力夯实法	增加地基承载力，减少沉降量，提高抗振动液化的能力	透水性较好的松软地基，尤其适用于稍密的碎石土或松砂地基	用于淤泥或淤泥质土地基时，需采取有效的排水措施

续表

处理方法	基本作用	适用范围	说明
振冲砂桩或碎石桩法	增加地基承载力，减少沉降量，提高抗振动液化的能力	松砂、软弱的砂壤土或砂卵石地基	1. 处理后地基的均匀性和防止渗透变形的条件较差。 2. 用于不排水抗剪强度小于20kPa的软土地基时，处理效果不显著
桩基础	增加地基承载力，减少沉降量，提高抗滑稳定性	较深厚的松软地基，尤其适用于上部为松软土层、下部为硬土层的地基	1. 桩尖未嵌入硬土层的摩擦桩，仍有一定的沉降量。 2. 用于松砂、砂壤土地基时，应注意渗透变形问题
沉井基础	除与桩基础作用相同外，对防止地基渗透变形有利	适用于上部为软土层或粉细砂层、下部为硬土层或岩层的地基	不宜用于上部夹有蛮石、树根等杂物的松软地基或下部为顶面倾斜度较大的岩基

注 深层搅拌法、高压喷射法等其他处理方法，经论证后也可采用。

随着科学技术的发展，逐渐出现的一些新的地基处理方法，如深层搅拌法、高压喷射法、硅化法、电渗法等，虽然设计或施工技术还不成熟、造价高，没有在实际工程中全面推广使用，但在一定条件下，经过论证也可采用。

任务5.7 闸室结构计算

水闸闸室各组成部分的结构形式和尺寸，在闸室布置时已经初步确定，但在自重及其他荷载作用下是否安全合理，应通过结构计算来验证，以便最后确定各构件的形式、尺寸及构造。由于闸室为空间结构，受力情况比较复杂，一般将其分为几个部分（如底板、闸墩、胸墙、工作桥、交通桥等）单独分析，并考虑它们之间的相互作用。这里主要介绍闸墩和底板。

5.7.1 底板

闸室底板是整个闸室结构的基础，是全面（部）支承在地基上的一块受力条件复杂的弹性基础板。其应力分布状况属空间结构问题，在实际工程中，为计算简便，近似地将其简化成平面问题，采用“截板成梁”的方法进行计算。即沿垂直水流方向截取单位宽度的板条作为（按）梁来进行计算。由于闸门前后水重相差悬殊，底板所受荷载不同，常以闸门为界，分别在闸门上下游段的中间处截取单宽板条及墩条。

水闸闸室底板的应力分析（与计算）按照不同的地基情况可以采用不同的计算方法。对于相对密度小于或等于0.50的砂土地基，可采用反力直线分布法；黏性土地基或相对密度大于0.50的砂土地基，可采用弹性地基梁法。对小型水闸，常采用倒置梁法计算。岩基上水闸闸室底板的应力分析可按基床系数法计算。

5.7.1.1 倒置梁法

该法假定地基反力在顺水流方向直线分布，在垂直水流方向均匀分布，如图5.44（a）、（b）所示。计算时，先用偏心受压公式求出顺水流方向的地基反力（与基底压力大小相等，方向相反），然后在闸门上游和下游的底板上各取单宽板条，作为

倒置在闸墩和边墩上的梁来计算，梁上的计算荷载 q 为

$$q=\text{地基反力}+\text{扬压力}-\text{板自重}-\text{板上水重}$$

最后按图 5.44（c）所示计算图，用结构力学方法计算连续梁的内力，再进行配筋计算。

倒置梁法计算简便，但由于没有考虑底板与地基的变形协调条件，假定垂直水流向的地基反力均匀分布与实际不符，因此内力计算成果与实际出入较大，求出的支座反力与实际的垂直荷载也不相等。故该法只在小型水闸设计中采用。

5.7.1.2　弹性地基梁法

该法认为底板和地基都是弹性体，由于两者紧密接触，故变形是相等的，地基反力在垂直水流方向按曲线形（或弹性）分布。同时梁在荷载及地基反力作用下，仍然保持平衡。根据变形协调和静力平衡条件，确定地基反力和梁的内力，并且还计及底板范围以外的边荷载对梁的影响。由于底板受闸墩的影响，沿顺水流向的刚度较大，故假定这一方向地基反力呈直线变化。

当采用弹性地基梁法分析水闸闸室底板应力时，应考虑可压缩土层厚度 T 与弹性地基梁半长 $L/2$ 之比值的影响。当比值 $2T/L<0.25$ 时，边荷载的影响甚微，可按基床系数法（文克尔假定）计算；当 $2T/L>2.0$ 时，可按半无限深的弹性地基梁法计算；当 $2T/L=0.25\sim2.0$ 时，可按有限深的弹性地基梁法计算。

采用弹性地基梁法计算底板内力的步骤如下：

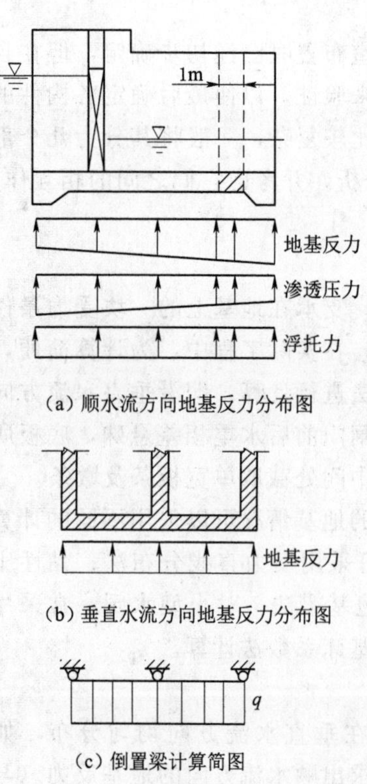

(a) 顺水流方向地基反力分布图

(b) 垂直水流方向地基反力分布图

(c) 倒置梁计算简图

图 5.44　倒置梁法计算示意图

(1) 计算闸底板顺水流向的地基反力。用求基底压力的方法和公式计算闸底的地基反力，计算时应以底板底面为基面，但仍可计入上下游齿墙的重力。

(2) 计算单宽板条上的不平衡剪力。闸墩及上部结构的荷载在顺水流方向的分布是不均匀的，特别是闸门前后水压力相差悬殊，而地基反力是连续变化的，因此板条上的铅直荷载是不平衡的。计算时，通常以闸门上游面或胸墙与闸门的结合面为界，将底板分为上下游两段脱离体，如图 5.45（a）所示。截面Ⅰ—Ⅰ上必然产生剪力 Q 来维持脱离体的平衡，该剪力就称为不平衡剪力。取Ⅰ—Ⅰ截面以右（下游）为脱离体，作用在脱离体上的荷载还有底板自重 $W_{底}^{下}$、水重 $W_{水}^{下}$、中墩及缝墩重 $W_{墩}^{下}$，桥及闸门自重 $W_{桥}^{下}$、$W_{门}^{下}$。在底板的底面有扬压力 $W_{扬}^{下}$ 及地基反力 $W_{反}^{下}$。假定不平衡力 $Q_{下}$ 的方向向下，根据平衡条件有：

$$Q_{下}+W_{墩}^{下}+W_{桥}^{下}+W_{底}^{下}+W_{水}^{下}-W_{扬}^{下}-W_{反}^{下}+W_{门}^{下}=0$$

即
$$Q_{下}=-\sum W^{下} \tag{5.48}$$

同理取Ⅰ—Ⅰ截面以左（上游）为脱离体可得 $Q_{上}=-\sum W^{上}$ 且 $Q_{上}=-Q_{下}$。

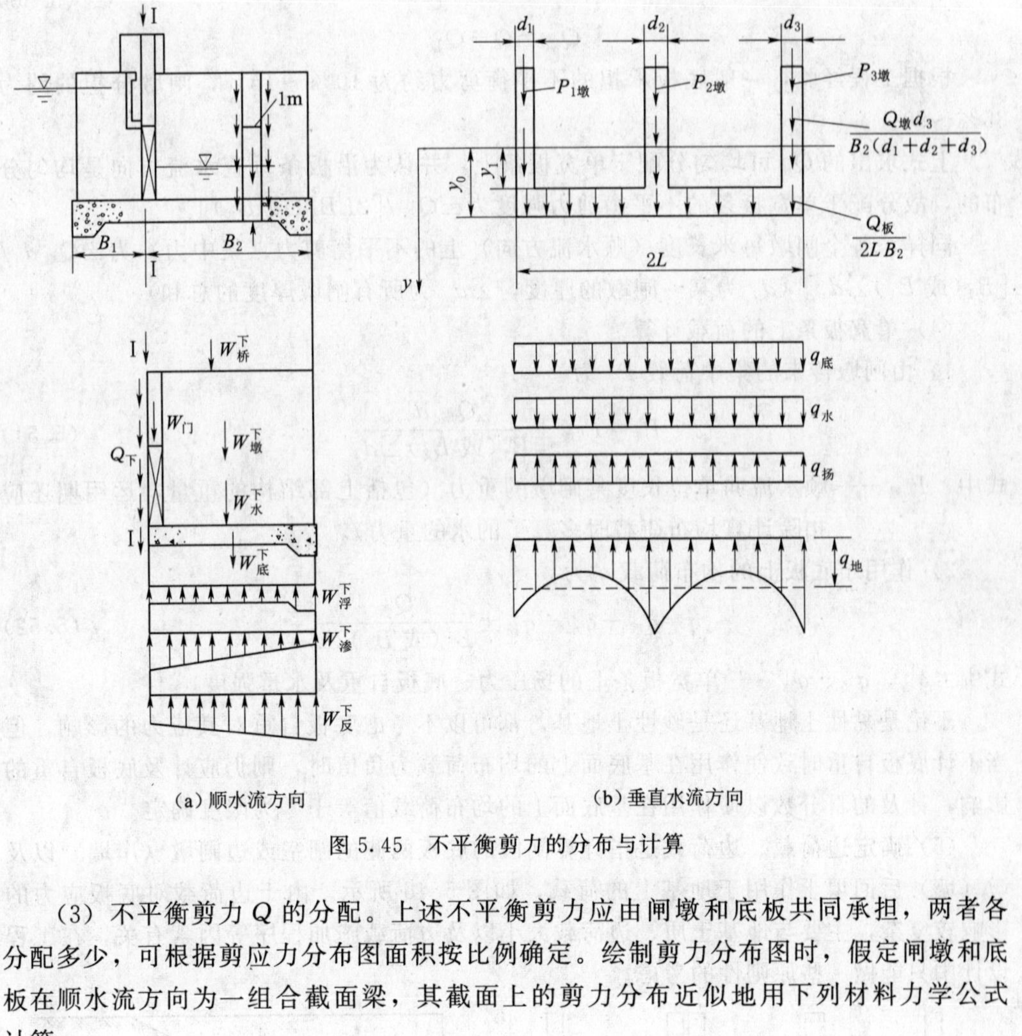

（a）顺水流方向　　（b）垂直水流方向

图 5.45　不平衡剪力的分布与计算

（3）不平衡剪力 Q 的分配。上述不平衡剪力应由闸墩和底板共同承担，两者各分配多少，可根据剪应力分布图面积按比例确定。绘制剪力分布图时，假定闸墩和底板在顺水流方向为一组合截面梁，其截面上的剪力分布近似地用下列材料力学公式计算：

$$\tau_y=\frac{QS}{bI}\text{或}\ b\tau_y=\frac{QS}{I} \tag{5.49}$$

式中　I——截面惯性矩，m^4；

S——计算截面以下的面积对全截面形心轴的面积矩，m^3；

b——计算截面宽度，（底板部分 $b=2L$，底板以上 b 等于各墩的厚度之和），m；

τ_y——距截面形心轴 y 处某点的剪应力，kN/m^2；

$b\tau_y$——距形心轴 y 处整个宽度 b 上的剪力，kN/m。

当截面比较简单时，如图 5.44（a）、（b）所示。可用下列积分法求得闸墩和底板所承担的不平衡剪力 $Q_{墩}$ 和 $Q_{板}$：

$$Q_{板}=\int_{y1}^{y0}\tau 2L\,\mathrm{d}y=\frac{Q}{I}\int_{y1}^{y0}2(y_0-y)L\left(y+\frac{y_0-y}{2}\right)\mathrm{d}y=\frac{QL}{I}\left(\frac{2}{3}y_0{}^3-y_0{}^2y_1+\frac{1}{3}y_1{}^3\right) \tag{5.50}$$

$$Q_{墩}=Q-Q_{板}$$

根据工程经验，一般底板承担的不平衡剪力约为10%～15%，闸墩分担的约为85%～90%。

上式求出的$Q_{板}$可均匀分配于单宽板条上，并认为沿板条垂直水流方向是均匀分布的，故分配于单宽板条的不平衡剪力强度为$\pm Q_{板}/[2LB_1(或B_2)]$。

同样，各个闸墩每米长度（顺水流方向）上的不平衡剪力（集中力）为$\pm Q_{墩}d_i/[B_1(或B_2)\sum d_i]$（$d_i$为某一闸墩的厚度，$\sum d_i$为所有闸墩厚度的总和）。

（4）单宽板条上的荷载计算。

1）由闸墩传来的集中荷载P_i为

$$P_i=P_{i墩}\pm\frac{Q_{墩}d_i}{B_1(或B_2)\sum d_i} \tag{5.51}$$

式中 $P_{i墩}$——顺水流向单位长度某闸墩的重力（包括上部结构的重量，运用期还应扣除计算均布荷载时多算了的水的重力）。

2）作用于底板上的均布荷载q为

$$q=q_{底}+q_{水}-q_{扬}\pm\frac{Q_{板}}{B_1(或B_2)2L} \tag{5.52}$$

式中 $q_{扬}$、$q_{底}$、$q_{水}$——单宽板条上的扬压力、底板自重及水重强度。

不论是黏性土地基还是砂性土地基，都可以不考虑底板自重对其应力的影响。但当不计底板自重时致使作用在基底面上的均布荷载为负值时，则仍应计及底板自重的影响，计及的百分数以使作用在基底面上的均布荷载值等于零为限度确定。

（5）确定边荷载。边荷载是指计算闸段的底板两侧的闸室或边闸墩（岸墙）以及墩（墙）后回填土作用于地基上的荷载，如图5.46所示。由于边荷载对底板应力的影响较复杂，主要与地基土质、边荷载大小以及边荷载施加程序等因素有关，在工程设计中只能做一些原则性的考虑。

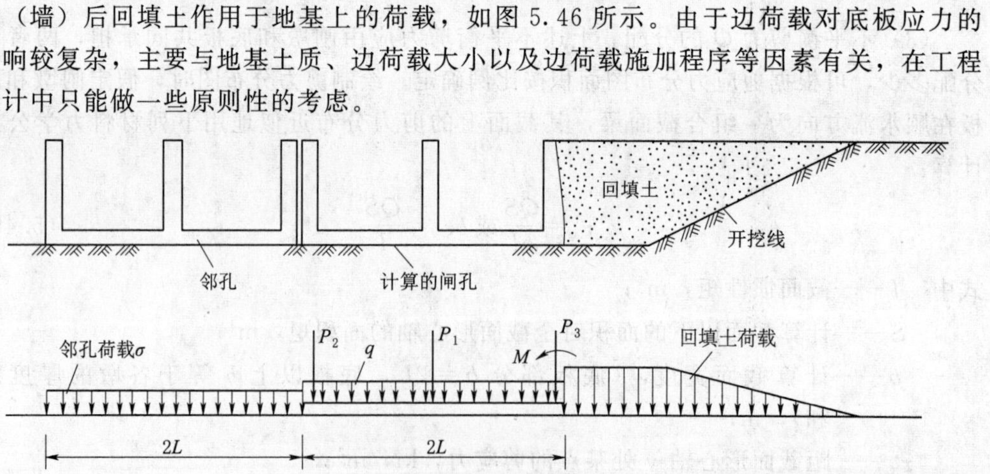

图5.46 边荷载的确定

《水闸设计规范》(SL 265—2016）规定，当边荷载使底板内力增加时，全部计及其影响；当边荷载使底板内力减少时，黏性土地基不考虑其影响，砂性土地基仅考虑

50%。无须考虑边荷载是在计算闸段底板浇筑之前还是之后施加的问题。

岩基上闸底板可按弹性地基梁法中的基床系数法计算。

(6) 底板内力计算及配筋。根据 $2T/L$ 判别所需采用的计算方法，然后利用已编制好的数表计算地基反力和梁的内力，进而验算强度并进行配筋。

由上述可知，底板可不配置横向钢筋，则面层、底层采用分离式配筋方式，如图5.47所示。受力钢筋直径一般为12～25mm，间距不超过300mm。构造钢筋直径一般为10～12mm。底板底层如计算不需配筋，施工质量有保证时，可不配置。面层若根据计算不需配筋，每米可配3～4根构造钢筋。垂直于受力钢筋方向配置，配置直径为10～12mm的分布钢筋，间距200～400mm。受力钢筋在中墩处不切断，相邻两跨直通至边墩或缝墩外侧处切断，并留保护层。构造筋伸入墩下30倍直径。

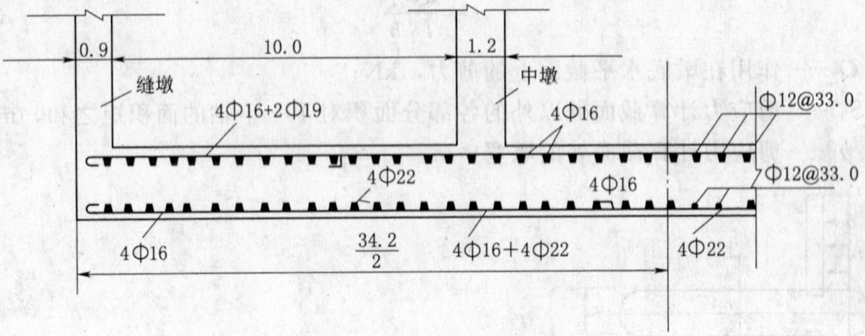

图5.47 底板的钢筋配置图实例

(单位：长度 m；钢筋直径 mm；钢筋间距 mm)

5.7.2 闸墩结构计算

闸墩的计算情况有：①运用期，两边闸门都关闭时，闸墩承受最大水头时的水压力（包括闸门传来的水压力)、墩自重及上部结构重量。此时，对平面闸门闸墩应验算墩底应力和门槽应力；弧形闸门闸墩除验算墩底应力以外，还须验算牛腿强度及牛腿附近闸墩的拉应力。②检修期，一孔检修而邻孔过水或关闭时，闸墩承受侧向水压力、闸墩及其上部结构的重力，应验算闸墩底部强度，弧形闸门闸墩还应验算不对称受力状态时的应力。

5.7.2.1 平板闸门闸墩应力计算

平板闸门闸墩顺水流方向的截面惯性矩较大，墩底水平截面上的正应力一般可不验算，但为了计算门槽应力、有时也为了计算底板上荷载的需要，必须计算该截面上的有关应力。

1. 墩底水平截面上的正应力计算

运用时期如图5.48所示，闸门关闭，闸墩承受上下游最大水头差的水压力，对墩底应力最不利，可将其视为固结于闸底板上的悬臂结构，按偏心受压公式计算应力。

$$\sigma_{\min}^{\max}=\frac{\sum W}{A}\pm\frac{\sum M}{I_1}\cdot\frac{L}{2} \tag{5.53}$$

式中 $\sigma_{\min}^{\max}$——墩底正应力的最大和最小值，kPa；

$\sum W$——作用在闸墩上全部垂直力（包括自重）之和，kN；

A——墩底水平截面面积，m^2；

$\sum M$——作用在闸墩上的全部荷载对墩底水平截面中心轴（近似地作为形心轴）Ⅰ—Ⅰ的力矩之和，kN·m；

L——墩底长度，m；

I_{I}——墩底截面对Ⅰ—Ⅰ轴的惯性矩，近似地取为 $I_{\mathrm{I}}=B(0.98L)^3/12$，$m^4$；$B$ 为墩厚，m。

2. 墩底水平截面上的剪应力计算

剪应力 τ 按下式计算：

$$\tau=\frac{QS_{\mathrm{I}}}{I_{\mathrm{I}}b} \tag{5.54}$$

式中 Q——作用在墩底水平截面上的剪力，kN；

S_{I}——剪应力计算截面处以外的各部分面积对Ⅰ—Ⅰ轴的面积矩之和，m^3；

b——剪应力计算截面处的墩宽，m。

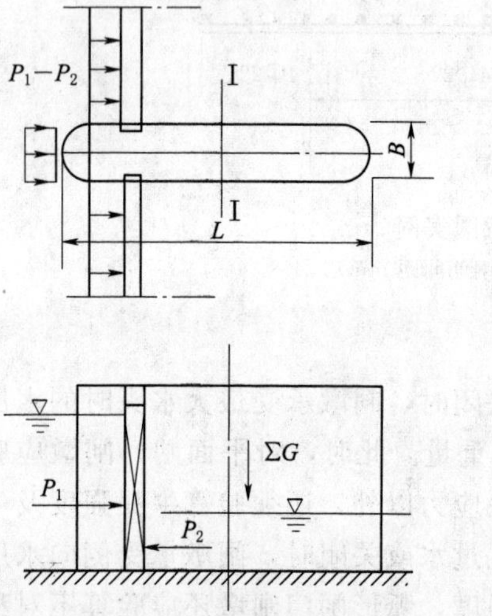

(a) 闸墩受力图

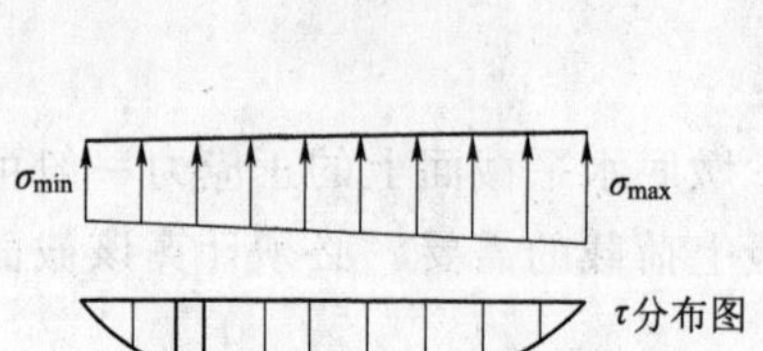

(b) 闸墩底应力分布

图 5.48 墩底运用时期应力计算

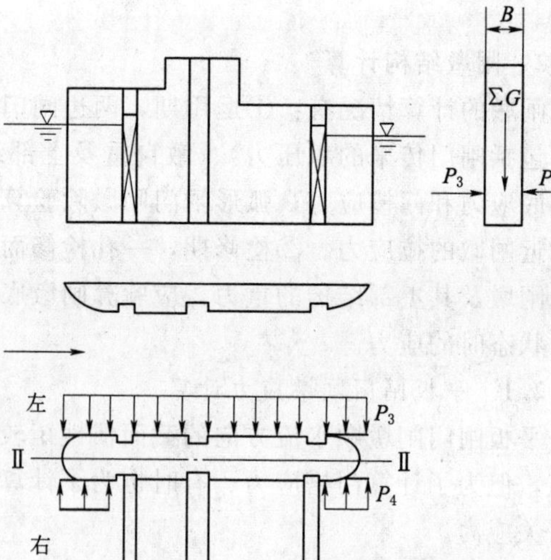

图 5.49 墩底检修时期应力计算

3. 墩底水平截面上的横向正应力计算

检修时期如图 5.49 所示，是横向计算的最不利条件，其横向正应力按下式计算：

$$\sigma_{\min}^{\max}=\frac{\sum W}{A}\pm\frac{\sum M}{I_{\mathrm{II}}}\frac{B}{2} \tag{5.55}$$

式中 $\sum M$——横向水压力对墩底水平截面中心轴Ⅱ—Ⅱ的力矩之和，kN·m；

I_{II}——墩底截面对Ⅱ—Ⅱ轴的惯性矩，m^4。

4. 边墩、缝墩墩底主拉应力计算

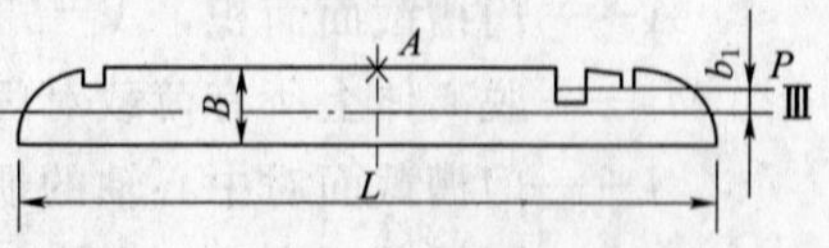

图 5.50 边墩、缝墩应力计算

当边墩和缝墩闸孔闸门关闭承受最大水头时，边墩和缝墩受力不对称，如图 5.50 所示，墩底受纵向剪力和扭矩的共同作用，可能产生较大的主拉应力。半扇闸门传来的水压力 P 不通过缝墩底面形心，产生的扭矩为 $M_n=Pb_1$，其中 b_1 为 P 至形心轴Ⅲ—Ⅲ的距离。扭矩 M_n 在 A 点（1/2 墩长的边界处）产生的剪应力近似值 τ_1 为

$$\tau_1=\frac{M_n}{0.4B^2L} \tag{5.56}$$

水压力 P 对水平截面的剪切作用，A 点产生的剪应力近似值为

$$\tau_2=\frac{3}{2}\frac{P}{BL} \tag{5.57}$$

A 点的主拉应力 σ_{zl} 为

$$\sigma_{zl}=\frac{\sigma}{2}+\frac{1}{2}\sqrt{\sigma^2+4(\tau_1+\tau_2)^2} \tag{5.58}$$

式中 σ——边墩或缝墩在 A 点的正应力（以压应力为负）。

σ_{zl} 不得大于混凝土的允许拉应力，否则应配受力钢筋。

5. 计算门槽应力计算

门槽颈部因受闸门传来的水压力而可能受拉，应进行强度计算，以确定配筋量。计算时在门槽处截取脱离体（取下游段或上游段底板以上闸墩均可），如图 5.51 所示。将闸墩及其上部结构重量、水压力及闸墩底面以上的正应力和剪应力等作为外荷载施加在脱离体上。根据平衡条件，求出作用于门槽截面 BE 中心的力 T_0 及力矩 M_0，然后按偏心受压公式求出门槽应力 σ。

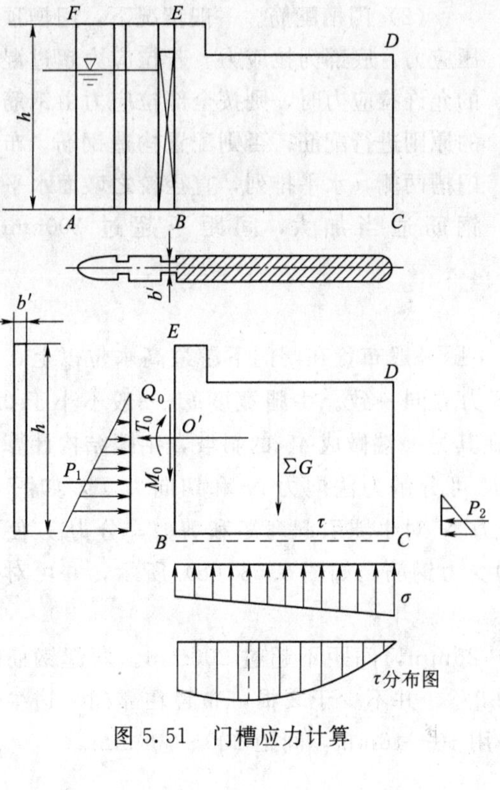

图 5.51 门槽应力计算

$$\sigma=\frac{T_0}{A}\pm\frac{M_0\dfrac{h}{2}}{I} \tag{5.59}$$

式中　T_0——脱离体上水平作用力的总和；

A——门槽截面面积，$A=b'h$；

M_0——脱离体上所有荷载对门槽截面中心O'的力矩之和；

I——门槽截面对中心轴的惯性矩，$I=b'h^3/12$；

b'、h——门槽截面宽度和高度。

6. 闸墩配筋

(1) 闸墩配筋。闸墩的内部应力不大，一般不会超过墩体材料的允许应力，按理可不配置钢筋，但考虑到混凝土的温度收缩应力的影响，以及为了加强底板与闸墩间施工缝的连接，仍需配置构造钢筋。铅垂方向钢筋直径一般为10～14mm，间距不超过300mm。下端伸入底板25～30倍钢筋直径，上端伸至墩顶或伸至底板以上2～3m处截断（温度变化较小地区）；考虑到检修时受侧向压力的影响，底部钢筋应适当加密。水平方向分布钢筋直径一般为8～12mm，间距不超过300mm。这些钢筋都沿闸墩表面布置。

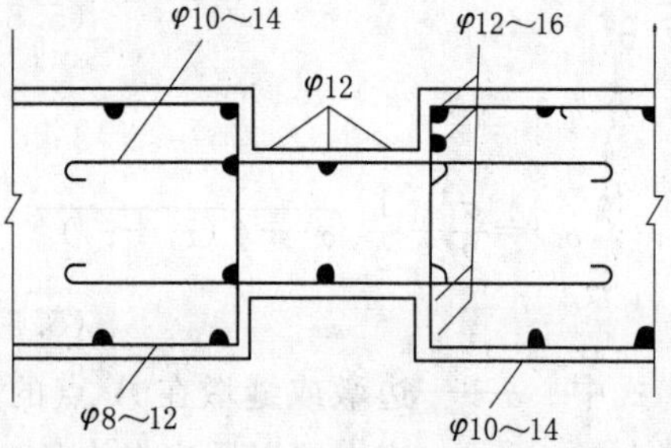

图5.52　闸墩、门槽配筋

闸墩的上下游端部（特别是上游端），容易受到漂流物的撞击，一般自底至顶均布置构造钢筋，网状分布。闸墩墩顶支承上部桥梁的部位，亦要布置构造钢筋网。

(2) 门槽配筋。一般情况下，门槽顶部为压应力，底部为拉应力。若拉应力超过混凝土的允许拉应力时，则按全部拉应力由钢筋承担的原则进行配筋；否则配置构造钢筋。布置在门槽两侧，水平排列，直径较之墩面水平分布钢筋适当加大，间距不超过300mm，如图5.52所示。

5.7.2.2　弧形闸门闸墩应力计算

弧形闸门通过牛腿支承在闸墩上，牛腿一般布置在闸门下游最高水位以上，其轴线应尽量与闸门关闭时门轴传来的水压力方向一致。牛腿宽度b_1一般不小于0.5～0.7m，高度h不小于0.8～1.0m，并在其另一端做成45°的斜坡，牛腿结构计算的有效高度为h_0。闸门门轴传来的水压力R可分解为法向力N和切向力T，如图5.53(a)所示。将牛腿看作一短悬臂梁，分力N对牛腿引起弯矩和剪力，分力T使牛腿产生剪力和扭矩，从而可计算出牛腿的受力钢筋，如图5.53(b)所示，并可对牛腿与闸墩连接处的面积进行抗裂验算。

牛腿受弯钢筋，直径一般采用20～25mm，间距不超过200mm。弯起钢筋按构造要求布置，面积应不少于受弯钢筋的2/3，并不少于3根，布置在靠门一边牛腿上半部。箍筋两个方向都应布置，直径采用10～16mm，间距200～300mm。

牛腿附近闸墩受力钢筋布置在牛腿前沿宽约 $2b$、长约 $2h$～$2.5h$（墩厚较小时取大值）的范围内。当牛腿高度 h 较大时，可将钢筋总面积的 1/4～1/3 的钢筋在牛腿底面 $1.0h$ 处切断，钢筋另一端伸过牛腿面一个锚固长度后即可切断。

受力钢筋沿闸墩表面与主应力方向一致，即大致平行于 N，并作辐射形布置。闸墩较厚时，可考虑将部分钢筋放在内部。在牛腿附近受力钢筋布置范围内，闸墩中的垂直和水平构造钢筋一般应从墩底布置到闸墩顶部，如图 5.53（c）所示。

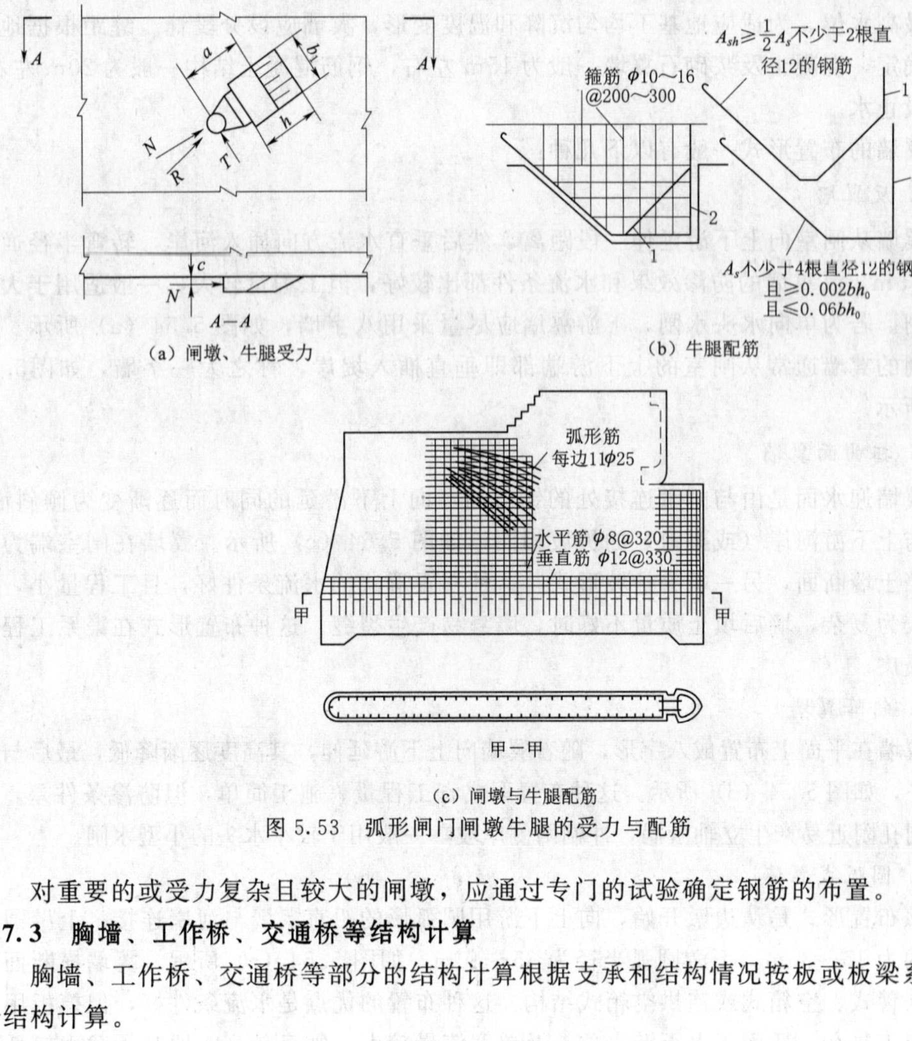

（a）闸墩、牛腿受力　　（b）牛腿配筋

（c）闸墩与牛腿配筋

图 5.53　弧形闸门闸墩牛腿的受力与配筋

对重要的或受力复杂且较大的闸墩，应通过专门的试验确定钢筋的布置。

5.7.3　胸墙、工作桥、交通桥等结构计算

胸墙、工作桥、交通桥等部分的结构计算根据支承和结构情况按板或板梁系统进行结构计算。

任务 5.8　水闸的两岸连接建筑物设计

5.8 ▶
水闸的两岸连接建筑物

水闸两端与堤、坝或河岸连接处，应设置连接建筑物。它们包括上下游翼墙、边墩或岸墙、刺墙和导流墙等。连接建筑物的作用是挡土、导流、防渗、抗冲和改善闸室受力状况等。其工程量一般占总工程量的 15%～40%，水闸孔数越少，所占比例越大。因此，对两岸连接建筑物形式选择和布置，应予以重视。

5.8.1　两岸连接建筑物的布置

5.8.1.1　上下游翼墙

边墩或岸墙向上下游延伸，便形成了上下游翼墙。上游翼墙自闸室向上游延伸的距离，一般应大于上下游水位差的3～5倍，或与铺盖同长；下游翼墙向下游延伸到消力池的末端或稍长。下游翼墙的扩散角不宜大于7°～12°，上游翼墙的收缩角可适当大一些，但一般不超过12°～18°。上下游翼墙顶部高程，应分别高于最不利时的上下游最高水位。为适应地基不均匀沉降和温度变形，翼墙应设分段缝。缝距根据地基条件确定，混凝土及浆砌石翼墙一般为15m左右，钢筋混凝土结构一般为20m左右。缝内设止水。

翼墙的布置形式一般有以下几种：

1. 反翼墙

翼墙从闸室向上下游延伸一段距离，然后垂直水流方向插入河岸，转弯半径通常为2～5m。反翼墙的防渗效果和水流条件都比较好，但工程量较大，一般适用于大中型水闸。若为单向水头水闸，下游翼墙应尽量采用八字墙，如图5.54（a）所示。小型水闸的翼墙通常从闸室的上下游端部即垂直插入堤岸，称之为一字墙，如图5.54（b）所示。

2. 扭曲面翼墙

翼墙迎水面是由与闸墩连接处的铅直面，向上下游延的同时而逐渐变为倾斜面，分别与上下游河岸（或渠道）的护坡相同，如图5.54（c）所示。翼墙在闸室端为重力式挡土墙断面，另一端为护坡形式。这种布置形式的水流条件好，且工程量小，但施工较为复杂，墙后填土质量不好时，墙身易产生裂缝。这种布置形式在渠系工程中应用最广。

3. 斜降翼墙

翼墙在平面上布置成八字形，随着翼墙向上下游延伸，其高度逐渐降低，最后与河底齐平，如图5.54（d）所示。这种布置形式省工程量，施工简单，但防渗条件差，泄流时闸孔附近易产生立轴漩涡，冲刷两侧岸坡，一般用于较小水头的小型水闸。

4. 圆弧式翼墙

该布置形式是从边墩开始，向上下游用圆弧形的铅直翼墙与河岸连接。上游圆弧半径约为15～30m，下游圆弧半径为35～40m，如图5.54（e）所示。翼墙横断面多采用扶臂式、空箱式或连拱空箱式结构。这种布置的优点是水流条件好，但模板用量大、施工复杂。适用于上下游水位差及单宽流量较大、闸身较高、地基承载力较低的大中型水闸。

5. 护坡式

在治理海河工程中，很多水闸采用了护坡式无翼墙的结构形式，如图5.55所示。这种形式的特点是：边墩不直接挡土，既不设岸墙也不设翼墙，而是在两岸设置倾斜的河岸护坡，用引桥与两岸相连，在岸坡段引桥墩间设固定闸门挡水。适用于闸身较高且地基条件较差的水闸工程。缺点是防渗、防冲及防冻条件差。

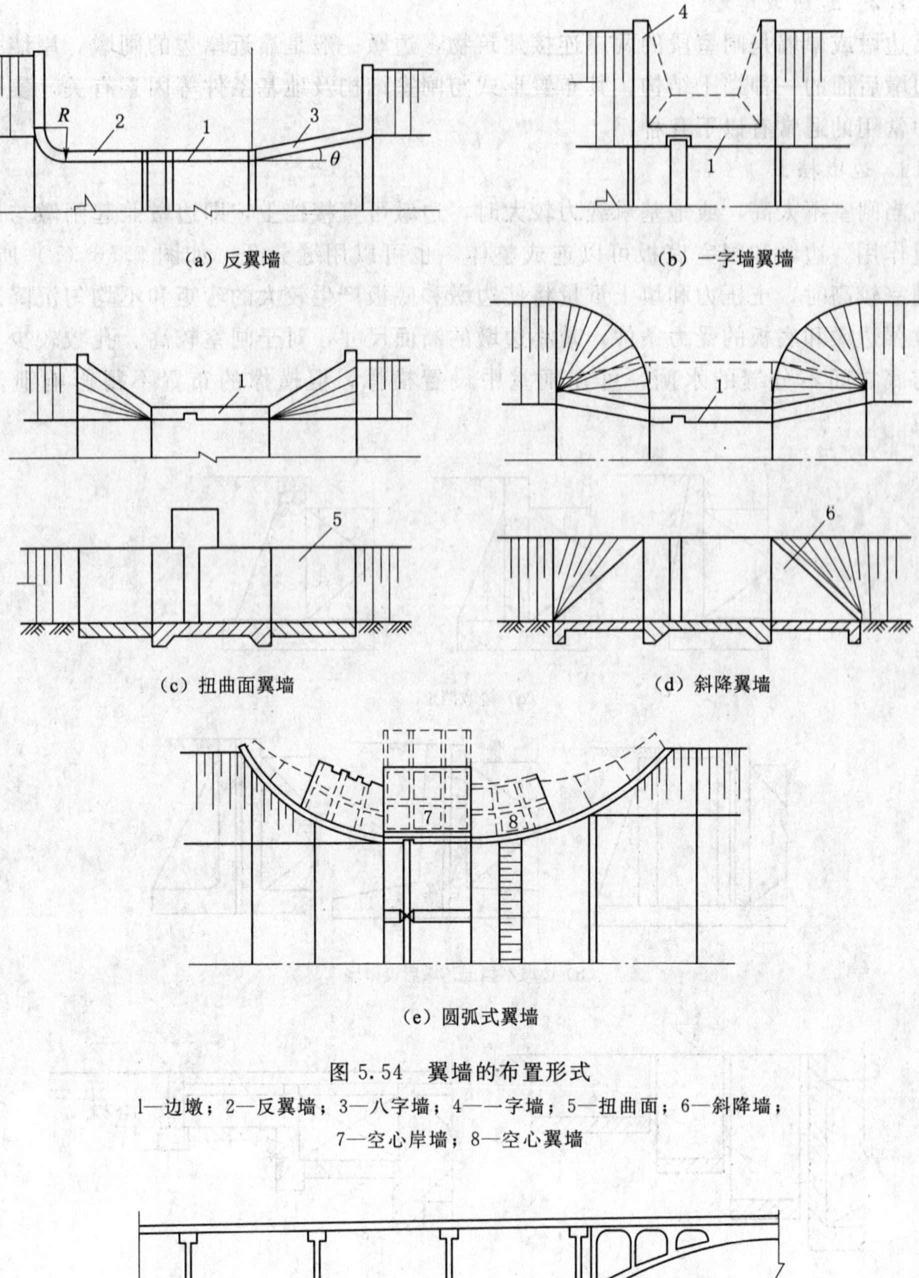

图 5.54　翼墙的布置形式

1—边墩；2—反翼墙；3—八字墙；4—一字墙；5—扭曲面；6—斜降墙；7—空心岸墙；8—空心翼墙

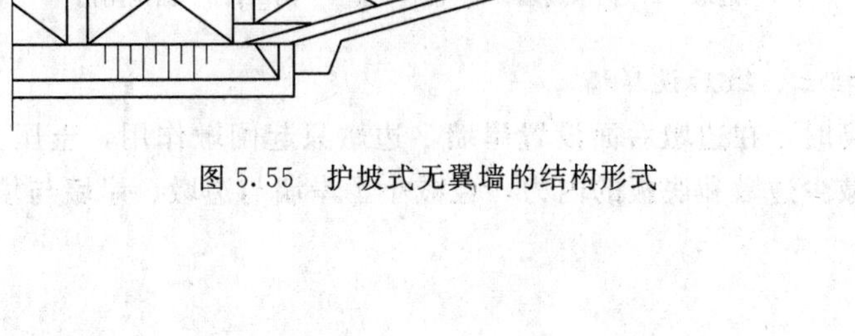

图 5.55　护坡式无翼墙的结构形式

5.8.1.2 边墩或岸墙

边墩或岸墙是闸室段的两岸连接建筑物，边墩一般是靠近岸边的闸墩，岸墙是设在边墩后面的一种挡土结构。其布置形式与闸室结构及地基条件等因素有关，实际工程中常用的通常有以下几种：

1. 边墩挡土

当闸室不太高，或地基承载力较大时，边墩可直接挡土，即边墩兼起闸墩与岸墙双重作用。边墩和闸室底板可以连成整体，也可以用缝分开，如图 5.56（a）所示。当闸室较高时，土压力和填土重量将使边墩和底板产生较大的弯矩和不均匀沉降。为了改善边墩和底板的受力条件，减小边墩的断面尺寸，对于闸室较高、孔数较少、闸墩与底之间不分缝的水闸，可在闸室中设置横撑，但横撑的布置不得影响泄流和通航。

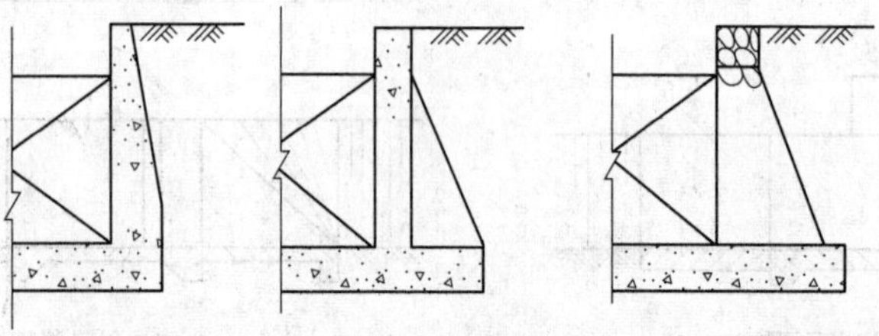

(a) 边墩挡土

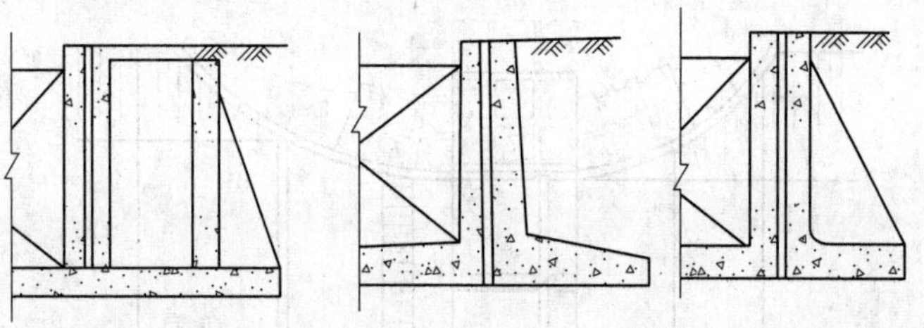

(b) 边墩不挡土、墩后设岸墙

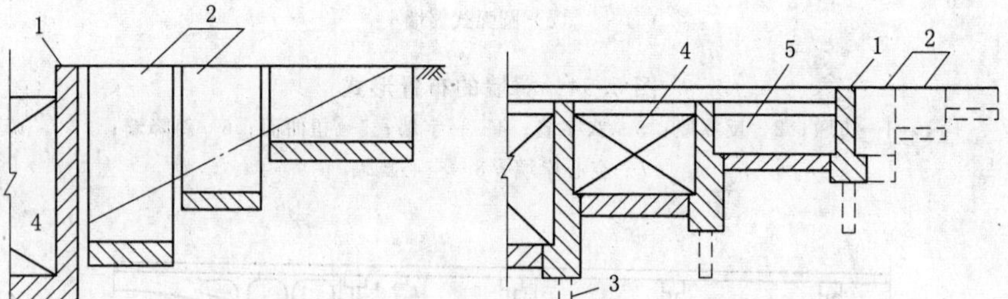

(c) 边墩下部挡土、刺墙挡水　　(d) 闸门式刺墙

图 5.56　两岸连接建筑物

1—边墩；2—挡水刺墙；3—灌注桩；4—闸门；5—固定闸门

2. 边墩不挡土、墩后设岸墙

当闸室较高时，在边墩后面设置岸墙，边墩只起闸墩作用，土压力由岸墙承担。这种布置可以减少边墩和底板的内力，也减小了岸墙与边墩、岸墙与填土间的不均匀

沉降。岸墙常采用空箱式、悬臂式、扶臂式等轻型结构，如图5.56（b）所示。空箱式或连拱式岸墙，还可以通过箱内设置的孔口向箱内充水或在箱内填土来调整地基应力的分布。

3. 边墩部分挡土、刺墙挡水

当填土较高且地基较差时，常在边墩的后面设置垂直于边墩的挡水刺墙，如图5.56（c）所示。墩后填土至一定高度后，留一平台浇筑刺墙底板，然后砌筑墙身。挡水刺墙底板可分段成台阶状，筑墙至顶；或将挡水刺墙底板做成缓斜坡，再筑墙至顶。这种形式的边墩只起到部分挡土的作用。前者可插入两岸一定深度，尚能满足绕流防渗要求；后者防渗作用不够理想。刺墙可采用悬臂式、扶臂式等形式。墙的上下游应采取必要的防渗设施，并与闸基防渗设备连接成整体。

这种布置形式可以有效地控制两岸地基应力分布情况，使闸室边孔受力状态得到改善，但需要增加交通桥的长度。

上述挡水刺墙实质上是一种固定的钢筋混凝上闸门。如将刺墙改为活动闸门，则过水边孔即成为阶梯式或斜升式，如图5.56（d）所示。前者采用平底闸门，后者为斜底闸门，且泄流条件较好。

5.8.2　两岸连接建筑物的结构形式与特点

两岸连接建筑物的受力状态和结构形式与挡土墙相似，常用的有：重力式、悬臂式、扶壁式和空箱式等几种形式。

5.8.2.1　重力式挡土墙

重力式挡土墙依靠自身重力维持稳定，常用混凝土和浆砌石建造。对于需做成扭曲面或其他曲线形式的翼墙，采用该形式比较方便。重力式挡土墙断面尺寸大，材料用量多，建在土基上时，其墙高一般不宜超过5～6m，顶宽一般取0.4～0.8m。边坡系数 m 约为0.25～0.50。底板常用混凝土浇筑，如图5.57（a）所示，厚约0.4～0.8m，两端悬出0.3～0.5m，前趾按悬臂梁计算，常需配置钢筋。墙身较高时，可做成半重力式挡土墙，如图5.57（b）所示，用混凝土建造，墙身断面尺寸较小，一般将其前趾外伸，使合力作用点落在底板三分点内。必要时设置少量的钢筋。

在土质均匀、较坚硬的地基上可修建衡重式挡土墙，如图5.57（c）所示。可利

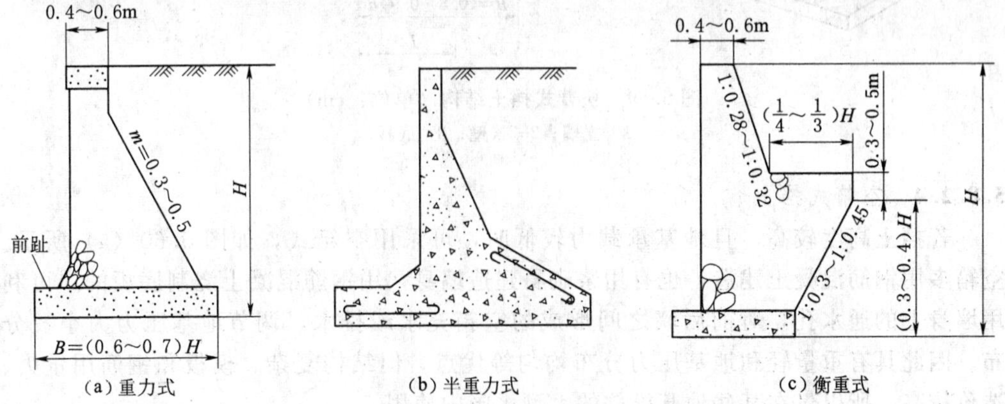

图5.57　重力式挡土墙

用衡重平台的填土增加墙身的稳定性，并使基底压力的分布趋于均匀。与一般重力式相比节省10%～15%的材料用量，墙身越高，节省的比例越大。

5.8.2.2　悬臂式挡土墙

由直墙和底板组成的一种钢筋混凝土轻型挡土结构，如图5.58所示。直墙适宜高度为6～10m。用作翼墙时，断面为倒T形；用作岸墙时，则为L形。这种翼墙主要利用底板上的填土维持稳定。直墙和底板均近似地按悬臂结构进行计算。

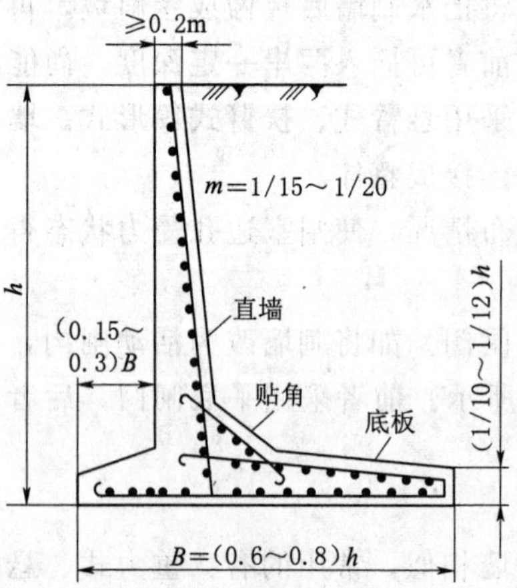

图5.58　悬臂式挡土结构

5.8.2.3　扶壁式挡土墙

当墙的高度超过9～10m后，采用钢筋混凝土扶壁式要比悬臂式经济。它由直墙、底板和扶壁（或称扶垛）三部分组成，如图5.59所示。利用扶壁和直墙共同挡土，并可利用底板上的填土维持稳定，改变底板长度时，可以调整合力作用点位置，使地基反力趋于均匀。钢筋混凝土扶壁间距一般为3～4.5m，扶壁厚度0.3～0.4m；底板用钢筋混凝土结构，厚度由计算确定，一般不小于0.4m；直墙顶端厚度不小于0.2m，下端由计算确定。悬臂段长度 b 约为（1/5～1/3）B。直墙高度在6.5m以内时，直墙和扶壁可采用浆砌石结构，直墙顶厚0.4～0.6m，临土面可做成1∶0.1的坡度；扶臂间距2.5m，厚0.5～0.6m。

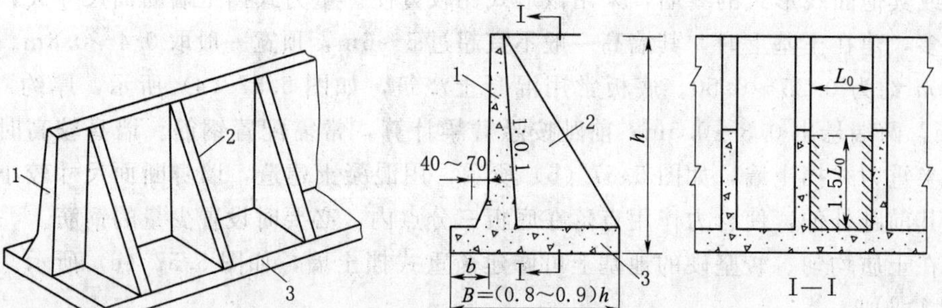

图5.59　扶臂式挡土结构（单位：cm）

1—立墙；2—扶壁；3—底板

5.8.2.4　空箱式挡土墙

若挡土高度较高，且地基承载力较低时，可采用空箱式，如图5.60（a）所示。空箱多用钢筋混凝土建造，也有用浆砌石建造墙身，用钢筋混凝土浇制底板的。可利用墙身上的通水孔，对前后墙之间形成的空箱充水或排水，调节地基压力大小及分布。因此具有重量轻和地基压力分布均匀等优点。但结构复杂、模板和钢筋用量大、造价较高，所以仅在某些地基松软的大型水闸中使用。

连拱空箱式由前墙、横隔墙、拱圈和底板组成，如图5.60（b）所示。利用拱圈和隔墙承受土压力，用控制空箱内的填土高度调节基底压力和墙的抗滑稳定性。前墙和隔墙采用浆砌石结构，厚0.5～0.7m。隔墙净跨2～3m。底板和拱圈用混凝土建造。拱圈采用预制装配式结构，其矢跨比常取0.2～0.3，厚度0.1～0.15m。底板厚0.3～0.5m，前后可做齿墙。

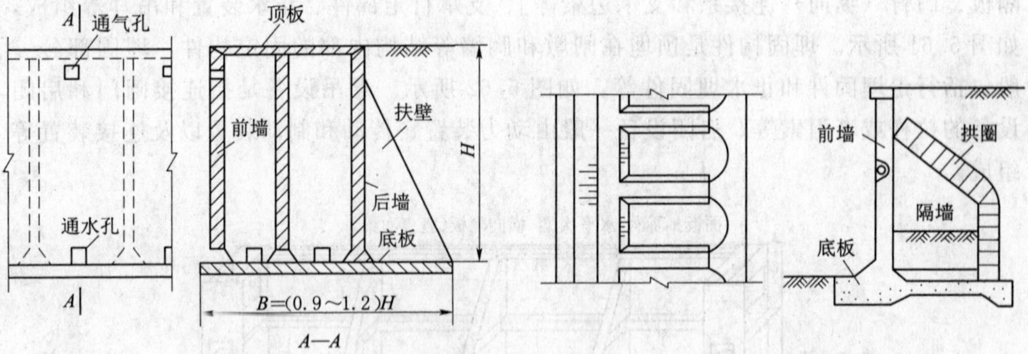

(a)空箱式　　(b)连拱空箱式

图5.60　空箱式挡土结构

任务5.9　闸门与启闭机

闸门是水闸的主要组成部分之一，利用它的开启和关闭，以达到控制水位和调节流量的目的。

5.9.1　闸门的类型

闸门按其工作性质分为工作闸门、事故闸门和检修闸门等；按结构形式分平面闸门和弧形闸门等，其中平面闸门按提升方式又分为直升式和升卧式两种；按门叶的材料分为木闸门、钢闸门、钢筋混凝土闸门等；按闸门顶缘与挡水位的相对位置分为露顶式闸门和深孔闸门（潜孔闸门）。采用较多的是钢闸门，但需做好防锈蚀保护。

水闸一般只设工作闸门和检修闸门。工作闸门是水闸正常运行时使用的，又称主闸门，能在动水中启闭。检修闸门是当工作闸门及有关设备检修时，短期关闭闸孔的闸门，一般在静水中启闭。事故闸门主要用于水电站和水泵站中，当建筑物或设备出现事故时，能在动水中快速关闭孔口。

直升式平面闸门沿门槽轨道铅直方向升降，闸门工作可靠，能承受很大水压力。为降低平面闸门工作桥的高度提高抗震性能，也有使用升卧式平面闸门的。这种闸门的特点是：当闸门开启时，向上提升到一定高程后，闸门靠自重产生倾覆力矩，逐渐向下游（或上游）倾斜，当闸门全开时，门体平卧于闸墩顶部。

弧形闸门是采用最为广泛的工作闸门形式。与直升式平面闸门比较，优点是启门力小，可以封闭相当大面积的孔口；无影响水流流态的门槽，闸墩厚度较薄，机架桥的高度较低，埋设件的数量较少。缺点是需要较长的闸墩，闸门不能提出孔口以外进行检修维护，也不能在孔口之间互换；承受的水压力集中于支铰处，使闸墩受力比较复杂。

5.9.2 平面闸门的组成

实际工程中使用较多的是平面钢闸门。平面钢闸门由活动部分（即门叶）、埋固部分和悬吊设备三部分组成。其中门叶由承重结构［包括面板、梁格、竖向联结系或隔板、门背（纵向）连接系和支承边梁等］、支承行走部件、止水装置和吊耳等组成，如图 5.61 所示。埋固构件是预埋在闸墩和胸墙等结构内部的固定构件，埋固部分一般包括行走埋固件和止水埋固件等，如图 5.62 所示。悬吊设备是指连接闸门和启闭设备的拉杆或牵引索等。启闭设备一般由动力装置、传动和制动装置以及连接装置等组成。

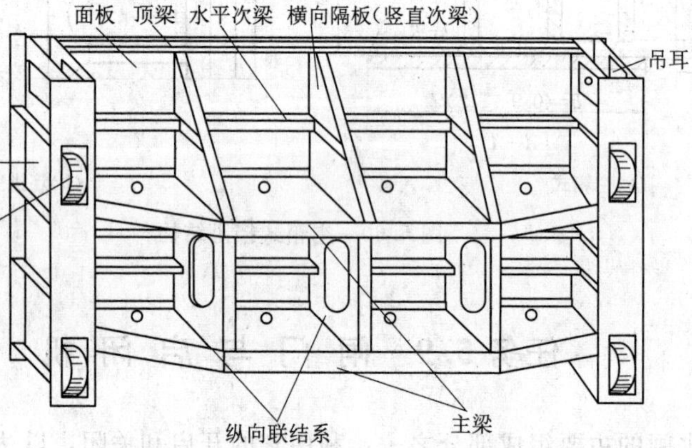

图 5.61 直升式平面闸门门叶结构

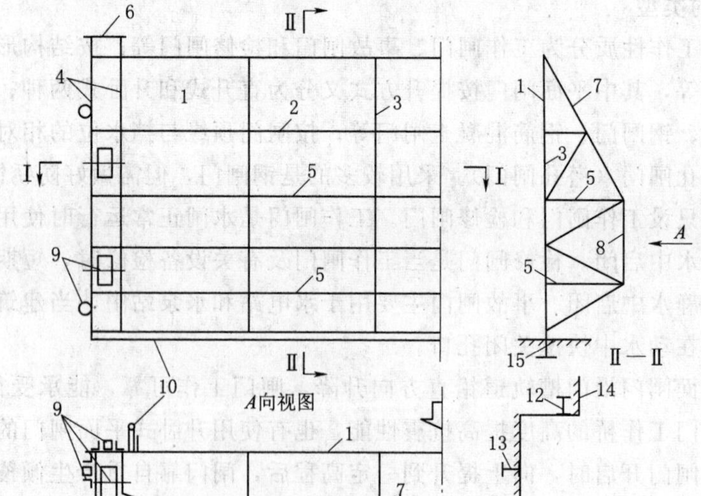

图 5.62 直升式平面闸门及埋设部件结构布置示意图

1—面板；2—小横梁；3—小纵梁；4—边柱；5—主横梁；6—吊耳；7—竖向联结系；8—横向联结系；9—支承行走部件；10—止水装置；11—主轨；12—侧轨；13—反轨；14—止水导轨；15—底槛

5.9.3 弧形闸门的组成

弧形钢闸门的承重结构由弧形面板、主梁、次梁、竖向联结系或隔板、起重桁架、支臂和支铰组成，如图5.63所示。面板将水压力传至梁系、支臂，经由支铰传给闸墩。多数情况下闸门旋转中心与弧形面板的圆心重合，面板上所受垂直方向水压力通常向上，比平面闸门相比，可较大程度减小启门力。

露顶式弧形闸门弧面半径常取 $R=(1.1\sim1.5)H$，潜孔闸门 $R=(1.2\sim2.2)H$，H 为门高。

弧形闸门支铰应尽量布置在过流时支铰不受水流及漂浮物冲击的高程上。溢流坝上的露顶式闸门，支铰位于 $(1/2\sim3/4)H$ 附近（H 为门高）；对于水闸可布置在 $(2/3\sim1)H$ 附近。

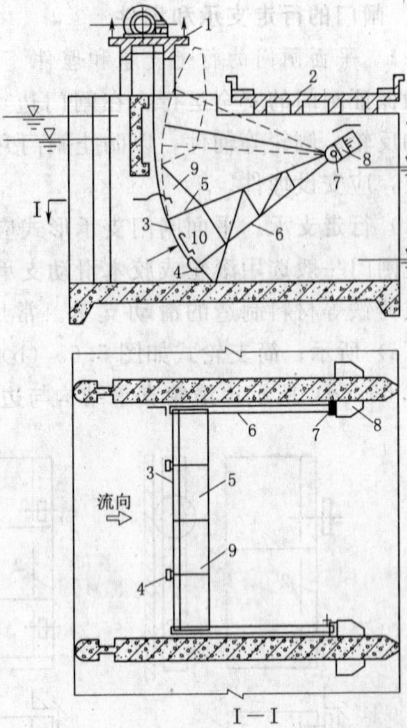

图5.63 弧形闸门的结构组成
1—工作桥；2—公路桥；3—面板；4—吊耳；5—主梁；6—支臂；7—支铰；8—牛腿；9—竖隔板；10—水平次梁

弧形闸门根据闸孔的宽高比可布置成主横梁式或主纵梁式结构。主横梁式以水平横梁（或桁架）为主梁，适用于扁而宽的弧形闸门，如露顶式弧门；主纵梁式以支臂前的竖向纵梁为主梁，适于高而窄的弧形门，如潜孔弧门。

主横梁式弧门通常采用两根主横梁与两侧的支臂刚接，构成框架。主框架按照支臂布置分为斜支臂、直支臂和主横梁带双悬臂的直支臂式三种形式，如图5.64所示。斜支臂式与直支臂式比较，其优点是主横梁弯矩小，用钢量省，故常被采用；缺点是斜向支臂使侧推力加大，构造复杂，闸墩常需加厚。主横梁带双悬臂的直支臂式具有斜支臂式的优点，构造也较简单，但加设的门墩既受水流冲击，又影响泄流。

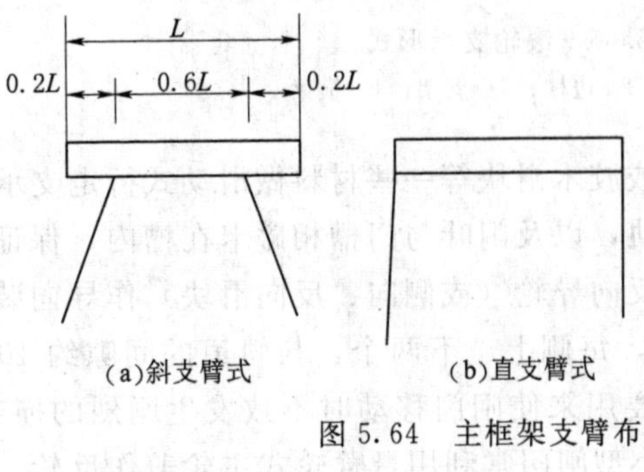

图5.64 主框架支臂布置形式

5.9.4 闸门的行走支承和埋件

5.9.4.1 平面闸门的行走支承和埋件

为保证闸门的安全运行，在闸门边梁上除设置主要行走支承外，还需设导向装置，如反轮、侧轮等辅件，以防止闸门升降时发生前后碰撞、歪斜等故障；在门槽相应部位，应安设埋件。

(1) 行走支承。平面闸门支承形式应根据工作条件、荷载和跨度选定。工作闸门和事故闸门一般选用滚轮或胶木滑动支承；检修闸门和启闭力不大的工作闸门，可采用钢或铸铁等材料制造的滑动支承。常用的滚轮（又叫定轮）支承有悬臂式，如图5.65（a）所示；简支轮式如图5.65（b）所示；轮座式如图5.65（c）所示；台车式如图5.65（d）所示；滚轮支承结构与边柱嵌合形式如图5.65（e）所示。

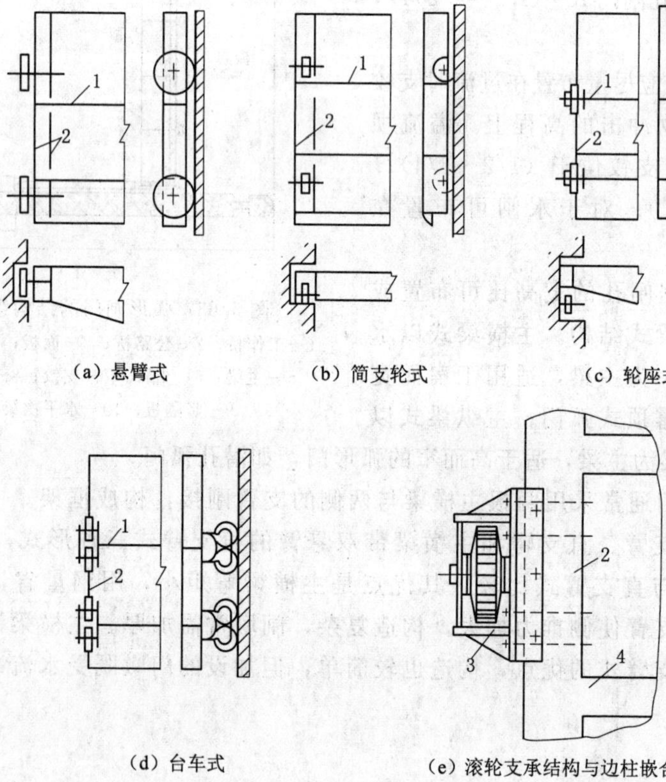

(a) 悬臂式　(b) 简支轮式　(c) 轮座式

(d) 台车式　(e) 滚轮支承结构与边柱嵌合示意图

图5.65 滚轮支承形式

1—主梁；2—边柱；3—支架；4—横梁

实际工程中也有采用胶木滑道或胶木滑块等一些材料做滑动式行走支承装置的。

为了防止闸门行走支承部分脱轨，以及门叶与门槽相碰卡在槽内，保证门叶在门槽内顺利运行，需设置侧向导轮和反向导轮（或侧向、反向滑块）作导向装置，如图5.66所示。侧轮设在闸门两端侧面，每侧上、下两个，与轨道的间隙约10～15mm。反向导轮设在与主轮相反一面，主要用来使闸门移动时不致发生剧烈的撞击和振动。反轮与其轨面间隙10～20mm。中小型闸门常利用悬臂轮式主轮兼作反轮，可不另设

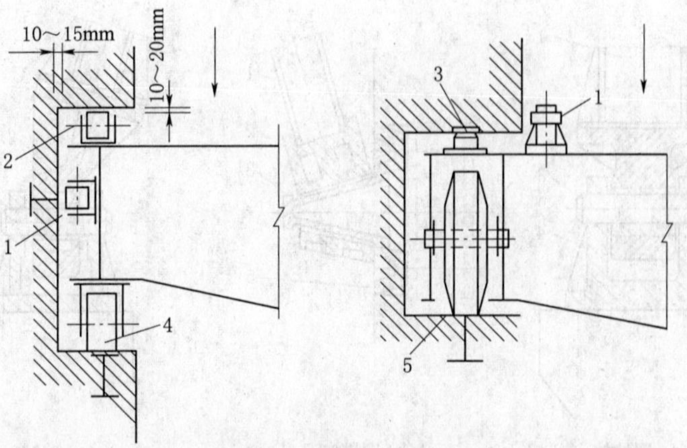

图5.66　侧向导轮的设置

1—侧向导轮；2—反向导轮；3—反向滑块；4—轮座式滚轮；5—筒支式滚轮

反轮。

（2）埋固部件。平面闸门的埋固部件有主轨、侧向及反向导轮轨道、止水座等。根据闸孔和水头的大小，轨道用工字形截面钢、T形截面和扁钢等铸铁或钢材构成；护角多用角钢，止水座除大型工程用不锈钢外，中小型多用钢板、水磨石等。

埋固部件一般用浇二期混凝土的办法安装。如能保证施工和安装质量，也可采用一期混凝土安装；有条件时也可用预制门槽安装。对于安装、调整和固定轨道用的螺栓，直径一般不宜小于16mm。对于低水头、小孔口闸门的门槽埋件，一般用预埋在一期混凝土内、并伸出一定长度的钢筋固定，直径不小于12mm。

闸门底槛埋固件一般用工字形截面钢。在中小型露顶式闸门中，可采用水磨石面层（厚约2cm）代替底槛埋件。

5.9.4.2　弧形闸门的支承铰和埋固件

弧形闸门的支臂通过支承铰连接闸墩。支承铰包括轴、支铰和支座三部分。按支承轴的形式，支承铰有图5.67所示的三种类型。圆柱铰采用水平的圆柱形轴，结构简单，安全可靠，制造安装均方便，跨度不大的表孔闸门普遍采用。圆锥铰适于跨度较大（≥10m）的斜支臂弧形闸门，优点是轴承的锥形承压面垂直于斜支臂，能承受较大的支臂压力，并能保证与锥形轴套接触良好。球铰转动灵活，但制造比较困难，承载能力较低，故很少使用。

小型弧形闸门的支承铰一般直接布置在钢筋混凝土支撑梁即牛腿上。通过支承梁内的钢筋将闸门作用力传给闸墩，闸墩内布置受拉钢筋或锚栓。闸门受力较大时，可用组合钢梁支承梁，墩内用锚栓、型钢拉杆锚固。

5.9.5　闸门的吊耳和止水装置

5.9.5.1　吊耳

吊耳是闸门同启闭机的吊具如螺杆、钢丝索具或动滑轮组等连接的部件。闸门的吊耳用单吊点还是双吊点需根据闸门的孔口大小、高宽比及启闭机的要求等因素确定。一般当孔宽大于5m或宽高比大于1.0时，宜采用双吊点。

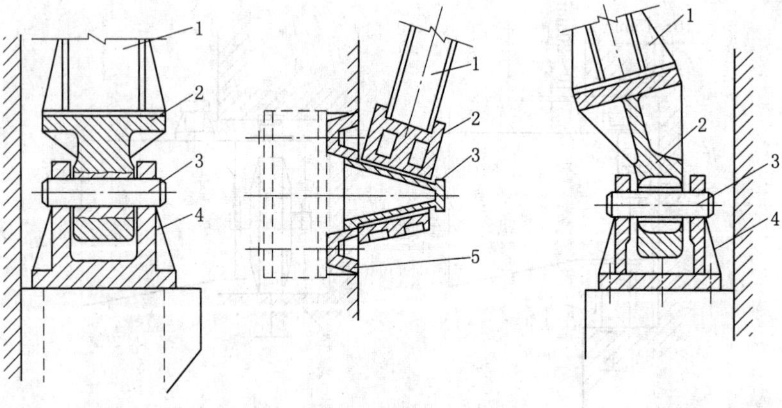

(a) 圆柱铰　　(b) 圆锥铰　　(c) 球铰

图 5.67　支承铰的结构形式

1—支臂；2—支铰；3—轴；4—支座；5—支承环

直升式平面闸门的吊耳一般布置在隔板或边柱的顶部如图 5.68 所示，并尽量使之在闸门重心的铅直面内，以免闸门悬挂时偏斜而挤坏止水橡皮。升卧式平面闸门的吊耳布置在横隔板或边柱下部，当弧斜轨设在下游侧时，吊耳应设在闸门上游面；否则在下游面。露顶式弧形闸门的吊耳布置在主横梁同支臂相交处的面板上游面，用螺杆式或油压式启闭机时，布置在横隔板顶部或支臂上部。潜孔弧形闸门多布置在门顶处。

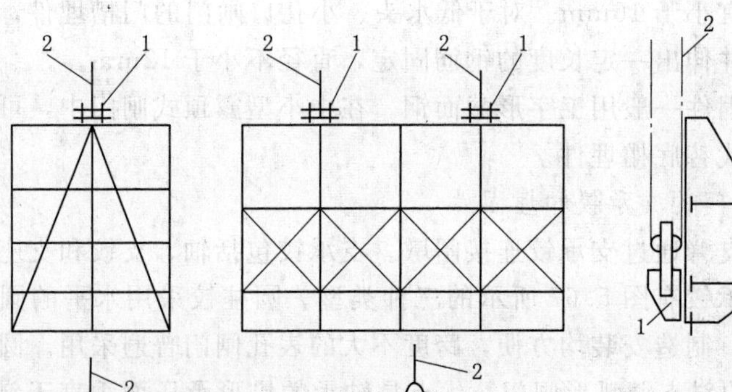

图 5.68　吊耳的布置形式

1—吊耳；2—吊具

5.9.5.2　止水装置

止水装置的作用是将门叶与闸孔周边的缝隙密封，阻止漏水，所以又称水封。止水一般布置在门叶上游侧，以便维修更换。露顶式闸门有侧止水和底止水，潜孔式闸门除侧止水和底止水外，还有顶止水。止水常用的材料有橡皮，底部有时也采用方木止水。止水形式如图 5.69 所示。

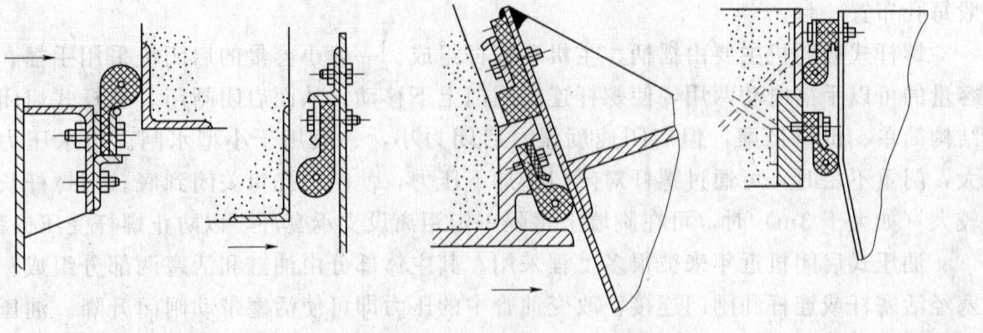

(a) 顶止水

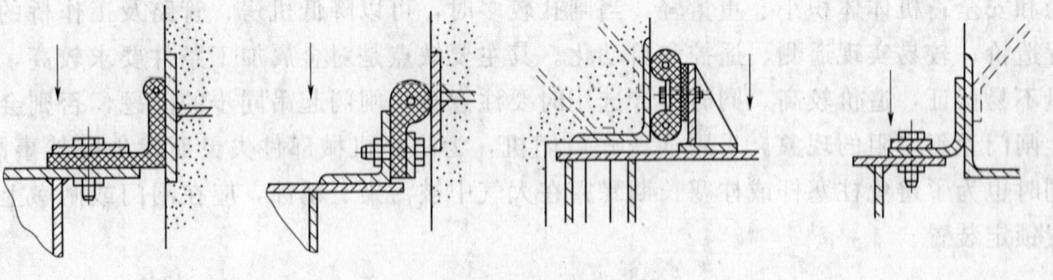

(b) 侧止水

(c) 底止水

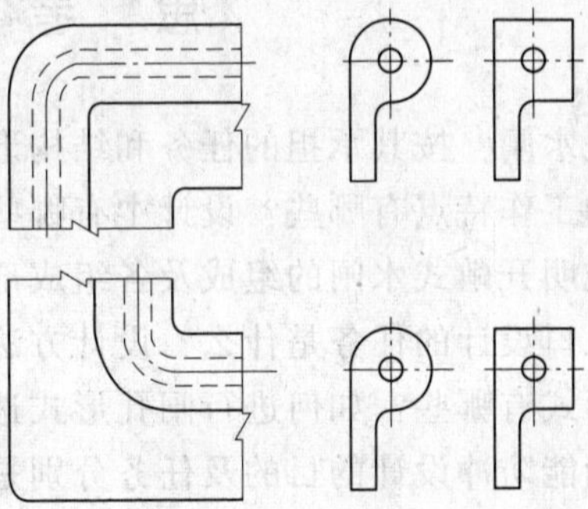

(d) 转角止水橡皮

图 5.69 止水装置

5.9.6 闸门的启闭机

闸门启闭机可分为固定式和移动式两种。常用的固定式启闭机有卷扬式、螺杆式和油压式。移动式一般有门架式和桥式两种。启闭机的形式应根据门型、尺寸及其运用条件等因素选定。所选用启闭机的启闭力应不小于计算的启闭力，同时应符合国家现行的《水利水电工程闸门启闭机设计规范》(SL 41—2018) 所规定的启闭机系列标准。若要求短时间内全部均匀开启或多孔闸门启闭频繁时，每孔应设一台固定式启闭机。

固定卷扬式启闭机，是目前大、中型水闸最广泛采用的启闭设备。主要由电动机、减速箱、传动轴和绳鼓所组成。采用钢丝绳作吊具，牵引闸门升降。钢丝绳缠绕在绳鼓上，启闭闸门时，通过电动机、减速箱和传动轴使绳鼓转动，进而钢丝绳牵引闸门升降，并通过滑轮组的作用，使用较小的钢丝绳拉力，便可获得较大启门力。固定卷扬式启闭机适用于闭门时不需施加压力，且要求在短时间内全部开启的闸门。一般每孔布置一台。

螺杆式启闭机主要由摇柄、主机和螺杆组成。一般小容量的启闭机采用手摇，大容量的可以手摇电动两用，使螺杆连同闸门上下移动，从而启闭闸门。螺杆式启闭机结构简单、价格低廉，但启闭速度慢，启闭力小，一般用于小型水闸。当水压力较大，门重不足时，可通过螺杆对闸门施加下压力，使闸门孔口关闭到底。当螺杆长度较大（如大于3m）时，可在胸墙上每隔一定距离设支承套环，以防止螺杆受压失稳。

油压式启闭机近年来被很多工程采用。其主体部分由油缸和活塞两部分组成。活塞经活塞杆或连杆和闸门连接，改变油管中的压力即可使活塞带动闸门升降。油压式启闭机的优点是利用液压原理，可用较小的动力获得很大的启门力；液压传动比较平稳和安全；机体体积小、重量轻，当闸孔较多时，可以降低机房、管路及工作桥的工程造价；较易实现遥测、遥控和自动化。其主要缺点是对金属加工条件要求较高，质量不易保证，造价较高。同时设计选用时要注意解决闸门起吊同步的问题，否则会发生闸门歪斜卡阻的现象。采用油压式启闭机，为防止机械部件失灵而发生突然事故，同时也为了避免柱塞杆或柱塞长期暴露在大气中被污染、锈蚀，应在闸门或闸墩上设置锁定装置。

思 考 题

1. 什么是水闸？按其承担的任务和结构形式分为哪些类型？
2. 水闸的工作特点有哪些？设计中有哪些要求？
3. 画图说明开敞式水闸的组成及各组成部分的作用。
4. 水闸孔口设计的任务是什么？设计方法、设计步骤如何？
5. 闸孔形式有哪些？如何进行闸孔形式选择？
6. 水闸消能防冲设计的目的及任务分别是什么？
7. 过闸水流的特点有哪些？
8. 水闸下游的消能方式有哪些？如何选择？
9. 底流式消能的原理是什么？具体有哪几种结构形式？
10. 水闸下游可能发生的不利流态有哪些？防止措施有哪些？
11. 海漫的作用是什么？对其要求有哪些？有哪些结构形式？
12. 防冲槽的作用是什么？如何确定防冲槽的抛石体积及断面尺寸？
13. 闸基渗流计算的目的是什么？分别说明各种计算方法的基本原理、步骤。
14. 水闸防渗设计的目的是什么？闸基渗流及侧向绕渗的危害有哪些？
15. 什么是水闸的地下轮廓线？布置原则是什么？布置形式有哪些？
16. 水闸的防渗排水设施有哪些？各适用于什么情况？
17. 闸底板的结构形式有哪些？各有什么优缺点？适用于什么情况？
18. 闸墩尺寸包括哪些？如何确定？
19. 水闸的分缝有哪些？作用是什么？哪些缝中需要设止水？止水的构造形式有

哪些？

20. 作用在闸室上的荷载主要有哪些？为什么要进行荷载组合？荷载组合的种类有哪些？分别包括哪些荷载？

21. 闸室沿闸基面的抗滑稳定计算公式有哪些？各适用于什么情况？

22. 提高闸室抗滑稳定性的措施有哪些？

23. 水闸稳定计算的内容有哪些？

24. 闸室基底应力验算应满足哪些要求？为什么？

25. 水闸地基处理的方法有哪些？

26. 闸底板结构计算的方法有哪些？说明每种方法的基本原理、适用情况。

27. 叙述弹性地基梁法的计算步骤。用弹性地基梁法进行闸底板的结构计算时，其底板自重如何取？边荷载的影响如何考虑？

28. 什么叫不平衡剪力？如何计算？

29. 水闸两岸连接建筑物有哪些？其作用是什么？其平面布置形式有哪些？适用于什么情况？

30. 闸门的作用是什么？有哪些种类？

31. 直升式平面闸门和弧形闸门比较各有哪些优缺点？

32. 为什么弧形闸门的启门力比平面闸门的小？

33. 启闭机的种类有哪些？分别适用于什么情况？

项目6 河岸溢洪道

学习目标：

（1）能阐述正槽溢洪道的类型、布置、构造组成及各部分的作用。

（2）能设计正槽溢洪道。

学习重点：

溢洪道的类型、布置、构造组成及各部分作用。

学习难点：

正槽溢洪道各部分构造工作原理与设计方法。

任务6.1 认识河岸溢洪道

6.1 土石坝溃坝

在水利枢纽中，必须设置泄水建筑物。溢洪道是水利枢纽中主要的泄水建筑物之一，用于宣泄规划库不能容纳的洪水，防止洪水漫溢坝顶，保证大坝安全。

溢洪道可以和拦河坝相结合，也可以设在坝体以外的河岸上修建溢洪道。混凝土坝一般适于经坝体溢洪或泄洪，如各种溢洪坝。此时，坝体既是挡水建筑物又是泄水建筑物，枢纽布置紧凑，管理集中，这种布置一般是经济合理的。但对于土石坝、堆石坝以及某些轻型坝，一般不容许从坝身溢流或大量泄流；或当河谷狭窄而泄洪量大，难于经混凝土坝泄放全部洪水时，需要在坝体以外的岸边或天然垭口处建造溢洪道（通常称为岸边溢洪道）（图6.1）或开挖泄水隧洞。因此，河岸溢洪道的应用是很广的。

图6.1 河岸溢洪道

溢洪道除具备足够的泄流能力外，还要保证其在工作期间的自身安全和下泄水流与原河道水流获得妥善的衔接。一些坝的失事，往往是由于溢洪道泄水能力不足或设计运用不当而引起的。所以安全泄洪是水利枢纽设计中的重要问题。溢洪道的使用率，取决于洪水特性、工程开发特性和水库设计标准。一般只是在汛期出现较大的流量，超过其他设施泄洪能力的情况下，才启用溢洪道泄水。如库容较大或具有泄量较大的泄水孔或泄水隧洞，溢洪道是不会经常工作的。

任务6.2　河岸溢洪道类型

河岸溢洪道可以分为正常溢洪道和非常溢洪道两大类。正常溢洪道常用的形式主要有正槽式、侧槽式、井式、虹吸式四种。正槽式、侧槽式溢洪道属于开敞式溢洪道。井式、虹吸式溢洪道属于封闭式溢洪道。非常溢洪道常用的形式主要有漫流式、自溃式、爆破引溃式。本节主要介绍正常溢洪道的四种类型。

6.1 ▶
溢洪道分类和特点

6.2 ▶
河岸溢洪道的类型和特点

1. 正槽式溢洪道

正槽式溢洪道的泄槽轴线与溢流堰轴线正交，过堰水流方向与泄槽轴线方向一致，水流方向不变，进入泄水槽，所以其水流平顺，泄水能力强，结构简单，运用安全可靠。这是一种采用最多的溢洪道形式，通常所称的河岸溢洪道即指这种溢洪道而言，正槽式溢洪道适用于各种水头和流量，当枢纽附近有适宜的马鞍形垭口和有利的地质条件时，采用这种溢洪道最为合理（图 6.2）。

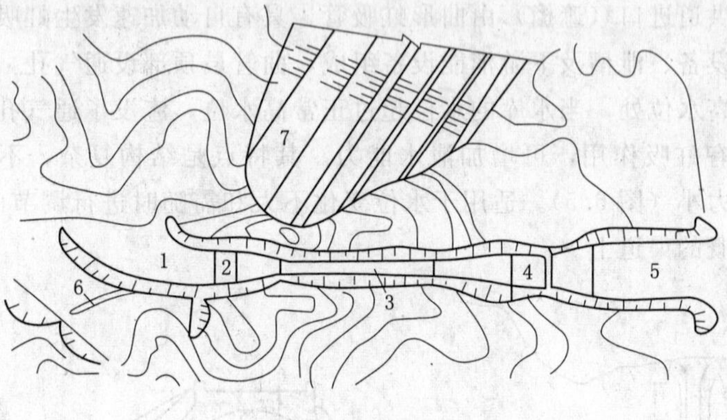

图 6.2　正槽溢洪道

1—引水渠；2—溢流堰；3—泄槽；4—消力池；5—泄水渠；6—非常溢洪道；7—土坝

2. 侧槽式溢洪道

侧槽溢洪道的泄槽轴线与溢流堰轴线接近平行，水流过堰后，在侧槽内转弯约 90°，再经泄水槽泄入下游，如图 6.3 所示。因而水流条件复杂，水面极不平稳，结

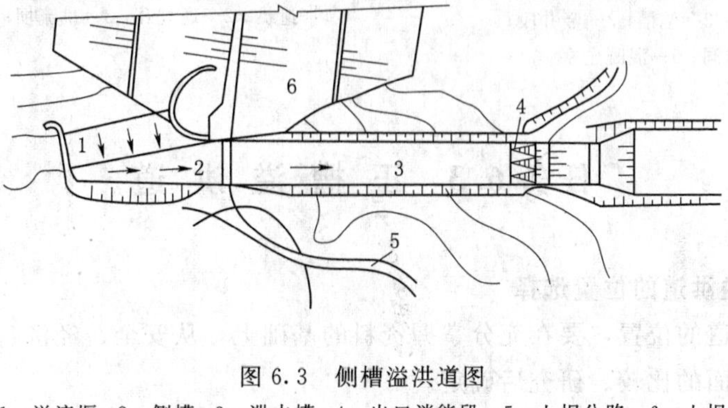

图 6.3　侧槽溢洪道图

1—溢流堰；2—侧槽；3—泄水槽；4—出口消能段；5—上坝公路；6—土坝

构复杂，对大坝有影响。当坝址处山头较高，岸坡陡峭时，可选用侧槽溢洪道。与正槽溢洪道相比较，侧槽溢洪道具有以下优点：①可以减少开挖方量；②能在开挖方量增加不多的情况下，适当加大溢流堰的长度，从而提高堰顶高程，增加兴利库容；③使堰顶水头减小，减少淹没损失，非溢流坝的高度也可适当降低。

3. 井式溢洪道

井式溢洪道通常由进水喇叭口、渐变段、竖井、弯段、泄水隧洞和出口消能端等部分组成。喇叭口是一个环形的溢流堰，水流过堰后，经竖井和泄水隧洞流入下游（图 6.4）。泄水隧洞如能利用施工导流隧洞可使溢洪道的造价大为降低。井式溢洪道适用于岸坡陡峻、地质条件良好、地形条件适宜的情况。这种溢洪道的缺点是水流条件复杂，容易产生负压气蚀，当水位超过设计水位时，可能使进口淹没而成为管流，所以井式溢洪道的超泄能力也较低。因此，我国应用较少，仅在某些山区渠道退水工程中应用过。

4. 虹吸式溢洪道

虹吸式溢洪道进口（遮檐）由曲形虹吸管、具有自动加速发生虹吸作用和停止虹吸作用的辅助设备、泄槽及下游消能设备组成，曲管最顶部设通气孔，通气孔的出口在水库的正常高水位处，当水库的水位超过正常高水位，淹没了通气孔，曲管内没有空气，泄水时有虹吸作用，可增加泄水能力。其特点是结构复杂，不便检修，易空蚀，超泄水能力小（图 6.5）。适用于水位变化不大和需随时进行调节的中小型水库，以及发电和灌溉的渠道上。

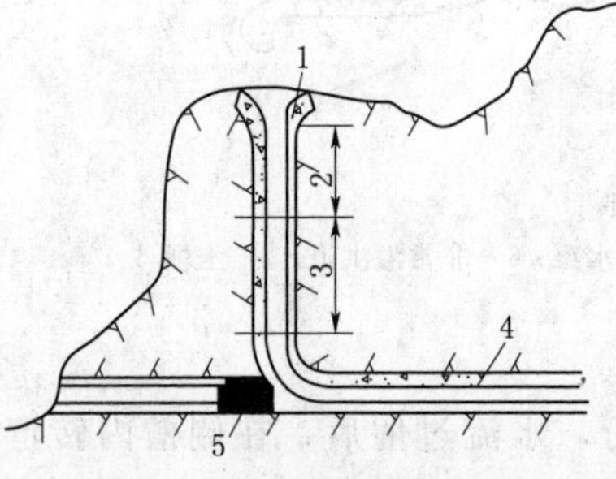

图 6.4　井式溢洪道图
1—喇叭口；2—侧槽；3—竖井段；4—隧洞；5—混凝土塞

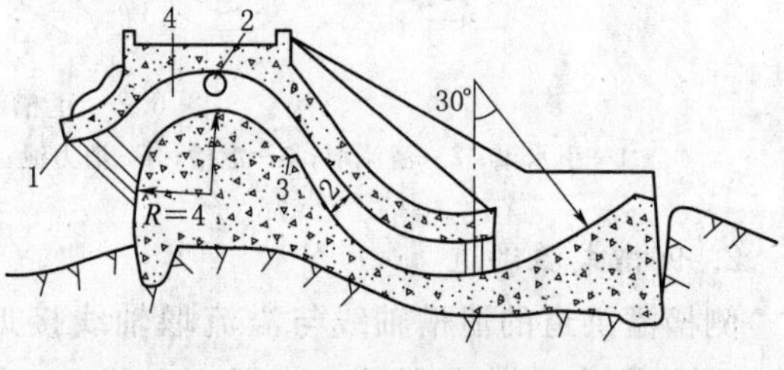

图 6.5　虹吸式溢洪道图
1—遮檐；2—通气孔；3—挑流坝；4—曲管

任务 6.3　正 槽 溢 洪 道

6.3 ▶
正槽溢洪道

6.3.1　正槽溢洪道的位置选择

选择溢洪道的位置，要在充分掌握资料的基础上，从安全、经济、施工管理方便等方面进行全面的比较、研究后确定。

从安全方面考虑，溢洪道最好修建在坚固的岩石地基上；溢洪道的两侧山坡必须稳定，避免在运用期间发生塌滑堵塞事故；溢洪道的进出口不宜距土坝太近以免冲刷坝体，特别是溢洪道的出口尽可能离下游坝脚远些，防止出口水流直冲坝脚。溢洪道的安全与否，不仅是其自身问题，而且是关系到大坝安全的严重问题。所以对溢洪道的安全问题应给予充分的重视。

从经济方面考虑，应将溢洪道布置在开挖方量少，衬砌简单的位置。因此，高程适宜和地质条件良好的马鞍形垭口是修溢洪道的好地方。但必须注意，选择溢洪道的位置时，不仅要考虑溢洪道本身的工程量，还应考虑由它引起的其他费用以及开挖溢洪道土石方的有效利用问题。例如，垭口距坝较远时，则应考虑洪水下泄的归河问题，是否有冲毁良田的风险或其他善后工作。还应考虑为加强运用管理和防汛抢险工作修建的道路、通信等工程。若垭口距坝过近时，则需要考虑为防冲和防渗增加设施的费用。但若土石方能够利用时，则距坝近些比较有利。

从施工和运用管理方便考虑，应当选择出渣路线及堆渣场所便于布置，并能避免与其他建筑物施工干扰的地方。为了管理方便，溢洪道不宜离高坝太远。

6.3.2 正槽溢洪道设计

正槽溢洪道一般由引水渠、溢流堰（控制段）、泄水槽、消能设施及尾水渠五部分组成，如图 6.6 所示。下面分别讨论各部分的布置形式和设计原则。

6.4 ▶ 正槽溢洪道组成

6.3.2.1 引水渠

引水渠的作用是将水库的水平顺地引至溢流堰前。其设计原则是在合理的开挖方量下尽量减小水头损失，以增加溢洪道的泄水能力。为此，引水渠的布置应注意以下几点：

1. 平面布置

引水渠在平面上最好布置成直线。进口做成喇叭形使水流逐渐收缩。末端接近溢流堰处应作渐变过渡段，防止在堰前出现涡流及横向坡降，影响泄水能力，渐变段由堰前导水墙形成，导水墙长度可取堰上水头的 5～6 倍。墙顶应高出最高水位。

若受地形、地质条件的限制，引水渠必须转弯时，应使弯曲半径不小于渠底宽的 4～6 倍，并力求在堰前有一直线段以保证堰流为正向进水。引水渠的长度应尽量缩短，如能使溢流堰直接面临水库，就不需要引水渠，堰前只做一个喇叭形进水口即可，这时，应注意是否引起其他组成部分工程量的增加。

2. 横断面

引水渠的横断面应有足够大的尺寸，以降低流速，减小水头损失。一般使渠内流速控制在 1～2m/s 以内，最大不宜超过 4m/s。如地势较高，山坡较陡，开挖方量很大时，可根据具体情况确定渠内流速。

横断面的侧坡根据稳定要求确定。为了减小糙率和防止冲刷，引水渠宜做衬砌，石基上的引渠如能开挖整齐，也可以不做衬砌，但在堰前渐变段范围内宜做衬砌。

3. 纵断面

引水渠的纵断面应做成平底或底坡不大的逆坡，当溢流堰为实用堰时，渠底在溢流堰处宜低于堰顶至少 $0.5H_d$（H_d 为堰面定型设计水头），以保证堰顶水流稳定和具有较大的流量系数，但对于宽顶堰则无此要求。

6.3.2.2 溢流堰

溢流堰是溢洪道的咽喉，用来控制水库的水位和下泄流量，所以又叫控制堰或控制段。溢流堰的位置是纵断面的最高点。在平面上常设于坝轴线附近以利于上坝交通的布置，同时还应注意使整个溢洪道的工程量最少。对溢流堰设计的基本要求是要有足够的泄水能力。而溢流堰的形式、基本尺寸和布置方式是影响溢洪道泄水能力的决定性因素。有关溢流堰设计的一些主要问题已分别在第一章和第四章中阐述了，但溢洪道上的溢流堰与溢流坝相比，其堰体高度很低；与泄水闸相比，则其闸后落差较大。再加河岸溢洪道的布置特点，故对溢流堰的堰型选择和设计问题补充说明如下。

1. 堰型选择

在溢洪道上常用的堰型为宽顶堰、实用堰。其适用情况如下：

(1) 宽顶堰。宽顶堰结构简单，施工方便。但流量系数较低，在相同条件下，其所需要的溢流前缘要比实用堰长，土石挖方较大。一般多用于泄洪量不大或附近地形平缓、高程适宜的中小型水库中。

宽顶堰的堰顶高程可高于引水渠渠底，也可与渠底齐平，如图6.6所示。宽顶堰部分一般均用混凝土或浆砌块石进行衬砌，使堰面光滑平整以增加过水能力，并能保护堰坎不被冲刷。在岩石地基上，如果抗冲能力足够，也可以不加衬砌，但这时必须考虑开挖的岩石表面不平整对流量系数的影响。

(2) 实用堰。实用堰一般要求建筑在岩石地基上，多用于大中型工程。由于实用堰的流量系数大，当岸坡较陡时，采用实用堰可以减少开挖方量。当地面高程低于堰顶高程时，采用实用堰可以兼有挡水和泄水的作用。

实用堰的断面形式很多，在溢洪道上经常采用的有WES型和驼峰堰。驼峰堰的堰面是由几个半径不同的圆弧组成的，施工简单并且基底较宽，地基应力分布比较均匀，故适用于地基较差（如软弱地基）的情况，岳城水库溢洪道建筑在非岩石地基上，采用了驼峰堰，其闸室剖面如图6.7所示。

2. 溢流堰设计的几个问题

(1) 堰顶水头 H 的确定。堰顶水头应以溢流堰上游（4～6）H 处的水位作为计算标准。当溢流堰面临水库而无引水渠时，可用水库水位计算堰顶水头。当引水渠较长时则必须根据引水渠的水面曲线确定 H 值。若堰高与堰顶水头之比 $P/H<2$，还应考虑行进流速水头的影响。

过去有些工程，由于对引水渠的水头损失考虑不足甚至完全忽略而造成溢洪道的泄量达不到设计值，这种情况必须引起重视。

(2) 宽顶堰的顶宽。宽顶堰的顶宽亦即沿水流方向的堰坎长度 L，若 $L>10H$，则实际过流量将小于按宽顶堰公式计算的流量。这时的水流状态已不属于宽顶堰流，而是明渠非均匀流，它的沿程能量损失已不能忽略。

当一个平坡或缓坡接一陡坡时，渠中水流由缓流变为急流，在两坡的交接断面处，水深可近似看成是临界水深 h_k。对于图6.8所示的情况，可按下述方法求得其泄流量。

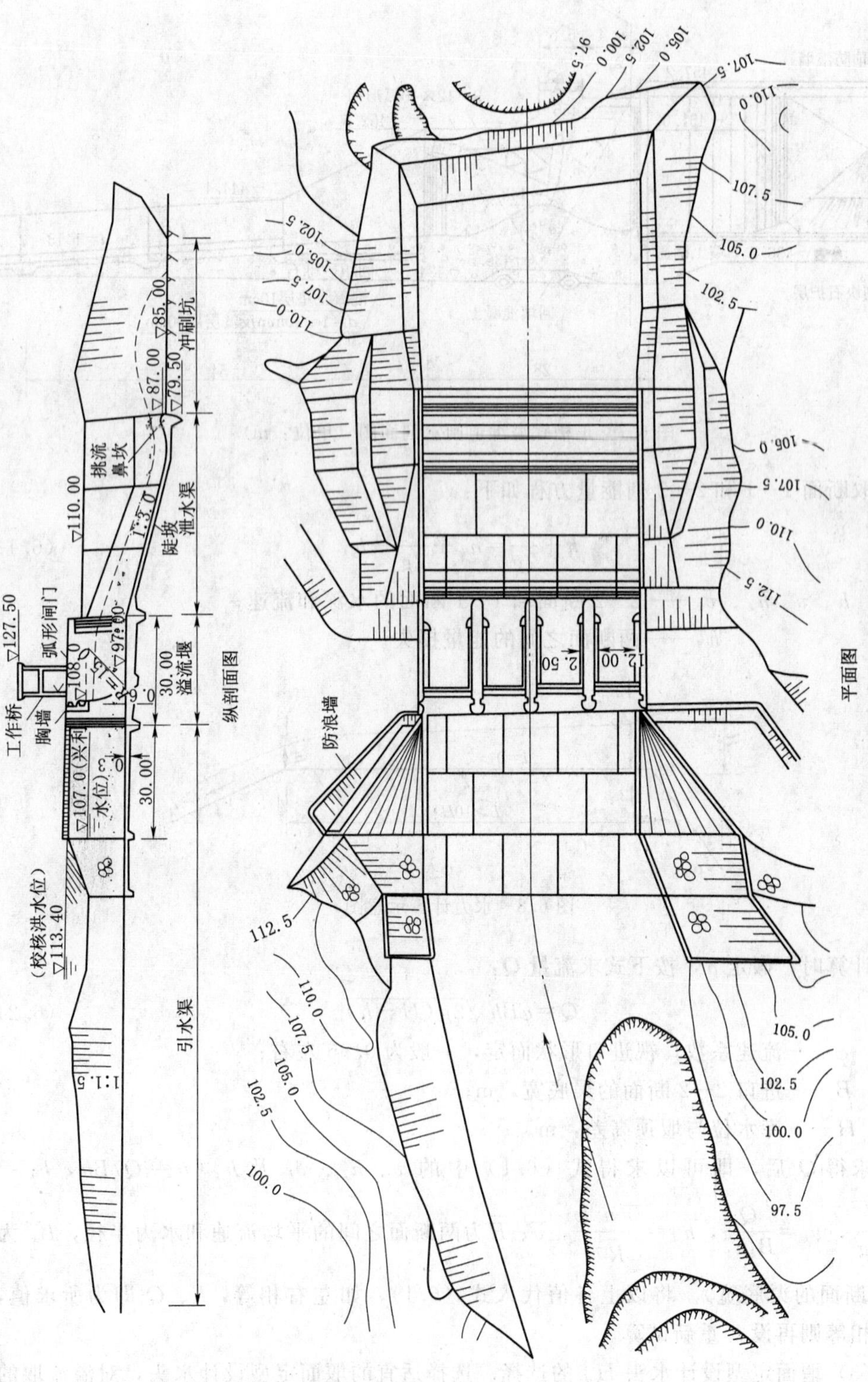

图 6.6 正槽式溢洪道布置图（单位：m）

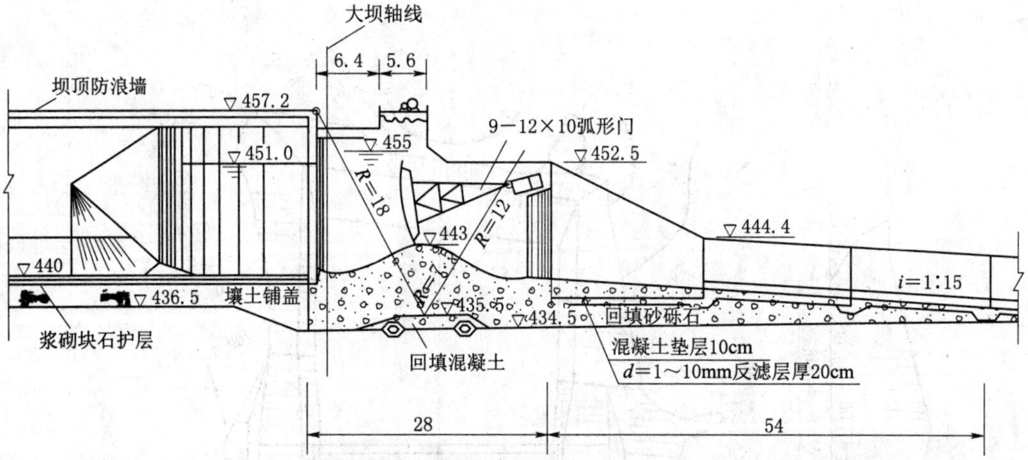

图6.7 正槽式溢洪道闸室剖面图（单位：m）

取断面1—1和2—2列能量方程如下：

$$h+\frac{v^2}{2g}=h_k+\frac{{v_k}^2}{2g}+h_f \tag{6.1}$$

式中 h、v、h_k、v_k——2—2断面和1—1断面的水深和流速；

h_f——两断面之间的能量损失。

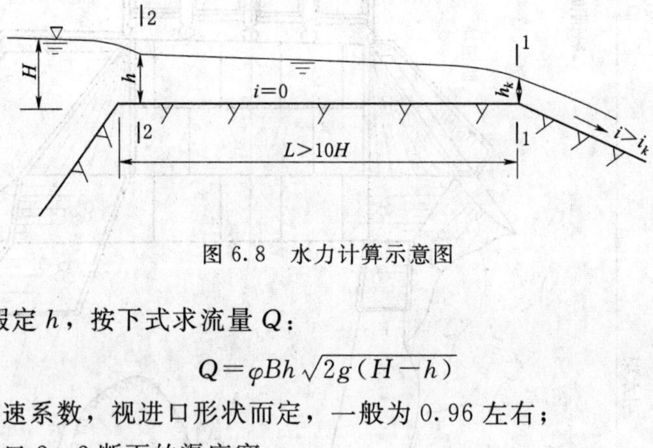

图6.8 水力计算示意图

计算时，假定h，按下式求流量Q：

$$Q=\varphi Bh\sqrt{2g(H-h)} \tag{6.2}$$

式中 φ——流速系数，视进口形状而定，一般为0.96左右；

B——进口2—2断面的渠底宽，m；

H——库水位与堰顶高差，m。

求得Q后，即可以求得式（6.1）中的v、h_k、v_k及h_f（$v=Q/Bh$，$h_k=\sqrt{\frac{Q^2}{B_k^2 g}}$，$v_k=\frac{Q}{B_k h_k}$，$h_f=\frac{\overline{v}^2 n^2 L}{\overline{R}^{\frac{4}{3}}}$，$\overline{v}$、$\overline{R}$为两断面之间的平均流速和水力半径，$B_k$为1—1断面的渠底宽）。将以上各值代入式（6.1），如左右相等，h、Q即为所求值，如不相等则再设h重新试算。

（3）堰面定型设计水头H_d的选择。选择适宜的堰面定型设计水头，对溢流堰的泄流量和安全有很大的意义。由于溢洪道上的堰多为低堰，下游水深相对较大，选用较小的定型设计水头，高水位时一般不会发生过大的负压，而采用较小的 H_d 却有利于宣泄较大的洪水。根据实验研究认为当堰顶水头 $H=1.4H_d$ 时，堰面负压不致产生有害的影响，所以 H_d 一般采用堰项最大水头的0.6～0.75倍。

(4) 实用堰的高度。实用堰的高度除与地形地质条件有关外，为了获得较大的流量系数，也必须有适宜的堰高。试验证明，对于低堰（$0.3\leqslant P_1/H_d\leqslant 1.0$，$P_1$ 为堰的上游高），流量系数 m 值，将随相对堰高 P_1/H_d 的减小而减小，其关系见表6.1。由表中可以看出，当 $P_1/H_d<0.5$ 时流量系数减小更为明显，这是因为堰高过低，水流纵向收缩不够完善，致使堰面压力增加，动能减小所致。为了流量系数不致太小，又不致过多地增加开挖方量和混凝土方量，建议 P_1 值以不低于 $0\ 5H_d$ 为宜。设计时可进行比较确定。

表 6.1　　流量系数与相对堰高关系表

m \ P_1/H_d 堰面	0.1	0.2	0.3	0.4	0.5	0.6	0.7	0.8	0.9
克—奥	0.426	0.446	0.460	0.469	0.476	0.480	0.483	0.485	0.490
垦务局（美国）	0.422	0.445	0.458	0.467	0.473	0.477	0.480	0.483	0.492

当下游堰 P_2 过小时，水流过堰后将由于堰面曲线过短而不能逐渐转向，致使反弧段上动水压力较高，影响低堰下游面的正常压力分布，因而出现水头越大流量系数越低的现象。为了消除这种现象，保证堰的自由泄流状态下游堰高 P_2 必须保持一定高度以便堰面有足够的长度。一般要求 P_2 最好能大于 $0.7H_d$（图6.9）。

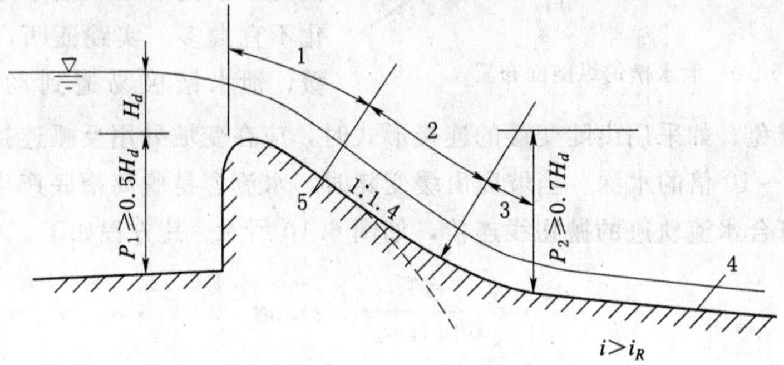

图6.9　实用堰的高度

1—曲线段；2—直线段；3—反弧段；4—泄水槽；5—切点

6.3.2.3 泄水槽

泄水槽是开敞式溢洪道的一个重要组成部分，它的布置是否合理，关系到能否使水流安全泄往下游。泄水槽的特点是坡陡、流急。槽内水流的流速高、紊动剧烈、惯性力大、对边界条件的变化非常敏感。如果边墙稍有偏折，就要引起冲击波，对下游消能不利；槽壁不平整时，极易产生掺气、气蚀等问题。为了消除或抑制高速水流所产生的不利影响，设计泄水槽时应注意以下几点。

1. 平面布置

泄水槽在平面上应尽可能布置成直线形，等宽断面，力求避免转弯或变断面，以使水流平顺。但在实际工程中，当溢流堰前缘较宽而泄水槽又较长时，为了减少开挖方量，常在泄水槽首端设收缩段。而为了减小单宽流量，有利于消能，在泄水槽末端设置扩散段。有时由于地形或地质的原因，又不得不设置弯曲段。但为保证工程的安全，无论收缩段、扩散段或转弯段，都必须有适宜的轮廓尺寸和有效的措施，最好通过水工模型试验进行验证。

收缩段的收缩角越小，冲击波也越小。根据实验和分析研究证明，收缩段边墙的转角不宜大于10°～15°，即约为5：1左右。收缩段的长度应根据收缩后泄槽的流速要求和总体布置而定。边墙宜采用直线形，但在转角处可以局部修圆。扩散段的扩散角应不大于高速水流的自然扩散角，以免水流与边墙脱离而产生竖轴漩涡影响扩散效果。初步设计时，可由下式确定。

$$\tan\theta \leqslant \frac{1}{KFr} \tag{6.3}$$

式中 Fr——弗劳德数，按扩散段起始断面的流速 v 和水深 h 计算；

K——经验系数，与扩散条件有关，一般采用1.5～3.0，水平槽底取小值，斜坡槽底取大值。

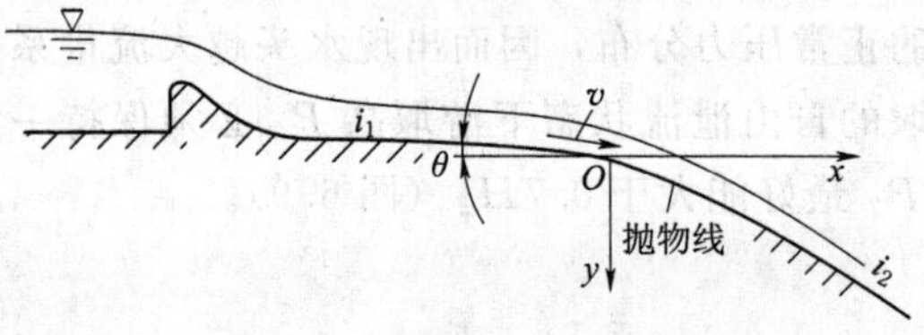

图6.10 泄水槽的纵剖面布置

2. 泄水槽的纵剖面布置

为了节省开挖方量，泄水槽的纵坡通常是随地形、地质条件而变化。但为了水流平顺和便于施工，坡度变化不宜太多。实践证明，坡度由陡变缓，泄水槽极易遭到动水压力的破坏，应尽量避免。如采用由陡变缓的连接形式时，应在变坡处用反弧连接，反弧半径R应不小于8～10倍的水深。当坡度由缓变陡时，水流容易脱离槽底产生负压，故在变坡处宜用符合水流轨迹的抛物线连接，如图6.10所示。其方程如下：

$$y = \frac{x^2}{6h_0\cos\theta^2} + x\tan\theta \tag{6.4}$$

式中 h_0——抛物线开始处的总水头，m，即 $h_0 = h + \frac{v^2}{2g}$，h、v 为该处水深和流速；

θ——抛物线开始前底坡的坡角，(°)。

槽底的纵坡一般大于临界坡度，常用1%～5%，有时可达10%～15%，在坚硬的岩基上可以更大，实践中有用到1：1的。

3. 泄水槽的横断面

泄水槽的横断面应尽可能做成矩形并加衬砌。当地基为坚硬的岩石时，也可以考虑不衬砌。土基上的泄水槽断面可以做成梯形，但边坡不宜太缓，以免水流外溢。

泄水槽的边墙或衬砌高度应按掺气后的水深加安全超高来确定。一般 $v>6\sim7\text{m/s}$

时，则需要考虑掺气问题。掺气后的水深 h_a。可按下式估算：

$$h_a = h\left(1 + K\frac{v^2}{gR}\right) \tag{6.5}$$

式中 h——设计断面未掺气时水流的水深，m；

v——设计断面未掺气时的平均流速，m/s；

R——水力半径，m；

K——系数，与边界糙率有关，对于一般的混凝土表面 $K=0.004\sim0.006$，对于粗糙的混凝土或整齐的砌石 $K=0.008\sim0.012$。

安全超高一般为 0.5～1.5m。

4. 弯道设计

如受地形、地质条件或布置上的需要，泄水槽可以布置有弯曲段，急流通过弯曲段时将产生横向冲击波。波横过槽身，左右反射，使得沿外墙和内墙上的水面形成一系列的最高水位点和最低水位点。设计弯道时，应充分考虑水流离心力和冲击波的影响。

由弯道离心力及急流冲击波共同作用而产生的横向水面超高（图 6.11），可近似地按下式计算：

$$\Delta Z = K\frac{v^2 B R_0}{gr} \tag{6.6}$$

式中 ΔZ——横向水面超高，即外墙水面高于中心线水面的超高，m；

v——平均流速，m/s；

R_0——按直线段计算所得水面宽，m；

r——弯道中心线的曲率半径，m；

K——超高系数，其值可按表 6.2 查取。

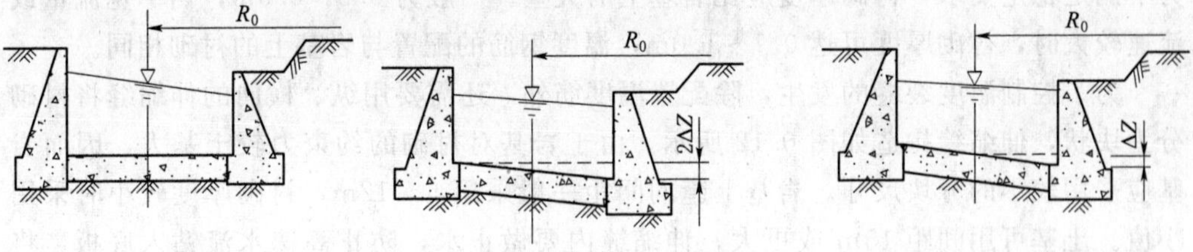

（a）弯道水流的横向水面超高 （b）槽底横向倾斜时槽底内外高差为2ΔZ （c）槽底横向倾斜时槽底外侧抬高ΔZ，内侧降低ΔZ

图 6.11 弯道横向水面超高

5. 泄水槽的构造

泄水槽通常均需做衬砌。为了保证泄水槽安全泄水，衬砌必做到光滑平整、止水可靠、排水通畅、坚固耐用。衬砌表面光滑平整可以防止产生负压空蚀；衬砌接缝处的止水可靠可以防止高速水流钻入缝内将底板掀起；底板下的排水设备通畅可以有效地降低扬压力以增加衬砌的稳定性；衬砌应能抵抗水流冲刷、温度变化、风化剥蚀和冻融循环的作用以延长使用寿命。

表 6.2 泄水槽弯道形状的确定

泄水槽断面形状	弯道曲线的几何形状	K 值
矩形	简单圆曲线	1.0
梯形	简单圆曲线	1.0
矩形	带有缓和曲线过渡段的复曲线	0.5
梯形	带有缓和曲线过渡段的复曲线	1.0
矩形	既有缓和曲线过渡段，槽底又横向倾斜	0.5

由于作用在衬砌上的扬压力、脉动压力、拖曳力及动水压力等荷载不易精确计算，因此衬砌设计应着重分析具体条件，多参考已有工程经验，采取相应的构造措施，必要时可实验确定其构造。如岩基很好，在离开溢流堰较远的地方也可不衬砌，只需将岩石加以平整即可。衬砌厚度，所用材料以及分缝，排水设备主要应根据工程规模，流速大小及地基条件而定。

在岩基上，流速在 15m/s 以下的中小型工程，可以用水泥浆砌条石或块石衬砌，关键是要砌得光滑平整，做好止水和底部排水。衬砌厚度一般为 30～60cm，对于流速较高的大中型工程，多采用混凝土衬砌，并在衬砌上部配置温度钢筋网，每个方向的含钢率约为 0.2%，衬砌厚度一般为 20～40cm。为了使衬砌与基岩紧密结合，增强衬砌的稳定性，有时采用锚筋插入新鲜岩石。锚筋的直径、间距和插入深度与岩石的性质和节理构造有关，锚筋直径不宜太小，通常采用 25mm 或更大；间距约为 1.5～3.0m；插入岩石深度大致为 40～60 倍的锚筋直径。必要时，可通过现场试验确定。岩基上的衬砌还可采用底层砌块石，二层砌条石或混凝土护面，以降低造价和提高抗冲能力。

在土基上通常采用混凝土衬砌。由于土基与衬砌之间无黏着力又不能采用锚筋，为了满足稳定要求，衬砌厚度应比岩基上的大些。一般为 0.3～0.5m，当单宽流量或流速较大时，衬砌厚度可达 0.7～1.0m，温度钢筋的配置与岩基上的衬砌相同。

为了控制温度裂缝的发生，除配置温度筋外，还需要用纵、横向的伸缩缝将衬砌分为块状，伸缩缝构造如图 6.12 所示。由于岩基对衬砌的约束力较土基大，因而岩基应采用较小的分块尺寸。岩基上缝的间距一般采用 6～12m，衬砌厚度较小时采用小值。土基可用间距 15m 或更大，伸缩缝内要做止水，防止高速水流钻入底板，将底板掀起。接缝处表面一定要求平整，特别是垂直于水流方向的横缝，必须防止下游块有升坎的现象。为此，横缝应做成搭接式以防止下游块升起。在良好的岩基上，有时也可用榫槽式（图 6.12）。

底板的排水设备，一般设在纵、横伸缩缝的下面，渗水由横向排水集中到纵向排水内排入下游。岩基上的横向排水设备通常都在岩面上开挖沟槽而成。沟槽尺寸一般为 0.3m×0.3m，沟内填不易风化的碎石，上面用混凝土板或沥青油毛毡等盖好，以防筑混凝土时进入灰浆造成堵塞。纵向排水设备也可在沟槽内埋碎石，但通常是在沟内放置缸瓦管（图 6.12），直径一般为 10～20cm，视渗水多少而定。管的接口不封闭，以便渗水进入管内。管的周围填满块石，顶部盖好，再浇筑混凝土，为了排水

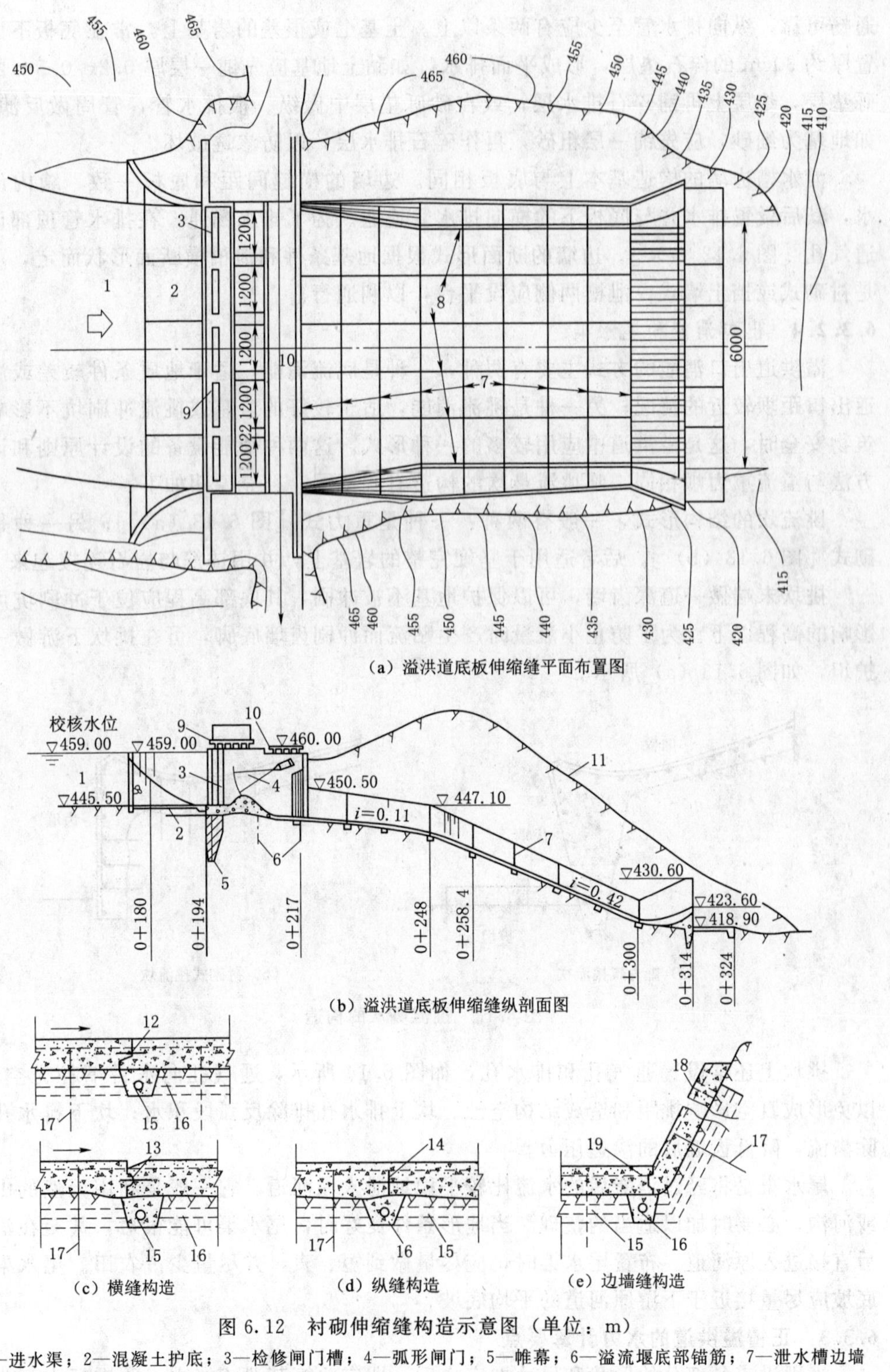

(a) 溢洪道底板伸缩缝平面布置图

(b) 溢洪道底板伸缩缝纵剖面图

(c) 横缝构造　(d) 纵缝构造　(e) 边墙缝构造

图 6.12　衬砌伸缩缝构造示意图（单位：m）

1—进水渠；2—混凝土护底；3—检修闸门槽；4—弧形闸门；5—帷幕；6—溢流堰底部锚筋；7—泄水槽边墙伸缩缝；8—泄水槽边墙；9—工作桥；10—交通桥；11—开挖线；12—搭接缝；13—键槽缝；14—平接缝；15—横向排水沟（管）；16—纵向排水沟（管）；17—底板及边墙锚筋；18—通气孔；19—边墙缝

通畅可靠，纵向排水管至少应有两条以上。土基上或很差的岩基上，常在底板下面设置厚约30cm的碎石垫层，形成平面排水。如黏土地基应先铺一层厚0.2～0.5m的砂砾垫层，垫层上再铺碎石排水层；或在砂砾垫层中做纵、横排水管，管周做反滤层。如地基为细砂，应先铺一层粗砂，再作碎石排水层，以防渗透破坏。

泄水槽边墙的构造基本上与底板相同。边墙的横缝间距和底板一致，缝内设止水，其后设置排水并与底板下的横向排水管连通。为了排水畅通，在排水管顶部设置通气孔［图6.12（e）］。边墙的断面形式根据地基条件和泄槽横断面形状而定，可以是衬砌式或挡土墙式。泄槽两侧应设平台，以利通行。

6.3.2.4 出口消能和尾水渠

溢洪道出口消能的方式主要有两种，一种是底流消能，适于地质条件较差或溢洪道出口距坝较近的情况；另一种是挑流消能，适于较好的岩基或挑流冲刷坑不影响建筑物安全时，这是溢洪道中应用较多的一种形式。这两种消能设备的设计原则和计算方法与溢流重力坝相同，唯挑流鼻坎的构造有些不同，补充说明如下：

挑流坎的结构形式，一般有两种：一种是重力式［图6.13（a）］；另一种是衬砌式［图6.13（b）］。后者适用于坚硬完整的岩基上，并用锚筋与岩石连接起来。

挑坎末端做一道深齿墙，可以保护地基不被冲刷，其底部高程应位于冲刷坑可能影响的高程以下。为了防止小流量时产生贴流而冲刷齿墙底脚，可在挑坎下游做一段护坦，如图6.13（a）所示。

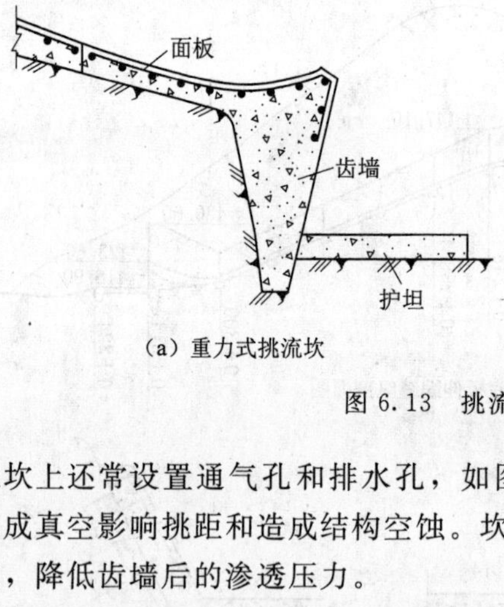

（a）重力式挑流坎

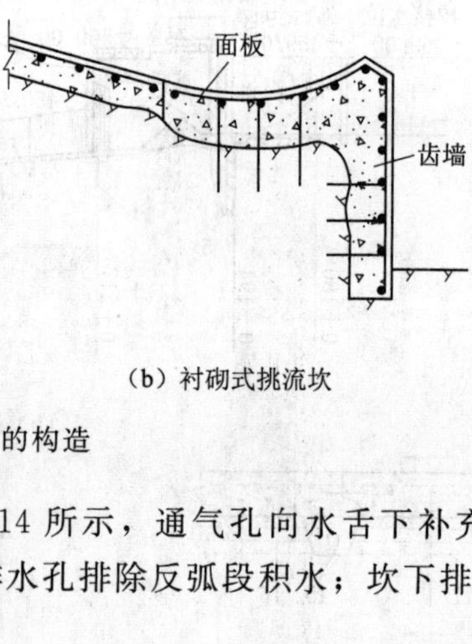

（b）衬砌式挑流坎

图6.13 挑流鼻坎的构造

挑坎上还常设置通气孔和排水孔，如图6.14所示，通气孔向水舌下补充空气，以免形成真空影响挑距和造成结构空蚀。坎上排水孔排除反弧段积水；坎下排水孔排除渗流，降低齿墙后的渗透压力。

尾水渠是将经过消能后的水流比较平稳地泄入原河道。它一般是利用天然的山冲或河沟，必要时加以适当的整理。当地形条件良好时，尾水渠可能很短，甚至在消能后直接进入原河道。布置尾水渠时，应尽量做到短、直，并尽量少占农田。尾水渠的底坡应尽量接近于下游原河道的平均底坡。

6.3.3 正槽溢洪道的水力计算要点

当溢洪道各部分的形状和尺寸拟定之后，即应验算其泄流能力，并进行水面曲线及消能计算，以便判断布置是否合理，图6.15为一典型正槽溢洪道的纵断面，其计算步骤大致如下：

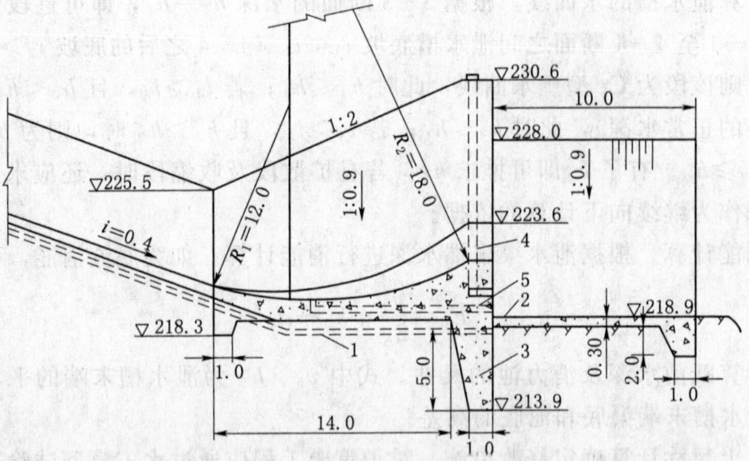

图 6.14　挑坎上还常设置通气孔和排水孔（单位：m）

1—纵向排水；2—护坦；3—混凝土齿墙；4—ϕ50cm 通气孔；5—ϕ10cm 排水管

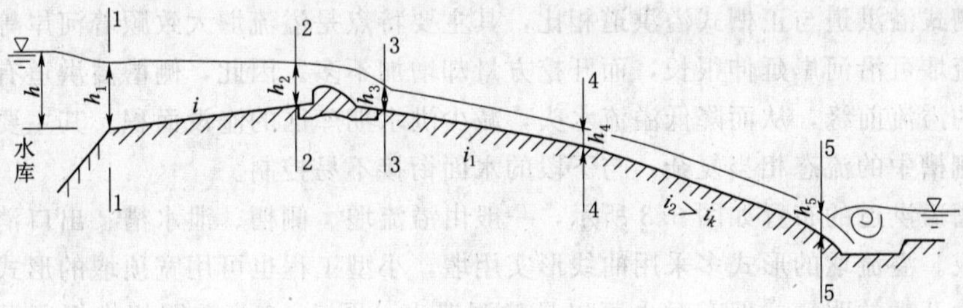

图 6.15　正槽溢洪道的纵断面图

（1）计算图示 1—1 断面水深 h_1。根据进口形式和要求的泄量 Q 按淹没宽顶堰公式 $Q=\varphi Bh_1\sqrt{2g(h-h_1)}$ 计算 h_1。式中 h 为库水位与进水渠底的高差，B 为进口渠宽。

（2）计算引水渠末端水深 h_2。根据流量 Q 及 H 断面水深 h_1 按分段求和法推求引水渠末端水深 h_2。

（3）确定堰顶高程。根据流量 Q 及溢流前缘净长 L。按堰流公式：

$$H=\left(\frac{Q}{mL\sqrt{2g}}\right)^{\frac{2}{3}} \tag{6.7}$$

求得堰上水头 H。则上游堰高 $P_1=h_2-H$。如认为 P_1 值不适宜，可改变引水渠的尺寸重新计 h_1 及 P_1。如引水渠很短，可以忽略其水头损失时，则 $P_1=h-H$。

（4）计算堰后收缩水深 h_c。根据溢流堰的要求，拟定堰后高度 P。得 $E_0=H+P_2$，由公式：

$$Q=\varphi B_3h_c\sqrt{2g(E_0-h_c)} \tag{6.8}$$

求 h_c，式中 B_3 为 3—3 断面处过水断面宽。

(5) 计算泄水槽的水面线。根据 3—3 断面的水深 $h_3=h_c$，即可逐段推求各断面水深。若 3—3 至 4—4 断面之间泄水槽底坡 $i_1<i_k$（4—4 之后的底坡 $i_2>i_k$）且其长度较短时，则该段为 C_1 型壅水曲线，此时 $h_4\leqslant h_k$；若 $i_1>i_k$，且 $h_3<h_0$ 时（h_0 为该段泄水渠的正常水深），此时 $h_4\leqslant h_0$；若 $i_1>i_k$，且 $h_3>h_0$ 时，则为 b_{II} 型降水曲线，此时 $h_4\geqslant h_0$。有了 h_4 即可推求 h_5。若有扩散段及收缩段时，还应求出其起、止断面的水深作为继续向下计算的依据。

(6) 消能计算。根据泄水渠末端水深进行消能计算。如为底流消能，可根据公式

$$E_0=\frac{v_5^2}{2g}+h_5+d \tag{6.9}$$

(7) 计算跃前水深及消力池的尺寸。式中 v_5、h_5 为泄水槽末端的平均流速和水深；d 为泄水槽末端渠底和池底的高差。

根据以上尺寸计算确定修改措施，对于重要工程应通过水工模型试验进行验证。

任务 6.4　侧槽溢洪道

侧槽式溢洪道与正槽式溢洪道相比，其主要特点是溢流堰大致顺着河岸等高线布置，溢流堰可沿河岸延伸很长，而开挖方量却增加不多。因此，侧槽溢洪道有条件采用较大的溢流前缘，从而降低溢流水头，减少洪水期库区的淹没面积。其主要缺点是水流在侧槽中的流态相当复杂，与下段的水面衔接不易控制。

侧槽溢洪道的布置如图 6.3 所示，一般由溢流堰、侧槽、泄水槽、出口消能和尾水渠组成。溢流堰的形式多采用曲线形实用堰，小型工程也可用宽顶堰的形式。泄水槽一般为开敞的明槽，但有时也可以是隧洞泄水，图 6.16 为美国胡佛坝所采用的侧槽溢洪道。

侧槽溢洪道的水力计算与正槽溢洪道的不同之处只有侧槽部分，其他基本相同。

6.4.1　侧槽尺寸的拟定

6.4.1.1　侧槽横断面

1. 形状

侧槽横断面的形状宜做成窄深式。槽中有较大的水深，可以使侧向流进的水流充分掺混，转向后形成平稳的流态；窄深断面比宽浅断面开挖方量少。图6.17 中的虚线为窄深断面，若窄深断面的过水断面与宽浅断面的相同，则图中 $\omega_1=\omega_2$，所以窄深断面可节省开挖面积为 ω_3。

2. 边坡

侧槽横断面的侧向边坡越陡越节省开挖量。故在满足水流和边坡稳定的条件下，宜采用较陡边坡。根据模型试验，在溢流堰一侧的边坡可采用 1∶0.9～1∶0.5；另一侧则可根据岩石的稳定边坡选定，一般为 1∶0.5～1∶0.3。

3. 断面尺寸

侧槽横断面的大小应根据流量经计算确定。由于侧槽内的流量是沿流向不断增加

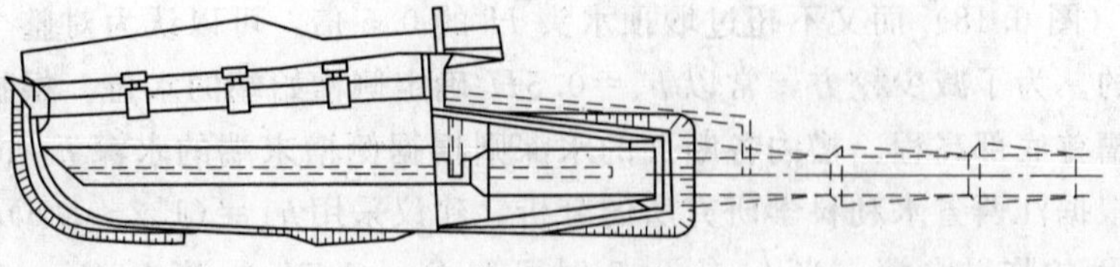

(a) 平面图

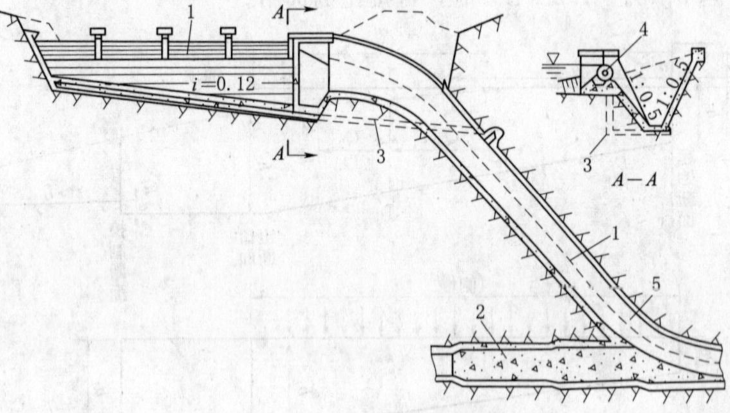

(b) 纵剖面图

图 6.16　隧洞泄水的侧槽式溢洪道

1—水面线；2—混凝土塞；3—排水管；4—闸门；5—泄水隧洞

的，所以侧槽底宽亦应沿水流方向逐渐加大。侧槽始端底宽 b_0 应采用满足施工要求的最小值，末端底宽 b_L 可采用 $b_L=(1.5\sim4.0)b_0$，一般与泄水槽底宽相同。

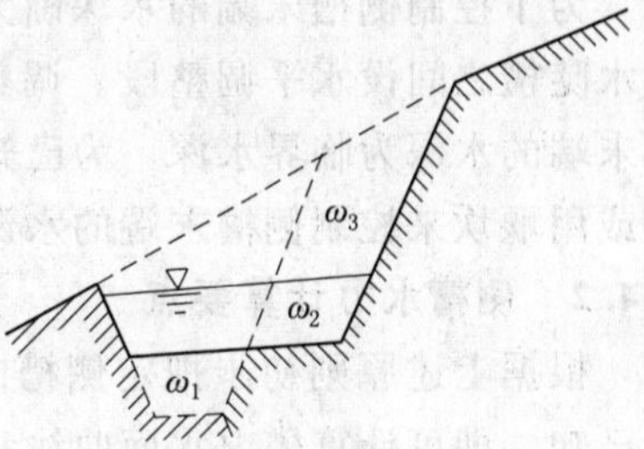

图 6.17　侧槽挖方量

6.4.1.2　侧槽的纵剖面

1. 槽底纵坡

侧槽应有适宜的槽底纵坡以满足泄水能力的要求。由于水流经过溢流堰泄入侧槽时，水股冲向对面槽壁，水流能量大部分消耗于水体间的混掺撞击，对沿侧槽方向的流动并无帮助，完全依靠重力作用向下游流动，所以槽底必须有一定的坡度。槽底坡度的大小，既影响水流状态又影响开挖方量。为使槽内水流平稳均匀，槽中水流应为缓流状态，槽底纵坡宜较平缓，但如槽底纵坡过缓，将使侧槽上游段水面壅高过多而影响过堰流量。但如使槽底纵坡过陡，又会增加侧槽下游段的开挖深度。如能使槽底纵坡近似平行于水面线，可使槽内流速变化不大，水流平稳，初步拟定时，可采用底坡为 0.01～0.05。

2. 槽底高程

槽底高程加槽内水深等于水面高程，水面过高将淹没堰顶影响过堰流量。所以，确定槽底高程的原则应该是在不影响溢流堰过水能力的条件下，尽量采用较高的槽底以减少开挖方量。根据试验研究表明，若槽内水面线在侧槽始端最高点超出溢流堰顶

的高度 h_s（图 6.18）而又不超过堰顶水头 H 的 0.5 倍，可以认为对整个溢流堰来说是非淹没的。为了减少挖方，常以 $h_s=0.5H$ 确定侧槽始端的水位。根据该水位减去水深可得槽首底部高程。槽内各断面的水深则根据侧槽末端的水深 h_L 向上游逐段推算而得。根据江西省水利科学研究所的分析，建议采用 $h_L=(1.2\sim1.5)h_k$ 较为适宜，h_k 为该断面的临界水深，当 $b_L/b_0=5$ 时可取 $h_L=1.5h_k$；当 $b_L/b_0=1.0$ 时，可取 $h_L=1.2h_k$；当 $b_L/b_0=1.2\sim1.5$ 时，可按比例选用。

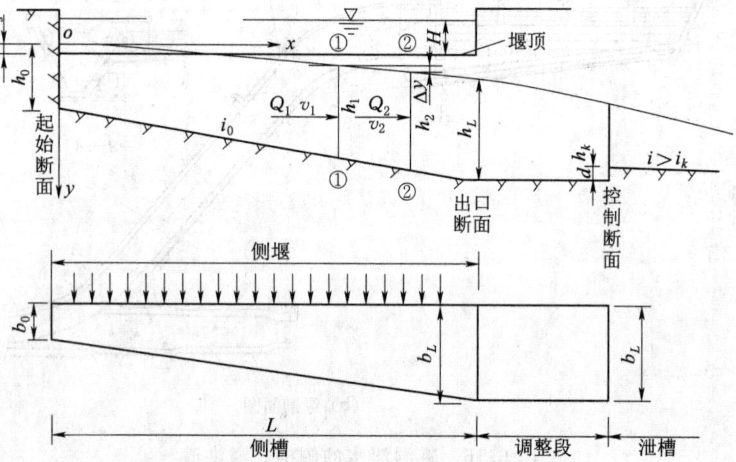

图 6.18 侧槽水力计算示意图

为了控制侧槽末端的水深确为 h_L 以及使水流能平顺地进入泄水槽，常在侧槽与泄水陡槽之间设水平调整段。调整段的长度可取 3～4 倍临界水深或更大一些。调整段末端的水深为临界水深，为已知值，故称该断面为控制断面。控制断面可用缩窄槽宽或用堰坎来控制侧槽末端的水深 h_L 为选用值。

6.4.2 侧槽水力计算要点

根据上述原则初步拟定侧槽的底坡 i 和首、尾断面的宽度 b_L 及 b_0。侧槽长度 L 为已知，即可计算槽内水面曲线和相应的相底高程，以判断溢流堰、侧槽和泄水槽三者之间的水面衔接是否良好，泄洪是否安全。

1. 侧槽水面线的计算公式

侧槽中每个断面上的流量、水深和流速是不同的，属于变量流，设溢流堰的单宽流量 q 沿长度方向是不变的，则侧槽任一断面上的流量等于单宽流量与该断面上游进水前缘长度之乘积，$Q_x=qx$ 由于侧向进流的冲击、掺混，槽中水流波动很大，水流现象相当复杂，要精确计算槽内水面曲线是比较困难的，下面介绍一种应用动量方程推导的近似公式。

在图 6.18 中取一段长度为 Δx 的微元体如图 6.19 所示，设 Q_1、V_1、h_1 分别为 1—1 断面的流量、流速和水深，Q_2、V_2、h_2 分别为 2—2 断面的流量、流速和水深。且 $Q_2=Q_1+\Delta xq$，$V_2=V_1+\Delta V$。Δy 为相距 Δx 的两断面之间的水面高差。对 1—1 与 2—2 断面取动量方程：

作用在微元体上沿水流方向的力：

$$P=\frac{1}{2}\gamma h_1^2-\frac{1}{2}\gamma h_2^2+W\sin\theta \tag{6.10}$$

式中 W——微元体的重量，$W=\omega\cdot\Delta x\cdot\gamma$，$\omega$ 为平均过水断面面积，$\omega=\frac{W}{V}=\frac{Q_1+\frac{1}{2}\Delta xq}{V_1+\frac{1}{2}\Delta V}=\frac{Q_1+Q_2}{V_1+V_2}$；

θ——微元体水面的倾角。

若近似采用 $\sin\theta=\tan\theta=\frac{\Delta y}{\Delta x}$，$h_1=h_2$，则上式变为

$$P=\gamma\cdot\Delta y\frac{Q_1+Q_2}{V_1+V_2} \tag{6.11}$$

动量变化为

$$\frac{\gamma}{g}(Q_2V_2-Q_1V_1)=\frac{\gamma}{g}(Q_2V_2-Q_1V_1+Q_1V_2-Q_1V_2)=\frac{\gamma Q_1}{g}\left[(V_2-V_1)+\frac{V_2(Q_2-Q_1)}{Q_1}\right] \tag{6.12}$$

根据动量定律得

$$\gamma\cdot\Delta y\frac{Q_1+Q_2}{V_1+V_2}=\frac{\gamma Q_1}{g}\left[(V_2-V_1)+\frac{V_2(Q_2-Q_1)}{Q_1}\right] \tag{6.13}$$

或
$$\Delta y=\frac{Q_1}{g}\frac{V_1+V_2}{Q_1+Q_2}\left[(V_2-V_1)+\frac{V_2(Q_2-Q_1)}{Q_1}\right] \tag{6.14}$$

利用公式（6.14）计算侧槽的水面线时，要用试算法。若 h_2、Q_2、V_2 及 Q_1 为已知，可假设一个 Δy，$h_1=h_2+\Delta y-i\Delta x$（$i$ 为侧槽底坡），故可求得 ω_1 及 $V_1=\frac{Q_1}{\omega_1}$，代入式（6.14）计算 Δy，如与假设值相等即为所求。如不相等，则需根据计算的 Δy 值重新计算 V_1 及 Δy，直到相等为止。

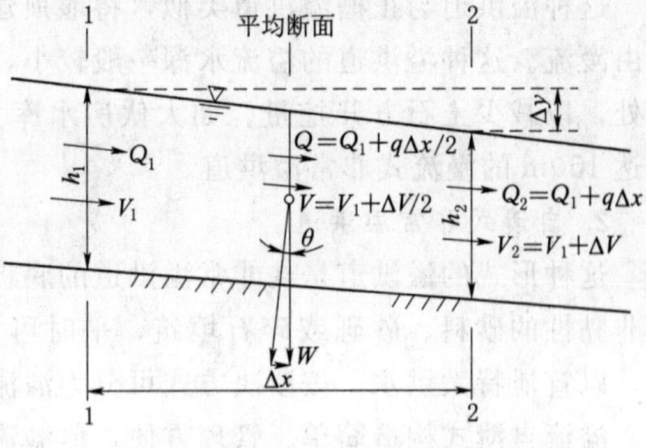

图 6.19 侧槽水面曲线计算微元体

2. 侧槽水力的计算步骤

已知设计流量 Q，侧堰溢流前缘长度 L、堰顶高程及堰上水头 H 后，可按下述步骤对侧槽的水面曲线及渠底高程进行计算。

（1）拟定侧槽尺寸，根据地形、地质条件拟定侧槽底宽 b_0 及 b_L，侧槽横断面的边坡 m，槽底纵坡 i 及调整段的长度和形式。

（2）选定侧槽末端水深 h_L：根据 b_L/b_0 值确定 h_L，为了控制 h_L，需要计算控制断面的坎高 d。

$$d=(h_L-h_K)-(1+\xi)\left(\frac{V_K^2-V_L^2}{2g}\right) \tag{6.15}$$

式中 V_K——侧槽末端断面的平均流速；

h_K、V_K——控制断面的临界水深和相应流速；

ξ——局部损失系数，可采用0.2。

若调整段末端断面无突坎，而是采用缩窄槽宽的收缩形式时，则应根据下式求h_K，根据h_K确定缩窄断面的宽度。

$$h_L+\frac{V_L^2}{2g}=h_K+\frac{V_K^2}{2g}+\xi\frac{V_K^2-V_L^2}{2g} \tag{6.16}$$

(3) 按式(6.15)计算槽内各断面水位差。按选定的h_L逐段推求各相邻断面之间的水位差及水深。

(4) 确定槽底高程。根据侧槽首端溢流堰允许的淹没水深h_s，定出侧槽首端水位，减去水深得首端槽底高程。其他各断面槽底高程可按底坡确定或按水位减水深确定。

6.5 非常溢洪道

任务6.5 非常溢洪设施

在建筑物运行期间可能出现超过设计标准的洪水，由于这种洪水出现机会极少，泄流时间也不长，所以在枢纽中可用结构简单的非常溢洪道来宣泄。分为漫流式、自溃式、爆破引溃式三种类型。

1. 漫流式非常溢洪道

这种溢洪道与正槽溢洪道类似，将堰顶建在准备开始溢流的水位附近，而且任其自由漫流。这种溢洪道的溢流水深一般较小，因而堰长较大，多设于垭口或地势平坦之处，以减少土石方开挖量。如大伙房水库为了宣泄特大洪水，1977年增加了一条长达150m的漫流式非常溢洪道。

2. 自溃式非常溢洪道

这种形式的溢洪道是在非常溢洪道的底板上加设自溃堤，堤体可根据实际情况采用非黏性的砂料、砂砾或碎石填筑，平时可以挡水，当水位达到一定高程时自行溃决，以宣泄特大洪水。按溃决方式可分为溢流自溃和引冲自溃两种形式。

溢流自溃式构造简单、管理方便，但溢流缺口的位置和自溃时间无法进行人工控制，有可能溃坝提前或滞后。一般用于自溃坝高度较低，分担洪水比重不大的情况。当溢流自溃坝较长时，可用隔墙将其分成若干段，各段采用不同的坝高，满足不同水位的特大洪水下泄，避免当泄量突然加大时给下游造成损失。

引冲自溃式是在自溃坝的适当位置加引冲槽，当库水位达到启溃水位后，水流即漫过引冲槽，冲刷下游坝坡形成口门并向两侧发展，使之在较短时间内溃决。在工程中应用较广泛。

3. 爆破引溃式非常溢洪道

爆破引溃式溢洪道是当需要泄洪时引爆预埋的炸药，使非常溢洪道的坝体形成一定尺寸的爆破漏斗，形成引冲槽，通过坝体引冲作用使其在短时间内迅速溃决，达到泄洪目的。

思　考　题

1. 河岸溢洪道有哪几种形式？其特点是什么？
2. 简述正槽溢洪道与侧槽溢洪道的区别。
3. 如何进行河岸溢洪道的位置选择？
4. 正槽和侧槽溢洪道各由哪几部分组成？并说明各部分的作用。
5. 非常溢洪设施的形式有哪些？各自具有什么特点？
6. 溢流堰的形式有哪几种？各自的特点是什么？
7. 泄槽的水力特点是什么？如何进行泄槽的平面布置？
8. 说明泄槽纵、横剖面的设计要求。
9. 泄槽衬砌的目的是什么？应满足哪些要求？
10. 如何选择河岸溢洪道的消能方式？
11. 侧槽溢洪道布置有什么特点？

项目7 水工隧洞与坝下涵管

学习目标：

(1) 熟知水工隧洞的定义、特点、分类。

(2) 能进行水工隧洞的选线与布置。

(3) 能阐述水工隧洞的各组成部分的形式及构造。

(4) 能设计水工隧洞及坝下涵管。

学习重点：

(1) 水工隧洞的特点、类型、各组成部分的形式及构造。

(2) 水工隧洞的选线与布置。

学习难点：

(1) 隧洞衬砌上的荷载计算。

(2) 有压隧洞的结构计算。

任务7.1 认识水工隧洞

在水库枢纽中，当不宜通过挡水建筑物设置泄水孔时，可在河岸岩体中开挖隧洞进行泄水或引水，输水渠道经过山岭而采用明挖或绕过方案造价很高时，也可修建隧洞输水。在水利工程中为输送水流而修建的隧洞称为水工隧洞。

7.1 隧洞基本知识

图7.1所示为我国刘家峡水电站平面布置图，该水电站由混凝土重力坝、黄土副坝、电站厂房及泄洪排沙等建筑物组成，是以发电为主，兼有防洪、防凌等作用的枢

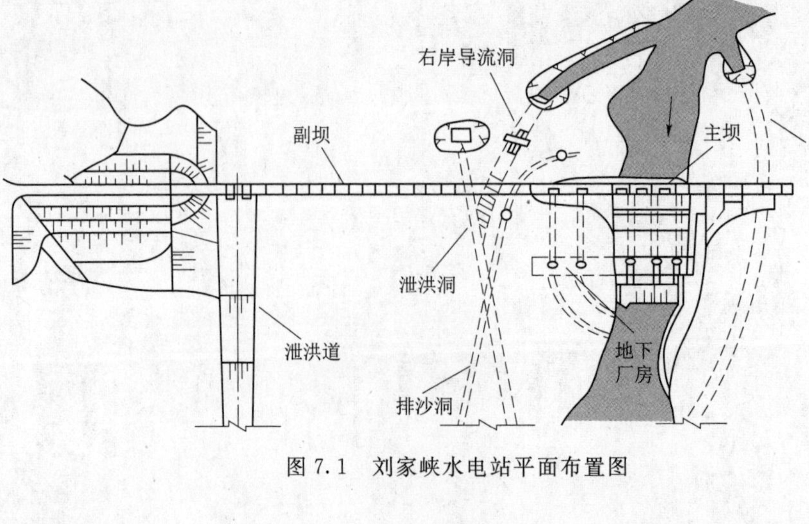

图7.1 刘家峡水电站平面布置图

纽。由于河谷狭窄，导流及泄洪量大，除布置有开敞式河岸溢洪道外，还设有大断面的导流兼泄洪隧洞。

图7.2所示为我国甘肃白龙江上的碧口水利枢纽布置图，拦河坝为高达101m的心墙土石坝。左右两岸建有泄洪洞与右岸坝肩处溢洪道共同担负泄洪任务，其中右岸泄洪洞在施工期兼作导流洞；左岸排沙洞，在枢纽运行期用以排除库内部分泥沙；左岸还有发电引水隧洞。

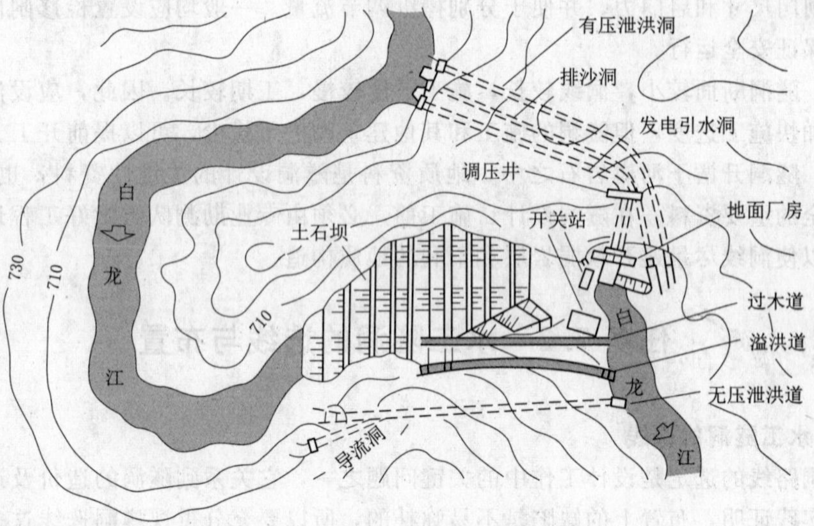

图7.2 碧口水利枢纽布置图

7.1.1 水工隧洞的类型

水工隧洞按其水流状态分为有压隧洞和无压隧洞两类。隧洞和坝内泄水孔一样，要求在运用中应保证水流状态与设计条件一致，不允许出现时而有压时而无压的现象。

水工隧洞按其用途分为有泄洪、发电引水、输水灌溉、排砂、导流、通航等隧洞，但就其工作性质可归纳为引水隧洞和泄水隧洞两类。前者一般为低流速，后者为高流速隧洞。

水库枢纽中的隧洞，应尽量考虑一洞多用，例如施工导流隧洞在成工完毕后，可以改为灌溉、发电引水隧洞或泄洪、排砂隧洞，但由于导流隧洞进口高程较低，常需在导流隧洞进口的上方另设进口，布置成“龙抬头”的形式，以减少闸门上的水压力。有的水库采用泄洪、灌溉或泄洪、发电“二洞合一”的布置形式。这种结合形式，只设一个进口，在适当的位置设支洞用以发电或灌溉，其优点是枢纽布置简单、节省造价。缺点是在运用中分岔处容易产生空蚀、振动。如支洞为发电洞时，主洞泄洪还要影响电站出力和供电质量。

因此，当洞身不长，而泄洪流量大、时间长、次数多、发电要求严格的电站不宜采用这种结合方式。

7.1.2 水工隧洞的特点

(1) 高速水流的泄洪洞，对建筑物的体型、水力学条件及结构布置均带来一些问题，如考虑不周，极易产生空蚀破坏。因此，在隧洞的体形设计及水流边壁的平整度方面均应予以特别重视，对于容易发生空蚀的部位还应采用防蚀、抗磨材料或其他防蚀措施。

（2）水库枢纽中的深孔泄洪洞，闸门承受很大的水压力，启闭闸门需要克服很大的摩擦阻力，而闸门在水库运用中又较频繁，要求闸门运用灵活、安全可靠，因此，闸门的设计、安装及布置均应妥善解决，如洞径较大，可考虑将进口分成2～3孔，以减小闸门尺寸和启门力，并便于分别操纵调节流量。一般均应设置检修闸门和事故闸门以保证安全运行。

（3）隧洞断面较小，洞线较长，施工进度较慢，工期较长。因此，应设法改进施工方法加快施工进度，但隧洞的施工和其他建筑物的干扰少，可以提前开工。

（4）隧洞开凿于河岸岩石之中，地质资料是隧洞设计的关键性资料，也是施工、运用安全的重要资料。在隧洞设计、施工前，必须由专业勘测队伍做好工程地质勘探工作，以使洞线尽量避开软弱岩层和不利的地质构造。

7.2

水工隧洞的选线与工程布置

任务7.2　水工隧洞的选线与布置

7.2.1　水工隧洞的选线

隧洞路线的选定是设计工作中的关键问题之一，它关系到隧洞的造价及运用的可靠性，实践证明，布置上的缺陷是不易弥补的，所以要充分重视隧洞选线这一设计环节，必须在认真勘测的基础上，拟定几个可行性方案进行技术经济比较决定，力求得到地质条件良好、线路短、水流顺畅以及对枢纽其他建筑物无不良影响的方案。

影响隧洞路线选择的因素很多，例如地形、地质条件、水文地质条件、施工条件等。这里仅将选线时应注意的一般原则叙述如下：

（1）隧洞的线路应尽量避开山岩压力大，地下水位高、漏水严重和可能坍塌的不稳定地段，以减少隧洞衬砌上的荷载和便于施工。为此，当隧洞轴线与岩层面、断层破碎带及主要节理裂隙相交时，应使轴线与层面的走向交成较大的夹角，在整体块状结构的岩体中，其夹角不宜小于30°，在层状岩体中，特别是层间结合疏松的高倾角薄岩层，其夹角不宜小于45°。隧洞进出口，应选择覆盖层浅，岩石比较坚硬完整，边坡稳定之处，以免在运用中发生塌滑、堵塞事故。如果上述情况无法避开，可以通过结构设计成施工措施来进行加固，当然这样要增加费用和延长工期。

（2）隧洞路线应力求短而直，以减少工程费用和水头损失。如由于枢纽布置要求或工程地质条件限制必须转弯时，也应以曲线相连使水流平顺，弯道对隧洞的流态、压力分布和水头损失的影响程度取决于转弯的缓急和流速的大小，对于流速低的有压隧洞弯曲半径必须大于5倍隧洞宽度，偏转角一般应不大于60°，曲线两端应设直线段，其长度不宜小于5倍洞宽，对于流速较大的有压隧洞，这些数值还要加大，最好根据水工模型试验确定。对于通过高速水流的无压隧洞应力求避免在平面上设置曲线段。

（3）隧洞的进出口水流应平顺对称，避免产生涡流，影响洞内流态，与其他建筑物之间应保持一定距离，以防止爆破时其他建筑物受到损害。若拦河坝为土石坝时，还应防止水流对上游坝坡和下游坝脚的冲刷。

(4) 隧洞应有一定的埋置深度，以便充分利用围岩的弹性抗力和减小地震力的影响，达到减小衬砌厚度的目的，一般顶部及侧面的岩层厚度应大于3倍隧洞的开挖宽度，已建工程证明，洞身部分均能满足这一要求，但进出口部分如按这一要求为依据，往往使洞口内移，增加明挖工程量，延长日期。近年来，我国有不少水工隧洞的进出口，其顶部岩层厚度不足1.0倍洞径，碧口水利枢纽右岸泄洪洞出口顶部岩层厚度仅为河宽的1/10，这样做的关键是采取合理的施工程序和工程措施，关于洞顶岩层的保留厚度，还无充分的理论根据，认识也不完全一致，对于具体做法，应根据工程所在地点的地形、地质条件和施工情况，经计算比较确定。

(5) 对于长隧洞，应考虑便于设置施工竖井或支洞，增加开挖工作面加快施工进度，并便于出渣和进料。

7.2.2 隧洞的工程布置

隧洞在平面上的布置应尽可能满足隧洞选线提出的几项原则和一洞多用的布置方式，以求隧洞施工方便、运用安全、造价低廉。

7.2.2.1 隧洞进出口布置

隧洞进出口的布置原则及高程的确定基本上与重力坝的泄水孔相同，泄洪隧洞的进口有开敞式和深水式两种，前者适用于以隧洞为主要泄水建筑物的情况，后者适用于泄水洞与排砂洞或放空水库之用相结合的情况。

开敞式进口做成溢流堰的形式，其后用斜洞与较低的隧洞洞身相连接，如图7.3所示。这种布置具有开敞式溢洪道的特点，泄水时，洞内为无压流状态。实践证明，这种布置在反弧段及其下游常易产生空蚀破坏，进口水流必须平顺，避免产生漩涡和回流，并应注意反弧段的体形设计和采取必要的减蚀措施。

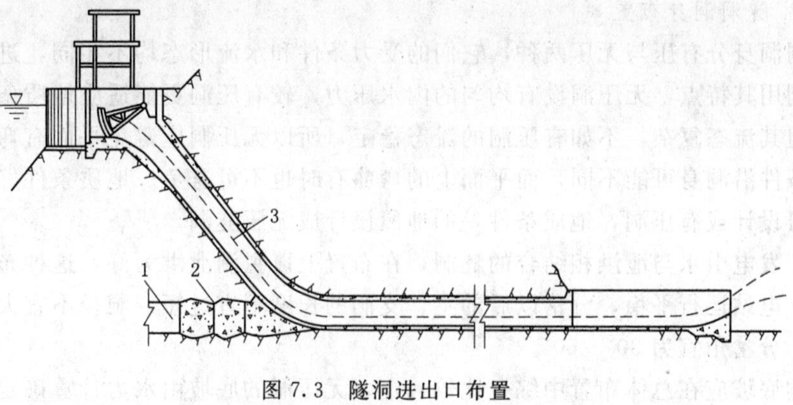

图 7.3 隧洞进出口布置

1—导流洞；2—混凝土堵头；3—泄洪洞

深式进水口的隧洞，可以是无压的或有压的，其闸门布置、进口体型设计均与重力坝泄水孔相同。但要特别注意保持进口曲线的连续性，不应在进口曲线上设闸门槽和通气孔等，还应避免闸门槽顶进水，以免恶化水力条件，如图7.4所示。

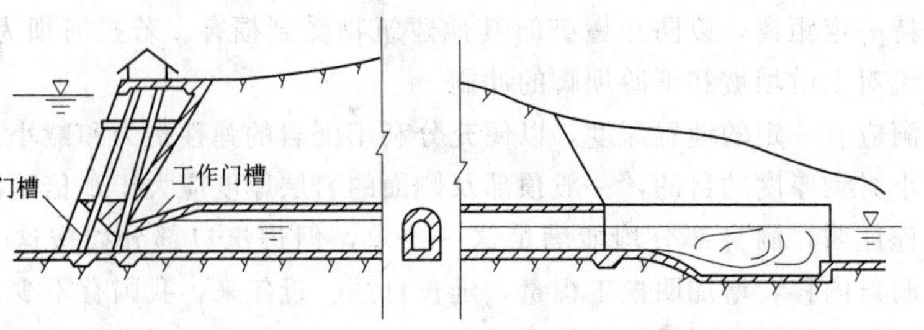

（a）无压洞

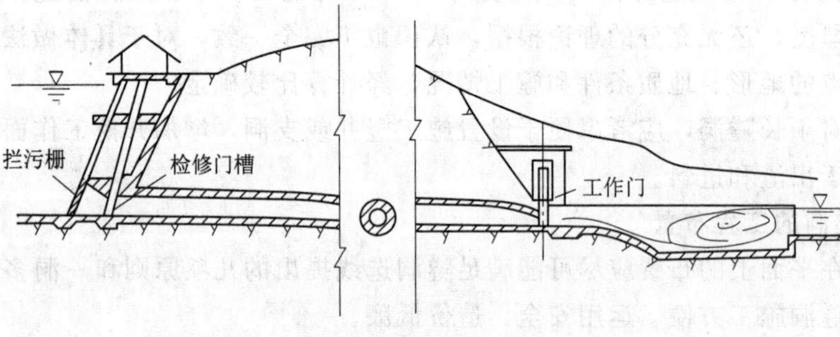

（b）有压洞

图 7.4　闸门位置布置图

隧洞出口应使水流下泄安全，出流平稳，有压隧洞的出口段断面积应小于洞身断面积，以保持洞壁有较大的正压。我国《水工隧洞设计规范》（SL 279—2016）指出，如隧洞沿程体形无急剧变化，出口段的断面积应等于或小于洞身断面的 85%～90%，若沿程体形变化多，洞内水流条件差，宜采用 80%～85%。泄洪、发电结合的隧洞，将泄洪洞出口收缩，是提高洞内压力防止岔尖处空蚀的有效措施。主洞泄洪时，泄洪洞出口断面积不宜超过洞身断面的 85%，支洞泄洪时，不宜超过洞身断面积的 70%。

7.2.2.2　隧洞洞身布置

隧洞洞身分有压与无压两种，它们的受力条件和水流形态均不相同，进行布置时应充分利用其特点，无压洞设有均匀的内水压力，较有压洞更能适应地质条件较差的情况，但其流态复杂，不如有压洞的流态稳定，所以无压洞应避免平面有弯曲段。实际地质条件沿洞身可能不同，而平面上的弯曲有时也不可避免。地质条件好或有弯曲段时，可设计成有压洞，地质条件差的地段设计成无压隧洞。

对于发电引水与泄洪相结合的隧洞，在布置上以主洞泄洪为好，这种布置洞内流态较好，电站运行平稳，分岔以后的主、支洞的长度不宜过短，洞径不宜大于上游主洞洞径，分岔角宜为 30°～60°。

隧洞底坡应在总体布置中综合比较确定，无压洞的底坡由水力计算确定，一般要求底坡在任何运用情况下均应大于临界底坡，使水流呈急流状态。有压隧洞的底坡取决于进出口高程，洞内水流对底坡无特殊要求。为了能自流排水便于隧洞检修，底坡应大于 0.003～0.005。但考虑施工便于运输，底坡也不宜过大，若施工采用有轨运输时，最大不宜超过 0.01，无轨运输时，最大不超过 0.02。洞内各段均不宜设置平坡或反坡，因为平坡末端可能出现压力余幅不足的情况，反坡不仅增加水头损失，还会产生河内淤砂积水，给维修增加了困难。

任务 7.3　水工隧洞各组成部分的形式与构造

隧洞由进口建筑物、洞身段和出口段三部分组成。

7.3.1　进口建筑物的形式和构造

开敞式进口建筑物的形式和构造与河岸式溢洪道的溢流段相同；深式进水口的某些部分与重力坝的泄水孔一样。此处仅将深水式进口闸门的操纵方式介绍如下：

7.3 水工隧洞构造

1. 竖井式

在隧洞进口附近的岩体中开挖竖井，井下设闸门，井上设启闭机室操纵闸门启闭，称为竖井式，如图 7.5 所示，井壁一般用钢筋混凝土衬砌。无压隧洞设置弧形闸

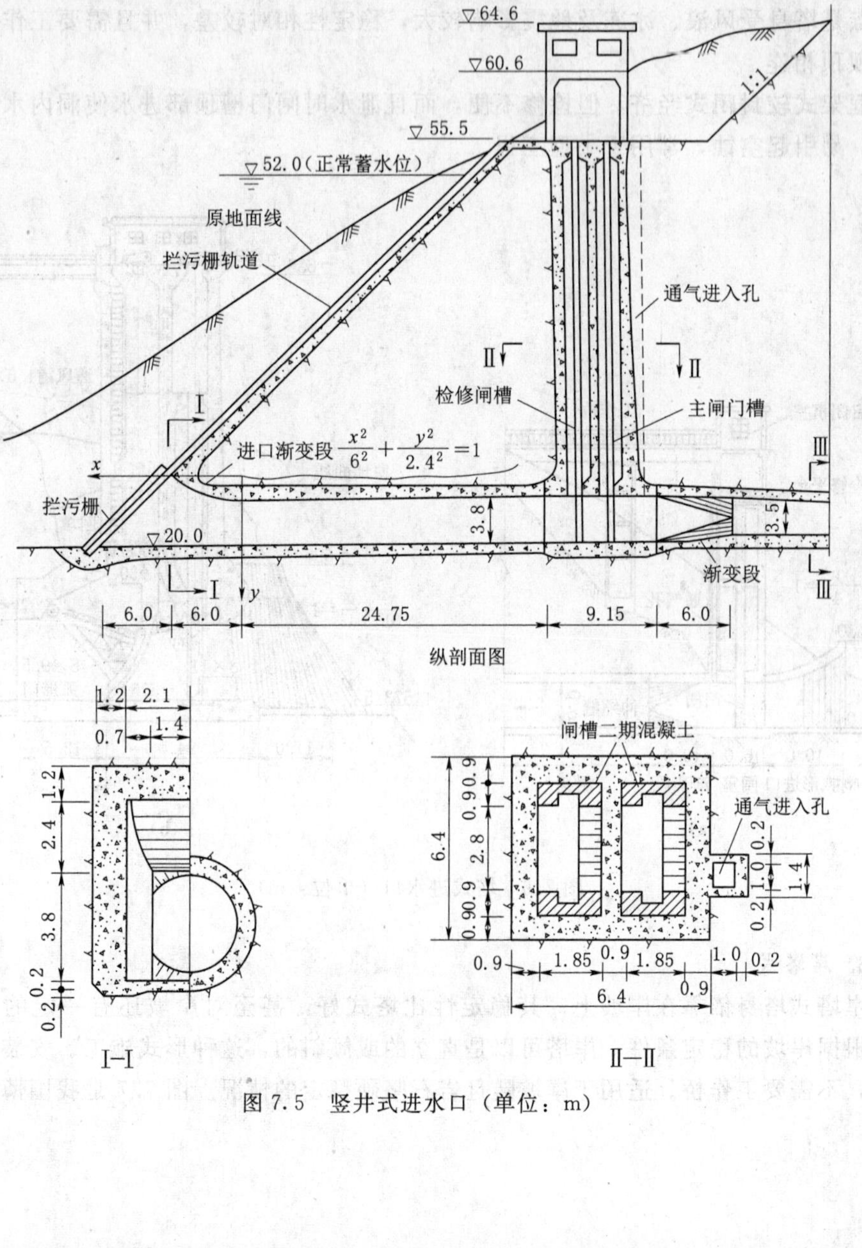

图 7.5　竖井式进水口（单位：m）

门的竖井和采用前止水的平面闸门，关闭闸门时井内无水，称为“干井”；若平面闸门采用后止水，关门后井内仍充满水，称为“湿井”。竖井式进口建筑物，不需要工作桥。不受风浪影响，抗震性能强，结构比较简单可靠，当地形、地质条件适宜时，造价较低。缺点是竖井开挖比较困难，闸前部分隧洞只能在库水位低时进行检修。适用于岩石条件好，需要防止门前淤积的情况。

2. 塔式

当隧洞进口处岸坡覆盖层较厚或岩石破碎不宜开凿竖井，且进口位置较高，门前淤积不很严重时，可考虑采用塔式进水口。塔的形式有框架式［图7.6（a）］和封闭式［图7.6（b）］，封闭式塔一般为矩形横断面的钢筋混凝土结构，在中小型工程中可用混凝土或浆砌石做成圆形的断面，塔壁厚度一般为0.3～0.6m。封闭塔式可在不同高程设进水口，以便引取表层水有利灌溉，并能减小闸门上的水压力以利开启，其缺点是塔身受风浪、冰冻及地震影响较大，稳定性相对较差，并且需要工作桥与岸边或坝顶相连。

框架式较封闭式经济，但检修不便，而且泄水时闸门槽顶部进水使洞内水流流态变坏，易引起空蚀，常用于小型工程。

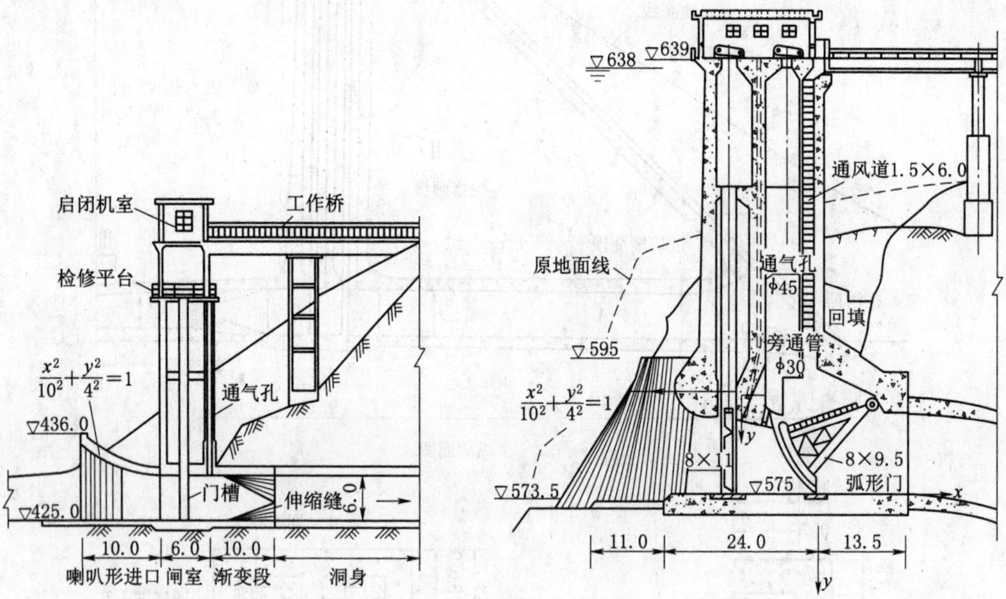

图7.6　塔式进水口（单位：m）

3. 岸塔式

岸塔式塔身依靠在岸坡上，其稳定性比塔式好，甚至对岸坡还有一定的支撑作用。根据岸坡的稳定条件，岸塔可以是直立的或倾斜的，这种形式施工、安装均比较方便，不需要工作桥。适用于岸坡陡且岩石坚硬稳定的情况。图7.7是我国薄山水库泄水隧洞的岸塔式进水口。

4. 斜坡式

这种形式的进水口如图 7.8 所示。其闸门与拦污栅的轨道直接安装在经过整平和衬砌的岩坡上，它省去了工作桥和岸塔，所以结构简单、施工方便、造价低。但其缺点是闸门不易靠自重下降，而且发生故障时检修困难。这种进水口一般只用于小型工程中，或仅作为安装检修闸门的进口。

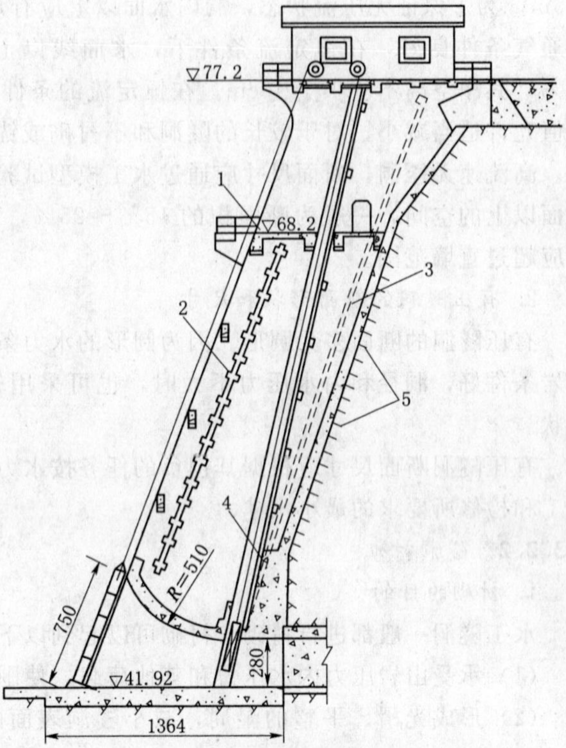

图 7.7　岸塔式进水口（单位：m）

1—清污台；2—固定拦污格栅；3—通气孔；4—闸门轨道；5—锚筋

7.3.2　洞身的断面形状和构造

7.3.2.1　洞身断面形状及尺寸

隧洞的断面形状和尺寸，主要取决于隧洞的用途、水力条件、施工方法和工程地质条件等因素，当按运用要求计算断面尺寸很大，而地质条件不宜采用大断面时，也可采用两条或两条以上的小断面隧洞来代替。

1. 无压隧洞的断面形状和尺寸

无压隧洞所承受的荷载主要是山岩压力，若垂直山岩压力较大而无侧向山岩压力或侧向山岩压力很小时，采用圆拱直墙形（城门洞形）断面比较适宜，它不仅受力条件好，而且结构简单，便于施工。

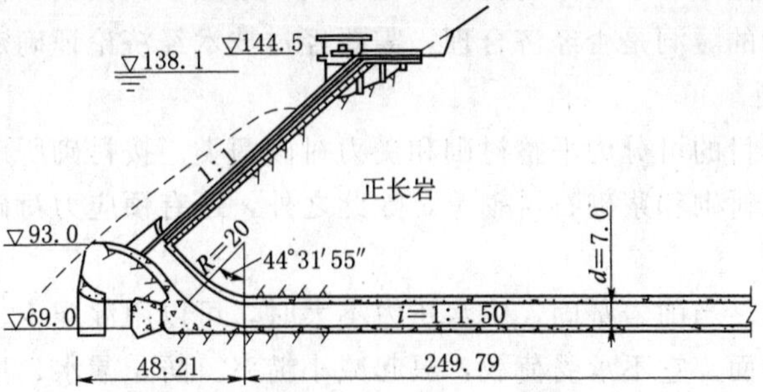

图 7.8　斜坡式进水口（单位：m）

当地质条件差，侧向山岩压力较大时，采用马蹄形或卵形断面比较适宜。当地质条件差而且地下水压力很大时，也可采用圆形断面。

无压隧洞的断面尺寸，根据水力计算确定，但不得小于施工要求的最小尺寸；圆形断面的内径不宜小于1.8m；非圆形断面的高度不宜小于1.8m，宽度不宜小于1.5m。为了保证无压流状态，洞内水面以上应有足够的空间。对于低流速的无压洞，若通气条件良好，在恒定流条件下，水面线以上的空间不宜小于隧洞断面面积的15%，其净空高不应小于40cm。在恒定流的条件下，计算时已考虑了涌坡时，上述数值允许适当减小。对于较长的隧洞和不衬砌或锚喷衬砌的隧洞，上述数值宜适当增加。高流速无压洞，断面尺寸应通过水工模型试验，并考虑掺气的影响确定。在掺气水面以上的空间，一般为断面积的15%～25%，当采用圆拱直墙形断面时，水面线不应超过直墙范围。

2. 有压隧洞的断面形状和尺寸

有压隧洞的断面多为圆形。因为圆形的水力条件好，适于承受均匀内水压力。当围岩条件好，洞径和内水压力不大时，也可采用较圆形断面更便于施工的其他断面形状。

有压隧洞断面尺寸应根据其担负的任务按水力计算和经济比较确定，且不得小于施工和检修所要求的最小尺寸。

7.3.2.2 隧洞衬砌

1. 衬砌的目的

水工隧洞一般都进行衬砌，衬砌可以起到以下作用：

（1）承受山岩压力内水压力和其他荷载，使围岩保持稳定，不致塌落。

（2）形成光滑、平整的湿周，减小隧洞表面的糙率，改善水流条件，减少水头损失。

（3）防止水流、空气、温度变化和湿度变化等因素对围岩的冲刷、风化、侵蚀等破坏作用。

（4）防止渗漏。

当围岩坚硬完整，开挖时不需要支撑，岩石抗风化能力强，透水性小，有些导流隧洞也可不做衬砌。如在水流及其他因素长期作用下，岩石不致遭到破坏，引水隧洞也可考虑不衬砌。但是，不衬砌的隧洞，糙率大，增加水头损失，往往需要加大断面尺寸。因此不衬砌的隧洞是否经济合理，需要经过技术经济论证确定。

2. 衬砌的类型

按设置衬砌的目的可分为平整衬砌和受力衬砌两类。按衬砌所用材料分为混凝土衬砌、钢筋混凝土衬砌和浆砌石衬砌等，除此之外，还有预应力衬砌、装配式衬砌和锚喷衬砌等。

（1）平整衬砌。当围岩坚固，内水压力不大时，可以用混配土、喷浆、浆砌石等材料做成平整的护面。它不承受荷载，只起减小糙率、防止漏水、抵抗冲蚀和防止岩石风化等作用。

无压隧洞的平整衬砌，可以只在水流湿周范围内衬砌或全断衬砌。平整衬砌的厚度视开挖的平整程度而异，单为降低糙率时，平均厚度约为0.15m即可；若为满足抗冲、抗渗要求时，则厚度应为0.2～0.3m。

为得到光滑的衬砌表面，最好用金属模板浇筑混凝土，但比较费工，会用较多的模板。用喷混凝土的方法进行平整衬砌不做模板，施工速度快，透水性小，其主要缺点是平整度差，为改进这一缺点，可在喷混凝土之后，再喷一层水泥砂浆抹光。

(2) 混凝土、钢筋混凝土衬砌。这是我国应用最多的受力衬砌。围岩坚硬、内水压力不大时，可采用混凝土衬砌，当采用混凝土衬砌不能满足要求时，则应采用钢筋混凝土衬砌。衬砌的厚度（不包括围岩超挖部分），应根据强度计算和构造要求，并结合施工方法分析确定。衬砌的最小厚度，对于混凝土和单筋混凝土衬砌不宜小于25cm；对于双层钢筋混凝土衬砌不宜小于30cm，由于混凝土的抗拉强度较低，靠增加混凝土的厚度提高其抗弯能力是不经济的，因为在增加衬砌厚度的同时，也增加了山岩压力和自重，并增加了岩石的开挖量。所以衬砌厚度应尽量采用较小的尺寸，衬砌所用混凝土的强度不应低于C15。

(3) 预应力衬砌。预应力衬砌是对混凝土或钢筋混凝土衬砌施加预压应力，以便抵消内水压力产生的拉应力，克服混凝土抗拉强度低的缺点，可使衬砌厚度减薄，节省材料和开挖量，其缺点是施工复杂，工期较长。

最简单的预加应力方法是向衬砌与围岩之间进行压力灌浆，使衬砌产生预压应力。为了保证灌浆效果，围岩表面应用混凝土进行修整，并与衬砌之间留有2～3cm的空隙，以便灌浆。浆液应用膨胀性水泥，以防干缩时预压应力降低，这种预加应力方法要求围岩比较坚硬完整，必要时可先对围岩进行固结灌浆。

(4) 锚喷衬砌。锚喷衬砌是利用锚杆和喷混凝土加固围岩措施的总称。喷混凝土的优点如前所述，对于坚固完整的围岩，可单独使用。由于喷射混凝土能紧跟掘进工作面施工，缩短围岩暴露时间，使围岩的风化、潮解和应力松弛等不致有大的发展。因此，它不仅可做平整衬砌，还能给围岩的自身稳定创造有利条件。

锚杆支护是用特定形式的锚杆锚定于岩石内部，把原来不够完整的围岩固结起来，增加围岩的整体性和稳定性。为施工安全而施加的临时锚喷设施一般称锚喷支护。锚杆支护也可单独使用，共对围岩加固的作用可概括为悬吊、组合和固结三个方面。对于块状围岩，利用锚杆将可能塌落的岩块悬吊在稳定的岩体上；对于层状岩体，利用锚杆将围岩组合在一起，形成组合梁或组合拱，增加其抗弯和抗剪的能力；对于软弱岩体，通过锚杆的加固作用，使其形成整体。

喷混凝土与锚杆两者兼施，可使支护结构与围岩形成共同工作的整体，由于喷混凝土能和围岩紧密黏结在一起，所以锚喷结构与围岩的共同工作是可靠的。对于较软弱的不良地质岩层，在锚喷支护中，常加设钢筋网以提高喷混凝土的强度并减少温度裂缝。

锚喷支护是20世纪50年代发展起来的一项技术，但在我国水利水电建设中，利用锚喷作为永久性衬砌只是20世纪70年代才初步得到推广采用。尽管对它的工作机理和设计方法已经有了较深刻的认识，大量的工程实践和实验研究成果证明，这是一种行之有效的衬砌形式。

3. 衬砌的分缝和止水

在混凝土及钢筋混凝土衬砌中，一般设有施工工作缝和永久性的横向变形缝。

变形缝是为防止不均匀沉陷而设置。其位置应设于荷载大小、断面尺寸和地质条件发生变化而易产生不均匀沉陷之处，例如洞身与进口、渐变段等接头处以及断层、破碎带的变化处，均需设置变形缝。在断层、破碎带处，山岩压力较大，应增加衬砌厚度并配置钢筋。缝面不需凿毛，缝内贴沥青毡并做好止水。

围岩地质条件比较均一的洞身段，只设置施工缝。施工缝有纵向与横向的两种。横向施工缝的间距应根据混凝土的浇筑能力和温度收缩可能对衬砌的影响等因素分析确定，一般可用 6～12m。底拱和边、顶拱的缝面不得错开。无压隧洞的横向施工缝，一般不设止水，混凝土也不凿毛，分布钢筋可不穿过横向施工缝，对有压成洞和有防渗要求的无压隧洞，横向缝应根据具体情况采取必要的接缝处理措施。纵向工作缝的位置及数目则应根据结构形式及施工条件决定，一般应设在内力较小的部位。

7.3.2.3　隧洞灌浆与排水

7.1 回填灌浆

7.2 固结灌浆

1. 灌浆

隧洞灌浆有回填灌浆和固结灌浆两种。

回填灌浆的目的是将衬砌与围岩之间的空隙充填密实，改善衬砌结构的传力条件，以便衬砌与围岩共同承受荷载，回填灌浆的范围、孔距、排距，灌浆压力及浆液浓度等，应根据衬砌的结构形式、隧洞的工作条件及施工方法等分析确定。孔距和排距一般为 4～6m，灌浆压力 200～300kPa。灌浆是由预埋管进行的，灌浆时应加强观测，防止衬砌产生不容许的变形。

固结灌浆的目的是提高围岩的强度和整体性，得到可靠的弹性抗力，以改善衬砌结构的受力条件，并减少渗漏。固结灌浆孔的布置和灌浆压力，应根据地质条件、水头大小，对围岩加固和防渗的要求而定，一般排距 2～4m，每排不宜少于 6 孔，作对称布置。孔深为 0.5～1.0 倍的隧洞半径，灌浆压力为 1.5～2.0 倍的内水压力。

2. 排水

设置排水的目的是降低作用在衬砌上的外水压力。对于无压隧洞衬砌，当地下水位较高时，外水压力可能成为衬砌的主要荷载，为此，可在洞内水面线以上通过衬砌设置排水孔，将地下水直接引入洞内。排水孔的间距、排距和孔深一般为2～4m。

在有压隧洞中，可根据外水压力是否控制衬砌的承载能力来考虑是否需要采取排水措施，如有必要时，宜设置排水措施，设置排水设施时，应避免内水外渗、恶化围岩和衬砌的受力条件，加大水量损失等。有压隧洞的排水方式，可在衬砌底部设置纵向排水暗管，将渗水排向下游。纵向排水暗管由无砂混凝土管或多孔缸瓦管做成。为了提高排水效果，可沿洞轴线每隔 6～8m 设一道环向排水。环向排水可用砾石铺筑成，将搜集的渗水汇入纵向排水管。

当围岩中软弱面充填物有被水溶解和带走的危险，影响围岩稳定时，则不宜设置排水设施。这时可用固结灌浆加强围岩的方法来减轻外水压力对衬砌的不利影响。

7.3.3　出口段的构造

有压泄水隧洞的出口常设有工作闸门及启闭机室，闸门前设有渐变段，闸门后设有消能设施（图 7.9）。无压泄水洞的出口构造主要是消能设施。

泄水隧洞出口水流的特点是单宽流量集中，所以常在隧洞出口外设置扩散段，使水流扩散，将单宽流量减小，然后再以适宜的方式进行消能。

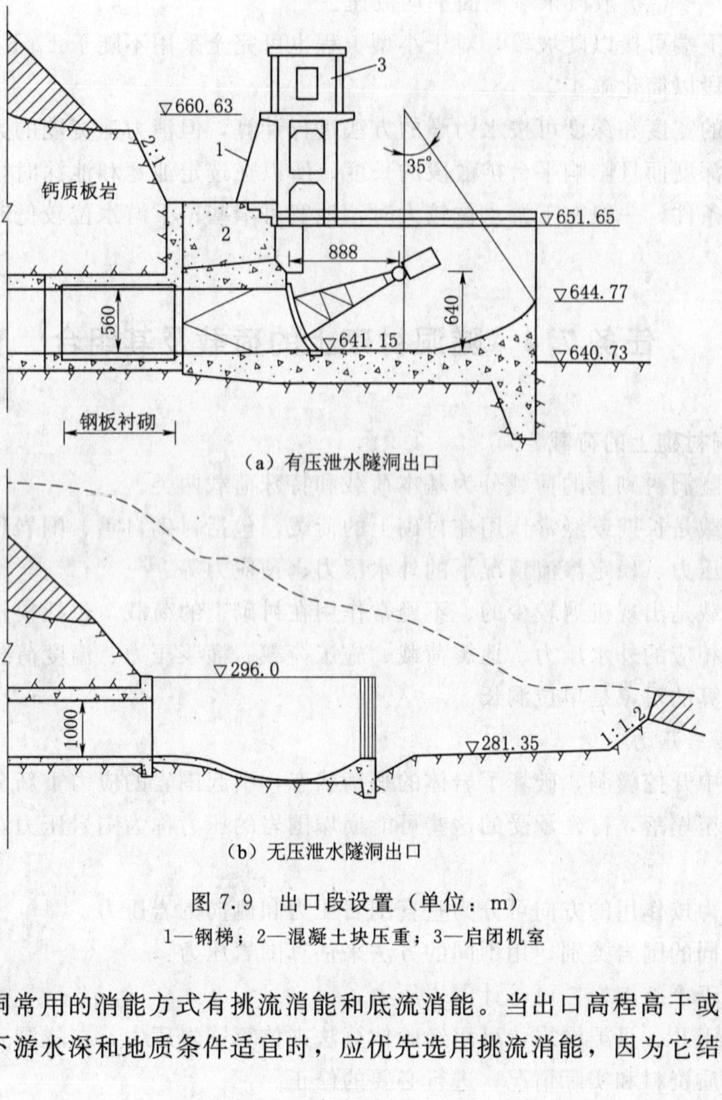

(a) 有压泄水隧洞出口

(b) 无压泄水隧洞出口

图 7.9　出口段设置（单位：m）

1—钢梯；2—混凝土块压重；3—启闭机室

泄水隧洞常用的消能方式有挑流消能和底流消能。当出口高程高于或接近于下游水位，并且下游水深和地质条件适宜时，应优先选用挑流消能，因为它结构简单，施工方便。

底流式消能具有工作可靠，对下游水面波动影响范围小的优点，所以应用也较多。水流出洞后经平台横向扩散，再经曲线衔接段和陡坡段继续扩散，最后进入消力池。

当隧洞出口为圆形时，水流出洞后应接修与洞径等宽的调整段，使断面由圆形渐变为矩形，其长度约为出口水深的 1.5～4.5 倍。

曲线段使水流均匀平顺地引入消力池，为避免负压，曲线形状应按平台末端水流质点的抛物线轨迹设计，并取一定的安全系数，曲线方程为

$$\begin{cases} y=\dfrac{1}{2}\dfrac{g}{K}\left(\dfrac{x}{v}\right)^2 \\ x=0.45v\sqrt{Ky} \end{cases} \tag{7.1}$$

式中　K——安全系数，一般可用 1.0；当 $v>30\text{m/s}$ 时，可用 1.1～1.2；

v——平台扩散段末端断面平均流速。

曲线段下端可接以陡坡段，对于小型工程也可完全采用不陡于1∶3的比坡形式，而不设曲线段以简化施工。

消力池的宽度和深度可按水力学的方法进行计算，但消力池宽度的大小，不仅影响消力池的深度而且影响平台扩散段的长度，所以在选定池宽和池深时，应考虑水流情况及经济条件，一般在下游水位较大时，池宽可窄些；下游水位较低时，则池宽大些为宜。

7.4　隧洞衬砌上的荷载及结构计算

任务7.4　隧洞衬砌上的荷载及其组合

7.4.1　隧洞衬砌上的荷载

作用在隧洞衬砌上的荷载分为基本荷载和特殊荷载两类。

基本荷载是长期或经常作用在衬砌上的荷载，包括衬砌自重、围岩压力、设计条件下的内水压力、稳定渗流情况下的外水压力、预应力等。

特殊荷载是出现机遇较少的、不经常作用在衬砌上的荷载，包括校核洪水位时的内水压力和相应的外水压力、地震荷载、施工荷载、灌浆压力、温度荷载等。

荷载计算的对象是单位洞长。

7.3　山岩压力

7.4.1.1　围岩压力

在岩体中开挖隧洞，破坏了岩体的平衡状态，引起围岩的应力重新分布，围岩发生变形，甚至塌落，衬砌承受的这些可能崩塌围岩的压力称为围岩压力，也称为山岩压力。

围岩压力按作用的方向可分为垂直围岩压力和侧向围岩压力。

对于不同的围岩类别，用不同的方法来估算围岩压力：

(1) 对于Ⅰ类围岩，可不计围岩压力。

(2) 对于Ⅱ、Ⅲ类围岩，可用经验估算法来估算围岩压力，在隧洞开挖后，应根据补充的地质资料和实际情况，进行必要的修正。

(3) 对于Ⅳ、Ⅴ类围岩，可按松散介质平衡理论，采用塌落拱法估算围岩压力。

(4) 块状、中厚层或厚层状结构的围岩，可根据围岩中不稳定块体的重量来确定围岩压力。

(5) 对于不能形成稳定塌落拱的浅埋隧洞，围岩压力可按隧洞拱顶上复岩体的重量来估算。

(6) 采用喷锚支护或钢支撑等围岩加固措施，使围岩处于稳定状态，可少计或不计围岩压力。

下面仅就经验估算法作一介绍。

围岩压力视为均布，计算公式如下：

$$q=(0.2\sim0.3)\gamma_R B \tag{7.2}$$

$$e=(0.05\sim0.10)\gamma_R H \tag{7.3}$$

式中 q、e——垂直均布及侧向均布围岩压力强度，kN/m^2；

γ_R——岩体重度，kN/m^3；

B、H——洞室的开挖宽度及高度，m。

7.4.1.2 弹性抗力

7.4 弹性抗力

当衬砌承受荷载后，向围岩方向变形时，会受到围岩的抵抗，这个抵抗力称为弹性抗力。弹性抗力是当衬砌受力后向围岩变形，围岩反作用于衬砌，而使衬砌受到的被动抗力。弹性抗力的存在对于衬砌是有利的。

影响弹性抗力的因素主要是，围岩的岩性、构造、强度及厚度，同时还必须保证衬砌与围岩紧密结合。为有效地利用弹性抗力，常对围岩进行灌浆加固并填实衬砌与围岩间的空隙。由于弹性抗力对于衬砌是有利的，对弹性抗力的估算不能过高。

围岩的弹性抗力 p_0 可由下式计算：

$$p_0 = K\delta \tag{7.4}$$

式中 p_0——围岩的弹性抗力强度，kN/cm^2；

δ——围岩受力面的法向位移，cm；

K——围岩的弹性抗力系数，kN/cm^3。

围岩的法向位移 δ 值，可根据衬砌的荷载（包括弹性抗力在内），经计算求得。

围岩的弹性抗力系数 K 则与围岩岩性及开挖洞径有关。在圆形有压隧洞的衬砌计算中，常以隧洞开挖半径为100cm时的单位弹性抗力系数 K_0 来表示围岩的抗力特性，则开挖半径为 r_e 时的弹性抗力系数 K 为

$$K = \frac{100}{r_e} K_0 \tag{7.5}$$

式中：r_e——隧洞实际开挖半径，cm；

K_0——开挖半径为100cm时的单位弹性抗力系数，kN/cm^3。

弹性抗力的存在要求围岩有足够的厚度，对于有压洞，只有在围岩厚度大于3倍开挖洞径时，才可考虑弹性抗力。对于无压洞，如果两侧有足够的厚度且无不利的滑动面时，可以考虑弹性抗力。

7.4.1.3 内水压力

内水压力是指作用在衬砌内壁上的水压力。它是有压隧洞的主要荷载。

内水压力可分解为两部分：即均匀内水压力和非均匀内水压力（无水头洞内满水压力）。

均匀内水压力是由洞顶内壁以上的水头产生的，计算式为

$$p_1 = \gamma h \tag{7.6}$$

式中 γ——水的重度，kN/m^3；

h——高出衬砌内壁顶点以上的内水压力水头，m。

非均匀内水压力是指洞内充满水，洞顶处水压力为零，洞底处的水压力为 $2\gamma r_i$ 时的水压力。计算式为

$$p_2 = \gamma r_i (1 - \cos\theta) \tag{7.7}$$

式中 r_i——衬砌内半径，m；

θ——计算点半径与洞顶半径的夹角。

非均匀内水压力的合力，方向向下，数值等于单位洞长内的总水重。

内水压力为以上两者的叠加。图 7.10 为内水压力的分布图。

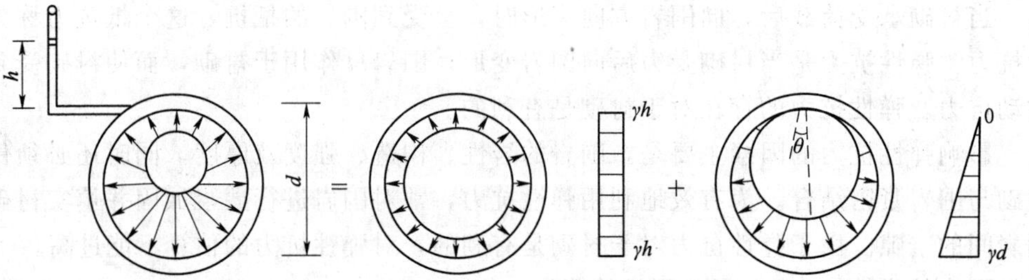

图 7.10　内水压力分布图

7.4.1.4　外水压力

外水压力是指作用在衬砌外壁上的地下水压力，其值取决于水库蓄水后的地下水位线的高低，难以准确计算。对于无压隧洞，一般采用在衬砌外壁布置排水措施来消除外水压力。对于有压隧洞，外水压力有抵消内水压力的作用，需要慎重考虑。

工程中常将地下水位线至隧洞衬砌外壁的作用水头乘上一个折减系数 β_e 后，作为地下水位线的计算值。β_e 可参考书上表选用。

作用在衬砌外壁上的外水压力可按下式估算：

$$p_e=\beta_e\gamma h' \tag{7.8}$$

式中　p_e——作用在衬砌结构外表面的外水压力强度，kN/m^2；

β_e——外水压力折减系数；

h——隧洞中心至地下水位线的作用水头，m；

γ——水的重度，kN/m^3。

图 7.11 为地下水位线分布图。

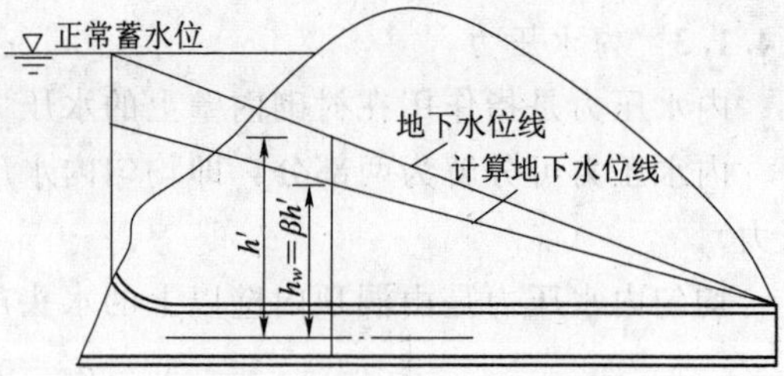

图 7.11　地下水位线分布图

7.4.1.5　衬砌自重

衬砌自重通常沿隧洞轴线取 1m 长衬砌计算其重量。

衬砌单位面积上的自重强度 g 为

$$g=\gamma_h\delta \tag{7.9}$$

式中：γ_h——衬砌材料的重度，kN/m^3，混凝土 $\gamma_h=24\ kN/m^3$，钢筋混凝土 $\gamma_h=25\ kN/m^3$；

δ——衬砌厚度，应考虑超挖回填的影响，m。

7.4.1.6　其他荷载

灌浆压力、温度荷载、地震荷载等一些其他荷载，或为施工期临时作用或对衬砌影响较小或出现概率很小，在设计中较少考虑。

7.4.2　荷载组合

设计中常考虑的荷载组合有：

（1）正常运用情况：围岩压力＋衬砌自重＋宣泄设计洪水时内水压力＋外水压力。

（2）施工、检修情况：围岩压力＋衬砌自重＋可能出现的最大外水压力。

（3）非常运用情况：围岩压力＋衬砌自重＋宣泄校核洪水时内水压力＋外水压力。

正常运用情况属于基本组合，在衬砌设计时往往以正常运用情况来确定衬砌的厚度、材料强度等级和配筋量，用其他情况来做校核。

任务7.5　水工隧洞结构计算

7.5.1　圆形有压隧洞衬砌的结构计算

衬砌结构计算的内容包括：确定衬砌厚度、配置钢筋数量、校核衬砌强度。

衬砌结构计算的步骤是：根据隧洞沿线荷载及断面形状尺寸的变化情况分为若干段；每段中选出一个代表性断面进行计算；初拟衬砌形式和厚度；分别计算各种荷载产生的内力，按不同的荷载组合叠加，进行强度校核、配筋及修改。

有压隧洞多采用圆形断面，均匀内水压力是控制衬砌断面的主要荷载。为充分利用围岩的弹性抗力，应使衬砌与围岩紧密贴接，并要求围岩厚度超过三倍开挖洞径。

7.5.1.1　均匀内水压力作用下的内力计算

在进行有压隧洞衬砌设计时，常根据均匀内水压力初步计算衬砌厚度及钢筋数量。当有压隧洞直径 $D<6\text{m}$，围岩为Ⅰ、Ⅱ类，且围岩厚度大于3倍开挖洞径时，可只按内水压力作用来计算衬砌的厚度和应力，而不需要考虑其他荷载的影响。

1. 混凝土衬砌（按混凝土未开裂考虑）

当围岩符合考虑弹性抗力的条件时，衬砌在均匀内水压力 p 作用下，衬砌外壁表面将会产生均匀的弹性抗力 p_0。具体分布如图7.12所示。

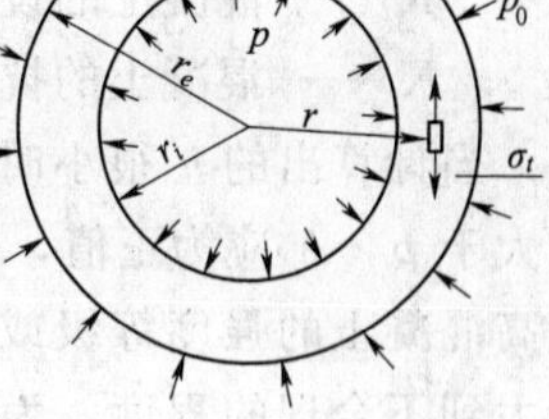

图7.12　弹性抗力分布图

此时，将衬砌视为无限弹性介质中的厚壁圆管，根据衬砌与围岩接触面的径向变位相容条件，采用弹性理论中的厚壁管公式进行求解。

（1）围岩的弹性抗力 p_0：

$$p_0=\frac{1-A}{t^2-A}p \tag{7.10}$$

$$A=\frac{E-K_0(1+\mu)}{E+K_0(1+\mu)(1-2\mu)} \tag{7.11}$$

式中　A——无因次数，称为弹性特征因数；

E、μ——混凝土的弹性模量和泊松比；

t——衬砌外半径 r_e 与内半径 r_i 之比，即 $t=r_e/r_i$。

E、K_0 的单位分别以 kPa、kN/m^3 计；若式中的 E、K_0 分别以 kg/cm^2、kg/cm^3 为单位，则需将式中的 E 改为 $0.01E$。

当不计弹性抗力时，$K_0=0$，则 $A=1$，$p_0=0$。

（2）衬砌的边缘应力。厚壁管在均匀内水压力 p 和弹性抗力 p_0 的作用下，按照弹性理论的解答，管壁厚度内任意 r 半径处的切向正应力 σ_t 为

$$\sigma_t=\frac{1+\left(\frac{r_e}{r}\right)^2}{t^2-1}p-\frac{t^2+\left(\frac{r_e}{r}\right)^2}{t^2-1}p_0 \tag{7.12}$$

衬砌的内边缘切向应力 σ_i 及外边缘切向应力 σ_e 为

$$\sigma_i=\frac{t^2+A}{t^2-A}p \tag{7.13}$$

$$\sigma_e=\frac{1+A}{t^2-A}p \tag{7.14}$$

由于 $t=\frac{r_e}{r_i}>1$，所以 $\sigma_i>\sigma_e$，即内边缘切向应力 σ_i 为衬砌设计的控制条件。

（3）混凝土衬砌厚度。在求混凝土的衬砌厚度时，假设衬砌厚度为 h，则 $t=\frac{r_e}{r_i}=\frac{r_i+h}{r_i}=1+\frac{h}{r_i}$，且令 σ_i 等于混凝土的允许轴向抗拉强度 $[\sigma_{hl}]$，经整理后可得

$$h=r_i\left[\sqrt{A\frac{[\sigma_{hl}]+p}{[\sigma_{hl}]-p}}-1\right] \tag{7.15}$$

$$[\sigma_{hl}]=\frac{R_l}{K_l} \tag{7.16}$$

式中　R_l——混凝土的设计抗拉强度；

K_l——混凝土的抗拉安全系数。

当计算出的 h 很小时，采用值不应小于构造要求的最小厚度。可以看出，$[\sigma_{hl}]$ 应大于 p，A 应为正值，否则将出现 h 无解或不合理。当 $A>0$，而 $[\sigma_{hl}]<p$ 时，应提高混凝土的强度等级或改用钢筋混凝土。当 $[\sigma_{hl}]$ 与 p 很接近时，h 的计算值将会大到不合理的程度，为使混凝土衬砌不致过厚，一般限制水头 p 不大于 20m，否则，采用钢筋混凝土衬砌。

（4）应力校核。当衬砌厚度由内水压力和其他荷载共同作用来确定时，则衬砌的内、外边缘切向应力应按下式来进行强度校核。

$$\sigma_i=\frac{t^2+A}{t^2-A}p+\frac{\sum M}{W}-\frac{\sum N}{F}\leqslant[\sigma_{hl}] \tag{7.17}$$

$$\sigma_e=\frac{1+A}{t^2-A}p-\frac{\sum M}{W}-\frac{\sum N}{F}\leqslant[\sigma_{hl}] \tag{7.18}$$

式中　$\sum M$、$\sum N$——除内水压力以外的其他荷载使衬砌某截面产生的弯矩和轴向压力，使衬砌内表面受拉的弯矩为正，使衬砌断面受压的轴向力为正；

W——衬砌的抗弯截面模量，m^3；

F——沿洞线1m长衬砌混凝土的纵断面面积，m^2。

以上公式中的各项参数均按洞长为1m计算。

2. 钢筋混凝土衬砌

(1) 按混凝土未出现裂缝情况计算。此时与上述混凝土衬砌的计算情况相似，对上述公式稍加修改即可。即混凝土的截面积F由混凝土的折算截面积F_n代替；混凝土构件混凝土的允许轴向抗拉强度$[\sigma_{hl}]$由钢筋混凝土构件混凝土的允许轴向抗拉强度$[\sigma_{gh}]$代替。

钢筋混凝土衬砌厚度为

$$h=r_i\left[\sqrt{\frac{[\sigma_{gh}]+p}{[\sigma_{gh}]-p}}-1\right] \tag{7.19}$$

衬砌内边缘应力，可按下式进行校核：

$$\sigma_i=\frac{F}{F_n}\cdot\frac{t^2+A}{t^2-A}p\leqslant[\sigma_{gh}] \tag{7.20}$$

式中 F——沿洞线1m长衬砌混凝土的纵断面面积，m^2；

F_n——F中包括钢筋在内的折算面积，m^2。

$$F_n=F+\frac{E_g}{E_h}(f_i+f_e) \tag{7.21}$$

式中 E_g——钢筋的弹性模量，kPa；

E_h——混凝土的弹性模量，kPa；

f_i——衬砌的内层钢筋截面积，mm^2；

f_e——衬砌的外层钢筋截面积，mm^2。

按上式求出的h值小于0或小于衬砌结构要求的最小厚度时，应采用结构要求的最小厚度。

内外层的钢筋可对称布置，钢筋面积可按结构要求的最小配筋率配置。

(2) 按混凝土衬砌出现裂缝情况计算。若隧洞衬砌开裂后，内水外渗不危及围岩和相邻建筑物的安全时，应按允许出现裂缝而限制裂缝开展宽度的方式来设计，以减小衬砌厚度。裂缝的宽度不应超过0.2～0.3mm，对于水质有侵蚀性的衬砌，最大裂缝宽度不应超过0.15～0.25mm。限裂设计可以大量节省混凝土和钢筋用量，目前广为采用。

衬砌开裂后，丧失承担内水压力的能力，内水压力主要由围岩承担，因此，要求围岩具有承担内水压力的能力。

当围岩条件较差，或洞径超过6m时，不能只考虑内水压力。此时应求出均匀内水压力作用下的内力，与其他荷载引起的内力进行组合，然后再来设计。

7.5.1.2　考虑弹性抗力时在其他荷载作用下衬砌内力计算

圆形有压洞的衬砌除了作用有内水压力荷载外，还会作用有围岩压力，衬砌自重无水头洞内满水压力、外水压力等荷载。在围岩地质条件较好情况下，计算这些荷载产生的内力时，应考虑弹性抗力的存在。

根据研究分析，约在隧洞顶部中心角90°范围的以外部分，衬砌变形指向围岩，作用有弹性抗力，其分布规律如图7.13所示。

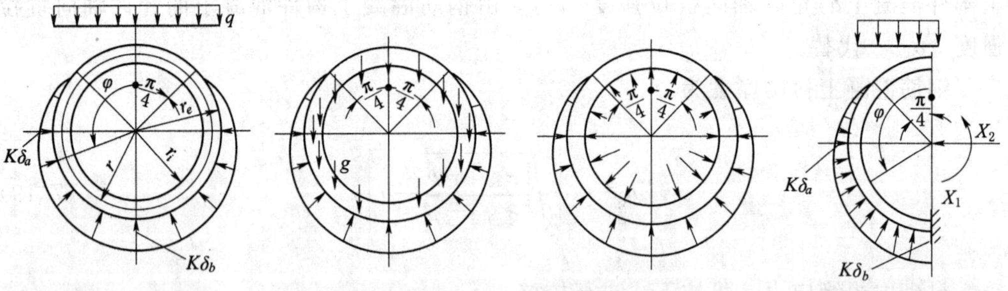

(a) 仅在洞顶铅锤荷载作用下的弹性抗力分布图　(b) 仅在衬砌自重作用下的弹性抗力分布图　(c) 仅在洞内水压力作用下的弹性抗力分布图　(d) 衬砌纵向截面内力计算简图

图7.13　弹性抗力分布图

$$\frac{\pi}{4}\leqslant\varphi\leqslant\frac{\pi}{2},K\delta=-K\delta_a\cos2\varphi \tag{7.22}$$

$$\frac{\pi}{2}\leqslant\varphi\leqslant\pi,K\delta=K\delta_a\sin^2\varphi+K\delta_b\cos^2\varphi \tag{7.23}$$

式中　φ——计算断面半径与过洞顶铅直线的夹角；

$K\delta_a$、$K\delta_b$——$\varphi=\frac{\pi}{2}$，及 $\varphi=\pi$ 处的弹性抗力值。

假定：荷载关于圆断面的铅直中心线对称；垂直和水平围岩压力为均匀分布；衬砌自重沿衬砌中心线均匀分布；隧洞无水头而满水时，内、外水压力作用方向均为径向；不计衬砌与围岩之间的摩擦力。可利用结构力学的方法，求得上述各项荷载单独作用下的内力计算公式。

7.5.1.3　不考虑弹性抗力时其他荷载作用下衬砌内力计算

在围岩地质条件差，岩体破碎的情况下，就不应考虑弹性抗力的作用。这时，由于岩体破碎软弱，还需考虑侧向围岩压力的作用。在各项荷载作用下（侧向围岩压力能自行平衡，可以除外），衬砌外壁将受有地基反力，假定地基反力作用在衬砌的下半圆，方向为径向，呈余弦曲线分布。地基反力的最大值 R 在衬砌的最低处，可由平衡条件求得。其荷载及反力分布如图7.14所示。

需要指出：在计算外水压力作用产生的内力时，当 $\pi r_e{}^2\gamma>2(qr_e+\pi gr)$ 时，只适用于隧洞施工、检修等无内水压力的情况；当有内水压力时，即使 $\pi r_e{}^2\gamma>2(qr_e+\pi gr)$，也应按 $\pi r_e{}^2\gamma\leqslant2(qr_e+\pi gr)$ 的条件计算，因为，此时衬砌受到的浮力总比衬砌自重小。

在工程实践中，当荷载组合中既有均匀内水压力又有均匀外水压力时，往往先将

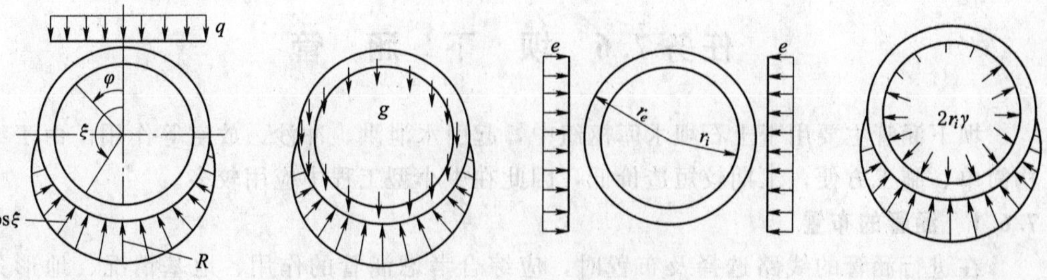

（a）洞顶铅锤荷载及反力分布图　（b）衬砌自重及反力分布图　（c）侧向围岩压力分布图　（d）洞内水压力及反力分布图

图 7.14　荷载及反力分布图

两者叠加后再进行内力计算。当 $pr_i>\gamma h_w r_e$，应以 $p-\frac{\gamma h_w r_e}{r_i}$ 作为均匀内水压力计算内力，而不再考虑外水压力；如 $pr_i<\gamma h_w r_e$，则应以 $\gamma h_w-\frac{pr_i}{r_e}$ 作为均匀外水压力计算内力，不再考虑内水压力的作用。

7.5.2　无压隧洞衬砌的结构计算

进行无压隧洞衬砌的结构计算，应先拟定轮廓尺寸及构造，可采用经验公式或工程类比法。无压隧洞衬砌结构计算的方法很多，计算成果是否正确，关键取决于三个方面：

（1）荷载计算的精确度。

（2）根据围岩特性对弹性抗力分布的假定是否合理。

（3）结构计算简图是否选择正确。

计算简图除与衬砌的结构形式、工作条件、围岩坚实程度等有关外，还与施工方法有关，如现浇的整体式与预制装配式就不同。具体计算见《水工隧洞设计规范》(SL 279—2016)。

7.5.3　无压涵管的结构计算

（1）圆拱直墙式涵管的结构计算。如小型圆拱直墙式涵管，可用简化法求内力。求解顶拱内力时可忽略拱脚变位影响，求出顶拱传递给侧墙的水平推力、铅直力及力矩并假定底板下的地基反力为均布，于是可用一般结构力学的方法算出侧墙和底板的内力。大中型圆拱直墙式坝下涵管，多为钢筋混凝土整体结构，具体计算方法可参照圆拱直墙无压隧洞的衬砌计算。

（2）矩形涵管的结构计算。如无压矩形涵管，顶部盖板一般按简支梁计算，侧墙和底板作为整体结构。计算侧墙和底板内力时，对小型工程，可假定底板下地基反力为均匀分布，不计顶板对侧墙顶部的水平约束作用，只计算顶板传来的铅直荷载，可按静定结构计算内力，对较高侧墙和墙后填土压力较大时，则应考虑顶板对侧墙顶的约束作用，认为侧墙与顶板连接为铰接，也假定底板下地基反力为均布，则可按一次超静定结构求算侧墙和底板的内力。

任务7.6 坝下涵管

坝下涵管主要用于土石坝水库枢纽中，起引水泄洪、冲沙、放空等作用。由于结构简单、施工方便，工期较短造价低，因此在中小型工程中应用较多。

7.6.1 涵管的布置

在进行涵管的线路选择及布置时，应综合考虑涵管的作用、地基情况、地形条件、水力条件、与其他建筑物（特别是土坝）之间的关系等因素，选择若干方案进行分析比较，以确定较优的方案。

7.6.1.1 坝下涵管位置选择

坝下涵管的位置选择，主要应考虑以下几方面的因素：

1. 地质条件

避免将管身部分设于岩基上、部分设于土基上，以防止因地基的不均匀沉降而使管身断裂。不得将涵管直接建在坝体填土中。在确定进出口的位置时，要注意山坡坡体的稳定性，防止山坡塌方堵塞涵管。

2. 地形条件

涵管应布置在与进口高程相适应的位置，以免增加过多的挖方量。涵管进口高程的确定，可根据运用要求、河流泥沙情况及施工导流等因素来考虑。

3. 运用条件

涵管的布置要尽量方便运用，引水灌溉的坝下涵管最好与灌区布置在同一岸，如两岸均有灌区，可在两岸各设一个涵管，以免修建跨河交叉建筑物。涵管不宜离溢洪道太近，以免泄水时相互干扰。

4. 水流条件

涵管的轴线应为直线，且与坝轴线垂直，以使水流顺畅，减小工程量。当为了适应地形、地质的变化，涵管必须转弯时，其转弯半径应大于5倍的管径。

7.6.1.2 坝下涵管的进、出口建筑物

1. 进口建筑物

坝下涵管常用于小型水库，多为灌溉引水或泄放多余水量而设，其进口建筑物形式应考虑这一特点，常用的进口建筑物形式有以下几种：

(1) 分级卧管式。这种形式是沿山坡修筑台阶式斜卧管，在每个台阶上设进水口，孔径10～50cm，用木塞或平板门控制放水。卧管的最高处设通气孔，下部与消力池或消能井相连。使水流在消力池（井）内充分消能，平稳水流，再经坝下涵管送至下游渠道。这种形式的进口建筑物结构简单、施工方便，引取水库表层水，对农作物生长有利。其缺点是孔口较多，容易漏水，木塞闸门运行操作不便，不易准确控制引水流量。

(2) 斜拉闸门式。这种进水口形式与隧洞的斜坡式进水口相似。沿库区山坡或上游坝面的斜坡上设置闸门轨道，进水口在斜坡底部，启闭机安装在山坡平台上或坝顶。这种布置方式构造简单、操作方便、造价低、启闭力小，但闸门倾斜，不易靠自

重关闭闸门，检修困难。多泥沙河流及水头较高时不宜采用。

(3) 塔式。这种进口形式构造和特点与隧洞的塔式进口基本相同。主要用于水头较高、流量较大、水量控制要求较严的涵管。

2. 出口建筑物

涵管的出口建筑物包括渐变段及消能设施两部分。由于涵管内流量不大，水头较低，涵管出口消能方式常采用底流消能。

7.6.1.3　坝下涵管的管身形式及构造

管身断面通常有圆形、矩形及拱形等。有压涵管多为预制或现浇的混凝土圆管，具有水流及受力条件好、施工快、工期短的优点，但管节接头处止水难处理。对无压涵管，多采用矩形断面管，通常为现浇的混凝土箱形结构，具有结构简单、施工方便、整体性好的优点。管身的断面尺寸由水力计算确定，为便于维修，最小尺寸不宜小于1.0～1.2m，当引水要求的断面尺寸较大时，为提高管身的刚度，可做成双箱或多箱的形式。在小型水库中，为节省材料、降低造价，也可采用浆砌石做成圆拱直墙式或钢筋混凝土盖板式矩形断面。浆砌块石的抗渗性较差，对较重要的工程一般不宜采用。

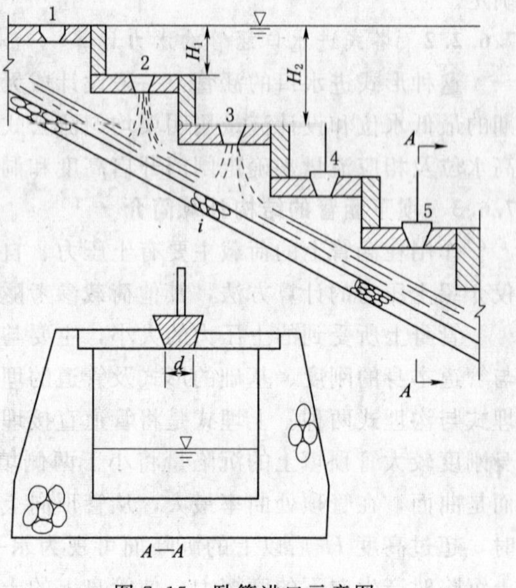

图7.15　卧管进口示意图

7.6.2　坝下涵管的水力计算

7.6.2.1　分级卧管的水力计算

1. 进水口的尺寸

分级卧管的进水口通常采用相同大小的圆形孔口，水流由孔口进入后为名流，如图7.15所示，因此水流为自由式孔口出流。每个孔口进水流量的计算公式为

$$Q=\mu\frac{\pi d^2}{4}\sqrt{2gH} \tag{7.24}$$

式中：Q——孔口设计过水流量，m^3/s；

μ——流量系数，与孔口形状有关，对小孔口一般为0.60～0.62；

d——孔口的过水断面直径，m；

H——孔口以上的水深，m。

在实际运用中，常同时开启两孔来过流，此时的过流量为

$$Q=\mu\frac{\pi d^2}{4}\sqrt{2g}\left(\sqrt{H_1}+\sqrt{H_2}\right) \tag{7.25}$$

根据以上两式来确定孔口直径 d。

2. 卧管及坝下涵管的尺寸确定

通常将设计流量增加20%～30%作为加大流量。卧管及涵管均按加大流量用明渠均匀流公式确定断面尺寸。当采用两孔同时放水时，为避免水流由进水口跌入卧管形成水柱跃起后淹没进水孔底缘而在卧管内形成有压流，要求卧管内的净高为管内正常水深的3～4倍。涵管的底坡一般为1%～3%，涵管高度应为管内正常水深的1.25倍，以保证坝下涵管内的水流为明流。

3. 消力池（井）

卧管中的水流为陡坡急流，冲击力很大，所以必须在卧管的底端设置消能设施，以使水流平顺进入涵管。消力井的容积，通常按每立方米容积削减7.5～8kW能量来确定。

7.6.2.2 塔式进水口涵管的水力计算

这种形式进水口的涵管，一般设计成无压流涵管。其计算方法是：按水库在运用期的最低水位和设计流量用明渠均匀流公式定出涵管的坡度及断面尺寸，然后按其他高水位及相应流量来确定闸门开启高度和洞内水面曲线。

7.6.3　坝下涵管的结构计算简介

作用在涵管上的荷载主要有土压力、自重内外水压力地基反力温度荷载等，此处仅介绍土压力的计算方法，其他荷载参考隧洞有关内容。

管身上所受到的土压力的大小，主要与填土高度、填土性质等因素有关，另外还与管道本身的刚度、基础的形式及管道的埋设方式有关。坝下涵管的埋设方式分为上埋式与沟埋式两种。上埋式是将管道直接埋设于地基上或浅沟中，然后填土，由于管身刚度较大管顶填土的沉陷量将小于两侧填土的沉陷量，管顶填土的沉陷不是平面，而是曲面，在管顶处曲率最大，从管顶向上越高，沉陷面的曲率就越小。当填土较厚时，超过高度H后以上的沉降面可视为水平面。因此，管顶上的填土将受到两侧填土沉陷时产生向下的摩擦力，使管身上的土压力大于管道上的填土重。管道本身的刚度越小，则土压力越接近于填土重。沟埋式是将管道埋设于开挖的沟槽内，由于回填土的密实度小于两侧沟壁天然土料的密实度，则回填土的沉降变形会受到两侧沟壁向上的摩阻力，因此作用在管身上的土压力将小于管道上的填土重。

在各项荷载确定后，求出管身的内力，并进行配筋及抗裂计算、结构计算，具体见有关资料。

对于小型水库的坝下涵管，目前有很多定型设计资料或计算曲线和图表，可根据使用条件直接查得涵管的断面大小、管壁厚度和钢筋数量等。

思　考　题

1. 简述水工隧洞的类型。
2. 简述水工隧洞的特点。
3. 简述水工隧洞各组成部分的形式与构造。
4. 简述隧洞进口建筑物的形式。

5. 简述隧洞进出口的布置原则。

6. 简述隧洞衬砌的类型。

7. 简述衬砌上的荷载。

8. 简述坝下涵管的进、出口建筑物。

9. 简述坝下涵管的位置选择。

项目8　渠系建筑物

学习目标：

(1) 能阐述渠系建筑物的类型、作用、组成及应用环境。

(2) 能设计渠系建筑物。

学习重点：

(1) 渠系建筑物的类型、作用、组成。

(2) 渠系建筑物的设计要点。

学习难点：

渠系建筑物的设计要点。

任务8.1　概　　述

8.1 渠系建筑物概述

8.2 渠系建筑物的种类

输配水渠道一般线路长，受地形、地质条件限制，为了安全合理地输配水量以满足农田海溉、水力发电、工业及生活用水的需要，在渠道（渠系）上修建的水工建筑物，统称渠系建筑物。

8.1.1　渠系建筑物的种类和作用

渠系建筑物按其作用可分为控制建筑物、交叉建筑物、泄水建筑物、衔接建筑物、量水建筑物等。

渠系建筑物按其主要作用可分为以下几种：

(1) 控制建筑物的作用在于控制渠道的流量和水位，如进水闸、分水闸、节制闸等。

(2) 泄水建筑物。为保护渠道及建筑物安全或进行维修，用以放空渠水的建筑物，如：泄水闸、虹吸泄洪道等。

(3) 交叉建筑物。渠道穿越河流、沟谷、洼地、道路或排水沟时，需要修建交叉建筑物。常见的交叉建筑物有渡槽、倒虹吸、涵洞和桥梁等。

(4) 落差建筑物。当渠道通过地势陡峻或地面坡度较大的地段时，为了保持渠道的设计比降和设计流速，防止渠道冲刷，避免深挖高填，减少渠道工程量，在不影响自流灌溉控制水位的原则下，可修建跌水、陡坡等落差建筑物，也称衔接建筑物。

(5) 冲沙和沉沙建筑物。为防止和减少渠道淤积，在渠首或渠系中设置的冲沙和沉沙设施，如冲沙闸、沉沙池等。

(6) 量水建筑物。用以计量输配水量的设施，如量水堰、量水管嘴等。

(7) 专门建筑物。主要有水力发电专用建筑物，如前池、调压室、压力水管、水电站厂房；港口专用建筑物，如防波堤、码头、船坞、船台；过坝专用建筑物及设施，如船闸、升船机、筏道及鱼道等。

渠系中的建筑物，一般规模不大，但数量多，总的工程量和造价在整个工程中所占比重较大。为此，应尽量简化结构，改进设计和施工，以节约原材料和劳力、降低工程造价。

8.1.2 渠系建筑物的布置和选型原则

(1) 渠系建筑物的位置和形式，应根据工程规模、作用、运行特点和工程总体布置的要求，布置在地形条件适宜和地质条件良好的地点。

(2) 渠系建筑物的布置应满足工程所需水位、流量、泥沙处理、施工、运行、管理的要求。保证渠道安全运行，提高灌溉效率和灌水质量，最大限度地满足作物需水。

(3) 尽量减少建筑物数量，并宜采用联合建筑的形式，形成枢纽，节约投资，便于管理。

(4) 适应交通、航运和群众生产、生活的需要，为提高劳动生产力和繁荣地方生态经济创造条件。

(5) 灌排建筑物的结构形式应根据工程特点、作用和运行要求，结合建筑材料来源和施工条件等因地制宜选定。

8.1.3 渠系建筑物的特点

(1) 单个建筑物的规模一般不大，但数量多，总的工程量和造价均很大。如湖南省韶山灌区总干渠与北干渠总造价中，渠系建筑物占44%，为引水枢纽造价的6.3倍。

(2) 当前中国渠系建筑物的发展趋势是进一步向轻型化、定型化、装配化及机械化施工等方面发展。节水、节能建筑物的研究，新材料的研究和应用，电子计算机技术在渠系建筑物设计中的应用与普及，建筑物的综合利用，渠系建筑物监测，管理自动化及集中控制等问题的研究日益受到重视。

任务8.2 渠 道

渠道通常指水渠、沟渠，是水流的通道，是广泛应用于灌溉、发电、航运、给水、排水等水利工程中的输水建筑物。

灌溉渠道系统由各级灌溉渠道和退(泄)水渠道组成。在灌区中，渠道遍布整个灌区，线长面广，其规划和设计是否合理，将直接关系到土方量的大小、渠系建筑物的多少、施工和管理的难易及工程效益的大小。灌溉渠道按控制面积大小和水量分配层次又可把灌溉渠道分为若干等级，灌溉渠道应依干渠、支渠、斗渠、农渠顺序设置固定渠道，如图8.1所示。

渠道设计的任务是完成渠系及其建筑物的规划布置，推算各级渠道的设计流量。确定渠道的纵横断面形状、尺寸、结构和空间位置等。

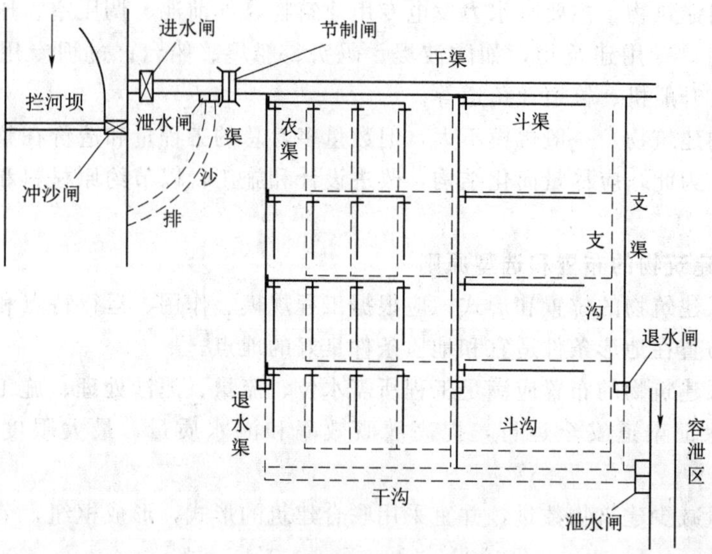

图 8.1 灌溉渠系布置示意图

8.2.1 渠道的选线

渠道选线的一般原则是：

(1) 沿高地布置，力求自流控制较大的灌溉面积。对面积很小的局部高地宜采用提水灌溉的方式，不必据此抬高渠道，尽量能做到挖方和填方基本平衡。

(2) 要安全可靠，尽量避免深挖方、高填方和难工险段，以求渠床稳固、施工方便、输水安全。山丘区渠道尽量不沿河、溪边布置，以防被山洪冲毁。渠道沿线应有良好的地质条件，尽量避开风化岩层和节理发育的破碎带以及透水性强的地带。

(3) 在平坦地段，线路应力求短直，受地形条件限制，4 级及 4 级以上土渠的弯道曲率半径应大于该弯道段水面宽度的 5 倍；受条件限制不能满足上述要求时，应采取防护措施。石渠或刚性衬砌渠道的曲率半径可适当减小，但不小于水面宽度的 2.5 倍。通航渠道的弯道曲率半径还应符合航运部门的有关规定。灌排渠沟工程分级指标见表 8.1。

表 8.1　　灌排渠沟工程分级指标

工程级别	灌溉流量/(m^3/s)	引水流量/(m^3/s)	工程级别	灌溉流量/(m^3/s)	引水流量/(m^3/s)
1	>300	>500	4	5～20	10～50
2	100～300	200～500	5	<5	<10
3	20～100	50～200			

(4) 灌溉渠道的位置应参照行政区划确定，尽可能使各用水单位都有独立的用水渠道，以利管理；通过山岭，可选用隧洞；遇山谷，可用渡槽或倒虹吸管穿越，应尽量减少交叉建筑物；要考虑综合利用，尽可能满足其他用水部门的要求。要充分利用渠道落差布置水电站或水力加工站，做到一水多用，开展多种经营。

8.2.2 渠道纵横断面的设计

根据实用、安全和经济的原则，对渠道断面设计的具体要求是：有足够的输水能力，以满足作物的需水要求；有足够的水位，各级渠道之间和渠道各分段之间以及重要建筑物上下游水面衔接要平顺，以满足自流灌溉对水位的要求；流速适宜，不冲不淤或周期性冲淤平衡；边坡稳定，不坍塌、不滑坡、不发生冻胀破坏；渗漏损失小，灌溉水利用系数高；适当满足综合利用要求；占地少，工程量小，总投资少；施工容易，管理方便。

8.2.2.1 渠道纵断面设计

根据渠均匀流公式 $Q=AC\sqrt{Ri}$ 和 $v=C\sqrt{Ri}$ 可知，当流量一定时，渠道纵坡 i 越大，渠道横断面 A 越小，渠道工程费用就越省。但 i 大，流速也大，可能造成渠道冲刷，灌溉渠道还将减小自流灌溉面积。因此，渠道纵、横两个断面是互相联系的，实际工作中不能将它们截然分开，而往往是把纵、横断面设计交替进行，反复比较，最后确定合理的设计方案。

选用渠道纵坡时应考虑以下几点：

(1) 地面坡度：渠道的纵坡应尽量接近地面坡度，避免挖、填方过大。

(2) 土壤情况：土壤易冲刷的渠道，纵坡应缓，地质条件较好的渠道，纵坡可适当陡一些。

(3) 流量大小：流量大时，纵坡宜缓，流量小时宜陡。

(4) 水源含砂量：含砂量小时，应考虑防冲，纵坡宜缓；含砂量大时，考虑防淤，纵坡宜适当陡些。

灌区渠道纵坡的一般数值如下：

平原区：干渠 $i=1/5000\sim1/10000$；支渠 $i=1/3000\sim1/7000$；斗渠 $i=1/2000\sim1/5000$；农渠 $i=1/1000\sim1/3000$。

湖滨沿海：干渠 $i=1/8000\sim1/15000$；支渠 $i=1/6000\sim1/8000$；斗渠 $i=1/4000\sim1/5000$；农渠 $i=1/2000\sim1/3000$。

丘陵区：干渠 $i=1/2000\sim1/5000$；支渠 $i=1/1000\sim1/3000$；斗、农渠 $i=1/200\sim1/1000$。

渠道纵断面设计除确定渠道纵坡外，还要确定渠道正常高水位线和最低水位线、渠底和堤顶高程线以及渠道沿程地面高程线。

8.2.2.2 渠道横断面设计

1. 渠道横断面形状

渠道的横断面形状有很多种。人工修建的明渠，为便于施工和管理，一般为规则断面，常见的有梯形断面、矩形断面、U 形断面等，具体的断面形式还与当地地形及筑渠材料有关。常见的防渗渠道断面形式如图 8.2 所示。

2. 渠道横断面结构

灌溉渠道一般都是正坡明渠，采用梯形断面。由于渠道过水断面和渠道沿线地面的相对位置不同，渠道断面有挖方断面、填方断面和半挖半填断面三种形式，其结构各不相同，如图 8.3 所示。

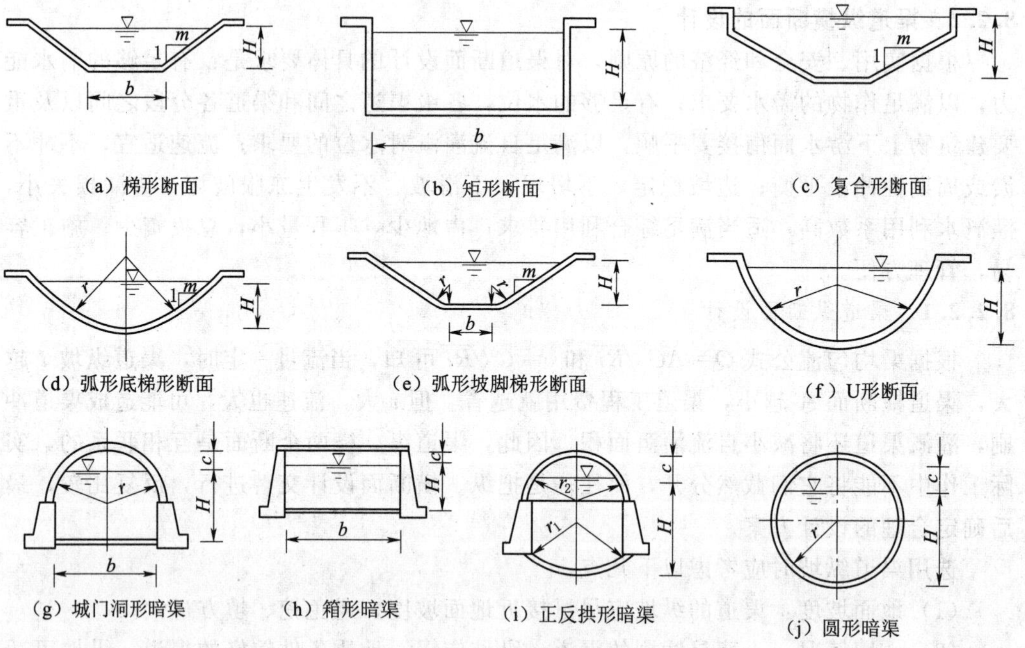

图 8.2　防渗渠道横断面示意图

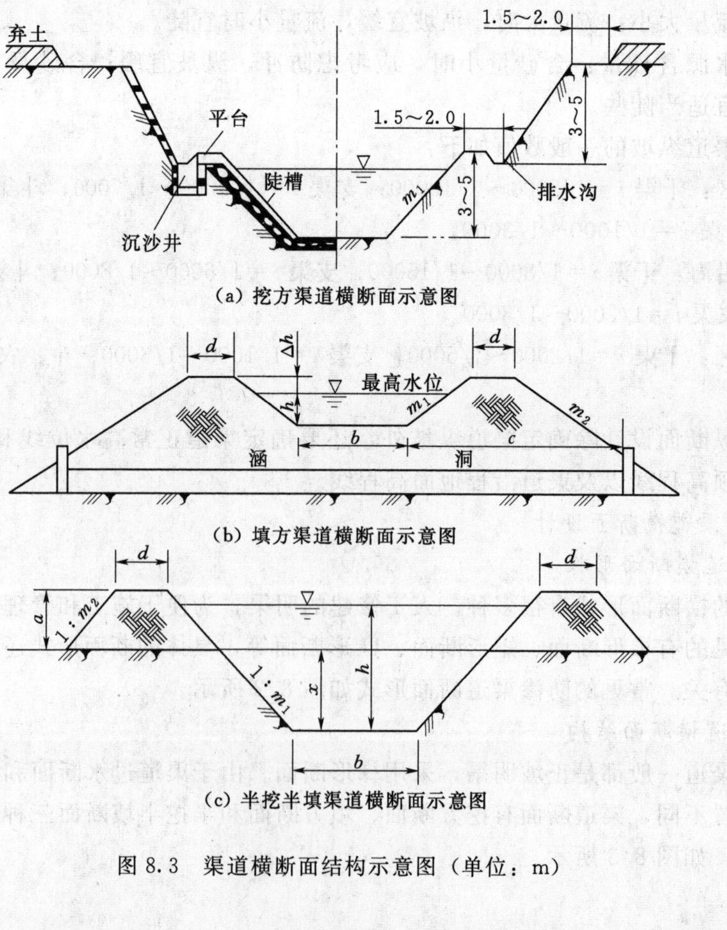

图 8.3　渠道横断面结构示意图（单位：m）

3. 渠道横断面设计

渠道在渠首进水口和第一个分水口之间或在相邻两个分水口之间，为了水流平顺和施工方便，在一个渠段内要采用同一个过水断面和同一个比降，渠床表面要具有相同的糙率。因此，灌溉渠道可以按明渠均匀流公式设计。

明渠均匀流的基本公式为

$$Q=AC\sqrt{Ri} \tag{8.1}$$

式中　Q——渠道设计流量，m^3/s；

A——渠道过水断面面积，m^2；

C——谢才系数，$m^{1/2}/s$，常用曼宁公式计算，即 $C=1/n\,R^{1/6}$；

R——水力半径，m；

i——渠底比降；

n——渠床糙率系数。

4. 渠道设计参数的确定

渠道设计的依据除输水流量外，还有渠底比降、渠床糙率、渠道边坡系数、稳定渠床的宽深比以及渠道的不冲、不淤流速等。

(1) 渠道流量。渠道流量是渠道和渠系建筑物设计的基本依据，正确地推求渠道流量，关系到工程造价、灌溉效益和农业增产。设计渠道时，需要设计流量、最小流量和加大流量，分别作为设计和校核之用。

1) 渠道设计流量。是指在设计标准条件下，为满足灌溉用水要求，需要渠道输送的最大流量，也称正常流量。它是设计渠道纵横断面和渠系建筑物的主要依据，其与渠道控制的灌溉面积、作物组成、灌溉制度、渠道的工作制度及渠道的输水损失等因素有关。

2) 渠道最小流量。是指在设计标准条件下，渠道在正常工作中输送的最小灌溉流量。用修正灌水率图上的最小灌水率值和设计灌溉面积为依据进行计算。应用渠道最小流量可以校核对下一级渠道的水位控制条件和不淤流速，并确定节制闸的位置。渠道最小流量以不低于渠道设计流量的40%为宜，相应的渠道最小水深不小于70%的设计水深。

3) 渠道加大流量。考虑到在灌溉工程运行过程中，可能会出现规划设计时未能预料到的情况，如作物种植比例变更、灌溉面积扩大、气候特别干旱、渠道发生事故后需要短时间加大输水等，都要求渠道通过比设计流量更大的流量。通常把在短时增加输水的情况下，渠道需要通过的最大灌溉流量称为渠道的加大流量，它是设计渠道堤顶高程的依据，并依此校核渠道输水能力和不冲流速。渠道加大流量的计算是以设计流量为基础，给设计流量乘以加大系数即得。按式（8.2）计算：

$$Q_{max}=JQ_d \tag{8.2}$$

式中　Q_{max}——渠道加大流量，m^3/s；

J——渠道流量加大系数，见表8.2；

Q_d——渠道设计流量，m^3/s。

表 8.2　　渠道流量加大系数

设计流量/(m^3/s)	<1	1～5	5～20	20～50	50～100	100～300	>300
加大系数 J	1.35～1.30	1.30～1.25	1.25～1.20	1.20～1.15	1.15～1.10	1.10～1.05	<1.05

注 1. 表中加大系数在湿润地区可取小值，在干旱地区可取大值。
2. 泵站供水的续灌渠道加大流量应为包括备用机组在内的全部装机流量。

(2) 渠床糙率 n。渠床糙率是反映渠床粗糙程度的指标。由 $C=1/nR^{1/6}$ 可知，n 值小，C 值大，渠道过水能力大；反之，则过水能力小。设计时如果选用的 n 值大，而渠道建成后的实际 n 值小，则渠道的实际过水能力大于需要的渠道过水能力，这不仅浪费了渠道断面，而且还会因流速增大引起冲刷，因水位降低而影响下级渠道引水和减少自流灌溉面积。相反，如果选用的 n 值小于实际的 n 值，则渠道的实际过水能力小于需要的渠道过水能力，将会造成渠道的过水能力满足不了灌溉用水流量，会因流速减小引起淤积。因此，必须合理选定 n 值，尽量使选用的 n 值和实际的 n 值大致相近，大型渠道的糙率最好通过试验确定。

(3) 渠道的边坡系数 m。渠道的边坡系数是表示渠道边坡倾斜程度的指标。它的大小关系到渠道的工程量、占地、输水损失和稳定。m 太大，渠道工程量大，占地多，输水损失大；m 太小，边坡不稳定，容易坍塌，不仅管理维修困难，而且影响渠道正常输水。一般梯形断面水深不大于 3m 的挖方渠道，或填方渠道的渠堤填方高度不大于 3m 时，可根据沿渠土质、挖填方深度、渠道流量、渠中水深等因素按表 8.3 和表 8.4 选定。对水深大于 3 m 或地下水位较高的挖方渠道，或填方高度大于 3m 时的填方渠道的内外边坡系数都应通过土工试验和稳定分析确定。

表 8.3　　挖方渠道的最小边坡系数

土质	渠道水深/m		
	<1	1～2	>2～3
稍胶结的卵石	1.00	1.00	1.00
夹砂的卵石或砾石	1.25	1.50	1.50
黏土、重壤土	1.00	1.00	1.25
中壤土	1.25	1.25	1.50
轻壤土、砂壤土	1.50	1.50	1.75
砂土	1.75	2.00	2.25

表 8.4　　填方渠道的最小边坡系数

土质	渠道水深/m					
	<1		1～2		>2～3	
	内坡	外坡	内坡	外坡	内坡	外坡
黏土、重壤土	1.00	1.00	1.00	1.00	1.25	1.00
中壤土	1.25	1.00	1.25	1.00	1.50	1.25
轻壤土、砂壤土	1.50	1.25	1.50	1.25	1.75	1.50
砂土	1.75	1.50	2.00	1.75	2.25	2.00

(4) 渠道断面的宽深比 β。渠道断面的宽深比是指底宽 b 和水深 h 的比值，即 $\beta=b/h$，宽深比对渠道工程量和渠床稳定等有较大影响，在设计时应慎重选择。

渠道宽深比的选择要考虑以下要求：

1）工程量最小。在渠道比降和渠床糙率一定的条件下，通过设计流量所需要的最小过水断面称为水力最优断面，采用水力最优断面的宽深比可使渠道工程量最小。

梯形渠道水力最优断面的宽深比按下式计算：

$$\beta=2(\sqrt{1+m^2}-m) \tag{8.3}$$

式中　β——梯形渠道水力最优断面的宽深比；

m——梯形渠道的边坡系数。

水力最优断面具有工程量最小的优点，小型渠道和石方渠道可以采用。对大型渠道来说，因为水力最优断面比较窄深，开挖深度大，可能受地下水影响，施工困难，劳动效率较低，而且渠道流速可能超过允许不冲流速，影响渠床稳定。可见，水力最优断面仅仅指输水能力最大的断面，不一定是最经济的断面，渠道设计断面的最佳形式还要根据渠床稳定要求、施工难易等因素确定。

2）断面稳定。渠道断面过于窄深，容易产生冲刷；过于宽浅，又容易淤积，都会使渠床变形。稳定断面的宽深比应满足渠道不冲不淤要求，它与渠道流量、水流含沙情况、渠道比降等因素有关，应在总结当地已成渠道运行经验的基础上研究确定。比降小的渠道应选较小的宽深比，以增大水力半径，加快水流速度；比降大的渠道应选较大的宽深比，以减小流速，防止渠床冲刷。

对于中小型渠道，为使渠道断面稳定，表 8.5 数值可供选用。

表 8.5　　渠道稳定断面宽深比

设计流量/(m^3/s)	<1	1～3	3～5	5～10
宽深比 β	1～2	1～3	2～4	3～5

3）有利通航。有通航要求的渠道应根据船舶吃水深度、错船所需的水面宽度以及通航的流速要求等确定渠道的断面尺寸。渠道水面宽度应大于船舶宽度的 2.6 倍，船底以下水深应不小于 15～30cm。

在实际工作中，要按照具体情况初选一个 β 值，作为计算断面尺寸的参数，再结合有关要求进行校核而确定。

（5）渠道的不冲、不淤流速。在稳定渠道中，允许的最大平均流速称为临界不冲流速，简称不冲流速，用 $v_{不冲}$ 表示；允许的最小平均流速称为临界不淤流速，简称不淤流速，用 $v_{不淤}$ 表示。为了维持渠床稳定，渠道通过设计流量时的平均流速（设计流速）$v_{设计}$ 应满足以下条件：

$$v_{不淤}<v_{设计}<v_{不冲}$$

1）渠道不冲流速。水在渠道中流动时，具有一定的能量，这种能量随水流速度的增加而增加，当流速增加到一定程度时，渠床上的土粒就会随水流移动，土粒将要移动而尚未移动时的水流速度就是临界不冲流速或简称不冲流速。

重要的干、支渠允许不冲流速应根据渠床土壤性质、水流含沙情况、渠道断面水力要素等因素通过试验研究或总结已成渠道的运用经验而定。一般渠道可按表 8.6 中的数值选用。

表 8.6 土质渠道允许不冲流速

土质	允许不冲流速/(m/s)	土质	允许不冲流速/(m/s)
轻壤土	0.60～0.80	重壤土	0.70～0.95
中壤土	0.65～0.85	黏土	0.75～1.00

注 表中所列允许不冲流速值为水力半径 $R=1.0$m 时的情况；当 $R\neq1.0$m 时，表中所列数值应乘以 R^a。指数 a 值可按下列情况采用：①疏松的壤土、黏土，$a=1/4\sim1/3$；②中等密实和密实的壤土、黏土，$a=1/5\sim1/4$。

2）渠道不淤流速。渠道水流的挟沙能力随流速减小而减小，当流速小到一定程度时，部分泥沙就开始在渠道内淤积。泥沙将要沉积而尚未沉积时的流速就是临界不淤流速。渠道不淤流速主要取决于渠道含沙情况和断面水力要素，也应通过试验研究或总结实践经验而定。在缺乏实际研究成果时，可选用有关经验公式进行计算。这里，仅介绍黄河水利委员会水利科学研究院的不淤流速计算公式（8.4）：

$$v_{cd}=C_0Q^{1/2} \tag{8.4}$$

（6）渠底比降 i。渠底比降是指单位渠长的渠底降落值。由式（8.4）可知，当渠道流量一定时，渠底比降大，过水断面面积小，工程量小。但比降大，渠道水位降落大，控制灌溉面积减少，而且流速大，还可能引起渠道冲刷。反之，情况相反。可见，渠底比降不仅决定着渠道输水能力的大小、控制灌溉面积的多少和工程量的大小，而且还关系着渠道的冲淤、稳定和安全。因此，必须慎重选择确定。

选择比降的一般原则如下：

1）渠底比降应尽量接近地面比降，以避免深挖高填。

2）流量大的渠道，为控制较多的自流灌溉面积和防止冲刷，比降应小些；流量小的渠道，为加大流速，减少渗漏和防止淤积，比降可大些。

3）渠床土质松散易冲时，比降应小些；反之可大些。

4）渠水含沙量大时，为防止淤积，比降应大些；反之应小些。

5）水库灌区和扬水灌区，水头宝贵，比降应尽量小些；自流灌区，水头富裕时，可大些。

在设计工作中，渠底比降应根据渠道沿线地面坡度、下级渠道分水口要求水位、渠床土质、渠道流量、渠水含沙量等情况，参照相似灌区的经验数值见表 8.7，初选一个渠底比降，进行水力计算和流速校核，若满足水位和不冲不淤要求，便可采用，否则应重新选择比降，再行计算校核，直至满足要求。

表 8.7 渠底比降一般数值

渠道级别	干渠	支渠	斗渠	农渠
平原灌区	$\frac{1}{5000}\sim\frac{1}{10000}$	$\frac{1}{3000}\sim\frac{1}{7000}$	$\frac{1}{2000}\sim\frac{1}{5000}$	$\frac{1}{1000}\sim\frac{1}{3000}$
丘陵灌区	$\frac{1}{2000}\sim\frac{1}{5000}$	$\frac{1}{1000}\sim\frac{1}{3000}$	土渠$\frac{1}{2000}$，石渠$\frac{1}{500}$	土渠$\frac{1}{1000}$，石渠$\frac{1}{300}$
滨湖灌区	$\frac{1}{8000}\sim\frac{1}{15000}$	$\frac{1}{6000}\sim\frac{1}{8000}$	$\frac{1}{4000}\sim\frac{1}{5000}$	$\frac{1}{2000}\sim\frac{1}{3000}$

任务8.3　渡　　槽

8.3　渡槽

8.3.1　渡槽的作用与组成

渡槽是输送水流跨越渠道、河流、道路、山冲、谷口等的架空水槽。当挖方渠道与冲沟相交时，为避免山洪及泥沙入渠，还可在渠道上面修建排洪渡槽，用来排泄冲沟来水及泥沙。

渡槽由槽身、支承结构、基础及进出口建筑物等部分组成。槽身置于支承结构上，槽身重及槽中水重通过支承结构传给基础，再传至地基。

渡槽一般适用于渠道跨越深宽河谷且洪水流量较大、渠道跨越广阔滩地或洼地等情况。它比倒虹吸管水头损失小，便利通航，管理运用方便，是交叉建筑物中采用最多的一种形式。

8.3.2　渡槽的类型

渡槽根据其支承结构的情况，分为梁式渡槽和拱式渡槽两大类。

8.3.2.1　梁式渡槽

8.4　梁式渡槽的类型

梁式渡槽槽身置于槽墩或排架上，其纵向受力和梁相同，故称梁式渡槽，如图8.4所示。槽身在纵向均匀荷载作用下，一部分受压，一部分受拉，故常采用钢筋混凝土结构。为了节约钢筋和水泥用量，还可采用预应力钢筋混凝土及钢丝网水泥结构，跨度较小的槽身也可用混凝土建造。

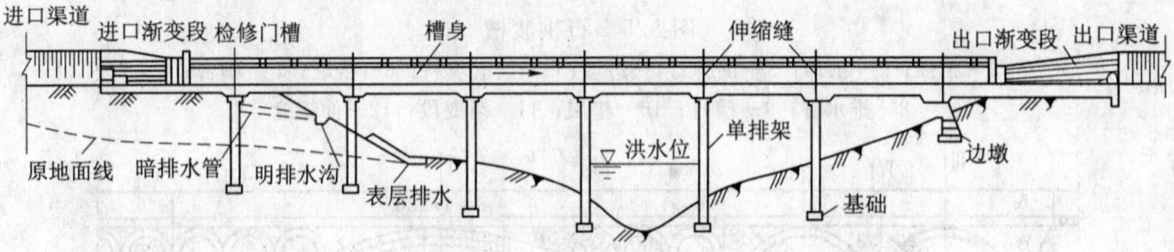

图8.4　梁式渡槽示意图

简支梁式渡槽优点是结构简单，施工吊装方便，接缝处止水构造简单；缺点是跨中弯矩较大，底板受拉，对抗裂防渗不利。常用跨度是8～15m，其经济跨度大约为墩架高度的0.8～1.2倍。

双悬臂梁式渡槽根据其悬臂长度的不同，又可分为等跨双悬臂式和等弯矩双悬臂式。等跨双悬臂式，在纵向受力时，其跨中弯矩为零，底板承受压力，有利于抗渗。等弯矩双悬臂式，跨中弯矩与支座弯矩相等，结构受力合理，但需上下配置受力筋及构造筋，总配筋量常大于等跨双悬臂式，不一定经济，且由于跨度不等，对墩架工作不利，故应用不多。双悬臂梁式渡槽因跨中弯矩较简支梁小，每节槽身长度可为25～40m，但其重量大，整体预制吊装困难，当悬臂顶端变形或地基产生不均匀沉陷时，接缝处止水容易被拉裂。

单悬臂式渡槽一般用在靠近两岸的槽身或双悬臂梁式向简支梁式过渡时采用。

8.3.2.2 拱式渡槽

1. 特点

拱式渡槽的主要承重结构是拱圈。槽身通过拱上结构将荷载传给拱圈，它的两端支承在槽墩或槽台上。拱圈的受力特点是承受以压力为主的内力，故可应用石料或混凝土建造，并可用于较大的跨度。但拱圈对支座的变形要求严格。对于跨度较大的拱式渡槽应建筑在比较坚固的岩石地基上。

2. 类型

拱式渡槽按照使用的材料可分为砌石、混凝土和钢筋混凝土等拱式渡槽；按照主拱圈的结构型式则可分为板拱、肋拱和双曲拱等拱式渡槽。

石拱渡槽主拱圈为一实体的矩形截面的板拱，一般用粗料石砌筑，如图 8.5 和图 8.6 所示。其优点是就地取材，节省钢筋，结构简单，便于施工；缺点是自重大，对

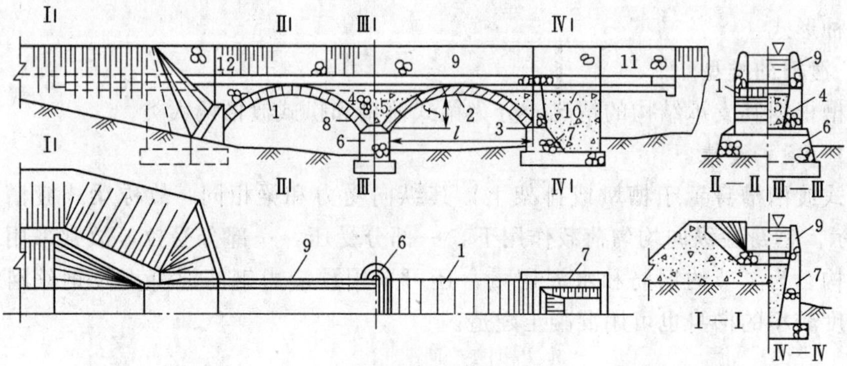

图 8.5 石拱渡槽

1—拱圈；2—拱顶；3—拱脚；4—边墙；5—拱上填料；6—槽墩；7—槽台；8—排水管；9—槽身；10—垫层；11—渐变段；12—伸缩缝

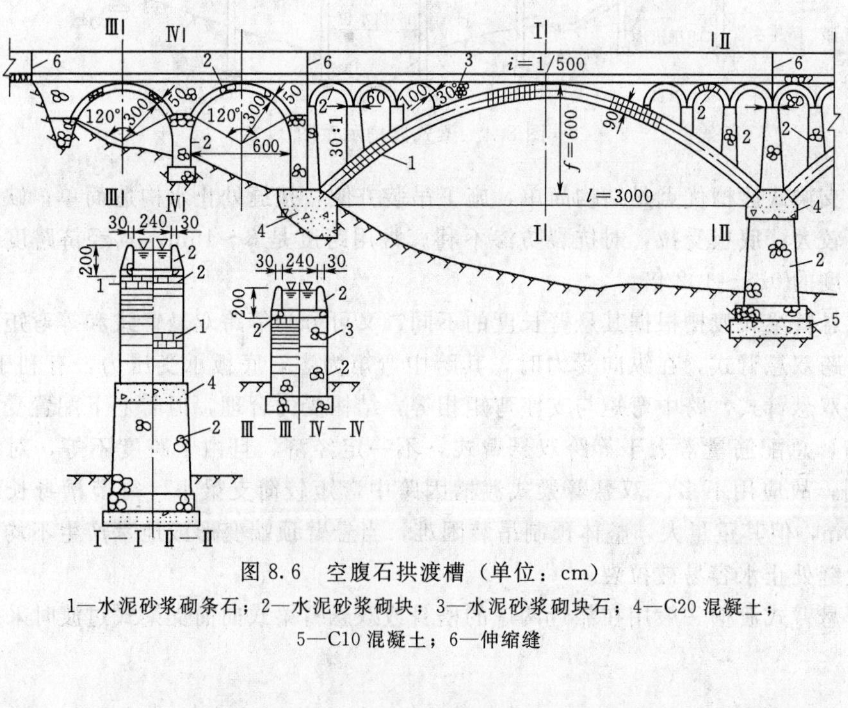

图 8.6 空腹石拱渡槽（单位：cm）

1—水泥砂浆砌条石；2—水泥砂浆砌块；3—水泥砂浆砌块石；4—C20 混凝土；5—C10 混凝土；6—伸缩缝

地基要求高，施工时需较多木料搭设拱架。

肋拱渡槽主拱圈是2～4根拱肋组成，拱肋间用横系梁联结以加强拱肋整体性，保证拱肋的横向稳定，如图8.7所示。肋拱渡槽一般采用钢筋混凝土结构，对于大中跨径的肋拱结构可分段预制吊装拼接，无须支架施工。这种形式的渡槽外形轻巧美观，自重较轻，工程量小，但钢筋用量较多。

双曲拱渡槽主要拱圈由拱肋、拱波、拱板和横系梁（横隔板）等组成。因主拱圈沿纵向和横向都呈拱形，故称为双曲拱，如图8.8所示。双曲拱能充分发挥材料的抗压性能，造型美观。此外，主拱圈可分块预制，吊装施工，既节省搭设拱架所需的木料，又不需要较多的钢筋，适用于修建大跨径渡槽。

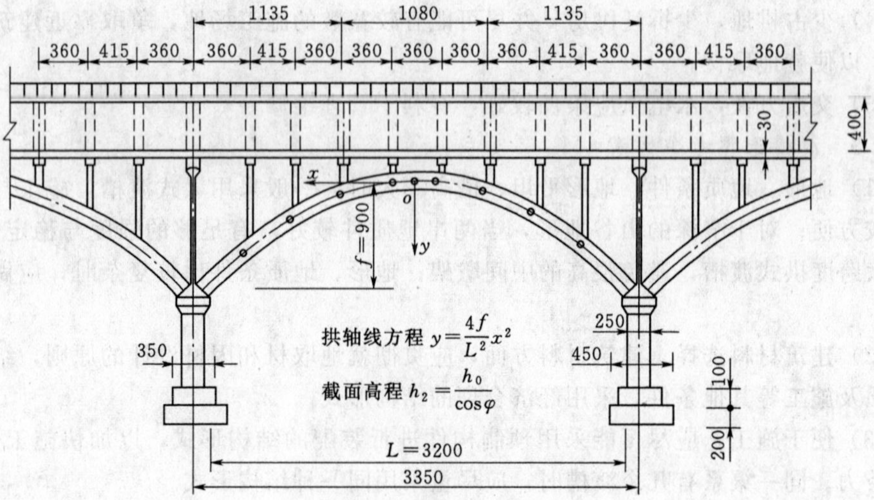

图8.7　肋拱渡槽（单位：cm）

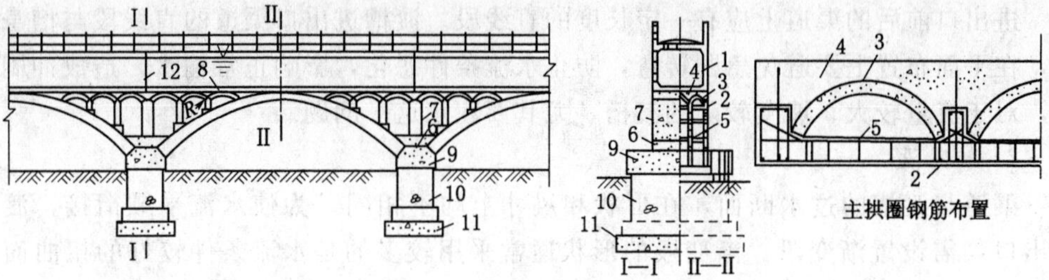

图8.8　双曲拱渡槽

1—槽身；2—拱肋；3—预制拱波；4—混凝土填平层；5—横系梁；6—护拱；7—腹拱横墙；8—腹拱；9—混凝土墩帽；10—槽墩；11—混凝土基础；12—伸缩缝

8.3.3　渡槽的总体布置

8.3.3.1　渡槽总体布置的基本要求

流量、水位满足灌区需要；槽身长度短，基础、岸坡稳定，结构选型合理；进出口顺直通畅，避免填方接头；少占农田，交通方便，就地取材等。

总体布置的步骤，一般是先根据规划阶段初选槽址和设计任务，在一定范围内进行调查和勘探工作，取得较为全面的地形、地质、水文气象、建筑材料、交通要求、施工条件、运用管理要求等基本资料，然后在全面分析基本资料的基础上，按照总体布置的基本要求，提出几个布置方案，经过技术经济比较，选择最优方案。

8.3.3.2 槽址选择

(1) 应结合渠道线路布置，尽量利用有利的地形、地质条件，以便缩短槽身长度，减少基础程量，降低墩架高度。

(2) 槽轴线力求短直，进出口要避免急转弯并力求布置在挖方渠道上。

(3) 跨越河流的渡槽，槽轴线应与河道水流方向正交，槽址应位于河床及岸坡稳定、水流顺直的地段，避免选在河流转弯处。

(4) 少占耕地，少拆迁民房，并尽可能有较宽敞的施工场地，争取靠近建筑材料产地，以便就地取材。

(5) 交通方便，水电供应条件较好，有利于管理维修。

8.3.3.3 渡槽选型考虑因素

(1) 地形、地质条件。地形平坦、槽高不大时，一般采用梁式渡槽，施工与吊装均比较方便；对于窄深的山谷地形，当两岸地质件较好，有足够的强度与稳定性时，宜建大跨度拱式渡槽，避免很高的中间墩架；地形、地质条件比较复杂时，应做具体分析。

(2) 建筑材料选择。建筑材料方面，应贯彻就地取材和因材设计的原则，结合地形地质及施工等其他条件，采用经济合理的结构形式。

(3) 便于施工。应尽可能采用预制构件进行装配的结构形式，以加快施工速度，节省劳力。同一渠系有几个渡槽时，应尽量采用同一种结构形式。

8.3.3.4 进出口段布置

1. 平流段

进出口前后的渠道上应有一定长度的直线段。渡槽进出口渠道的直线段与槽身连接，在平面布置上要避免急剧转弯，防止水流条件恶化，影响正常输水，造成冲刷现象，对于流量较大、坡度较陡的渡槽，尤其要注意这一问题。

2. 渐变段

渠道与渡槽的过水断面，在形状和尺寸上均不相同，为使水流平顺衔接，渡槽进出口均需设置渐变段。渐变段的形状通常采用较多的是水流条件较好的扭曲面形式；八字墙式施工简单，小型渡槽使用较多。渐变段的长度 L_j 通常采用经验公式计算：

$$L_j=c(B_1-B_2) \tag{8.5}$$

对于中小型渡槽，出口渐变段长度也可取 $L_1\geqslant 4h_1$，h_1 为上游渠道水深；出口渐变段长度取为 $L_2\geqslant 6h_2$，h_2 为出口渠道水深。

8.3.3.5 基础布置

渡槽基础的类型较多，根据埋置深度可分为浅基础及深基础，埋置深度小于 5m 时为浅基础。应结合渡槽形式选定基础结构的形式，基础结构的布置尺寸须在槽墩或槽架布置的基础上确定。对于浅基础，基底面高程（或埋置深度）应根据地形、地质等条件选定。

(1) 冰冻地区。基底面埋入冰冻层以下不少于0.3m，以免因冰冻而降低地基承载力。

(2) 耕作区。耕作地内的基础，基顶面以上至少要留有0.5～0.8m的覆盖层，以利耕作。

(3) 软弱地基上。基础埋置深度一般为1.5～2.0m，如果地基的允许承载力较低时，可采取增加埋深或加大基底面尺寸的办法以满足地基承载力的要求。当上层地基土的承载能力大于下层时，宜利用上层土作持力层，但基底面以下的持力层厚度应不小于1.0m。

(4) 坡地上的基础。基底面应全部置于稳定坡线之下，并应削除不稳定的坡土和岩石以保证工程的安全。河槽中受到水流冲刷的基础，基顶面应埋入最大冲刷深度之下以免基底受到淘刷危及工程的安全。对于深基础，计算的入土深度应从稳定坡线、耕作层深、最大冲刷深度等处算起，以确保深基础的承载能力。最大冲刷深度的计算可参考有关书籍和资料。

8.3.4 渡槽构造及要求

8.3.4.1 槽身构造要求

(1) 变形缝。梁式渡槽的槽身多采用钢筋混凝土结构。为了适应槽身因温度变化引起的伸缩变形，渡槽与进出口建筑物之间及各节槽身之间必须用变形缝分开，缝宽3～5cm。变形缝需要用既能适应变形又能防止漏水的材料封堵。特别是槽身与进出口建筑物之间的接缝止水必须严密可靠，否则不仅会造成漏水，还可能促使岸坡滑塌影响渡槽的安全。

(2) 止水。渡槽槽身接缝止水所用材料和构造形式多种多样。

(3) 支座。变形缝之间的每节槽身沿纵槽向有两个支点。为使支点接触面的压力分布比较均匀并减小槽身摩擦时所产生的摩擦力，常在支点处设置支座钢板或油毡坐垫。每个支点处的座钢板有两块。

8.3.4.2 渡槽的支承结构

梁式渡槽的支承形式有槽墩式和槽架式两种。

1. 槽墩式

槽墩一般为重力墩，有实体墩和空心墩两种形式。

(1) 实体墩。一般用浆砌石或混凝土建造，常用高度8～15m。其构造简单，施工方便，但由于自身重力大，用料多，当墩身较高并承受较大荷载时，要求地基有较大的承载能力。

(2) 空心墩。体型及部分尺寸基本与实体墩相同。

(3) 槽台。渡槽与两岸连接时，常用重力式边槽墩，亦称槽台。槽台的作用是支撑槽身和挡土。

2. 槽架式

槽架是钢筋混凝土排架结构，有单排架、双排架、A字形排架和组合式槽架等形式。

(1) 单排架。单排架体积小，重量轻，可现浇或预制吊装，在渡槽工程中被广泛应用。单排架高度一般为10～20m。单排架是由两根支柱和横梁所组成的多层钢架结构。

(2) 双排架。由两个单排架及横梁组合而成，为空间框架结构。在较大的竖向及水平荷载作用下，其强度、稳定性及地基应力均较单排架容易满足要求。可适应较大的高度，通常为15～25m。

(3) A字形排架。常由两片A字形单排架组成，其稳定性能好，适应高度大，但施工较复杂，造价较高。

(4) 组合式槽架。适用于跨越河道主河槽部分，最高洪水位以下为重力式墩，其上为槽架，槽架可为单排架，也可为双排架。

(5) 排架与基础的连接。可采用固接和铰接。

8.3.4.3 渡槽的基础

基础是渡槽的下部结构，它将渡槽的全部重量传给地基。常用渡槽基础的形式有刚性基础、整体板基础、钻孔桩和沉井基础等。

(1) 刚性基础。常用于重力式实体墩和空心墩基础，一般用浆砌石或混凝土建造，基形状呈台阶形。因其抗弯能力小而抗压能力大，基础在墩底面的悬臂挑出长度不能太大，设计时不考虑其抗弯作用。

(2) 整体板基础。整体板基础为钢筋混凝土梁板结构，因设计时考虑其弯曲变形而按梁计算，故又称柔性基础。其底面积大，可弹性变形，适应不均匀沉陷能力好，常用作排架基础。

(3) 钻孔桩基础。适用于荷载大、承载能力低的地基。施工机具简单，建造速度快，造价低。桩顶设承台以便与槽墩连接，并将桩柱向上延伸而成桩柱式槽架。

(4) 沉井基础。沉井基础的适用条件与钻孔桩基础相似，在井顶作承台（盖板）以便修筑槽墩（架）。井筒内可根据需要填砂石料或低标号混凝土。

8.3.4.4 渡槽与两岸的连接

1. 槽身与填方渠道连接

槽身与填方渠道连接，常采用的方式有斜坡式和挡土墙式。

(1) 斜坡式。将连接段伸入填方渠道末端的锥形土坡内。按连接段的支承方式不同，又分为刚性连接和柔性连接。

刚性连接是将连接段支承在埋于锥形护坡内的槽墩或槽架上，支承墩建在岩基或老土上。柔性连接段是将连接段直接搁置在填方渠道上。

(2) 挡土墙式。将槽身的一端支承在重力式挡土墙上。挡土墙应修建在岩基或老土上。对于拱渡槽，应按槽台的要求进行布置。其两侧建造一字墙或八字墙以挡土。为降低墙后地下水位，墙身应设置排水孔。挡土墙式连接常用于填方高度不大的情况。

2. 槽身与挖方渠道连接

槽身与挖方渠道连接时，一般将边跨槽身支承在地梁或高度不大的实体墩上。槽身与渐变段之间常设连接段。有时为了缩短槽身长度，可将连接段向槽身方向延伸，并支承在用浆砌石建造的底座上。

任务8.4　桥　梁

8.4.1　桥梁的类型

桥梁类型种类众多，可分类如下：

（1）按桥长分，桥长8～30m为小桥，30～100m为中桥，100～1000m为大桥，1000m以上为特大桥。

（2）按用途划分，有公路桥、铁路桥、公路铁路两用桥、农桥、人行桥、运水桥（渡槽）及其他专用桥梁（如通过管路、电缆等）。

（3）按结构体系划分，有梁式桥、拱式桥、刚架桥、缆索承重桥（即悬索桥、斜拉桥）等四种基本体系。

1）梁式桥。梁式桥是古老的结构体系。梁作为承重结构是以它的抗弯能力来承受荷载的。梁分简支梁、悬臂梁、固端梁和连续梁等。悬臂梁、固端梁和连续梁都是利用支座上的卸载弯矩去减少跨中弯矩，使梁跨内的内力分配更合理，以同等抗弯能力的构件断面就可建成更大跨径的桥梁。

2）拱式桥。拱式桥的主要承重结构是拱肋（或拱箱），以承压为主，可采用抗压能力强的圬工材料（石、混凝土与钢筋混凝土）来修建。拱分单铰拱、双铰拱、三铰拱和无铰拱。拱是有水平推力的结构，对地基要求较高，一般常建于地基良好的地区。

3）刚架桥。刚架桥是介于梁与拱之间的一种结构体系，它是由受弯的上部梁（或板）与承压的下部柱（或墩）整体结合在一起的结构。由于梁与柱的刚性连接，梁因柱的抗弯刚度而得到卸载作用，整个体系是压弯结构，也是有推力的结构。刚架分直腿刚架与斜腿刚架。刚架桥施工较复杂，一般用于跨径不大的城市桥或公路高架桥和立交桥。

4）悬索桥。悬索桥是指以悬索为主要承重结构的桥。其主要构造是：缆、塔、锚、吊索及桥面，一般还有加劲梁。其受力特征是：荷载由吊索传至缆，再传至锚墩。传力途径简捷、明确。悬索桥的特点是：构造简单，受力明确；在同等条件下，跨径越大，单位跨度的材料耗费越少、造价越低。悬索桥是大跨桥梁的主要形式。

5）组合体系。

a. 连续钢构。连续钢构是由梁和钢架相结合的体系，它是顶应力混凝土结构采用悬臂施工法而发展起来的一种新体系。

b. 梁、拱组合体系。这类体系中有系杆拱、桁架拱、多跨拱梁结构等。它们利用梁的受弯与拱的承压特点组成联合结构。

c. 斜拉桥。它是由承压的塔、受拉的索与承弯的梁体组合起来的一种结构体系。

8.4.2　桥面构造

（1）行车道板。渠道上桥梁净宽一般根据车辆类型、荷载及运行要求加以确定。

(2) 桥面铺装。桥梁需在行车道板上面铺设桥面铺装，其作用在于防止车辆轮胎或履带对行车道板的直接磨损，此外对车的集中荷载还有扩散作用。

(3) 人行道。人行道的设置根据需要而定，人行道宽 0.75m 或 1.0m，为便于排水，人行道也设置向行车道倾斜 1%的横坡。

(4) 栏杆。人行道外侧设栏杆，栏杆高 0.8～1.2m，栏杆柱间距 1.6～2.7m，柱截面常为 $0.15\times0.15m^2$。不设人行道时，桥面两侧应设安全带。

(5) 变形缝。为减小温度变化、混凝土收缩、地基不均匀沉降等影响，桥面需设置伸缩缝，缝内填塞有弹性、不透水的橡皮或沥青胶泥等，以防雨水和泥土渗入，保证车辆平稳行驶。

(6) 排水设施。为便利桥面排水，桥面需设 1.5%～3.0%的横坡。

8.4.3 桥梁荷载的分类与组合

1. 荷载的分类

(1) 恒载。恒载包括桥梁上部结构物自重及附属设备重、填土重及土压力等。

(2) 车辆荷载及其影响力。车辆荷载及其影响力包括车辆荷载及其产生的冲击力、制动力以及所引起的土侧压力等。

(3) 其他荷载及外力。其他荷载及外力包括人群荷载、温度变化及混凝土收缩影响力、支座阻力、水的浮力、冰压力、漂浮物的撞击力以及施工荷载等。

2. 荷载组合

(1) 主要荷载组合由恒载、车辆荷载、汽车荷载的冲击力、车辆荷载引起的土侧压力及人群荷载组成。

(2) 附加荷载组合一部分由恒载和平板挂车或履带车荷载组成（又称验算荷载组合）；另一部分由主要荷载组合中的一种或几种荷载与可能同时作用的一种或几种荷载和外力组成。

8.4.4 钢筋混凝土梁式桥

8.4.4.1 钢筋混凝土梁式桥的构造

钢筋混凝土梁式桥构造如图 8.9 所示。

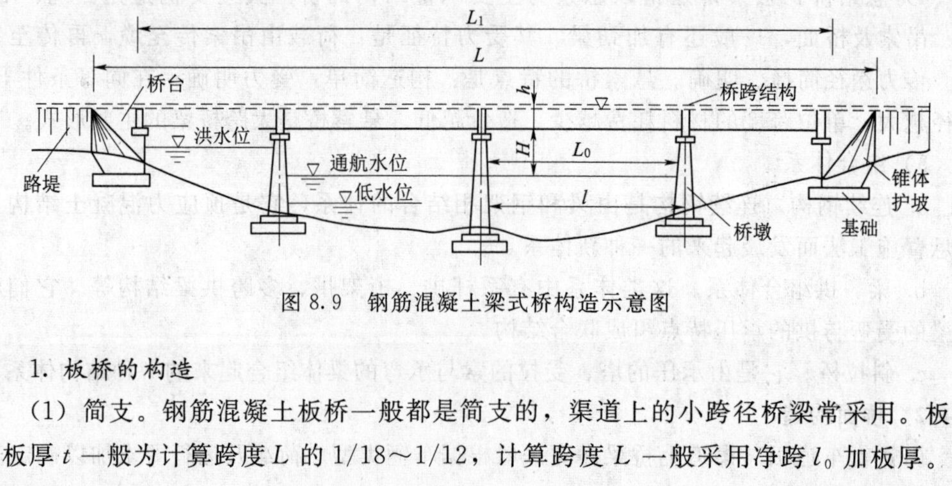

图 8.9 钢筋混凝土梁式桥构造示意图

1. 板桥的构造

(1) 简支。钢筋混凝土板桥一般都是简支的，渠道上的小跨径桥梁常采用。板桥的板厚 t 一般为计算跨度 L 的 1/18～1/12，计算跨度 L 一般采用净跨 l_0 加板厚。它的钢筋、模板及混凝土浇筑工作比T形截面梁简单。

(2) 现浇整体和装配。板桥有现浇整体和装配式两种。现浇整体板桥需在现场搭设脚手架和模板，一次浇筑完成，跨径一般不超过6m；装配式板桥常先预制成宽1m的板（实际宽为99cm，预留1cm作现场安装时的调整裕度）。

(3) 主钢筋。行车道板内的主钢筋直径一般不小于10mm，人行道板内的主钢筋直径不小于6mm。主钢筋到板边的净保护层不得小于2cm。

2. 装配式T形梁桥的构造

(1) 主梁。T形截面主梁的间距应根据荷载大小，桥面宽度及施工吊装能力等综合考虑决定。主梁高度 h 视跨径大小、主梁间距及荷载大小等而定。

(2) 横隔板。为了保证上部构造的整体性和横向刚度，常在T形梁两端及跨径中间设置横隔板。

8.4.4.2 梁式桥的墩台和支座

1. 墩台

(1) 墩台的形式。常用的有重力式、桩柱式等，其构造与渡槽的槽墩相类似。

(2) 结构计算。除计算恒载竖向力和水平力外，还有车辆荷载引起的制动力以及引起的土侧压力、摩阻力、以及风压力、漂浮物撞击力等。

2. 梁式桥的支座

(1) 支座的作用。把上部结构的各种荷载传递到墩台上，并能适应在活荷载作用时、温度变化、混凝土收缩与徐变等因素引起的位移。

(2) 支座形式。简支梁桥通常每跨一端设置固定支座，另一端设活动支座。多跨简支梁桥，一般把固定支座设在桥台上，每一个桥墩上布置一个活动支座和一个固定支座，以使各墩台能均匀承受纵向水平力。

8.4.5 拱式桥

渠道上的拱桥，在石料丰富的山丘地区，跨径小于15m时多采用实腹式石拱桥，跨径较大时常采用空腹式石拱桥。

双曲拱桥被广泛应用，此外还常用桁架拱桥、三铰拱桥、二铰拱桥、微弯板拱及扁壳拱桥等。它们大多具有结构轻、自重小、省材料、造价低、可预制装配等特点。本节仅简要介绍石拱桥和双曲拱桥。

8.4.5.1 石拱桥

(1) 主拱圈。跨度在20m以下的石拱桥，主拱圈一般采用等截面圆弧拱，矢跨比1/6～1/2。大跨度常采用等截面或变载面悬链线拱，矢跨比1/8～1/4。

(2) 路面。石拱桥路面由车行道和安全带组成。设1.5 %～3%的排水横坡。桥面铺装一般为碎石路面或沥青混凝土路面。拱圈的宽度不小于跨径的1/20。拱圈宽度不一定和桥面总宽相同。

(3) 拱上结构。石拱桥的拱上结构与渡槽相似。

8.4.5.2 双曲拱桥

(1) 组成。双曲拱桥由路面、主拱圈、拱上结构和墩台组成。

(2) 桥面构造。为了分布车轮荷载的集中压力和减小冲击力的影响，主拱圈及腹拱顶部的填料厚度（包括路面），一般为30～50cm。填料常为透水性较好的砂石或混凝土，路面设排水坡，并做好排水设施。

（3）主拱圈的高度。初拟主拱圈的高度可用下列经验公式计算：$d=(L/100+35)k$。

（4）主拱圈轴线。双曲拱桥主拱圈轴线常采用圆弧形和悬链线两种。

（5）横向联系。由于有车辆荷载的作用，为使主拱圈有较好的整体性，应加强横向联系。对跨径较大的双曲拱桥，多采用横隔板，在拱顶、1/4拱跨、腹拱立墙（柱）下面，分段预制拱肋接头处必须设置。对于小跨径的双曲拱桥，当桥面较宽时，拱顶处的横隔板应特别加强。

8.5 ▶

倒虹吸管的概念及类型

任务8.5 倒 虹 吸 管

倒虹吸管是设置在渠道与河流、山沟、谷地、道路等相交处的压力输水建筑物。它与渡槽相比，具有造价低、施工方便的优点，但水头损失较大，运行管理不如渡槽方便。

8.5.1 倒虹吸管的布置和构造

8.5.1.1 管路布置

根据管路埋设情况及高差大小，倒虹吸管的布置形式可分为以下几种：

（1）竖井式。如图8.10所示，多用于压力水头较小穿越道路的倒虹吸。这种形式构造简单、管路短。进出口一般用砖石或混凝土砌筑成竖井。竖井断面为矩形或圆形，其尺寸稍大于管身，底部设0.5m深的集沙坑，以沉积泥沙，并便于清淤及检修管路时排水。管身断面一般为矩形、圆形或其他形式。竖井式水力条件差，施工比较容易，一般用于工程规模较小的倒虹吸管。

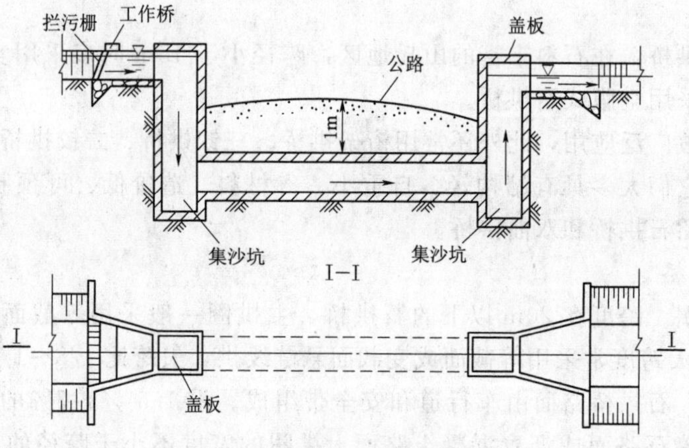

图8.10 倒虹吸管示意图

（2）斜管式。如图8.11所示，多用于压力水头较小，穿越渠道、河流的情况。斜管式倒虹吸管构造简单，施工方便，水力条件好，实际工程中常被采用。

（3）曲线式。当岸坡较缓时，为减少施工开挖量，管道可随地面坡度铺设成曲线形，如图8.12所示。管身常为圆形的混凝土管或钢筋混凝土管，可现浇也可预制安

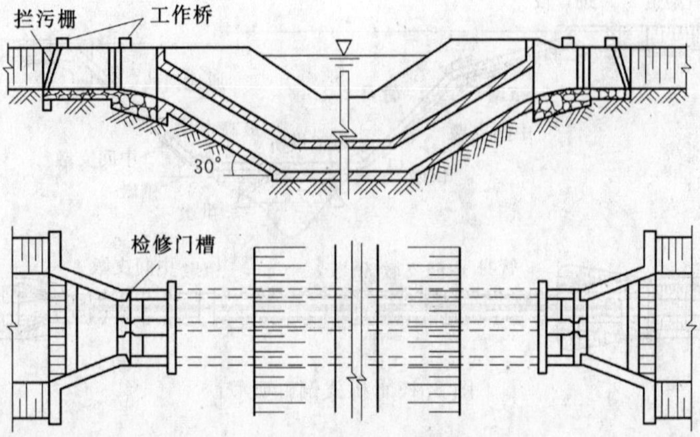

图 8.11　斜管式倒虹吸管

装。管身一般设置管座。在管道转弯处应设置镇墩，并将圆管接头包在镇墩内。为了防止湿度引起的不利影响，减小温度应力，管身常埋于地下，为减小工程量，埋置不宜过深。

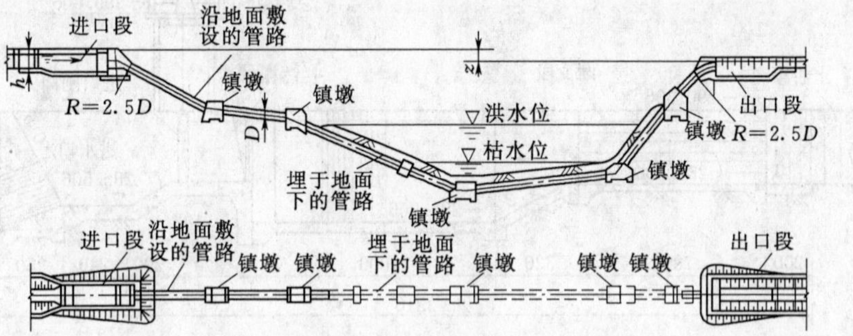

图 8.12　曲线式倒虹吸管

（4）桥式。如图 8.13 所示，当渠道通过较深的复式断面或窄深河谷时，为降低管道承受的压力水头，减小水头损失，缩短管身长度，便于施工，可在深槽部位建桥，管道铺设在桥面上或支承在桥墩等支承结构上。桥下应有足够的净空高度，以满足泄洪要求。在通航河道上应满足通航要求。

8.5.1.2　进出口布置

1. 进口段的形式和布置

如图 8.14 所示，进口段包括进水口、拦污栅、闸门、启闭台、进口渐变段及沉沙池等。进口段的结构形式，应保证通过不同流量时管道进口处于淹没状态，以防止水流在进口段发生跌落、产生水跃而使管身引起振动。进口具有平顺的轮廓，以减小水头损失，并应满足稳定、防冲和防渗等要求。

2. 出口段的形式和布置

出口段包括出水口、闸门、消力池、渐变段等。其布置形式与进口段相似。为使

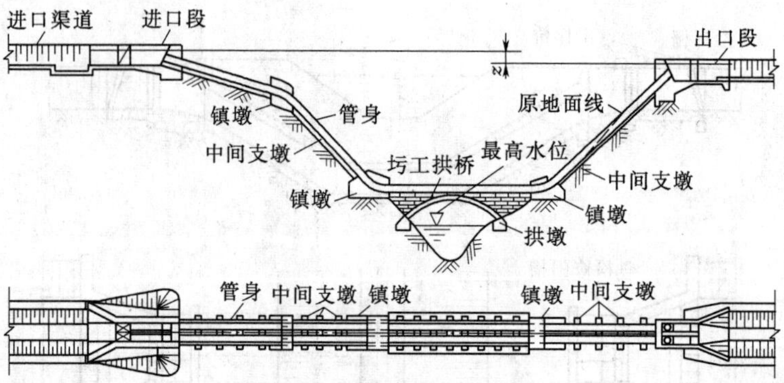

图 8.13 桥式倒虹吸管

出口与下游渠道平顺连接，一般设渐变段，其长度常用 4～6 倍的渠道设计水深。同时渐变段下游 3～5m 长度内的渠道还应护砌，以防止水流对下游渠道冲刷。渐变段的底部常设消力池。消力池长度一般为渠道设计水深的 5～6 倍。消力池深度可按下式估算：$T \geqslant 0.5D + \delta + 30$(cm)。

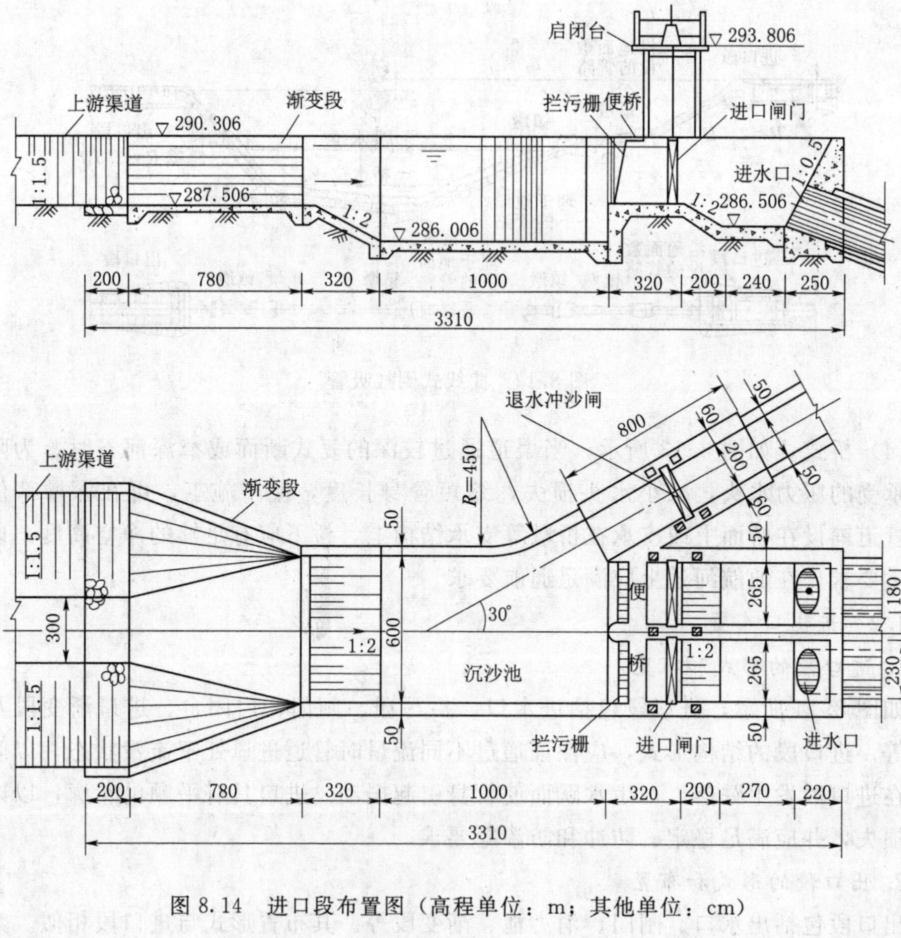

图 8.14 进口段布置图（高程单位：m；其他单位：cm）

3. 管身及镇墩的形式与构造

(1) 管身。倒虹吸管的材料应根据压力大小及流量的多少、就地取材、施工方便、经久耐用等原则综合分析选择。常用的材料主要有混凝土、钢筋混凝土、铸铁和钢材等。

为防止温度、冰冻、耕作等不利因素影响，管道应埋设在耕作层以下；在冰冻区，管顶应布置在冰冻层以下；在穿越河道时，管顶应布置在冲刷线以下 0.5m；穿越公路时，为改善管身的受力条件，管顶应埋设在路面以下 1.0m 左右。

为了防止管道因地基不均匀沉陷及温度过低产生较大的纵向应力，使管身发生横向裂缝，管身应设置伸缩缝，缝内设止水。缝的间距应根据地基、管材、施工、气温等条件确定。伸缩缝的形式主要有平接、套接、企口接以及预制管的承插式接头等。缝的宽度一般为 1～2cm，缝中堵塞沥青麻绒、沥青麻绳、柏油杉板或胶泥等。

(2) 镇墩。在倒吸管的变坡及转弯处都应设置镇墩，其主要作用是连接和固定管道。在斜坡段若坡度陡，长度大，为防止管身下滑，保证管身稳定，也应在斜坡段设置镇墩，其设置个数视地形、地质条件而定。镇墩的材料主要为砌石、混凝土或钢筋混凝土。砌石镇墩多用于小型倒虹吸工程。在岩基上的镇墩，可加锚杆与岩基联结，以增加管身的稳定性。

镇墩承受管身传来的荷载及水流产生的荷载，以及填土压力、自身重力等，为了保持稳定，镇墩一般是重力式的。

镇墩与管盖的连接形式有两种：刚性连接和柔性连接。

8.5.2 倒虹吸管的水力计算

倒虹吸管的水力计算，主要是根据渠道规划所确定的上游渠底高程、水位、通过的流量和允许的水头损失，通过水力计算确定倒虹吸管的断面尺寸，水头损失值及进出口的水面衔接。

实际工作中，渠道在规划时已确定渠道断面形式和上游渠底高程、倒虹吸管通过的流量和允许水头损失值。因此，倒虹吸管的水力计算内容有下列几种情况：

(1) 根据需要通过的流量和允许的水头损失，确定管道的断面形式和尺寸。

(2) 根据允许的水头损失和初步拟定的断面尺寸，校核能否通过规定的流量。

(3) 根据需要通过的流量及拟定的管内流速，校核水头损失是否超过允许值。

任务8.6 涵　洞

8.6 涵洞

8.7 涵洞的概念及类型

涵洞是指渠道与道路、溪沟、谷地等进行交叉时，为了输送渠道水流或排泄溪谷中的来水，而在道路或填方渠道下面修建的交叉建筑物，如图 8.15 所示。这种输水涵洞与排水涵洞，一般不设置闸门。通常所说的涵洞主要是指这两种。涵洞与涵洞式水闸（简称涵闸或涵管）的根本区别，就在于是否设置闸门。

8.6.1 涵洞的类型

涵洞一般由三部分组成，即进口段、洞身段和出口段。进、出口段是洞身与渠道和沟溪的连接部分，主要作用是确保水流平顺地进、出洞身，以减少水头损失，防止

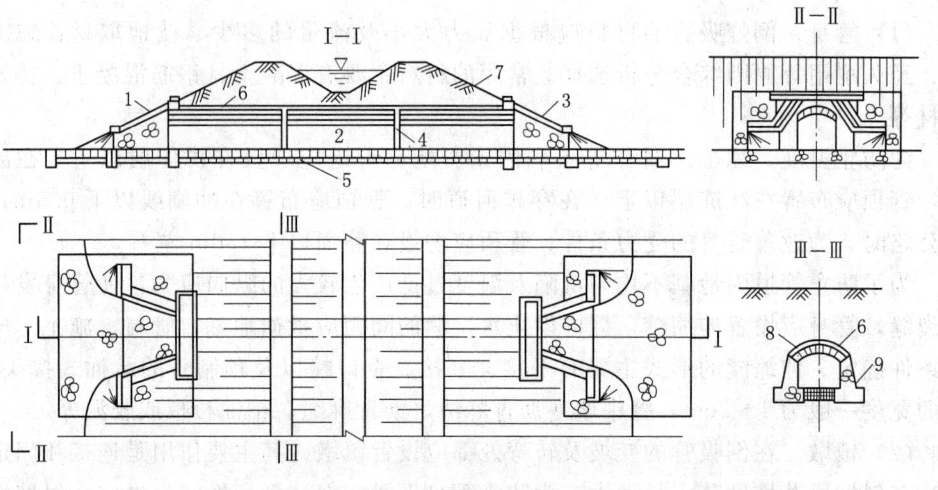

图 8.15 填方渠道下的石拱涵洞示意图

1—进口；2—洞身；3—出口；4—沉降缝；5—砂垫层；6—防水层；7—填方渠道；8—拱圈；9—侧墙

水流的冲刷；洞身的作用是输送水流，其顶部往往有一定厚度的填土。

涵洞的类型较多，一般可以按洞内水流条件、断面形式、涵洞的作用及建筑材料等将其分为不同的形式。

1. 按水流条件分类

按照涵洞内水流条件，可将涵洞分为有压、无压、半有压三种形式：

(1) 有压式涵洞。有压涵洞的特点是工作时水流充满整个洞身断面，洞内水流自进口至出口均处于有压流状态，一般用于排水涵洞。为保证稳定的有压状态，进口在立面上宜做成流线型。进口及洞身要注意防渗，出口应采取消能措施。对于有压涵洞，由于洞内压力较大，因此在泄水时，应特别注意防止出现洞内水流明、满交替现象，而引起涵洞的振动破坏。

(2) 无压式涵洞。无压涵洞是渠道上输水涵洞的主要形式，其特点是洞内水流具有自由表面，自进口至出口始终保持无压流状态。因其要求的断面尺寸较大，故可以减少水头损失，利于输水，对于上下游水头差较小、流速不大的情况，一般可以不考虑专门的防渗、排水和消能问题。这种涵洞主要适用于上游积水面积大、洪水持续时间较长、涨落比较缓慢，并且所允许的上游水面壅高值较小的情况，一般可以采用砌石等材料修建，如砌石拱油或量板涵。

(3) 半有压涵洞。半有压式涵洞，其进口洞顶为水流所封闭，而洞内水流有自由水面。排水涵洞可以是有压的，也可以是无压或半有压式的。对于半有压涵洞，应根据流速大小、洪水持续的时间长短，考虑消能、防渗及排水问题。

2. 按断面形式分类

按照涵洞断面形式，可分为圆管涵、盖板涵、拱涵和箱形涵等几种形式，如图 8.16所示。

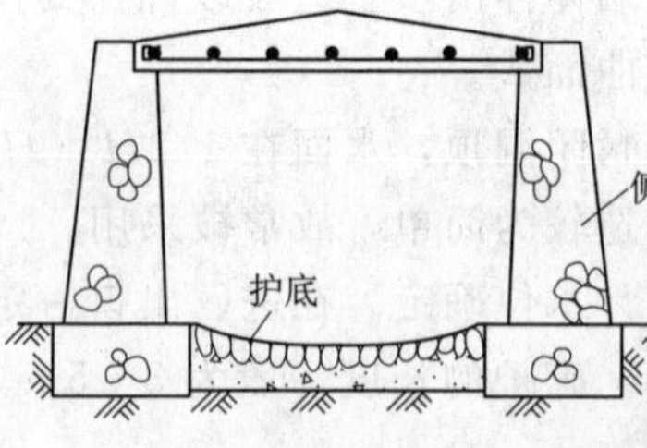

(a) 盖板涵

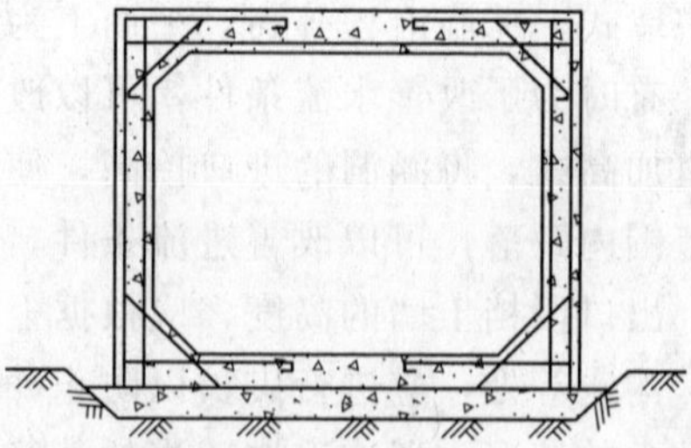
(b) 箱形涵

图 8.16 涵洞断面形式示意

(1) 圆管涵。圆管涵是涵洞中较常见的一种形式，其水流条件和受力条件较好时，有压、无压均可以采用，主要优点是构造简单、工程量较小、施工方便。当泄流量较大时，可以采用双管或多管的布置形式。这种涵洞多用混凝土或钢筋混凝土修建。

(2) 盖板涵。盖板式涵洞的断面为矩形或方形，由底板、侧墙和盖板组成，底板和侧墙一般采用浆砌石或混凝土做成，盖板一般为预制钢筋混凝土板，如图 8.16 (a) 所示。

(3) 拱涵。拱形涵洞由拱圈、侧墙和底板组成，其特点是受力条件较好。对于填土较高、跨度较大和泄流量较大的明流涵洞较为适用。拱涵的底板分为整体式和分离式，一般可以根据地基条件和跨度的大小选定。有时为了改善整体式底板的受力条件，将其做成反拱式底板。

(4) 箱形涵。箱形涵的断面为矩形，为四周封闭的钢筋混凝土整体结构，如图 8.16 (b) 所示，对于地基的不均匀沉陷适应性较好，随着水深度增加，涵洞的泄流能力增加较为显著，对于明流涵较为有利。箱形涵适用于洞顶填土较厚、洞跨较大、地基条件较差的无压或低压的情况。洞身可以直接敷设在砂石地基和砌石、混凝土垫层上。小跨度的箱涵，可以采用分段预制、现场安装的方法。

此外，按照涵洞的作用不同，可将其分为输水涵洞与排水涵洞；按照涵洞的建筑材料，又可分为钢筋混凝土涵、混凝土涵、石涵和砖涵等。

(5) 洞底坡度。涵洞底部的纵坡，一般应等于或大于原渠沟的坡度，可以采用 1%～3%，以防止涵洞的上、下游沟谷遭受水流冲刷或淤积。对于纵坡过陡的涵洞，可以设置齿形基础或在出口设置镇墩，以增加洞身的稳定性。

8.6.2 涵洞布置

(1) 进、出口段。进、出口段的形式较多，主要有一字墙式、斜降八字墙式、反翼墙走廊式、八字墙式及进口加高式等。

一字墙式又称圆锥护坡式，涵洞的进、出口设置圆锥形护坡与堤外边坡相连接，构造较为简单，但水力条件较差，多用于中小型涵洞或出口。

斜降八字墙式，翼墙的高度沿程变化，在平面上呈八字形，一般扩散角为 20°～40°，其水力条件较好。

反翼墙走廊式，进口两侧翼墙的高度沿程不变，从而形成廊道，水面在该段跌落后进入洞内，可以降低可降低洞顶高程，水流条件亦较好，但工程量较大。

八字墙式，翼墙沿程等高，平面上为八字，墙体伸出填土边坡以外，其作用同反翼墙式，有时为了改善水流条件，可以改造成扭曲面式。

进口加高式，将涵洞的进口抬高，使水流不封闭洞顶，水面在 1.2H（H 为上游水深）范围内跌落，可以改善进流条件，因其构造较为简单，故常被采用。

进、出口段挡土墙的高度，应根据上下游设计水位确定。在进、出口一定范围内的渠道、沟床等处，应进行砌护以防止冲刷破坏。砌护的长度一般为 3～5m。对于出口流速较大的情况，还应采取适当的消能防冲措施。

(2) 洞身段。对于洞身段的布置，主要应注意明流洞水面以上的净空、洞顶填土厚度、伸缩缝的设置以及涵洞的防渗等要求。

1）明流洞的净空。明流涵洞即无压洞，其水面以上要求有足够的净空高度，对于管涵和拱涵，净空高度应大于或等于涵洞高度的 1/4；对于箱涵，则应大于或等于洞高的 1/6。

2）洞顶填土厚度。为了保证涵洞具有较好的工作条件，涵洞的顶部应有一定的填土厚度。一般要求应不小于 1.0m；对于进行衬砌的渠道，填土厚度可以适当减小，一般也不小于 0.5m。

3）伸缩缝的设置。为了适应地基不均匀沉陷、温度变化等条件引起的伸缩变形，在软基上的涵洞，应对其进行分段并设置沉降缝。对于砖石、混凝土、钢筋混凝土涵洞，沉降缝的间距应不大于1.0m，并且小于 2～3 倍的洞高。沉降缝的位置，通常设在进出口与洞身连接处，或外荷载变化较大的地方。对于预制涵管，应按管节长设缝。

4）涵洞的防渗。为了防止洞顶及两侧渗漏，可在涵洞外侧填一层防渗黏土，其厚度可采用 0.5～1.0m。有压涵洞，可沿洞身设置截水环。在沉降缝设置处，应设置止水设施，其构造可参考倒虹吸管有关内容。

(3) 基础。涵洞的基础设计，应根据地基条件和涵洞的结构形式等因素进行考虑。对于管涵，常采用砌石或混凝土管座式，其包角为 90°～135°。

对于拱涵或箱涵，若建在岩基上，仅将基面进行平整即可；若建在压缩较小的土基上，可进行素土或三合土夯实；若建在软弱地基上，可做碎石垫层。

任务 8.7　跌水与陡坡

8.8 ▶
跌水的概念及组成

8.7.1　落差建筑物的类型

当渠道通过地面过陡的地段时，为了保持渠道的设计比降，避免大填方或深挖方，往往将水流落差集中，修建建筑物连接上下游渠道，这种建筑物称落差建筑物。

落差建筑物有跌水、陡坡、斜管式跌水和跌井式跌水等四种，如图 8.17 所示。其中跌水和陡坡应用最广。

落差建筑物的设计，除满足强度和稳定要求外，水力设计是重要内容。布置时应使进口前渠道水流不出现较大的水面降落和壅高，以免上游渠道产生冲刷或淤积，出口处必须设置消能防冲设施，避免下游渠道的冲刷。

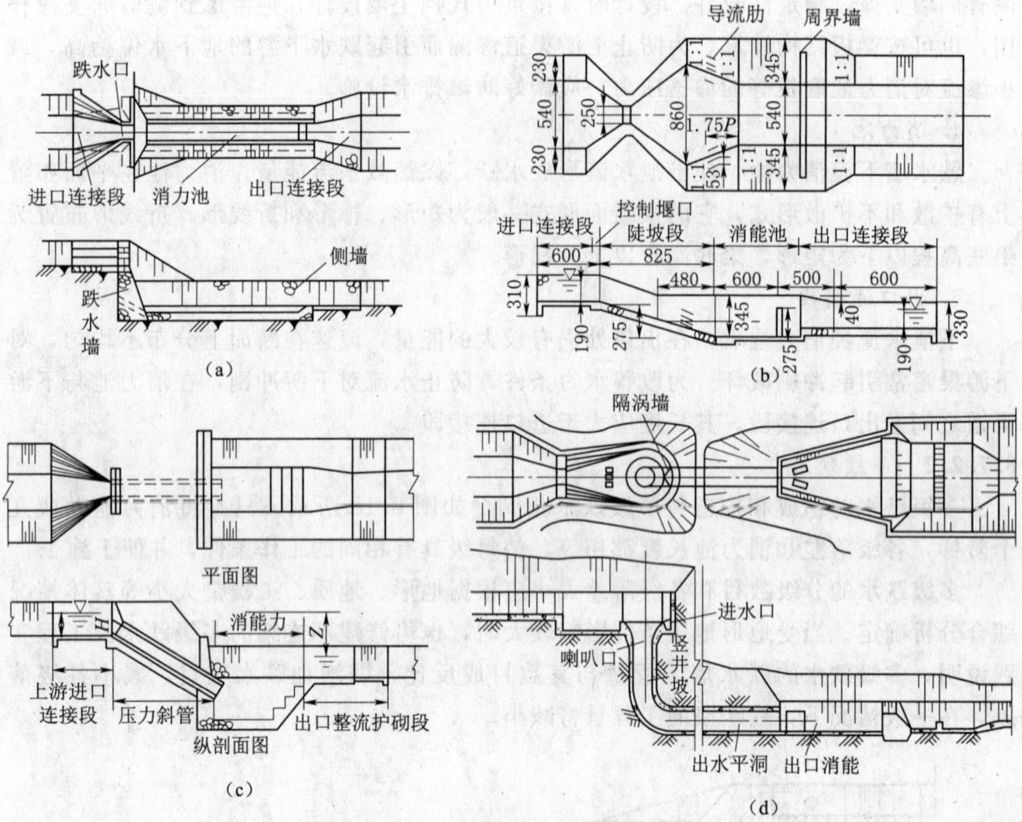

图 8.17　各种落差建筑物示意图

8.7.2　跌水

跌水有单级跌水和多级跌水两种形式，两者构造基本相同。一般单级跌水的跌差小于 3～5m，超过此值时宜采用多级跌水。

8.7.2.1　单级跌水

单级跌水常由进口连接段、跌水口、跌水墙、消力池和出口连接段所组成。

1. 进口连接段

为使渠水平顺进入跌水口，使泄水有良好的水力条件，常在渠道与跌水口之间设连接段。其形式有扭曲面、八字墙、圆锥形等。扭曲面翼墙较好，水流收缩平顺，水头损失小，是常用形式。连接段长度 L 与上游渠底宽 B 和水深 H 的比值有关，B/H 越大 L 越长。

2. 跌水口

跌水口又称控制缺口，是设计跌水和陡坡的关键。为使上游渠道水面在各种流量下不产生雍高和降落，常将跌水口缩窄，减少水流的过水断面，以保持上游渠道的正常水深。跌水缺口的形式有矩形、梯形和底部加抬堰等形式。

3. 跌水墙

跌水墙有直墙和倾斜面两种。多采用重力式挡土墙。由于跌水墙插入两岸，其两侧有侧墙支撑，稳定性较好，设计时常按重力式挡土墙设计，但考虑到侧墙的支撑作用，也可按梁板结构计算。为防止上游渠道渗漏而引起跌水下游的地下水位抬高，减小渗流对消力池底板等的渗透压力，应做好防渗排水设施。

4. 消力池

跌水墙下设消力池，使下泄水流形成水跃，以消减水流能量。消力池在平面布置上有扩散和不扩散形式，它的横断面形式一般为矩形、梯形和折线形。折线形布置为渠底高程以下为矩形，渠底高程以上为梯形。

5. 出口连接段

下泄水流经消力池后，在出口处仍有较大的能量，流速在断面上分布不均匀，对下游渠道常引起冲刷破坏。为改善水力条件，防止水流对下游冲刷，在消力池与下游渠道之间设出口连接段。其长度应大于进口连接段。

8.7.2.2 多级跌水

多级跌水的组成和构造与单级跌水相同，如图 8.18 所示。只是将消力池做成几个阶梯，各级落差和消力池长度都相等，使每级具有相同的工作条件，并便于施工。

多级跌水的分级数目和各级落差大小应根据地形、地质、工程量大小等具体情况综合分析确定。当受地形地质条件影响较大时，也可修建不连续的多级跌水。工程实践说明，多级跌水的跌水墙工程量与其数目成反比，即增加跌水数目，减小各级落差，在一般情况下，跌水墙的工程量将减小。

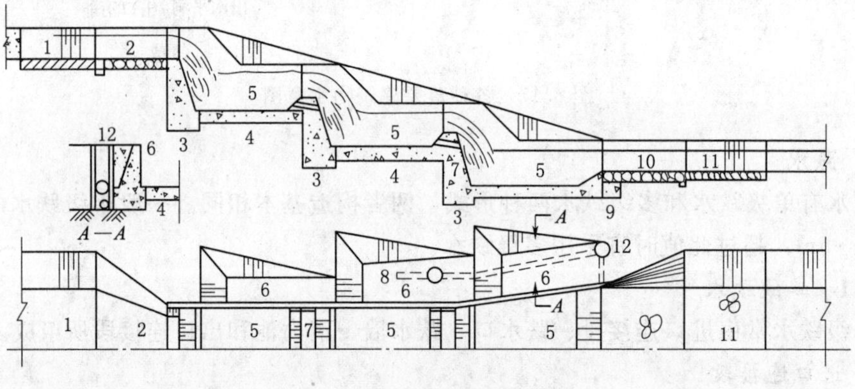

图 8.18 多级跌水构造示意图

1—防渗铺盖；2—进口连接段；3—跌水墙；4—跌水护底；5—消力池；6—侧墙；7—泄水孔；8—排水管；9—反滤体；10—出口连接段；11—出口整流段；12—集水井

8.9 陡坡的概念及组成

8.7.3 陡坡

当渠道经过地形过陡的地段时，为了保证渠道的渠底坡降不变，通常用一陡坡段连接上下游渠道，由于该陡坡段渠槽的坡度一般陡于临界坡度，故称为陡坡，是渠道中的落差建筑物。

8.7.3.1 陡坡的作用与类型

陡坡的作用与跌水相同，主要是调整渠底比降，满足渠道流速要求，避免深挖高填，减小挖填方工程量，降低工程投资。

根据地形条件和落差的大小，陡坡的形式分为单级陡坡和多级陡坡两种。多级陡坡，一般建在落差较大且有变坡或有台阶地形的渠段上。

8.7.3.2 陡坡段的组成与布置

陡坡由进口连接段、控制堰口、陡坡段、消力池和出口连接段组成。

陡坡的构造与跌水相似，不同之处是陡坡段代替了跌水墙。由于陡坡段水流速度较高，对进口和陡坡段布置要求较高，以使下泄水流平稳、对称且均匀地扩散，以利下游消能和防止对下游渠道的冲刷。

陡坡在平面上的布置形式，常见的有三种：等宽度陡坡、底宽扩散形陡坡和菱形陡坡三种。下面主要介绍扩散形陡坡和菱形陡坡的布置方式。

1. 扩散形陡坡

陡坡段采用扩散形布置，可以使水流在陡坡上发生扩散，以减小单宽流量，这对下游消能防冲有利，如图 8.19 所示。陡坡的比降应根据修建陡坡处的地形、地质、跌差及流量大小等条件确定。当流量大、跌差大时，陡坡比降应缓一些；当流量较小、跌差小且地质条件较好时，可陡一些。土基上陡坡比降通常取 1∶2.5～1∶5。1∶5。对于土基上的陡坡，单宽流量不能太大，当落差不大时，多从进口后开始采用扩散形陡坡，其平面扩散角一般为 5°～7°。

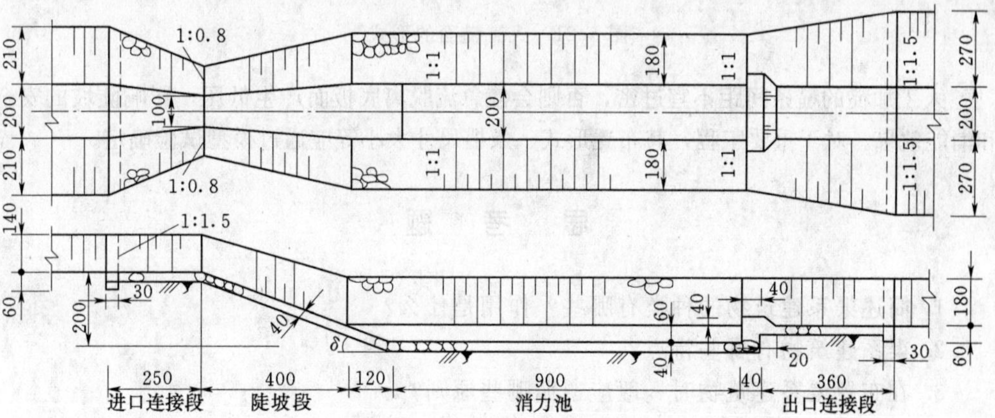

图 8.19 扩散形陡坡（单位：cm）

2. 菱形陡坡

菱形陡坡在平面布置上，上部扩散下部收缩，在平面上呈菱形，如图 8.20 所示。为改善水流条件，在收缩段的边坡上设置导流肋。这种布置使消力池段的边墙边坡向陡槽段延伸，使其成为陡坡边坡的一部分，从而使水跃前后的水面宽度一致，两侧不产生平面回流漩涡，使消力池平面上的单宽流量和流速分布均匀，减轻了对下游的冲刷。这种布置一般用于落差 2.5～5.0m 的情况。

在实际工程中，通常在陡坡段底部进行人工加设糙条的方法，以改善水流条件，对促使水流紊动扩散，降低流速，改善下游流态及消能、减少下游冲刷均起着重要作用。常见的加糙形式有交错式矩形糙条、单人字形槛、双人字形槛、棋盘形方墩等，如图 8.21 所示。

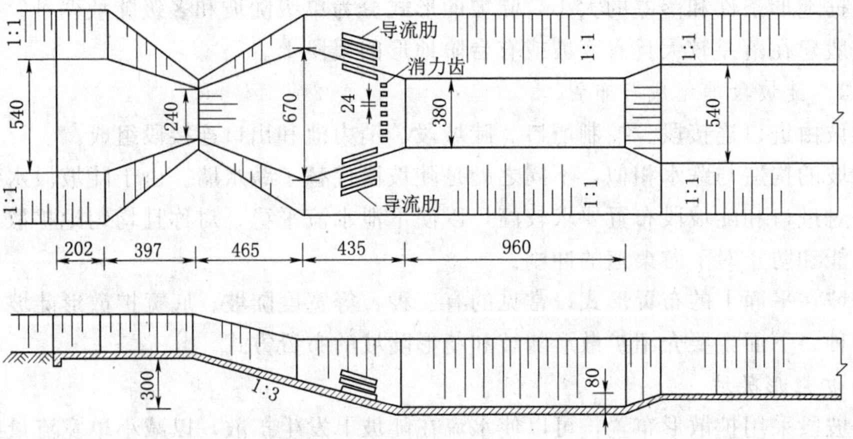

图 8.20 棱形陡坡（单位：cm）

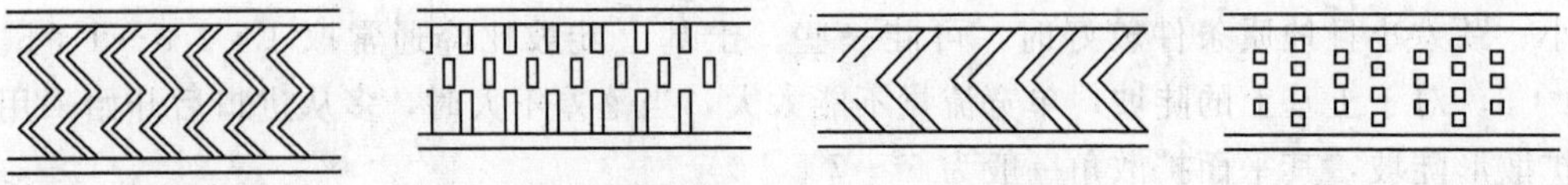

图 8.21 人工糙面的形式

人工加糙的糙条间距不宜过密，否则会使急流脱离底板而产生低压，影响陡坡的安全和消能效果。对于重要工程，其布置形式、条槛尺寸大小等应通过模型试验确定。

思 考 题

1. 简述渠系建筑物的种类有哪些？作用是什么？
2. 渠系建筑物有哪些特点？
3. 在布置渠系建筑物时一般应遵循哪些原则？
4. 渡槽有哪些类型？如何划分的？
5. 渡槽一般由哪些部分组成？各有什么作用？
6. 倒虹吸管的适用条件主要是什么？
7. 倒虹吸管有哪些布置形式？
8. 根据落差大小，跌水可分为哪几种类型？跌水口的作用是什么？
9. 渠道设计的要求有哪些？在设计时应如何考虑？
10. 梁式渡槽的支承形式有哪几种？各有何优缺点？适用条件是什么？
11. 跌水与陡坡有何区别？
12. 倒虹吸管和渡槽相比有何优缺点？
13. 涵洞有哪几种类型？都适用与何种条件？
14. 涵洞进出口形式有哪些种？各适用与哪些条件？

项目9　过坝建筑物

学习目标：

（1）熟知过坝建筑物的类型、特点。

（2）能阐述船闸、升船机、过木建筑物、过鱼建筑物的组成和工作原理。

（3）能进行船闸、升船机、过木建筑物、过鱼建筑物在水利枢纽中的布置。

学习重点：

（1）过坝建筑物的类型、特点。

（2）船闸、升船机、过木建筑物、过鱼建筑物的组成和工作原理。

学习难点：

船闸通航能力、耗水量的计算、船闸各组成部分尺寸的拟定及结构特点。

人们一般通过修建水利枢纽拦蓄洪水，抬高上游水位，形成与下游水位有一定高差的水库，以发挥防洪、发电、灌溉、供水、水产养殖、旅游等效益。在河道上修建大坝，改变了原河道的河势和流态，阻断了原河道畅通的水路运输线路，打破了原有的生态平衡（如鱼类的上溯和下行等）。为了减小或消除建坝带来的影响，往往在修建水库大坝时，同时要修建过坝建筑物，以保证原河道的通航功能和上、下游生物链的联结，建成一个能适应周边环境的、生态平衡的水利枢纽。

任务9.1　船　　闸

9.1.1　船闸的组成和工作原理

1. 船闸的组成

船闸一般由上游引航道、上闸首、闸室、下闸首和下游引航道组成，在闸首和闸室中设有集中或分散的输水系统，在闸室和引航道中安装系船和停靠船舶的设施，如图9.1所示。

9.1 ▶
船闸的组成和工作原理

（1）闸室。闸室是过闸船舶（队）在船闸中临时停泊的主要场所，其介于上下游闸首之间，由两侧边墙和闸底板组成。闸室的断面形式主要是直立式的，也有斜坡式的。直立式结构根据地基条件可分为岩石地基和非岩石地基两大类。闸室的边墙和底板可以是整体式结构，也可以是分离式结构。闸墙结构形式主要是重力式，也有板桩等结构形式。闸墙和闸底板可由浆砌石、混凝土或钢筋混凝土构成。

（2）闸首。闸首是将闸室与上下游引航道隔开，保持闸室内具有上游或下游水位，以使船舶过闸的建筑物。闸室的结构形式、轮廓形状及主要尺寸，主要取决于输水系统的类型，闸门、阀门的形式以及地基土壤性质等。

在闸首内设有闸门、检修闸门、输水系统、阀门和启闭机系统以及交通桥和其他辅助设施等。

闸首分底板与边墩，通常做成整体式结构。闸首可由钢筋混凝土、混凝土或浆砌石构成。

(3) 引航道。引航道是连接主航道与船闸的一段航道，一般由四部分组成：直线段、转向段、错船段和过渡段。其作用是保证船舶能顺利地进出船闸，并为等待过闸的船舶提供临时的停泊场所。在引航道内没有导航及停靠船舶的设备。

(4) 输水系统。输水系统是往闸室灌水或从闸室泄水的水流通道和相应的控制设备，以使闸室内的水位上升或下降，从而与上游或下游水位齐平。输水系统分为集中输水系统和分散输水系统两大类。集中输水系统布置在闸首及靠近闸首的闸室范围内，利用短廊道或闸门输水；分散输水系统的纵横向廊道分布在闸室边墙和闸室底板内，利用支廊道和多个出水口向闸室输水。输水系统的设计和选择主要是保证灌、泄水时间尽量缩短，进出闸船舶和输水系统能安全高效运行。不同输水系统灌、泄水时间有差别。

输水系统的类型选择主要取决于输水时间 t (min) 和设计水位差 H (m)。船闸设计规范规定：当 $m=t/\sqrt{H}>3.5$ 时，采用集中输水系统；当 $m<2.5$ 时，采用分散输水系统；当 $m=2.5\sim3.5$ 时，应进行技术经济论证，参照类似工程选定输水系统的类型。

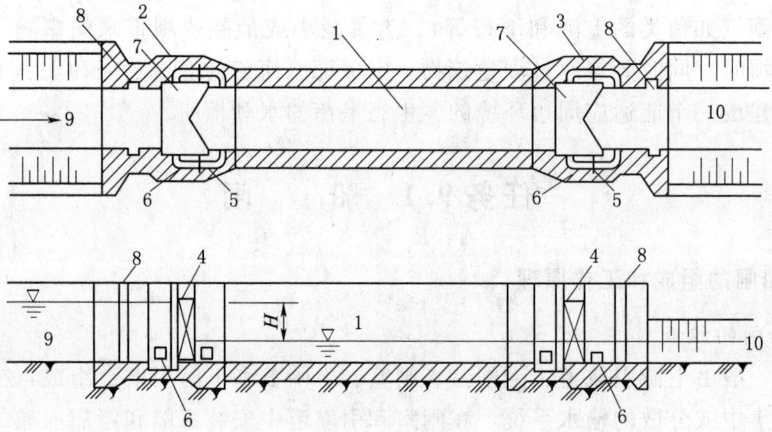

图 9.1 船闸示意图

1—闸室；2—上闸首；3—下闸首；4—闸门；5—阀门；6—输水廊道；7—门龛；8—检修门棚；9—上游引航道；10—下游引航道

2. 船闸的工作原理

船闸由输水系统控制闸室内的水位与上（下）游水位齐平，使船只能够通行于闸室与上（下）游河道之间。船舶（队）过闸的程序（以单级船闸为例）如图 9.2 所示。当上行船舶（队）通过船闸由下游驶向上游时，首先由布设在下闸首的输水设备将闸室的现有水位泄放到与下游引航道水位齐平，然后开启下闸首闸门，船舶从下游引航道驶入闸室，随即关闭下闸首闸门；再由布设在上闸首的输水设备向闸室充水，待闸室水位与上游水位齐平后，开启上闸首闸门，船舶驶出闸室进入上游引航道。若是双向过闸，则在上游引航道等待下行的船舶在上行船舶驶出闸室后，即可进入闸室，然后关闭上闸首闸门；由布设在下闸首的输水设备将闸室水位泄放到与下游水位齐平，再开启下闸首闸门，下行船舶驶出闸室进入下游引航道。这样就完成了船舶从下游驶向上游和上游驶向下游的双向过闸全过程。

9.1 船闸的工作原理—上行

9.2 船闸的工作原理—下行

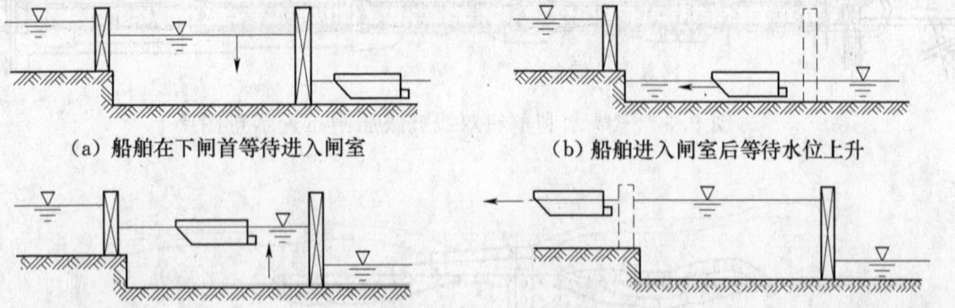

(a) 船舶在下闸首等待进入闸室　(b) 船舶进入闸室后等待水位上升

(c) 船舶在闸室内等待水位上升至与上游水位齐平　(d) 闸室内水位上升至与上游水位齐平船舶驶向上游

图9.2　船舶（队）过闸程序示意图

9.1.2　船闸的类型

9.2 船闸的类型

船闸的类型很多，可按闸室的级数、枢纽中船闸的线数以及闸室的不同形式进行分类。

1. 单级船闸

船闸中只有一级闸室的船闸，如图9.2所示。由于只有一个闸室，故过闸时间短，船舶周转快，通过能力较大，设备集中，管理方便。当船闸水头不超过20～30m时宜采用单级船闸。

2. 多级船闸

船闸中有多级闸室的船闸。当船闸水头超过20～30m时，若建单级船闸会造成过闸用水量大、输水系统的流速过高、闸门金属结构复杂，不利于输水系统的安全运行及船舶的顺利过闸，则可考虑修建多级船闸。图9.3为我国三峡水利枢纽双线五级船闸布置图。该船闸总水头113m，是世界上规模最大、水头最高的船闸。目前世界上级数最多的船闸是俄罗斯的卡马船闸，共分六级。

3. 单线船闸

在枢纽中只有一条通航线路的船闸。在单线船闸中，若船闸进行检修或其他原因停止运行，则枢纽断航。

4. 多线船闸

在枢纽中建有两条或两条以上的通航线路的船闸，称为多线船闸。建多线船闸的主要原因是货运量较大，建单线船闸不能满足要求或该枢纽的航运对国民经济有特殊或重要的意义，不允许因船闸检修等原因而断航。多线船闸可以建在一起，如三峡双线五级船闸，也可以在枢纽中不同的地段进行建设，如葛洲坝水利枢纽的三线船闸（图9.4）。

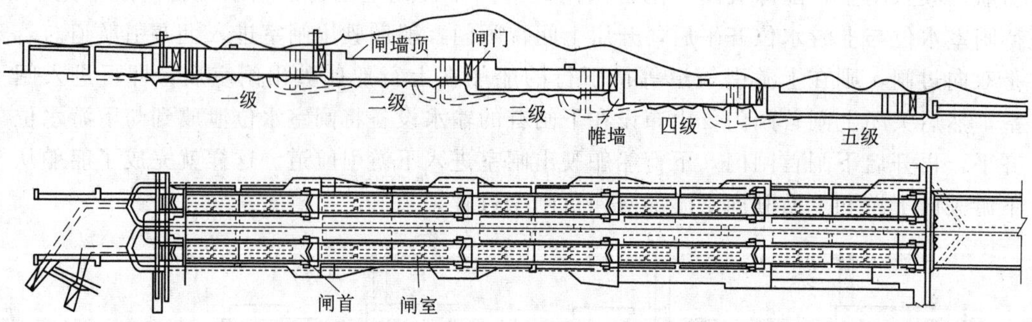

图 9.3 三峡水利枢纽双线五级船闸布置示意图

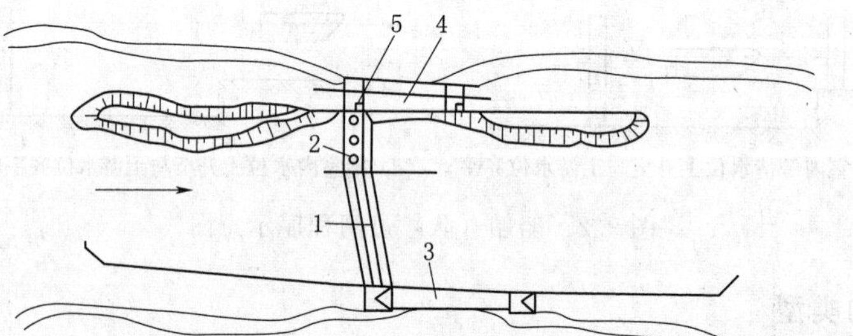

图 9.4 葛洲坝水利枢纽三线船闸布置示意图

1—溢流坝；2—电站；3—1 号船闸；4—2 号船闸；5—3 号船闸

5. 广厢船闸

广厢船闸是指闸首闸门宽度小于闸室宽度的船闸，它可缩窄闸门尺寸、降低造价，如图 9.5 所示。广厢船闸由于闸室较广阔，一次过闸可容纳较多的小型船舶或船队，但船舶在闸室内需要横向移动，使操作复杂化，延长过闸时间。广厢船闸主要应用于小型船闸。

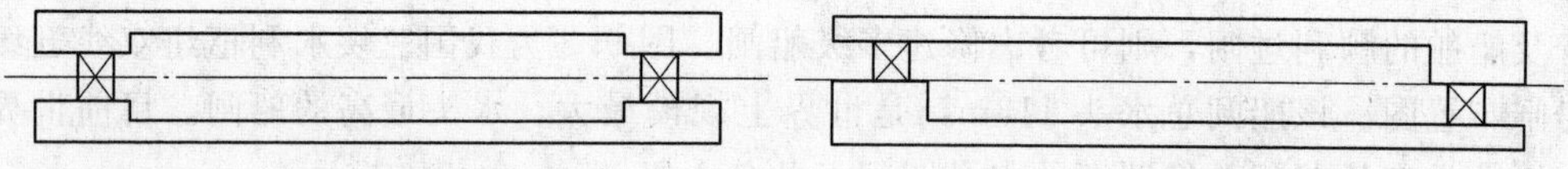

(a) 对称式　　(b) 反对称式

图 9.5 广厢船闸平面示意图

6. 具有中间闸首的船闸

当过闸船舶或船队大小不均一时，为了节省过闸时间和过闸用水量，可在上下游闸首之间设一个中间闸首，将闸室分为前、后两部分，如图 9.6 所示。当通过长度较小的船舶或船队时，只启用前闸室，即上闸首和中间闸首，而将下闸首的闸门打开，使后闸室成为下游引航道的一部分；当通过长度较大的船舶或船队时，不用中间闸首，使用上闸首和下闸首。这样做既可以减少过闸用水量，也可以缩短过闸时间。

7. 井式船闸

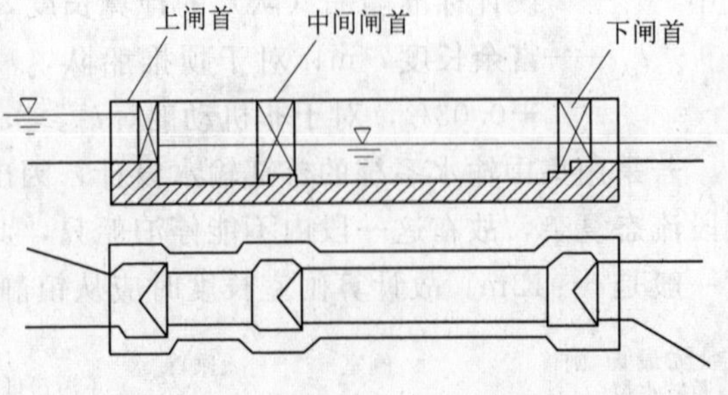

图 9.6 具有中间闸首的船闸

当船闸水头较高时，为减小下游闸门的高度，可选用井式船闸。井式船闸的下闸首建有胸墙，胸墙下留有可过标准船舶或船队的通航净空，下闸首的闸门高度只满足通航净空的要求，缩减了胸墙部分的高度，从而减小了闸门高度，如图9.7所示。下闸首闸门常采用平板提升闸门。目前世界上最大水头的单级船闸——俄罗斯的多斯基卡缅诺戈尔斯克船闸就是采用井式船闸，其单级水头达42m。

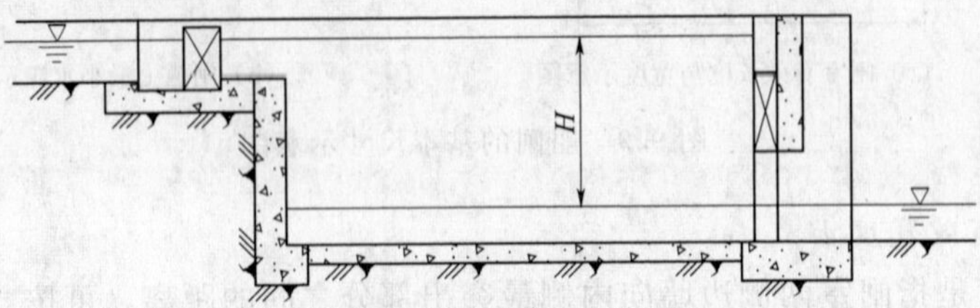

图 9.7 井式船闸纵剖面示意图

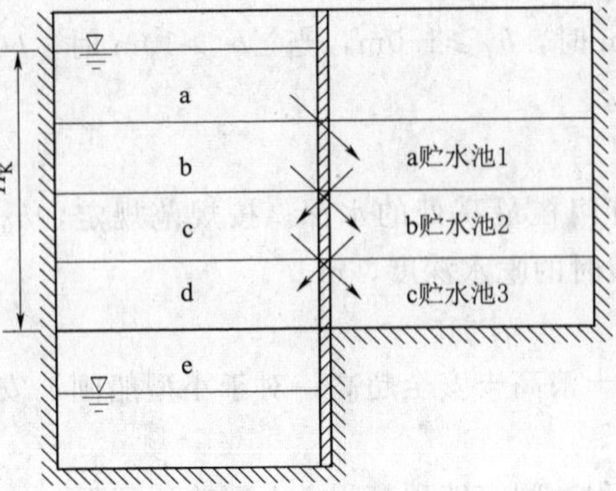

图 9.8 省水船闸

8. 省水船闸

船舶过闸时，不可避免地要消耗一定水量。对于水量缺乏的河道，特别是在需抽水补水的河段上，为减小过闸用水量，可采用省水船闸的设计，如图9.8所示。在闸室的一侧或两侧设置贮水池，暂时贮存闸室泄水时泄出的部分水量，待闸室需要灌水时再将其灌入闸室。很显然，省水船闸的贮水池数目愈多，水池面积越大，可节省的过闸用水量也越多，据统计，省水船闸能节省用水60%以上。但省水船闸结构复杂，造价也高。

9.1.3 船闸的基本尺寸

船闸的基本尺寸包括闸室长度、宽度及门槛水深，主要取决于过闸设计标准船舶（队）的计算长度、计算宽度、满载吃水深度及过闸排列方式等。

1. 闸室有效长度 L_x

闸室的有效长度应能满足过闸设计标准船舶（队）在闸室内的安全停泊及进、出闸方便。一般闸室的有效长度是指从上闸首的门龛边缘或闸首帷墙的下游面至下闸首的门龛或防撞设备的上游边缘之间的距离如图9.9所示。

$$L_x = l_c + l_f \tag{9.1}$$

式中 l_c——设计标准船舶（队）的计算长度，m；

l_f——富余长度，m；对于顶推船队，$l_f \geqslant 2+0.06l_c$，对于拖带船队，$l_f \geqslant 2+0.03l_c$，对于非机动船，$l_f \geqslant 2.0$m。

若采用集中输水系统的首部输水设计，因出水流速较高，能量较大，引起闸室邻近段流态复杂，故在这一段内不能停泊船只，此段称为镇静段，如图 9.9 所示，其长度一般是 6～12m。故计算闸室长度时应从镇静段末端开始。

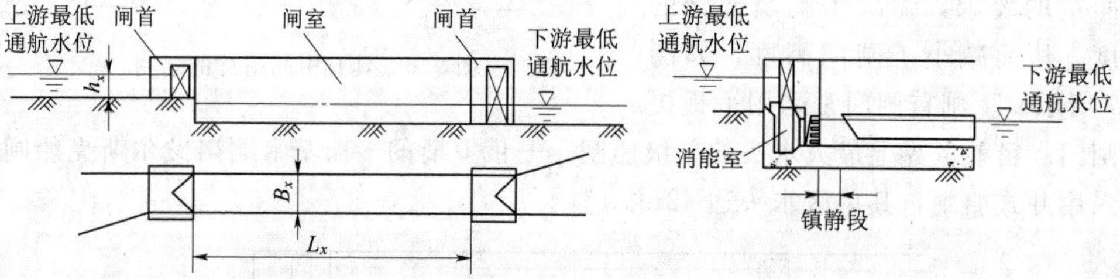

（a）闸室有效长度与宽度示意图　　（b）闸槛上最小水深示意图

图 9.9　船闸的基本尺寸示意图

2. 闸室有效宽度 B_x

有效宽度是指闸室两侧边墙向内侧最突出部分之间的距离，可按式（9.2）计算。

$$B_x = \sum b_c + b_f \tag{9.2}$$

式中 $\sum b_c$——同闸次过闸船舶（队）并列停泊的总宽度，m；

b_f——富余宽度，m；当$\sum b_c \leqslant 10$m 时，$b_f \geqslant 1.0$m，当$\sum b_c > 10$m 时，$b_f \geqslant 0.5+0.04\sum b_c$。

3. 门槛水深 h_x

门槛水深是指设计最低通航水位至闸首门槛最高处的水深。按规范规定，$h_x > 1.5T$，其中，T 为设计最大船舶（队）满载时的吃水深度，m。

4. 船闸高程

（1）上闸首项高程＝上游最高通航水位＋浪高＋安全超高，对于小型船闸，安全超高可采用 0.3～0.5m。

（2）下闸首顶高程＝上游引航道墙顶高程＝闸室墙顶高程＝上闸首顶高程。

（3）上下游闸门顶高程＝上游最高通航水位＋(0.2～0.5)m。

（4）下游引航道墙顶高程＝下游最高通航水位＋(0.5～1.0)m。

（5）上闸首底槛高程＝上游最低通航水位－门槛水深。

（6）下闸首底槛高程（即闸室底高程）＝下游最低通航水位－门槛水深。

9.1.4 船闸的通航能力

船闸的通航能力决定于船只的过闸时间，而过闸时间又与过闸方式有关。当船只过闸时连续向一个方向进行，称为单向过闸；如两个方向依次轮换过闸，称为双向过闸。单向过闸一次所用时间 T_1 包括：①开和关上下游闸门的时间，设开或关一次闸门所用时间相同均为 t_1，则开关闸门时间为 $4t_1$；②船只进闸时间为 t_2；③设充、泄水时间相同，均为 t_3，则充、泄水时间为 $2t_3$；④船只出闸时间为 t_4，则

$$T_1=4t_1+t_2+2t_3+t_4 \tag{9.3}$$

双向过闸所用时间 T_2 只需在单向过闸时间内增加一次船只进闸时间和一次出闸时间即可。但由于双向过闸的船队停靠等候过闸的地点离闸首较远，而且在引航道上要避让反向船队，行驶速度要降低。因此双向过闸的船队过、出闸时间要长些，故应由 t'_2 和 t'_4 代替式（9.3）中的 t_2 和 t_4，则

$$T_2=4t_1+t'_2+2t_3+t'_4 \tag{9.4}$$

双向过闸在 T_2 时间内完成了两个船队的过闸任务，因此每一个船队所用时间为 $T/2$，但在实际运用中，两种情况都会出现，假定两种情况机会相等，则平均一次过同时间为

$$T=\frac{1}{2}(T_1+T_2/2) \tag{9.5}$$

一般单级船闸 $T_1=20\sim40\text{min}$，$T_2=30\sim60\text{min}$，若一次过闸时间为 T 分钟，则一昼夜的理论过闸次数为

$$n=\frac{24\times60}{T} \tag{9.6}$$

如果每次过闸的货船数为 m，平均每只货船的载重量为 D 吨，每年通航天数为 N，则船闸全年的理论通航能力为

$$P=nNmD(\text{t}) \tag{9.7}$$

但实际上船闸的通航能力远小于此数，这是因为：①过闸船只除货船外，还有客轮及单个的拖轮，故应在每天的过闸次数 n 中扣除不载货物的船只过闸次数 n_0；②有的船只不一定载满，故应乘以载重量利用系数 α，一般 $\alpha=0.7\sim0.8$；③一年内由于季节性的影响，造成货物流通的不平衡，因而应引入不平衡系数 β。β 等于最大月货运量与平均月货运量之比，平均取 $\beta=1.5$；④船闸在使用过程中由于各种原因而停止工作。因此，船闸一昼夜内的平均工作时数 τ 少于 24h。故实际的船闸通航能力应为

$$P=(n-n_0)\frac{NmD\alpha}{\beta}\cdot\frac{\tau}{24} \tag{9.8}$$

9.1.5 船闸的布置形式

船闸在枢纽中的布置原则应该是保证船只的航行安全和方便，同时还应考虑到整个水利枢纽的运用和施工条件，使枢纽布置经济合理。

船闸在水利枢纽中的布置方式主要有以下两种：①船闸布置在河床内，与其他水工建筑物紧靠，即为闸坝并列方式布置；②船闸布置在河道以外的引河上，或利用河中的小岛与拦河坝、电站等水工建筑物分隔而自成体系，则为闸坝分离式布置。

1. 闸坝并列式

当河流宽度足够布置溢流坝和水电站时，可将船闸布置在河床内。这种布置能节省引航道挖方，但船闸需在围堰内施工，并需较长的导堤以保证行船安全。船闸和坝轴线的相互位置可有两种布置方式：一种是船闸布置于下游；另一种是船闸布置在上游。前一种布置的优点是下游导航堤较短，闸室受到的上浮力较小。缺点是经过枢纽的交通线穿过上闸首，桥梁净空不足。且上游导堤很长又处于高水位中，工程量较大。后

一种布置方式的优缺点正好和第一种布置相反。经过比较，在一般情况下，最好采用闸室突出于下游的布置方式。如有铁路道过船闸时，则宜采用突出于上游的布置方式。

2. 闸坝分离式

当地形条件合适时，将船闸布置在河岸上开挖的引河内是一种比较好的布置方案。这种布置可使施工条件大为简化，可以不做围堰且可先期施工，不影响原河道的通航，拦河建筑物施工时，又可利用船闸导流。同时因为船闸的进出口离开溢流坝较远，船只通航也比较安全。其缺点是开挖方量大。

9.1.6 船闸的结构

1. 闸首结构及布置

闸首的结构布置主要取决于闸门、输水系统的形式和布置，以及地基性质。闸门是船闸的挡水设施，对船闸完成船舶过闸起着重要作用，国内大中型船闸多采用钢质的闸门，小型船闸也有采用钢丝网水泥面板门，常用闸门有人字闸门、升降式平面闸门、横拉闸门，三角闸门、一字式闸门等。人字闸门是承受单向水头的船闸中最常用的门型。

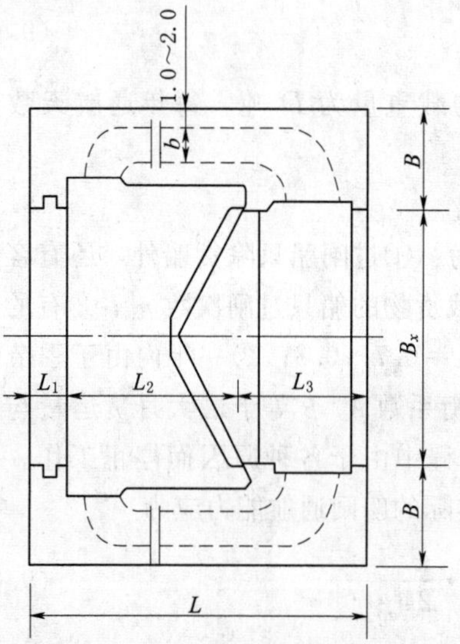

图 9.10 人字闸门平面图

采用人字闸门和短廊道输水的闸首，其长度沿轴线方向由前沿部分 L_1、门库部分 L_2 和支持部分 L_3 构成，如图 9.10 所示。闸首的宽度等于闸首口门宽度加上两侧边墩宽度，边墩宽度取决于门龛深度及输水廊道的断面尺寸与布置，同时应满足边墩强度要求。

2. 闸室的结构形式

船闸闸室有斜坡式和直立式两种。斜坡式闸室虽结构简单、造价低，但耗水量大，使用不方便，目前已很少采用。直立式闸室结构按闸底板与闸墙的连接方式不同，分为整体式结构和分离式结构。

闸墙和底板分别设置的称为分离式结构，底板多为透水的，闸墙适宜高度为 6~8m。类型较多，按结构受力特征可分为平衡重式、扶壁式、连拱式、拉杆镇定式、板墙式等。分离式闸室闸底比较经济，但只适用于水头小、地基对渗透变形不敏感的情况，当水头较大，地基为粉砂、细砂时，则可采用双铰式不透水底板或采用整体式结构。

闸墙和底板浇筑在一起的为整体式结构，适用于水头较大、闸墙较高且地基较差或有软弱夹层的情况。通常有钢筋混凝土船坞式与悬臂式两种。

3. 船闸的防渗

船闸上游闸首一般位于枢纽中的挡水前缘，闸室中水面升降幅度大，在闸室灌水和泄水过程中，作用水头迅速由零增到最大值，又由最大值降到零，渗流具有不稳定性。船闸在承受水头作用后，在船闸地基和两侧回填土中产生渗流，由于两者相互作用，船闸的渗流具有空间性。当闸室为透水闸底时，闸首渗流的空间性更为显著，由于空间渗流计算较为复杂，往往将空间问题转化为平面问题进行计算，并主要计算闸底板下面的渗流稳定，常用直线法、流网法改进阻力系数法等进行计算。

常采用的防渗设施，对岩基有防渗帷幕、防渗齿墙，当岩溶发育时也有的采用铺量，对土基有防渗帷幕、板桩、防渗墙、齿墙和铺盖等。

9.1.7　船闸的引航道

1. 布置形式

引航道应由导航段、调顺段、停泊段和制动段等组成，保证通航期内过闸船舶（队）畅通安全行驶。单线船闸引航道的平面布置有对称式和不对称式两种。对称式引航道的轴线与闸室轴线重合，多用于小型船闸。为提高船闸的通航能力，通常采用上下游向不同岸侧扩大的不对称布置，并且一般按直线布置。

2. 引航道的尺寸

（1）长度。引航道的长度如图 9.11 所示，其中导航段长度 $l_1 \geqslant L_c$，L_c 为设计标准船舶（队）的长度；调顺段长度 $l_2 \geqslant (1.5 \sim 2.0)L_c$；停泊段长度 $l_3 \geqslant L_c$；引航道直线段的总长度：

$$L = l_1 + l_2 + l_3 \tag{9.9}$$

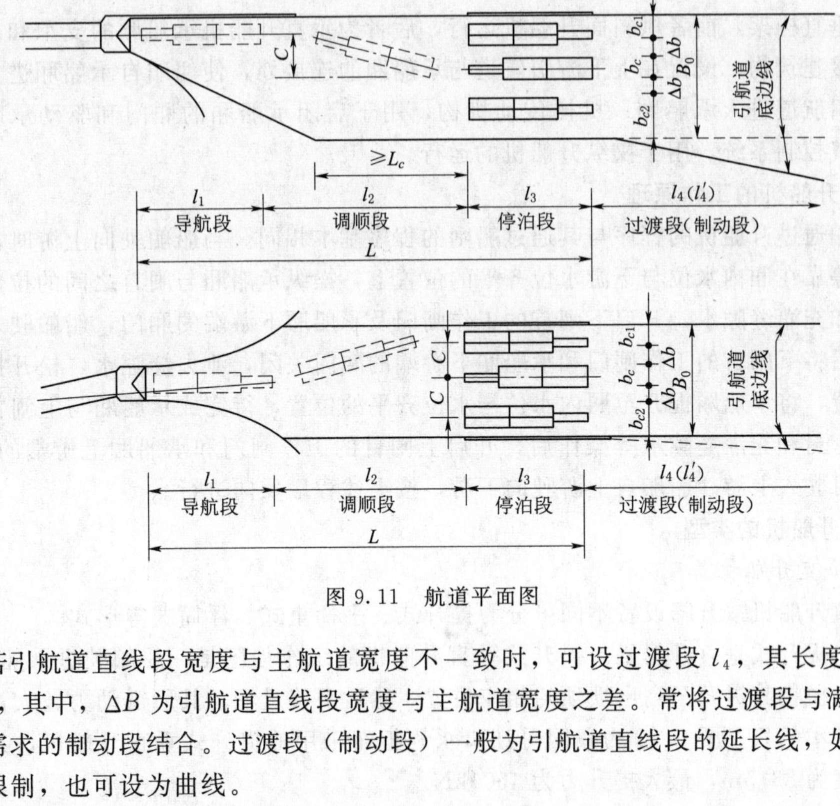

图 9.11　航道平面图

若引航道直线段宽度与主航道宽度不一致时，可设过渡段 l_4，其长度为 $l_4 \geqslant 10\Delta B$，其中，ΔB 为引航道直线段宽度与主航道宽度之差。常将过渡段与满足船舶制动需求的制动段结合。过渡段（制动段）一般为引航道直线段的延长线，如受地形条件限制，也可设为曲线。

（2）宽度。引航道的宽度是指设计最低通航水位情况下，设计标准船舶（队）满载吃水时船底处的宽度，其值为

$$B_0 \geqslant b_c + b_{c1} + b_{c2} + 2\Delta b \tag{9.10}$$

式中 b_c——设计标准船舶（队）的宽度，m；

b_{c1}——一侧等候过闸的船舶（队）宽度，m；

b_{c2}——另一侧等候过闸的船舶（队）宽度，m；

Δb——富余宽度，船舶之间 $\Delta b=b_c$，船舶与岸之间 $\Delta b=0.5b_c$。

B_0 可根据单向或双向过闸以及单线和双线共用引航道进行调整。

引航道最小水深应满足 $H_0/d\geqslant1.4\sim1.5$ 的要求，其中，H_0 为设计最低通航水位时，引航道底宽范围内的最小水深，m；d 为设计标准船舶（队）满载吃水深，m。

任务9.2 升 船 机

9.2.1 升船机的组成及作用

升船机是通过机械手段运送船舶（队）过坝的设施。它先是让船舶开进有水或无水的承船厢内，利用水力或机械动力使承船厢沿垂直或斜面升降，运送船舶过坝。沿垂直方向升降的升船机称为垂直升船机，沿斜面升降的升船机称为斜面升船机。船舶在有水承船厢内运送称为湿运，在无水承船厢内运送称为干运。

升船机的基本组成部分包括：承船厢（或承船架、承船车），用于停放船舶；斜坡道或垂直构架，前者供斜面升船机运行，后者为垂直升船机承船厢的支承和导行设备；连接建筑物，设置在上下游引航道与承船厢的连接处，使船舶自承船厢进入引航道或自引航道进入承船厢；机械传动机构，用于启闭承船厢的厢门和驱动承船厢升降；电气控制系统，用于操纵升船机的运行。

9.2.2 升船机的工作原理

船舶通过升船机的程序与其通过船闸的程序基本相同。当船舶驶向上游时，先将承船厢停靠在厢内水位与下游水位齐平的位置上，操纵承船厢与闸首之间的拉紧、密封装置和充灌缝隙水，开启下闸首的工作闸门及承船厢下游端的厢门，船舶驶入承船厢，然后将下闸首的工作闸门和承船厢下游端的厢门关闭，泄去缝隙水，松开拉紧和密封装置，将承船厢提升至厢内水位与水位齐平的位置，待完成承船厢与上闸首之间的拉紧密封和充灌缝隙水等操作后，开启上闸首的工作闸门和承船厢上游端的厢门，船舶即可驶入上游。船舶自上游驶向下游，按上述程序反向进行。

9.2.3 升船机的类型

1. 垂直升船机

垂直升船机按升降设备不同可分为提升式、平衡重式、浮筒式等形式。

（1）提升式垂直升船机。提升式垂直升船机的工作程序是：船舶驶进乘船厢后，由起重机械将其提升至高出坝顶的相应位置，然后平移过坝。其所需动力较大，多用于提升中小船只。图9.12为我国丹江口水利枢纽采用的提升式垂直升船机，其最大提升高度为83.5m，最大提升力为4500kN。

（2）平衡重式垂直升船机。此类升船机是用平衡重来平衡承船厢的重量，它的提升动力仅是用来克服不平衡力及运动系统的阻力及惯性力，因而可以节省动力。图9.13所示的平衡重式升船机主要包括支撑塔柱、承船厢、平衡重、钢索及操作机械

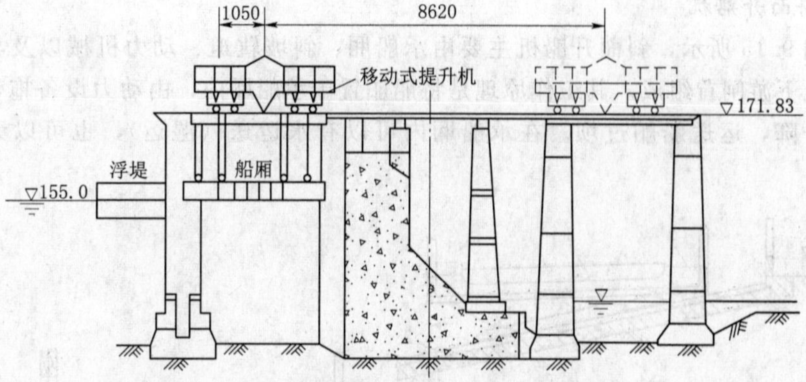

图9.12　丹江口水利枢纽垂直升船机（单位：cm）

等。在其上下游有与其连接的引渠式渡槽，供船舶顺利进、出承船厢用。目前世界上最大的平衡重式垂直升船机是三峡工程升船机，其最大垂直行程为113m，提升总重量为11800t。可通过3000t级的客货轮。平衡重式升船机的优点是通过能力大、耗电量小、过坝历时短，运行安全可靠、进出口条件较好；缺点是工程技术较复杂、耗用钢材较多。

(3) 浮筒式垂直升船机。浮筒式垂直升船机主要利用浮筒的浮力来平衡升船机活动部分（承船厢、浮筒支柱和浮筒）的总重量，提升动力仅用来克服运动系统的阻力和惯性力。如图9.14所示。浮筒式升船机工作可靠，但由于提升高度受浮筒所需竖井深度的限制，不可能很高。

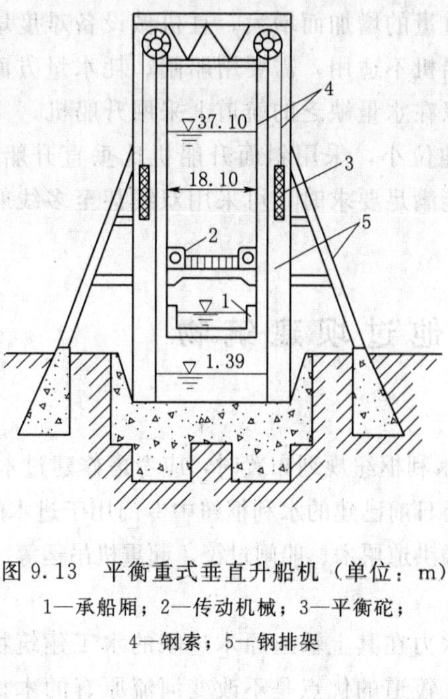

图9.13　平衡重式垂直升船机（单位：m）

1—承船厢；2—传动机械；3—平衡砣；

4—钢索；5—钢排架

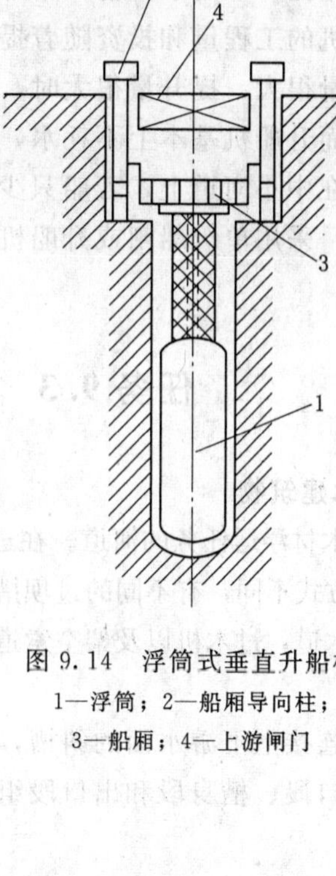

图9.14　浮筒式垂直升船机

1—浮筒；2—船厢导向柱；

3—船厢；4—上游闸门

2. 斜面升船机

如图 9.15 所示，斜面升船机主要由承船厢、斜坡轨道、动力机械以及与上下游连接的上下游闸首组成。其工作原理是将船舶置于承船厢内，由动力设备拖带承船厢沿轨道升降，运送船舶过坝。在承船厢内可以有水运送（湿运），也可以无水运送（干运）。

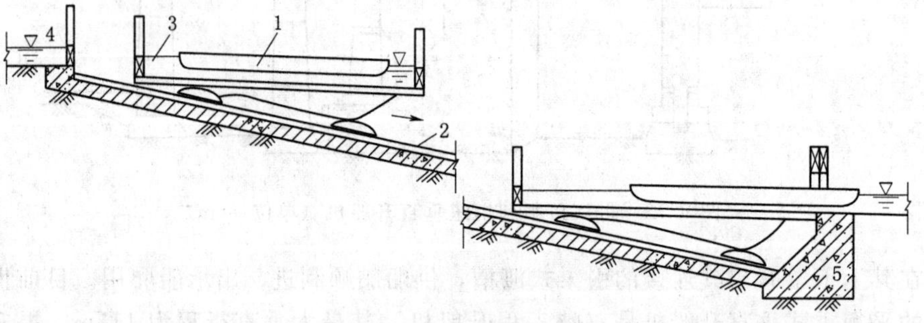

图 9.15 斜面升船机示意

1—船舶；2—轨道；3—承船厢；4—上闸首；5—下闸首

斜面升船机根据升降时船舶的运载方向不同，分为纵向斜面升船机及横向斜面升船机；另外，也可以根据与上下游衔接方式的不同进行分类。

9.2.4 升船机的适用条件

升船机相比船闸的适用条件，要通过工程经济、通航能力和运行安全等因素来考虑。

同船闸相比，在高水头情况下船只升降过坝所需的时间相对船闸较少，具有优势。但升船机的工程量和投资随着提升重量的增加而增大，且机械设备难度增加。所以，当通航量很大，提升量很大时，升船机不适用，需要用船闸。耗水量方面，船闸耗水量大，而升船机基本上不耗水，所以在水量缺乏的航道上采用升船机。

此外，在中小河道上，若船只少、吨位小，采用斜面升船机比垂直升船机经济。当运输量大，采用单级船闸或升船机不能满足要求时，可采用双线甚至多线船闸或升船机。

任务 9.3 其他过坝建筑物

9.3.1 过木建筑物

对于有木材浮运任务的河道。在进行水利枢纽规划布置时，应考虑修建过木建筑物，木材的浮运方式不同，有不同的过坝措施。日前已建的水利枢纽中专门用于过木的建筑物有筏道、漂木道，过木机以及架空索道、溢洪道票木、船闸过筏、起重机吊运等。

1. 筏道

筏道是连接上下游水面的斜槽，用水力在其上输运原木过坝的水工建筑物。其主要由引筏进口段、槽身段和出口段组成。筏道的优点是不改变河流原有的木材流放方式、过木量大、使用方便，适用于中低水头，且上游水位变幅不大的水利枢纽，缺点是需消耗一定的水量。

筏道进口段是筏道设计的关键，进口必须适应水库水位变化，准确调节筏道流量，达到安全过筏和节省水量的目的。进口段有活动式和固定式两种。当上游水位变化较大时（水位变幅 2～10m）用活动式，不大时（变幅小于 2m）用固定式。活动式进口，一般由活动筏槽和叠梁门组成。叠梁门布置在活动筏槽的上游端，除挡水外，它与活动筏槽联合运行，以调节过筏流量，活动筏槽的下游端与固定筏槽连接。实践证明，筏道单宽流量在 $1\sim3m^3/s\cdot m$、流速在 3～4m/s 以内时，木排过筏是安全的。图 9.16 所示为我国已建成的规模最大的筏道之一，其全长 342m，最大落差 34.5m，槽宽 6.5m，库水位变幅 10.3m，活动钢结构筏槽长 66m，总重 600 多 t，每年可运送（30～50）万 m^3 木材，过坝运行情况良好。

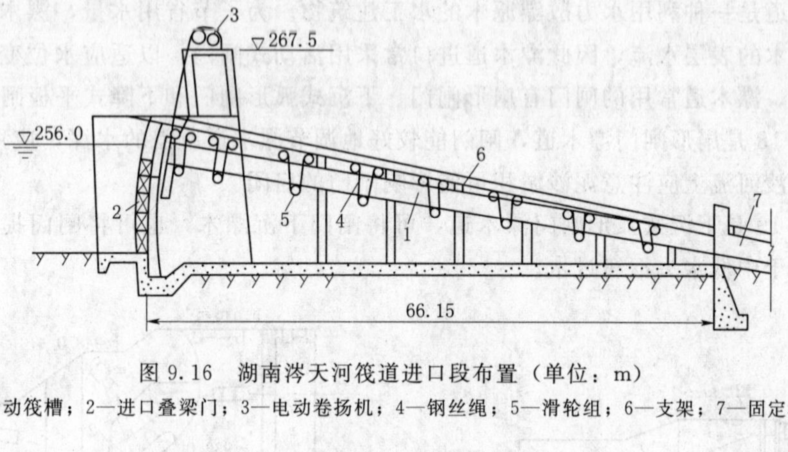

图 9.16 湖南涔天河筏道进口段布置（单位：m）

1—活动筏槽；2—进口叠梁门；3—电动卷扬机；4—钢丝绳；5—滑轮组；6—支架；7—固定筏槽

固定式进口一般有两种形式：一种是进口段直接与水库相连，并用叠梁保持和调节进口处有一定水深，后接固定式筏道，其优点是可连续过木排，避免木排与槽底碰撞，缺点是耗水量较大；另一种是与船闸相类似，设有两道闸门，在两道闸门之间形成一个闸筏室，如图 9.17 所示。第二种筏道木排过闸的程序是：先关闭下闸门，再开启上闸门使木排进入闸室，再关闭上闸门，然后再逐渐开启下闸门，将筏室内的水放空，使木排落在闸底斜坡上，再稍许打开上闸门，用水将木排冲入下游。这种筏道的优点是耗水量小、结构简单，但只能间断过排，运送效率较低，难以避免木排与槽底的摩擦与碰撞。

筏道槽身段是一个直线形宽浅陡槽，其宽度视过筏木排宽度而定，一般取其值为最大木排宽度再加 0.3～0.5m。槽身布置有全段等坡、分段等坡和分段跌坎等形式，应从水力学条件、工程投资及运行安全等方面综合分析确定选型。

筏道出口段应靠近河道主流，以保证在下游水位变化范围内顺利放排，不能搁浅，又不能产生钻水现象。

在枢纽中布置筏道时，要防止上游进口和下游出口受横向水流或回流的影响，还要确保木排不被水流吸向溢洪道或其他取水建筑物。

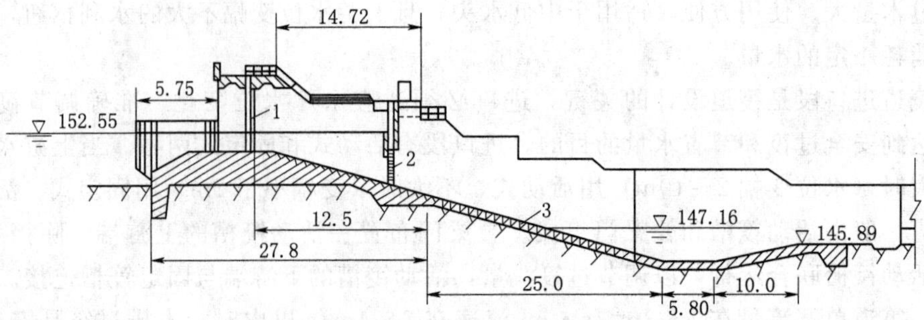

图 9.17 固定式进口筏道（单位：m）

1—进口闸门；2—第二道闸门；3—筏道

2. 漂木道

漂木道是一种利用水力散漂原木的水工建筑物。为了节省用水量，漂木道应只引用漂有原木的表层水流，因此漂木道进口常采用活动式闸门，以适应水位变化，调节过木水深。漂木道常用的闸门有扇形闸门、下沉式弧形闸门和下降式平板闸门。

图 9.18 是扇形闸门漂木道，闸门能较好地调节漂木道所需的水深，应用较普遍，但在多泥沙河流上应注意泥沙淤积可能影响闸门的启闭。

图 9.19 是下沉式弧形闸门漂木道，可将闸门下沉漂木，也可将闸门提出水面泄洪，适用于中低水头枢纽过木。

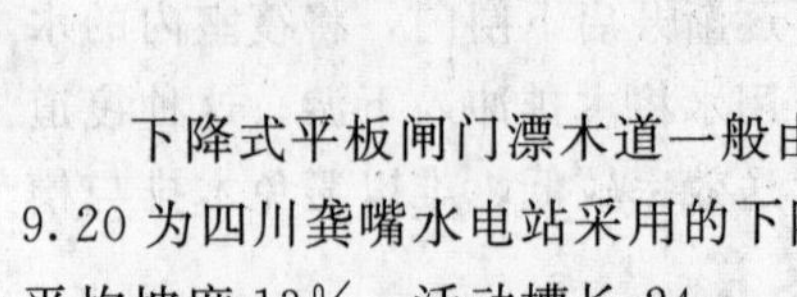

图 9.18 扇形闸门漂木道

1—扇形闸门；2—护坦；3—检修闸门

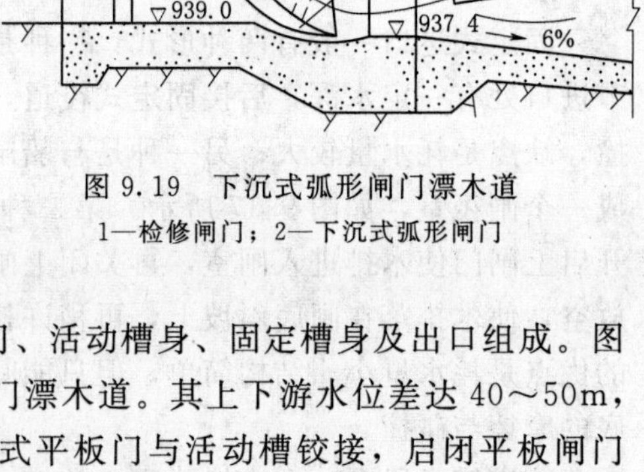

图 9.19 下沉式弧形闸门漂木道

1—检修闸门；2—下沉式弧形闸门

下降式平板闸门漂木道一般由进口平板门、活动槽身、固定槽身及出口组成。图 9.20 为四川龚嘴水电站采用的下降式平板闸门漂木道。其上下游水位差达 40～50m，平均坡度 13%，活动槽长 24m。进口处下降式平板门与活动槽铰接，启闭平板闸门可调节进口水深，活动槽进口端随闸门上下移动，其尾端设有滚轮，可以在平台上移动来适应活动槽纵坡的变化。

通过河流散漂流放木材具有季节性强、到材集中、强度大等特点，漂木道较能适应。为使漂木道有较强的通过能力，一般将漂木道进口在平面上布置成喇叭口形，并防止木材在进口处滞塞。

3. 过木机

过木机是通过机械手段运送木材过坝。一般常用的起重机械设备都可以用作过木

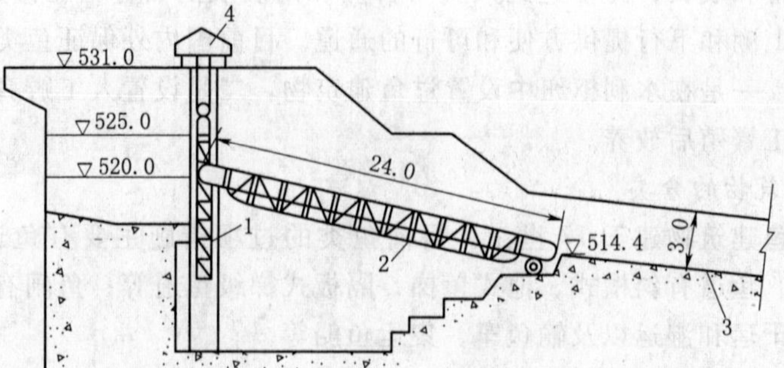

图 9.20 下降式平板闸门漂木道（单位：m）

1—平板门；2—活动槽；3—固定槽身；4—启闭机室

机。水利枢纽中采用的木材输送机械设备主要有链式传送机、垂直或斜面卷扬提升过木机等。过木机按布置方式可分为纵向（木材长度方向与传递方向一致）和横向（木材长度方向与传递方向垂直）两种。因过木机输运木材无须耗水，且不受水头的限制，常为大、中型水利枢纽所采用。图 9.21 为我国碧口水电站的纵向链式传送机示意图。

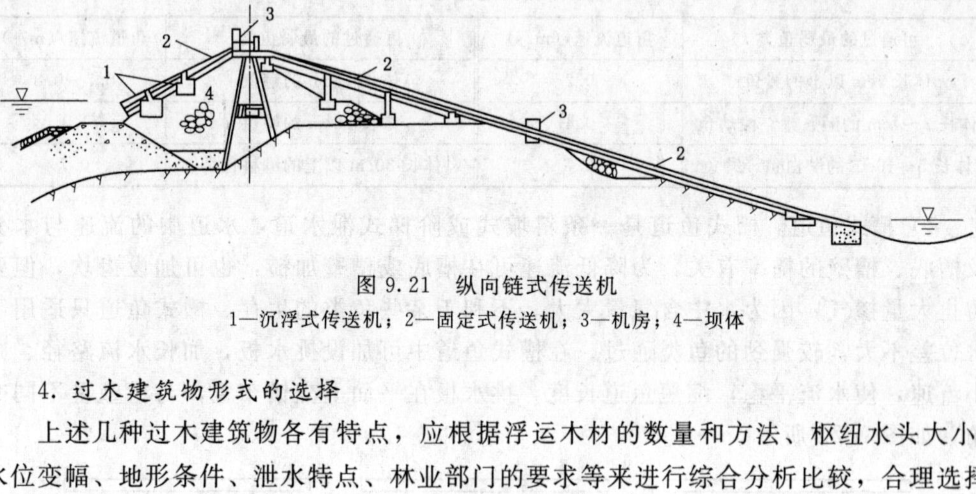

图 9.21 纵向链式传送机

1—沉浮式传送机；2—固定式传送机；3—机房；4—坝体

4. 过木建筑物形式的选择

上述几种过木建筑物各有特点，应根据浮运木材的数量和方法、枢纽水头大小、水位变幅、地形条件、泄水特点、林业部门的要求等来进行综合分析比较，合理选择过木建筑物形式。

筏道和漂木道具有不改变河流原有木材流放方式、过木量大、使用方便和技术成熟等特点，但需消耗一定的水量，适用于中低水头，且上游水位变幅不大的水利枢纽。

对于小水头和水位变幅较大的水利枢纽，修建筏道和漂木道有困难或不经济时，可考虑采用机械方式过木的方案。

9.3.2 过鱼建筑物

修建水库大坝给鱼类的生存和繁殖带来了新的困难威胁和挑战，大坝截断了鱼类洄游的原始通道。使一些鱼类无法洄游到上游产卵繁殖，在上游繁殖的幼鱼也无法顺利游到下游发育和成长，为了达到人类与自然和谐发展的目标，在修建水库大坝时，理应为鱼类的上溯和下行提供方便和可行的通道。目前国内外保证鱼类平衡发展的主要措施有两类。一是在水利枢纽中设置过鱼建筑物，二是设置人工孵育场，将鱼类自然繁殖转向人工繁殖后放养。

1. 过鱼建筑物的分类

最早的过鱼建筑物建于17世纪。目前鱼类的过坝措施主要有鱼道（鱼梯）、鱼闸、升鱼机等。鱼道有斜槽式、池式鱼梯，隔板式梯级鱼道等；鱼闸有竖井式，斜井式；升鱼机有干运和湿运以及输鱼车、集运鱼船等。

目前，世界上已建成数百座过鱼建筑物，其中以鱼道为最多。鱼道的主要优点是可以连续运转，不易产生故障，对保证洄游鱼类及时通过闸坝较为有利。

（1）鱼道。鱼道是一条斜坡式或跌水式人工水道，水流顺着水道由上游流向下游，而鱼则在水道中逆水而上或顺流而下，控制好水道中的水流流速是鱼道能够成功过鱼的关键，如流速过大，超过鱼所能克服的最大流速时鱼将停止上溯；如流速过小，低于鱼的起点流速，鱼也将停止上溯。鱼所能克服的允许流速和鱼的种类大小、生活环境及季节有关，差别较大，比较复杂，表9.1为原型观测的鱼道流速，可供设计时参考。

表9.1　　几种鱼类过鱼道流速

可通过的最弱鱼类	鱼道流速/(m/s)	可通过的最弱鱼类	鱼道流速/(m/s)
体长5cm以上的鳗鱼	0.2	体长15cm的鲈鱼	0.7～0.8
体长3～4cm的鲈、鲻、梭幼鱼	0.4	体长28cm的鲈鱼	1.1
体长5～10cm的鲈白鱼、鲫鱼	0.7	体长30cm以上的鲤科鱼类	0.7

1）槽式鱼道。槽式鱼道是一条斜坡式或阶梯式泄水道，水道中的流速与水头及槽底、槽壁的糙率有关，为降低流速可在槽底或槽壁加糙，也可加设齿坎，但要防止大量掺气，因为水中含气量太大。不利于某些鱼类的生存。槽式鱼道只适用于水位差不大，较强劲的鱼类通过。在槽式鱼道中可加设挑水板，加长水流路径、减小流速，使水流平稳，缩短鱼道长度，挑水板在平面上交错布置，与槽壁呈不同交角，如图9.22所示。

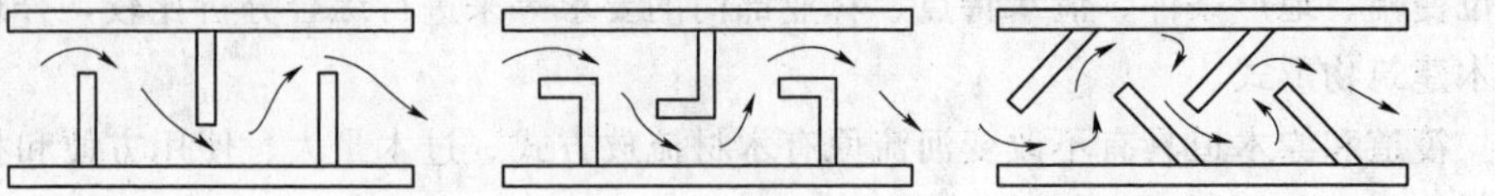

图9.22　挑水板槽式鱼道

2）鱼梯。鱼梯过鱼建筑物是用隔板将水位差分成若干级，形成若干个小的梯级水池，在隔板上设有过鱼孔或竖缝。鱼梯根据过鱼孔的形状不同可分为溢流堰式、淹没孔口式、竖缝式及组合式等多种形式。

堰式鱼梯由于适应水位变幅很小，应用受限；淹没孔口式鱼梯适应水位变幅较大，孔口有各种形状，如矩形、圆孔等，孔口交错布置以得到较好的过鱼条件。

竖缝式鱼梯是目前应用较广的一种鱼梯形式，有单侧竖缝和双侧竖缝之分。它能适应较大的水位变幅，消能充分，能提供各种水深，满足不同鱼类的上溯要求。我国斗龙港竖缝式鱼梯应用比较成功，如图9.23所示，鱼道布置在水闸右岸，全长50m，宽2m，设计上下游水位差1.5m，槽内水深1.0m，平均底坡1：33.2，鱼道内设计最大流速为0.8～1.0m/s，鱼道内共设置有36块隔板，隔板间距为1.17m，隔板是双侧竖缝，每个缝宽0.16m，建成后，过鱼效果良好。

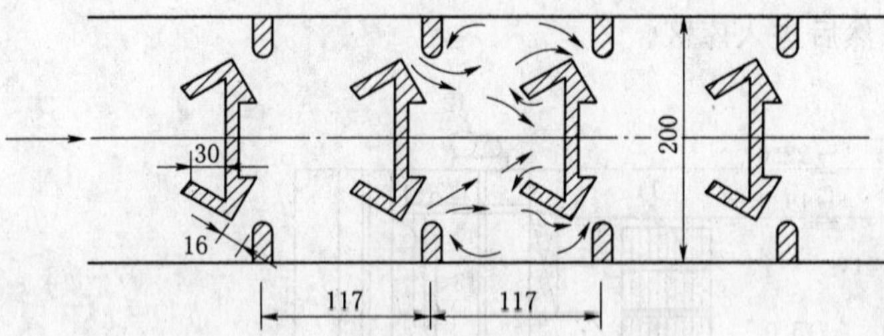

图9.23 斗龙港闸鱼道平面图（单位：cm）

组合式鱼梯有堰与孔、竖缝与孔及竖缝与堰流多种组合方式。江苏太平闸鱼道是竖缝与堰流的组合，如图9.24所示，设计水位差为3m，设计流速为0.5～0.8m/s，槽内水深1.8m，建成后过鱼效果良好。组合式鱼道中，孔的位置应根据鱼的习性来设计，有的鱼喜欢在表层游动，有的则喜欢在中、下层游动，由此选定表、中、底孔等设计形式。

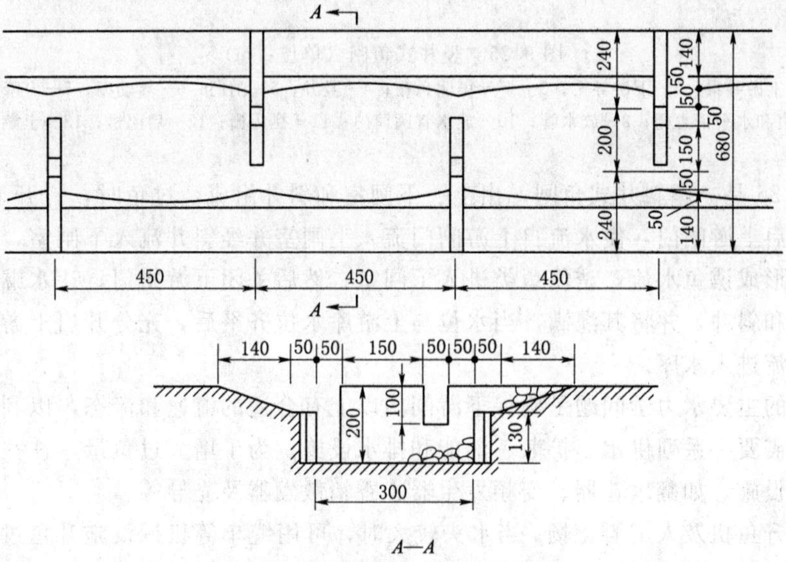

图9.24 太平闸鱼道（单位：cm）

(2) 鱼闸。鱼闸是解决中高水头过鱼所采取的重要工程措施，是一种利用闸室诱鱼过坝的过鱼建筑物。鱼闸有竖井式和斜井式两种，其工作原理类似于船闸。鱼闸占地少，投资省，鱼类不必克服水流阻力即能过坝，但需要进行机械操作，过鱼量受限。在工程实践中，也可将鱼闸与船闸合并为一，分时运行，在鱼类繁殖季节以过鱼为主，其他季节以过船为主。

图 9.25 是一座竖井式鱼闸，在其上下游各设一段导渠与闸室相连，水经过输水管引入闸室和导渠中，引诱鱼进入导渠，由驱鱼栅将鱼推入 4m×4m 的闸室竖井，关闭下游闸门，向闸室充水使其水位上升，同时提升闸室底板上的升降栅，迫使鱼类随水位一起上升，当闸室水位与上游水位齐平后，打开上游闸门，启动上游驱鱼栅将鱼推入上游导渠，然后进入库区。

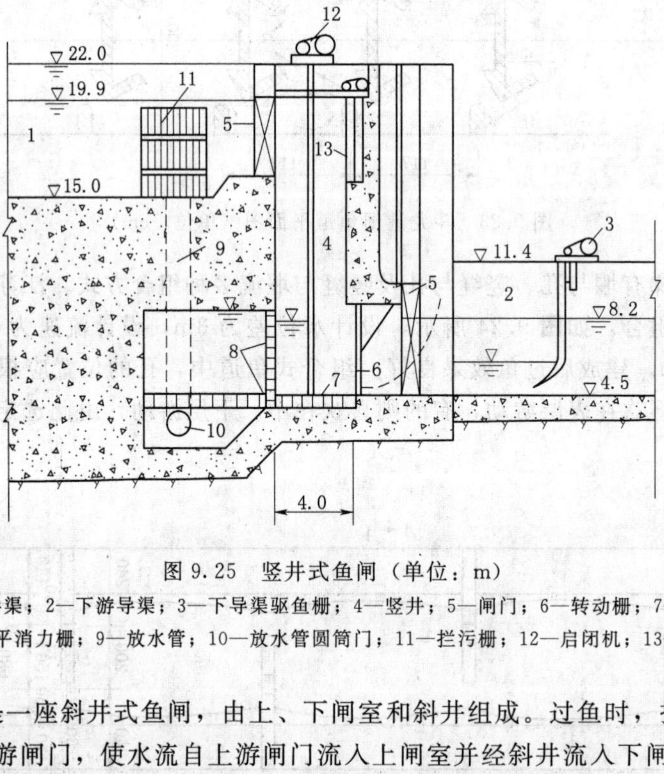

图 9.25　竖井式鱼闸（单位：m）

1—上游导渠；2—下游导渠；3—下导渠驱鱼栅；4—竖井；5—闸门；6—转动栅；7—升降栅；8—垂直和水平消力栅；9—放水管；10—放水管圆筒门；11—拦污栅；12—启闭机；13—上游驱鱼栅

图 9.26 是一座斜井式鱼闸，由上、下闸室和斜井组成。过鱼时，打开下游闸门，并稍许开启上游闸门，使水流自上游闸门流入上闸室并经斜井流入下闸室，在下闸室入口附近形成诱鱼水流，诱使鱼类进入下闸室。然后关闭下游闸门，让水继续从水库流入闸室和斜井，并将其灌满，当水位与上游库水位齐平后，充分开启上游闸门，鱼就可以逆流进入水库。

鱼闸的主要水力学问题是确保下游闸门以上有合适的流速和流态，以利于鱼类进入，因此需要一系列供水、扩散、消能和排水设施。为了增大过鱼量，往往上下游都放置诱鱼设施，如翻水花器、变频发生器、香精散发器及光导等。

（3）升鱼机及人工孵化场。当水头较大时，可用缆车等机械设施升鱼过坝。升鱼机是利用活动水箱或渔网，用机械方式运送鱼类过坝的装置，其工作原理类似于升船机，分干运和湿运两种。这种升鱼过坝方式具有投资省、灵活性好的特点，缺点是提运时间长、不利于大批鱼类过坝，并且运行费用偏高。

当坝高超过一定高度时，修建鱼道、鱼闸和升鱼机不够经济且效果差。因此，人

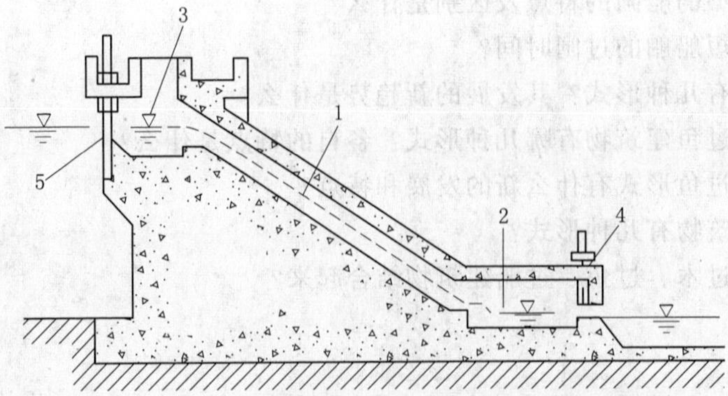

图 9.26　斜井式鱼闸

1—斜井；2—下闸室；3—上闸室；4—下游闸门；5—上游闸门

工孵化场和产卵槽在近年来发展很快。人工孵化场是一种更接近天然条件（水质、水深、流速及环境等）的解决鱼类繁殖的方法。

2. 过鱼建筑物在水利枢纽中的布置

过鱼建筑物在水利枢纽中的布置主要是指处理好过鱼建筑物的进、出口布置与其他水工建筑物的关系。过鱼建筑物的进、出口布置，特别是入口（下游）布置，是过鱼建筑物设计成败的关键。国内外一些过鱼建筑物的失效，大多是由于入口位置选择不当，诱鱼设计不足所造成的，在布置过鱼建筑物的进、出口时，应注意以下问题：

(1) 入口应布置在鱼类容易发现，且易于走人的地方，要求不断有活水流入，流速比附近水流的流速略大，但不应大于鱼所能克服的流速。

(2) 入口应有良好的光线，不应当布置在阴暗的地方，使入口与天然河道条件相类似。

(3) 入口不能高出河底，也不能接近水面，应在水面 1～1.5m 处，当水位变化很大时，可以设几个不同高程的入口。

(4) 为了提供足够的诱鱼流速，除了鱼道本身泄放的流量外，有时还需从水库引水或下游抽水，有的工程还专门设置了导鱼装置。

(5) 过鱼建筑物的入口通常布置在岸边，也可布置在电站和溢洪道附近，或布置在电站尾水管出口的上方，或布置在水间岸边或边墩中。在电站和溢流坝的分水隔墩中布置鱼闸或升鱼机比较适宜。

(6) 过鱼建筑物的出口（上游）应布置在远离溢流坝和电站进口处，以防止上溯过坝的鱼再被水流带到下游。出口应有一定的水深和流速，以保证鱼类顺利游入上游水库。出口处应防止泥沙淤积及漂浮物堵塞。

思　考　题

1. 船闸由哪几部分组成？各部分的功能是什么？

2. 不同类型的船闸的特点及区别是什么?
3. 如何缩短船舶的过闸时间?
4. 升船机有几种形式?其发展的新趋势是什么?
5. 常用的过鱼建筑物有哪几种形式?各自的特点是什么?
6. 超高坝过鱼形式有什么新的发展和特点?
7. 过木建筑物有几种形式?
8. 能否把过木、过鱼、过船建筑物结合起来?

项目 10 水利枢纽布置

学习目标：

(1) 熟知水利枢纽布置的任务及一般原则，理解水利枢纽的布置规律。

(2) 熟知水利枢纽布置的基本要求。

(3) 能阐述河川水利枢纽、主要建筑物布置和形式的方案分析方法。

学习重点：

(1) 各种水工建筑物对枢纽布置的规律、要求。

(2) 水利枢纽、主要建筑物布置和形式的方案分析方法。

学习难点：

水利枢纽、主要建筑物布置和形式的方案分析方法。

任务 10.1 水利枢纽布置的任务及一般原则

10.1.1 水利枢纽布置的任务

水利枢纽是综合利用水资源，发展防洪、灌溉、发电、航运、工业及民用供水、养鱼等水利事业的工程措施，它由某些一般性的和专门性的水工建筑物所组成。水利枢纽布置就是研究这些建筑物之间的相互位置，是枢纽设计中的一项重要的、繁重而复杂的工作。枢纽布置的是否合理，不仅影响到工程的造价和能否顺利按期建成，还将关系到工程运用是否安全和工程效益能否充分发挥。所以，对枢纽布置必须在充分掌握基本资料的基础上，进行综合分析，做多方案比较，选出最优方案。

1. 预可行性研究阶段

在流域综合利用规划、河流（河段）水电规划和电网规划基础上进行的设计阶段为预可行性研究阶段。其任务是论证拟建工程在国民经济发展中的必要性、技术可行性、经济合理性。其主要内容包括；河流概况及水文气象等基本资料的分析；工程地质与建筑材料的评价；工程规模、综合利用及环境影响的论证；初拟坝址、厂址及引水系统线路；初步选择坝型、电站、泄洪、通航等主要建筑物的基本形式与枢纽布置方案；初拟主体工程的施工方法、施工总体布置及工程总投资估算、工程效益的分析和经济评价等。

预可行性研究阶段的成果将为国家和有关部门做出投资决策提供基本依据。

2. 可行性研究阶段

可行性研究阶段的任务是进一步论证拟建工程的技术可行性和经济合理性，并解决工程建设中重要的技术经济问题。其主要设计内容包括：对水文、气象、工程地质及天然建筑材料等基本资料做进一步分析与评价；论证本工程及主要建筑物的等级；进行水文水利计算，确定水库的各种特征水位及流量，选择电站的装机容量、机组机型和电气主接线以及主要机电设备；论证并选定坝址、坝轴线坝型，确定枢纽总体布置和其他主要建筑物的形式和控制性尺寸；选择施工导流方案，进行施工方法施工进度和总体布置的设计，提出主要建筑材料、施工机械设备、劳动力、供水、供电的数量和供应计划；提出水库移民安置规划；提出工程总概算，进行技术经济分析，阐明工程效益。最后提交可行性研究报告文件，包括文字说明和设计图纸及有关附件。

3. 招标设计阶段

招标设计阶段是在批准的可行性研究报告的基础上，详细定出总体布置和各建筑物的轮廓尺寸、材料类型、工艺要求和技术要求等。要求做到可以根据招标设计图较准确地计算出各种建筑材料的规格、品种和数量，混凝土浇筑、土石方填筑和各类开挖、回填的工程量，各类机械电气和永久设备的安装工程量等。

根据招标设计图所确定的各类工程量和技术要求及施工进度计划，进行施工规划，并编制出工程概算，作为编制标底的依据。编标单位可以据此编制招标文件，包括合同的一般条款、特殊条款、技术规程和各项工程的工程量表。施工投标单位也可据此进行投标报价和编制施工方案及技术保证措施。

4. 施工详图设计阶段

施工详图设计阶段是在招标设计的基础上，对各建筑物进行结构和细部构造设计，最后确定地基处理方案，确定施工总体布置及施工方法，编制施工进度计划和施工预算等，并提出整个工程分项分部的施工、制造、安装详图。施工详图是工程施工的依据，也是工程承包或工程结算的依据。

10.1.2 水利枢纽布置的一般原则

枢纽布置是从若干具有代表性的枢纽布置方案中选择一个最优方案，最终达到技术上先进且经济上合理、施工期短、运用安全、管理维修方便等要求。这是一个复杂而繁重的工作；且十全十美的方案是很少的，必须对各个方案具体分析，全面论证，综合比较，慎重选定。

1. 运用方面

枢纽布置应满足各建筑物在布置上的要求，并应避免运行时相互干扰，确保各建筑物在任何工作条件下都能正常工作。

2. 施工方面

枢纽布置应同时考虑合理选择施工导流的方式、施工程序和标准，合理选择主要建筑物的施工方法。工程实践证明，在某种情况下，配合得当不仅能方便施工，还能使部分建筑物提前发挥效益（提前蓄水、发电等）。

3. 环境方面

水利枢纽的兴建将使周围环境发生明显的改变。大型水库的修建为发展水电、农业灌溉、供水、养殖、旅游等事业创造了有利条件，同时也带来了不利的影响。水利枢纽布置要求尽量避免或减轻对周围环境的不利影响，如减轻对上游的淤积、减小淹没损失、降低对下游河床冲刷等，同时还要注意建筑物的美观、绿色环保，使枢纽的外观与周围环境协调一致。

4. 经济方面

枢纽布置应在满足安全和运用管理要求的前提下，尽量降低枢纽总造价和年运行费用。如有可能，应考虑使一个建筑物能发挥多种作用。应对枢纽建筑物进行优化设计或采用先进的技术、工艺和材料。例如，结合实际条件尽量选用双曲拱坝、堆石面板坝、碾压混凝土坝等新坝型。

10.1.3　枢纽布置方案的选择

在遵循枢纽布置一般原则的前提下，从若干个具有代表性的枢纽布置方案中选择一个技术可行、经济合理、运用安全、施工期短、管理维修方便的最优方案是一个反复优化的过程。需要对各方案进行具体分析、全面论证、综合比较而定。

进行方案比较时，通常对以下项目进行比较：

(1) 主要工程量。如钢筋混凝土和混凝土、土石方、金属结构、机电安装、帷幕灌浆、砌石等各项工程量。

(2) 主要建筑物材料用量。如钢筋、钢材、水泥、木材、沙石、沥青、炸药等材料的用量。

(3) 施工条件。主要是包括施工期、发电日期、机械化程度、劳动力状况、物资供应、料场位置、交通运输条件。

(4) 运用管理条件。发电、通航、泄洪、灌溉是否相互干扰，建筑物和设备的检查、维修和操作运用、对外交通是否方便，人防条件是否具备等。

(5) 建筑物位置与自然界的适应情况。如地基是否可靠，河床抗冲能力与下游的消能方式是否适应，地形是否便于泄水建筑物进、出口的布置和取水建筑物进口的布置等。

(6) 经济指标。主要比较总投资、总造价、年运费、淹没损失、电站单位千瓦投资、电能成本、灌溉单位面积投资以及航运能力等综合利用效益。

上述项目有些可定量计算，有些则难以定量计算，这就给枢纽布置方案的选定增加了复杂性，因而，必须以国家研究制定的技术政策为指导，在充分掌握基本资料的基础上，以科学的态度，实事求是地全面论证，通过综合分析和技术经济比较选出最优方案。

任务 10.2　蓄水枢纽布置

10.2.1　坝址和坝型选择

枢纽布置方案、坝址条件和选择坝型，这三者是互相联系的，不同的坝址适用于不同的坝型和枢纽布置。所以选择坝址、坝型后同时做出枢纽布置。针对不同坝址做出不同坝型的各种枢纽布置方案，进行技术经济比较，最后选定较为理想的坝轴线位置及相应的坝型和枢纽布置。

1. 坝址选择

选择坝址时，应综合考虑下述条件。

（1）地质条件。地质条件是建库建坝的基本条件，是衡量坝址优劣的重要条件之一，在某种程度上决定着兴建枢纽工程的难易。工程地质和水文地质条件是影响坝址、坝型选择的重要因素，且往往起决定性作用。

选择坝址，首先要清楚有关区域的地质情况。坚硬完整、无构造缺陷的岩基是最理想的坝基：但如此理想的地质条件很少见，天然地基总会存在这样或那样的地质缺陷，要看能否通过合宜的地基处理措施使其达到筑坝的要求。在该方面必须注意的是：不能疏漏重大地质问题，对重大地质问题要有正确的定性判断，以便决定坝址的取舍或定出防护处理的措施，或在坝型选择和枢纽布置上设法适应坝址的地质条件。对存在破碎带、断层、裂隙、喀斯特溶洞、软弱夹层等坝基条件较差的，还有地震地区，应作充分的论证和可靠的技术措施。坝址选择还必须对区域地质稳定性和地质构造复杂性以及水库区的渗漏、库岸塌滑、岸坡及山体稳定等地质条件做出评价和论证。各种坝型及坝高对地质条件有不同的要求。如拱坝对两岸坝基的要求很高，支墩坝对地基要求也高，次之为重力坝，土石坝要求最低。一般较高的混凝土坝多要求建在岩基上。

（2）地形条件。坝址地形条件必须满足开发任务对枢纽组成建筑物的布置要求。通常，河谷两岸有适宜的高度和必需的挡水前缘宽度时，则对枢纽布置有利。一般来说，坝址河谷狭窄，坝轴线较短，坝体工程量较小，但河谷太窄则不利于泄水建筑物、发电建筑物、施工导流及施工场地的布置，有时反不如河谷稍宽处有利。除考虑坝轴线较短外，对坝址选择还应结合泄水建筑物、施工场地的布置和施工导流方案等综合考虑。枢纽上游最好有开阔的河谷，使在淹没损失尽量小的情况下，能获得较大的库容。

坝址地形条件还必须与坝型相互适应，拱坝要求河谷窄狭；土石坝适应河谷宽阔、岸坡平缓、坝址附近或库区内有高程合适的天然垭口，以便布置河岸式溢洪道。岸坡过陡，会使坝体与岸坡接合处削坡量过大。对于通航河道，还应注意通航建筑的布置、上河及下河的条件是否有利。对有暗礁、浅滩或陡坡、急流的通航河流，坝轴线宜选在浅滩稍下游或急流终点处，以改善通航条件。有瀑布的不通航河流，坝轴线宜选在瀑布稍上游处以节省大坝工程量。对于多泥沙河流及有漂木要求的河道，应注意坝址位段对取水防沙及漂木是否有利。

（3）建筑材料。在选择坝址、坝型时，当地材料的种类、数量及分布往往起决定性影响。对土石坝，坝址附近应有数量足够、质量能符合要求的土石料场；如为混凝土坝，则要求坝址附近有良好级配的砂石骨料。料场应便于开采、运输，且施工期间料场不会因淹没而影响施工。所以对建筑材料的开采条件、经济成本等，应进行认真的调查和分析。

（4）施工条件。施工条件包括施工现场是否便于布置，内外交通运输是否方便以及是否易于导流等。从施工角度来看，坝址下游应有较开阔的滩地，以便布置施工场地、场内交通和进行导流。应对外交通方便，附近有廉价的电力供应，以满足照明及动力的需要。从长远利益来看，施工的安排应考虑今后运用、管理的方便。

（5）综合效益。坝址选择要综合考虑防洪、灌溉、发电、通航、过木、城市和工业用水、渔业以及旅游等各部门的经济效益，还应考虑上游淹没损失以及蓄水枢纽对上、下游生态环境的各方面的影响。兴建蓄水枢纽将形成水库，使大片原来的陆相地表和河流型水域变为湖泊型水域，改变了地区自然景观，对自然生态和社会经济产生多方面的环境影响。其有利影响是发展了水电、灌溉、供水、养殖、旅游等水利事业和解除洪水灾害、改善气候条件等，但是，也会给人类带来诸如淹没损失、浸没损失、土壤盐碱化或沼泽化、水库淤积、库区塌岸或滑坡、诱发地震、使水温、水质及卫生条件恶化、生态平衡受到破坏以及造成下游冲刷，河床演变等不利影响。不同的坝址、坝型对防洪、灌溉、发电、给水、航运等要求也不相同。至于是否经济，要根据枢纽总造价来衡量。

归纳上述条件，优良的坝址应是：地质条件好、地形有利、位置适宜、方便施工造价低、综合效益高。所以应全面考虑、综合分析，进行多种方案比较，合理解决矛盾，选取最优成果。

2. 坝型选择

常见的坝型有土石坝、重力坝及拱坝等。坝型选择仍取决于地质、地形、建材及施工、运用等条件。

(1) 土石坝。在筑坝地区，若交通不便或缺乏三材，而当地又有充足实用的土石料，地质方面无大的缺陷，又有合宜的布置河岸式溢洪道的有利地形时，则可就地取材，优先选用土石坝。随着设计理论、施工技术和施工机械方面的发展，近年来土石坝比重修建的数量已有明显的增长，而且其施工期较短，造价远低于混凝土坝。我国在中小型工程中，土石坝占有很大的比重。目前，土石坝是世界坝工建设中应用最为广泛和发展最快的一种坝型。目前已建、在建混凝土面板堆石坝 74 座，其中坝高在 100m 以上的有 12 座；已建最高的广西天生桥一级 178m；在建的水布垭坝高 232m，为该坝型世界最高；完成设计待建的坝高 100m 以上的还有 19 座；南水北调西线的通天河引水与大渡河引水方案，需建面板堆石坝，坝高方案为 296～348m，且还位于地震区。

(2) 重力坝。有较好的地质条件，当地有大量的砂石骨料可以利用，交通又比较方便时，一般多考虑修筑混凝土重力坝。可直接由坝顶溢洪，而不需另建河岸溢洪道，抗震性能也较好，如图 10.1 所示。近年来碾压混凝土筑坝技术发展很快，我国是世界上建设碾压混凝土坝最多的国家。我国目前已建成的三峡大坝是世界上最大的混凝土浇筑实体重力坝。

(3) 拱坝。当坝址地形为 V 形或 U 形狭窄河谷，且两岸坝肩岩基良好时，则可考虑选用拱坝。它工程量小，比重力坝节省混凝土量 1/2～2/3，造价较低，工期短，也可从坝顶或坝体内开孔泄洪，因而也是近年来发展较快的一种坝型。已建成的二滩混凝土拱坝坝高 240m，小湾混凝土拱坝坝高 292m，溪洛渡混凝土拱坝坝高 278m (图 10.2)。另外，我国西南地区还修建了大量的浆砌石拱坝。

10.2.2　各种水工建筑物对枢纽布置的要求

1. 挡水和泄水建筑物

一般情况下，除拱坝外，挡水建筑物在平面上均布置成直线形，以使坝轴线最

图 10.1　辽宁观音阁水库碾压混凝土重力坝

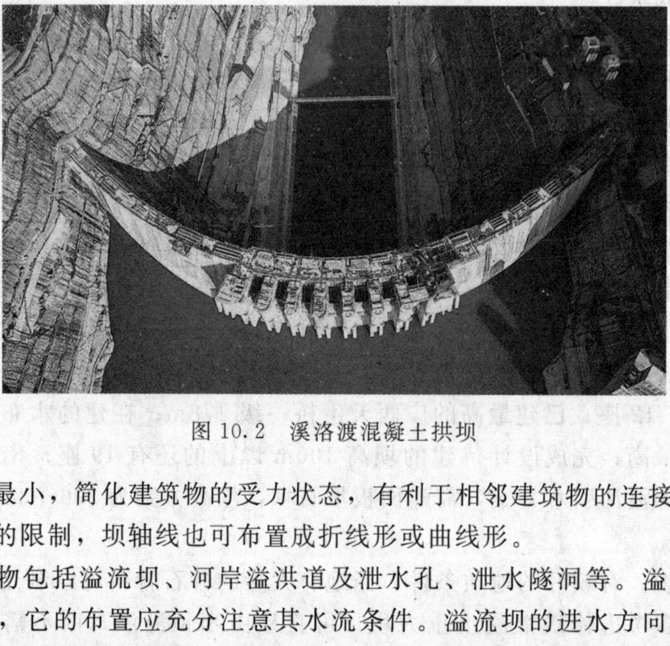

图 10.2　溪洛渡混凝土拱坝

短，坝身体积最小，简化建筑物的受力状态，有利于相邻建筑物的连接。但有时受地质或地形条件的限制，坝轴线也可布置成折线形或曲线形。

泄水建筑物包括溢流坝、河岸溢洪道及泄水孔、泄水隧洞等。溢流坝是挡水建筑物的一部分，它的布置应充分注意其水流条件。溢流坝的进水方向应与上游来水主流方向相同，其下游泄水流向也应与河流轴线一致，以保持上下游河流的自然情况不受或少受破坏。由于溢流坝的下泄水流速度较高，往往在下游形成回流，引起冲刷和淤积。影响发电、通航、过木等建筑物的正常运行。为了减少溢流坝泄水时对其他建筑物的运行干扰，常在溢流坝的端部设置导水墙与其他建筑物隔开。当溢流坝与土石坝连接时，还应设法避免坝前水流对坝坡的冲刷及下游回流对坝脚的冲刷。

岸边式溢洪道应尽量布置在高程较低的垭口处。要求进口水流平顺，溢流堰及泄槽的布置要结合地形、地质条件及水流条件综合考虑，出口除应采用适当的消能外，还应防止对水电尾水及航道出口的干扰。

泄洪隧洞的布置，主要取决于地形、地质、施工及枢纽布置等条件。进口应力求使水流平顺，出口布置应注意消能及防止对其他建筑物的影响。

2. 水电站建筑物

水电站对布置的要求，主要是保证足够的引水量，水头损失应尽量小。为此，电站通向上下的水道应尽量短；进出口水流条件要平顺，避免溢流坝下泄水流对电站尾水产生壅水。电站厂房应布置在基础好、可以最先施工的位置，以便早日投入运转。电站最好靠近有交通线的一岸，密切与铁路公路的联系，以便于施工和管理。

3. 灌溉取水建筑物

灌溉取水建筑物在枢纽中的位置视灌区或用水部门位置而定，尽量避免使用跨河建筑物。如两岸都有灌区，则取水口也宜分两岸布置。取水口的高程应保证取得所做的水量和适应灌区高程的要求，避免泥沙进入渠道。

4. 通航建筑物

船闸的布置应能使船只顺利通航，有足够的过船能力。因此，引航道应有足够的宽度和水深并与原河道平顺连接。通常，船闸与溢流坝、水电站并列布置，为了避免相互干扰，船闸宜与电站厂房分别布置于两岸。船闸引航道进口如有明显的横向流速或泥砂淤积，都对船行不利。故常设置导墙或导堤，使其与溢流坝分开。船闸还应便于安排交通路线和布置停船码头。

筏道的布置要求基本上与船闸相似。筏道也应布置在水电站的对岸以免漂浮木材对电站进水口和尾水带来危害，在筏道的上游应布置绑扎木材的停泊所。当枢纽中有船闸时，也可考虑不设筏道，而由船闸过筏。

过鱼建筑物应根据鱼类的习性进行布置，要能诱导鱼类顺利到达过鱼建筑物的入口并安全地游到上游去。

10.2.3 枢纽布置举例

1. 中、低水头水利枢纽

修建在河流中下游的丘陵、盆地或平原地区的水利枢纽一般是位于河床坡度平缓、河谷宽阔的河段上，枢纽中的主要建筑物是较低的拦河闸或坝，由于壅水不高，可称为中低水头水利枢纽。其库容较小，调节能力不大，电站多为径流式。挡水建筑物可建在岩基或软基上。由于地形开阔，这类枢纽比较容易布置。通常的布置形式是过坝建筑物、泄水建筑物和电站厂房一字摆开。枢纽布置的关键是选好过坝建筑物的位置，妥善处理好泄洪消能及防淤排沙问题。

【例 10.1】 葛洲坝水利枢纽（图 10.3 为长江葛洲坝水利枢纽布置图）是我国在长江干流上修建的第一座大坝，位于三峡工程坝址下游 40km 处，下距宜昌市约 6km。枢纽的主要任务是对正在兴建的三峡电站进行反调节，解决未来三峡电站日调节不稳定流对下游航道及宜昌港的不利影响以及发电。主体建筑物有泄水闸、船闸、电站厂房、冲沙闸及挡水建筑物等。枢纽总库容 15.8 亿 m^3，最大坝高 47m，大坝全长 2595m。电站总装机容量 271.5 万 kW。1 号、2 号大型船闸可通过万吨级货驳轮及客船。

葛洲坝工程坝址处河宽 2200m。江中有葛洲坝和西坝两座小岛自右向左将长江分为大江、二江和三江。大江是主河槽，二江、三江枯水期断流。其坝址地形和水文条

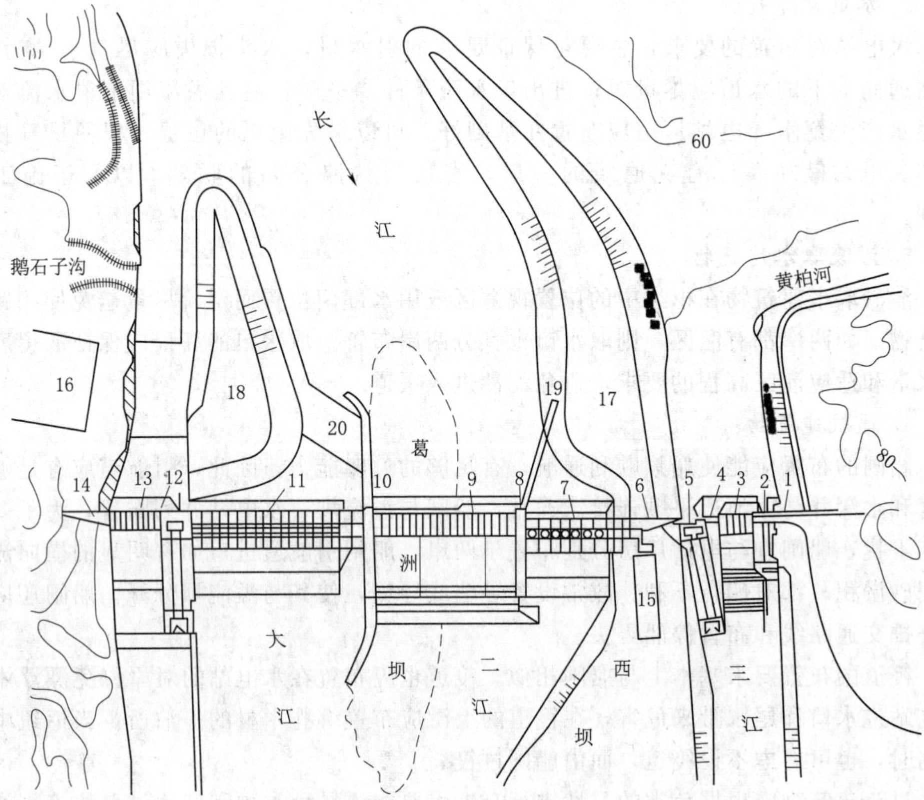

图10.3 长江葛洲坝水利枢纽工程布置图（单位：m）

1—土石坝；2—3号船闸；3—三江冲沙闸；4—三江混凝土坝；5—2号船闸；6—混凝土坝；7—二江电站；8—左导墙；9—泄水闸；10—右导墙（纵堰）；11—大江电站；12—3号船闸；13—大江冲沙闸；14—右岸土石坝；15、16—开关站；17、18—防淤堤；19、20—导沙坎

件的主要问题是，长江出南津关后自东转向南流，南津关以上峡谷河宽约300m，到坝址处急剧展宽2200m，水流流速减缓，向下至宜昌市江面又缩至800m。坝址又位于河流弯道，泥沙较多，如枢纽布置不当，将淤塞航道和影响发电。因而，在枢纽布置时，首先应适应长江河势，妥善安排好主流位置，以利于通航、发电、排沙和泄洪。经过多种方案比较和水工、泥沙模型试验，最后确定枢纽布置如下：挖掉江中葛洲坝，将枢纽中关键建筑物即27孔泄水闸居中布置在主流深槽位置，以利于泄洪、排沙和满足河势要求。在上游，左右各设置一道防淤堤，既可束窄主流河道，有利于排沙、稳定主槽和消除回流淤积，又能在两侧形成与主流分开的三江和大江两条独立的人工航道（大江下游并设导航墙）。在大江航道中设有1号大型船闸；三江航道中设有2号和3号大、中型船闸各一座。为防止上游航道淤积，在大江航道1号船闸右侧布置9孔泄洪冲沙闸一座；在三江航道2号、3号船闸之间布置6孔泄洪冲沙闸一座，在需要时可开闸拉沙、冲沙。为提前发挥发电效益，将枢纽电站分设在大江、二江两处，二江电站装机容量（2×17万+5×12.5万）kW。一期工程建二江电站，使提前投产。为防止厂前泥沙淤积和减少粗沙通过水轮机，在两座厂房进水口上游均

布置了导沙坎，进水口下部设置排沙底孔。在西坝和大江右岸，分别布置 220kV 和 500kV 开关站。

葛洲坝工程坝址的主要工程地质问题是坝基存在着黏土岩类软弱夹层，其抗剪强度低，且产状和倾角对抗滑和抗渗透均不利。经多种方案分析比较，并对泥化夹层进行了野外大型分抗力体试验，最后采取了防渗板、混凝土齿墙、尾岩抗力（部分抗力体还加设钢筋混凝土加固桩）和加强防渗排水等综合性阻滑措施。

虽然葛洲坝工程坝址的地形水文和地质条件比较复杂，并有重大地质缺陷，但由于采用相应的优化设计方案去适应，最后取得了枢纽布置设计的成功。

2. 高水头水利枢纽

高水头水利枢纽一般修建在河流上游的高山峡谷之中，其特点是坝高、河谷狭窄，洪水流量大。枢纽主要用于发电，发电厂房和泄洪建筑物都要求有较大的长度。因此，泄洪建筑物的形式和布置是影响枢纽布置的重要因素。当枢纽兼有防洪、发电和通航等多项综合任务时，尤其是洪峰高、装机规模大和过船设施吨位大的情况，枢纽布置设计必须妥善处理好泄洪、发电、导流和难航等建筑物之间的相互关系，以免互相干扰。泄洪和发电建筑物的布置通常有两者分散布置和两者重叠布置两大类。一般地说，分散布置可能更有利于施工和运行，但重叠布置使枢纽布置紧凑并可能节省投资。如在峡谷高边坡下修建地面厂房，需持慎重态度，高边坡稳定处理任务往往十分艰巨。

【例 10.2】 碧口水电站（图 10.4 为碧口水电站平面布置图）位于长江水系嘉陵江支流白龙江下游，是一座以发电为主，兼顾灌溉、防洪、航运、养殖、旅游等效益的大型综合水利枢纽。

枢纽工程位于峡谷地区，左岸陡峻，右岸比较平缓。岩层为千枚岩和凝灰岩，岩性软弱，片理及断裂发育，河床覆盖层深达 34m。河流含沙量大，建设初期按百年一洪水设计，千年一遇洪水校核，其后将防洪标准提高到按 500 年一遇洪水 7600m^3/s 设计，5000 年一遇洪水 9950m^3/s 校核，总库容 5.21 亿 m^3。初步设计时，根据地形、地质和枢纽布置进行了坝址坝线比较。从地形、地质天然建筑材料和对外交通等方面考虑，挡水建筑物使用了壤土心墙土石坝，坝体由多种土石料，包括部分开挖的石渣组成，最大坝高 101.8m，坝顶长 297.4m。

对发电引水隧洞曾进行过长、短洞的方案比较，经审查选定短洞方案，即左岸地下厂房方案。之后，考虑到两岸山尖高，河道弯曲大，地形良好，同时，为避免与溢洪道、过木道相干犹，决定改为地面厂房。将引水隧洞布置在左岸，洞径 10.5m，装机 3×10 万 kW。溢洪道布置在右岸，由于地形所限，选用了 15m（宽）×16m（高）的单孔正槽式溢洪道。右岸无压泄洪洞采用泄洪洞与导流洞合一布置，在进口后以“龙抬头”形式与施工导流隧洞相连接，洞宽 13m，高 11.5m。左岸有压泄洪洞是为提高防护标准而增设的一条隧洞，洞径 10.5m。

鉴于河流的含沙量大、污物多，且有流木和沉木，为确保电站安全送行，决定在左岸增建一条洞径为 4.4m 的排沙洞，进口底板高程较引水隧洞进口底板高程低 24.85m，以使引水隧洞进口处在排沙漏斗范围之内。为解决过木与发电用水的矛盾，在右端坝面上布置了三条纵向链式原木传送机。

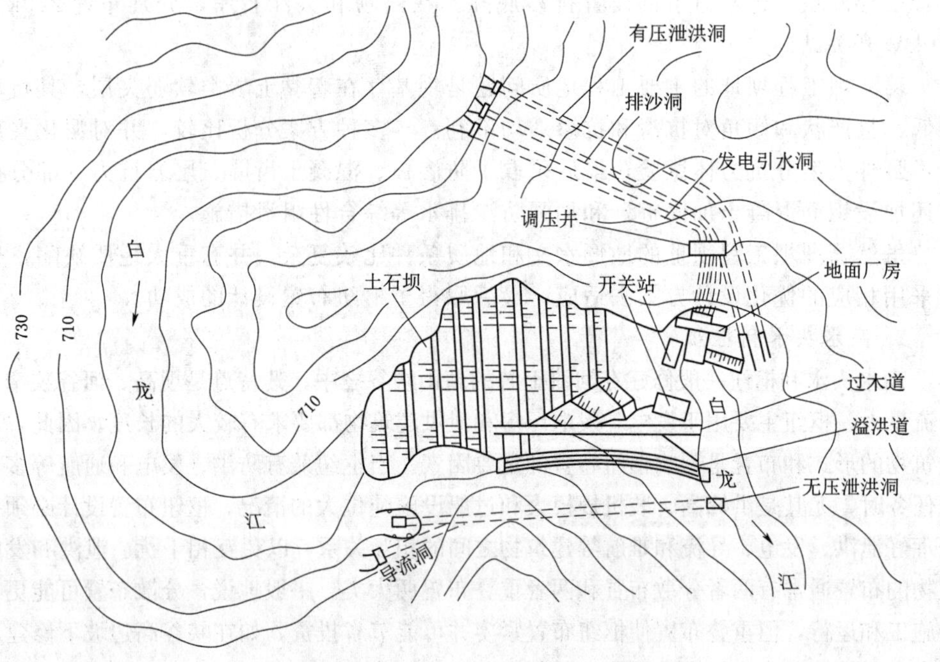

图 10.4　碧口水电站平面布置图

【例 10.3】 图 10.5 为三峡水利枢纽布置示意图，三峡水利枢纽是具有防洪、发电、航运等巨大综合效益的大型工程。大坝坝址距长江源头 4500km，距长江入海口 1700km，位于西陵峡峡谷河段内。在防洪上，使荆江地区的防洪标准由目前的 10 年一遇提高到 100 年一遇，1000 年一遇洪水时加用长江中游分洪区，仍可保证荆江大堤安全，保护了长江两岸湘鄂平原和武汉等城市。在发电上，装机 1820 万 kW，年发电 847 亿 kW·h，供电以华东华中为主，可成为全国电网中心。在航运上，通过永久船闸，每年半年以上时间万吨级船队可直达重庆，单向年通航量 5000 万 t，3000t 客轮可快速通过升船机，便利了西部到长江口的航运。在供水上，增加了下游可用水量。它是中国，也是世界上最大的水利枢纽工程。

枢纽主要建筑物由大坝、水电站、通航建筑物三大部分组成。

泄洪坝段位于河床中部，既原主河槽部位，两侧为电站坝段和非溢流坝段。水电站厂房位于两侧电站坝段坝后，另在右岸留有后期扩机的地下厂房位置。永久通航建筑物均布置于左岸。

拦河大坝为混凝土重力坝，大坝轴线全长 2309.5m，最大坝高 181m。泄洪坝段居河床中部，前沿总长 483m，设有 23 个深孔和 22 个表孔。深孔尺寸 7m×9m，进口孔底高 90m；表孔净宽 8m，溢流堰顶高程 158m。下游采用鼻坎挑流方式消能。电站坝段位于泄洪坝段两侧，电站进水孔底高程 108.5m，压力管道内直径为 12.4m，采用钢衬钢筋混凝土联合受力的结构组式。枢纽最大泄洪能力可达 12.06 万 m^3/s。

水电站采用坝后式厂房，设有左、右两组厂房。共安装 26 台水轮发电机组。左岸厂房全长 643.7m，安装 14 台套水轮发电机组；右岸厂房全长 584.2m，安装 12 台

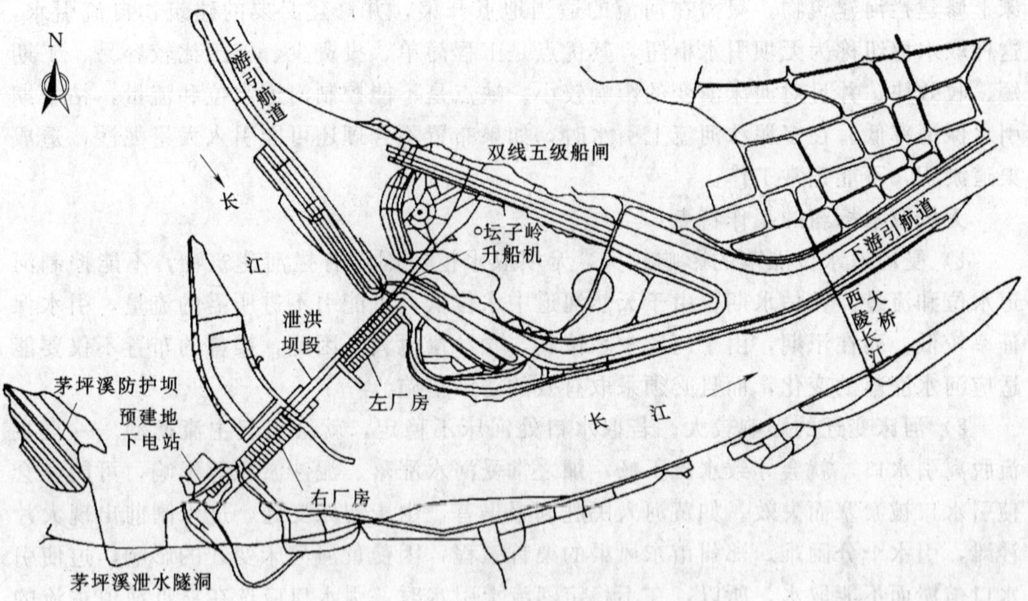

图 10.5 三峡水利枢纽平面布置示意图

水轮发电机组。单机额定容量 70 万 kW。

三峡工程通航建筑物包括永久船闸和升船机，均位于左岸山体内。永久船闸为双线五级连续梯级船闸。升船机为单线一级垂直提升。

枢纽建筑物基础为坚硬的花岗岩体，岩体抗压强度约 100MPa。岩体内断层、裂隙不发育且大多胶结良好，岩体透水性微弱，具有修建混凝土高坝的优良地质条件。坝址上下游 15km 范围内无大的不良地质构造。坝址区及水库区地震活动强度小、频率低，属弱地震环境。

水库正常蓄水位 175m 时总库容 393 亿 m^3，其中防洪库容 221.5 亿 m^3，兴利库容 165 亿 m^3，死水位 145m 以下库容为 171.5 亿 m^3。

任务 10.3 取 水 枢 纽 布 置

10.3.1 取水枢纽布置的类型与布置要求

通常所称的取水枢纽（引水枢纽）是指从河流或水库取水的水利枢纽，其作用是获取符合水量及水质要求的河水，以满足灌溉、发电、工业及生活用水的要求；并要求防止粗颗粒泥沙进入渠道，以免引起渠道的淤积和对水轮机或水泵叶片的磨损，保证渠道及水电站正常运行。因取水枢纽位于渠道首部，所以又称为渠首枢纽。

1. 取水枢纽的类型

取水枢纽根据是否具有拦河建筑物可分为无坝引水枢纽和有坝引水枢纽两种类型。

(1) 无坝取水枢纽。当河道枯水时期的水位和流量能满足引水要求时，不必在河床上修建拦河建筑物，只需在河流的适当地点开渠，并修建必要的建筑物自流引水，这种取水枢纽称为无坝引水枢纽。其优点是工程简单、投资少、施工比较容易、工期短、收效快、并且对河床演变的影响较小。缺点是不能控制河道水位和流量，枯水期引水保证率低。在多泥沙河流上引水时，如果布置不合理还可能引入大量泥沙，造成渠道淤积，不能正常工作。

无坝取水枢纽的工作特点：

1）受河道水位涨落的影响较大。无坝取水枢纽因没有拦河建筑物，不能控制河道水位和流量。在枯水期，由于天然河道中水位低，可能引不进所需的流量，引水保证率较低。而在汛期，由于河道中水位高，含沙量也大。因此，渠首的布置不仅要能适应河水涨落的变化，而且必须采取有效的防沙措施。

2）河床变迁的影响较大。若取水口处河床不稳定，就会引起主流摆动。一旦主流脱离引水口，就会导致水流不畅；加之常受河水涨落、泥沙淤积等影响，可能还会使引水口被淤塞而失效。如黄河人民胜利渠渠首，由于河床变迁，进水闸前出现大片沙滩，引水十分困难。郑州市东风渠的渠首工程，因受黄河河床变迁的影响，迫使引水口被淤而不能取水。所以，在不稳定河流上引水时，引水口应选在靠近河道主流的地方。并随时观察河势变化，必要时加以整治，防止河床变迁。

3）水流转弯的影响。如在河道直段侧面引水，由于岸边引水口前水流转弯，从而形成侧面引水环流，使表层水流和底层水流分离。而且，进入渠道的底层水流宽度远大于表层水流，从而使大量推移质随着底流进入渠道。当引水比（引水流量与河道流量的比值）达50%时，河道的底沙几乎全部进入渠道。为此，应采取必要的防沙措施，改变流态，减小底流宽度或将底流导离引水口，以减少推移质入渠。

4）渠首运行管理的影响。渠首运行管理的好坏，对防止泥沙入渠也有很大的关系。河流的泥沙高峰在洪水期，如果这时能关闸不引水或少引水，避开泥沙高峰，就能有效地防止泥沙进入渠道造成淤积。

（2）有坝取水枢纽。当河道枯水时期的水位和流量能满足引水要求，但河道水位较低不能自流引水时，需修建壅水坝（或拦河闸）以抬高水位以满足自流引水的要求，这种具有壅水坝的引水枢纽，称为有坝引水枢纽。不过在有些情况下，虽然水位和流量均可满足引水要求，但为了达到某种目的，也要采用有坝取水的方式。如采用无坝取水方式需开挖很长的水渠时，工程量大，造价高时；在通航河道上引水量大而影响正常航运时；河道含沙量大，要求有一定的水头冲洗取水口前淤积的泥沙时。有坝取水枢纽的优点是工作可靠，引水保证率高，便于引水防沙和综合利用，故应用较广。但相对无坝取水枢纽来说，工程复杂，投资较多，拦河建筑物破坏了天然河道的自然状态，改变了水流、泥沙的运动规律，尤其是在多泥沙河流上，如果布置不合理时，会引起渠首附近上下游河道的变形，影响渠首的正常运行。

有坝引水枢纽的工作特点：

1）对上游河床的影响。当渠首投入运用后，上游水位被壅水坝抬高，坝前流速较低。因此，大量泥沙沉积在坝前，沉积的速度也很快，在1～2年内，甚至一次洪水即可将坝前淤满，山区河流中，由于水中带的泥沙为砾石及大块石，因此坝前淤积往往高出坝顶，如陕西石头河的梅惠渠，坝前淤积高出坝顶2.0m，壅水坝淤平后，即失去控制水流的作用进水闸处于无坝取水状态。另外，当河道主流摆动后，上游河床常形成一些岔道，使得引水口附近不能保持稳定的深槽，从而影响渠首的正常工作。

2）对下游河床的影响。在渠首运行初期，壅水坝下泄的水流较清，具有很大的冲刷力，促使下游河床冲刷；当坝前淤平后，下泄水流的含沙量增大，又使下游河床逐渐淤积，严重时可将壅水坝埋于泥沙之中。陕西省织女渠首的壅水坝，其坝体大部分已被埋在沙内。

根据上述情况，不但要使建筑物布置合理，尺寸和高程选择恰当，而且还要考虑渠道上下游河床的再造情况，进行必要的河道整治。

2. 取水枢纽布置的一般要求

取水枢纽是整个渠系的咽喉，它的布置是否合理，对发挥工程效益影响极大。除枢纽的各个建筑物应满足一般水工建筑物的要求外，取水枢纽的布置还应满足以下的要求：

（1）在任何时期，都应根据引水要求不间断地供水。

（2）在多泥沙河流上，应采取有效的防沙措施，防止泥沙入渠。

（3）对于综合利用的渠首，应保证各建筑物正常工作互相不干扰。

（4）应采取措施防止冰凌等漂浮物进入渠道。

（5）枢纽附近的河道应进行必要的整治，使主流靠近取水口，以保证引取所需水量。

（6）枢纽布置应便于管理，易于采用现代化管理设施。

10.3.2 无坝取水枢纽布置

1. 无坝取水枢纽位置选择

无坝取水枢纽因没有拦河建筑物，不能控制河道水位和流量。所以，渠首位置的选择对于提高引水保证率，减少泥沙入渠起着决定性作用。在选择位置时，除满足渠首位置选择的一般原则外，还必须详细了解河岸的地形、地质情况，河道洪水特性，含沙量及河床演变规律等，并根据以下原则，确定合理的位置。

（1）根据河流弯道的水流特性，无坝渠首应设在河岸坚固、河流弯道的凹岸，以引取表层较清水流，防止泥沙入渠。因此取水口不应设在弯道的上半部，因为该处的横向环流还没有充分形成，河流中的泥沙还来不及带到凸岸。所以取水口应设在弯道顶点以下水深最深、单宽流量最大、环流作用最强的地方。

（2）在有分汊的河段上，一般不宜将取水口布置在汊道上。由于分汊河段上主流不稳定，常发生交替变化，导致汊道淤塞而引水较困难。若由于具体位置的限制，只能在汊道上设取水口，则应选择比较稳定的汊道，并对河道进行整治，将主流控制在该汊道上。

（3）无坝渠首也不宜设在河流的直段上。因从河道直段的侧面引水，河道主流在取水口处流向下游，只有岸边的水流进入取水口，所以进水量相对较小且不均匀。此外，由于水流转弯，引起横向环流，使河道的推移质大量进入渠道。

2. 无坝取水枢纽的布置形式

无坝取水枢纽的水工建筑物有进水闸、冲沙闸、沉沙池及上下游整治建筑物等。当有航运、漂木和渔业等要求时，还应考虑设置船闸、筏道和鱼道等。无坝取水枢纽的布置形式，按取水口的数目可分为一首制和多首制两种，每种渠首的布置形式，根据河床和河岸的稳定情况，河流的水沙特性以及引水流量的多少而有所不同。

根据情况不同有三种布置形式，即位于弯道凹岸的渠首、引水渠式渠首和导流堤式渠首。

(1) 位于弯道凹岸的渠首。当河床稳定，河岸土质坚硬时，可将渠首进水闸建在河流弯道的凹岸，利用弯道环流原理，引取表层较清水流，排走底沙。这种渠首由拦沙坎、进水闸及沉沙设施等部分组成。进水闸的作用主要是控制入渠流量。拦沙坎和沉沙池的作用都是防沙。但拦沙坎是用来加强天然河道环流，阻挡河道底部泥沙入渠并使河道底沙顺利排走。沉沙池是用来沉淀进入渠道的推移质及悬移质中颗粒较粗的泥沙的。

进水闸一般布置在取水口处，在保证工程安全的前提下，应尽量减少引水渠的长度，这样一方面可减少水头损失，又可减轻引水渠的清淤工作。取水口两侧的土堤，一般用平缓的弧线与河堤相连，使取水口成为喇叭口形状。尤其是取水口的上唇应做成平缓的曲线，以使入渠水流平顺，减少水头损失；并减轻对取水口附近水流的扰动，对防止推移质泥沙随水流进入取水口很有益处。

(2) 引水渠式渠首。当河岸土质较差易受水流冲刷而变形时，可将进入闸设在距河岸有一定距离的地方，使其不受河岸变形的影响。

取水口处设简易的拦沙设施，以防止泥沙入渠。在取水口和进水闸之间用引渠相连。引渠兼作沉沙渠，并在沉沙渠的末端，按正面引水、侧面排沙的原则布置进水闸和冲沙闸。冲沙闸用来冲洗沉沙渠内的泥沙，使泥沙重归河道。一般冲沙闸与引水渠水流方向的夹角为30°～60°。冲沙闸底板高程比进水闸低0.5～1.0m。在进水闸前也要设一道拦沙坎，以利导沙。为了冲洗引渠出口处的长度，以便利用水力冲洗淤积在引水渠中的泥沙。必要时，也可辅以人力或机械清淤。

这种渠首的主要缺点是引水渠沉积泥沙后，冲沙效率不高。为保证引水，常需要用人工或机械辅助清淤。为了减轻引水渠的淤积，一般应在引水渠的入口处修建简单的拦沙设施。

(3) 导流堤式渠首。在山区河流坡降较陡、引水量较大及不稳定的河道上，为控制河道流量，保证引水防沙，一般采用导流堤式。该渠首由导流堤、进水闸及泄水冲沙闸等组成。导流堤的作用是束缩水流、抬高水位，以保证水流平顺入渠。进水闸的作用是控制入渠流量。泄水冲沙闸除了宣泄部分洪水外，平时也可用来排沙。

进水闸与泄水冲沙闸的位置，一般按正面引水、侧面排沙的原则进行布置。进水闸与河道主流方向一致，泄水冲沙闸与水流方向一般做成接近90°夹角，以加强环流，有利于排沙。当河水流量大，渠首引水量较小时，也可采用正面排沙、侧面引水的布置形式。这时泄水冲沙闸的方向和主流方向一致，进水闸的中心线与主流方向成锐角，一般以30°～40°为宜。这样布置可减轻洪水对进水闸的冲击，而冲沙闸又能有效地排除取水口前的泥沙。

为拦截泥沙，进水闸底板高程应高出引水段河床高程0.5～1.0m。泄水冲沙闸底板与该处河底齐平或略低，但比河道主槽要高，有利于泄水排沙。

导流堤的布置一般是从泄水闸向河流上游方向延伸，使其接近河道主流。导流堤的轴线与河道水流方向的夹角不宜过大，以免被洪水冲毁。但也不能太小，否则将因导流堤长度增加而增大工程量。一般取10°～20°的夹角。导流堤的长度决定于引水量的多少，堤越长引水量越多。有时在枯水期，为了引取河道全部流量，甚至可使导流堤拦断全部河床，但在洪水来临前，必须拆除一部分，让出河床，以利泄洪。

图10.6为我国古代著名的水利工程都江堰取水枢纽的布置示意图。都江堰建于2300年前，也属于导流堤式渠首。整个渠首位置选择在岷江天然弯道上。它由百丈堤、导流堤、飞沙堰、泄水槽及进水口等建筑物组成。金刚堤（导流堤）位于进水口——宝瓶口前，建在江中卵石沉积的天然滩脊上，根据当时的施工条件和材料，堤身是用当地材料竹笼内装卵石及木桩加固而成，类似于现代的铅丝笼装卵石导流堤。金刚堤的最前端是分水鱼嘴。金刚堤的作用主要是分水和导流，它把岷江分为内江和外江。

在洪水时期，内江和外江水量的分配比例大约为4∶6，大部分洪水，从外江流走以保证灌区的安全；在枯水时期，内外江的分水比例恰好相反，大部分江水进入内江，保证了灌区用水。进水口——宝瓶口是由人工凿开玉垒山而成。由于岩石坚硬，能抵抗水流的冲击，并可以控制引取所需的水量。飞沙堰及泄水槽建在进水口前的导流堤上，用以宣泄进入内江的多余水量，排走泥沙，并保持取水口所需要的水位。百丈堤位于导流堤上游，除引导江水外，还保护河岸免受冲刷。因整个工程布置合理，各建筑物能互相紧密配合，相互调节，起到了分水、泄洪、引水和防沙的作用，使成都平原农田可以自流灌溉，成为旱涝保收的富饶地区。这座工程的建造，充分体现了我国古代劳动人民具有无穷的智慧和高度的科学技术水平。

10.3.3 有坝取水枢纽布置

当河道枯水时期的流量能满足引水要求，但河道水位较低，不能自流引水时，需修建拦河建筑物以抬高水位，满足自流引水的要求。这种取水枢纽称为有坝取水枢纽。有坝取水枢纽一般由拦河壅水建筑物（壅水坝或拦河闸）、进水闸、冲沙闸、防排沙设施及上下流河道整治措施等建筑物组成。拦河壅水建筑物的作用是抬高水位和宣泄河道多余的水量和汛期洪水；进水闸的作用是控制入渠流量；防排沙设施的作用是防止河流泥沙进入渠道。常用的防排沙设施有沉沙槽、冲沙闸、冲沙廊道、冲沙底孔及沉沙池等。

由于河道水流特性、地形、地质条件千差万别，各建筑物对枢纽工程的形式选择和布置起着决定性作用。一般情况下是先根据基础资料拟定几个不同的布置方案，进行技术经济比较后确定。下面将介绍常用的几种有坝取水枢纽的布置。

1. 沉沙槽式渠首

这种渠首按侧面引水、正面排沙的原则进行布置，由壅水坝、冲沙闸、冲沙槽、

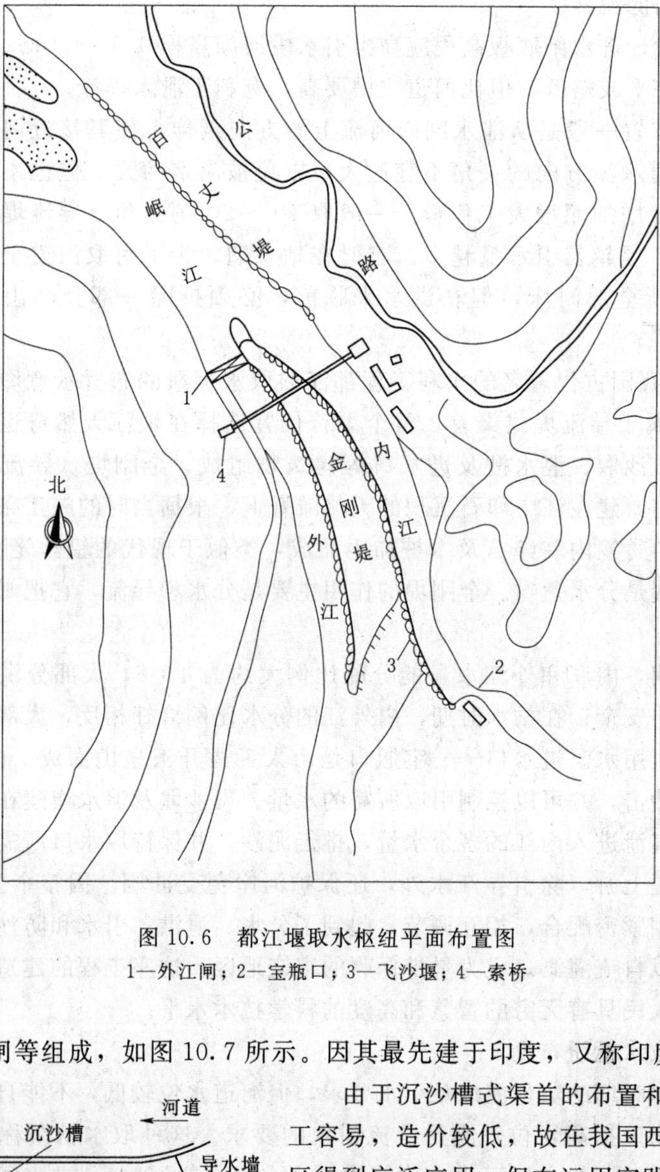

图 10.6 都江堰取水枢纽平面布置图

1—外江闸；2—宝瓶口；3—飞沙堰；4—索桥

导水墙及进水闸等组成，如图 10.7 所示。因其最先建于印度，又称印度式渠首。

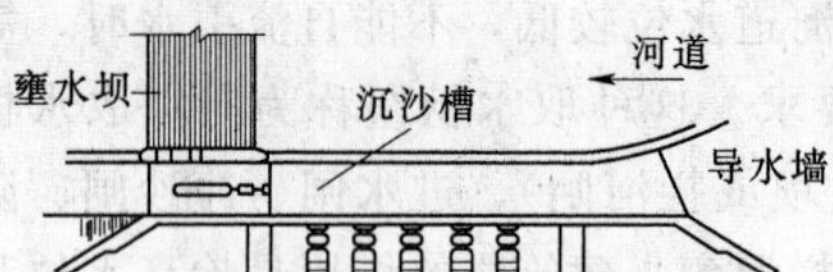

图 10.7 沉沙槽式渠首

由于沉沙槽式渠首的布置和结构简单，施工容易，造价较低，故在我国西北、华北等地区得到广泛应用。但在运用实践中，发现这种渠首布置存在下述问题：

(1) 由于进水闸与河流垂直，水流需转 90°急弯进入进水闸，这样便在进水口处产生横向环流，把部分推移质泥沙带入渠道。

(2) 当冲沙闸冲沙时，槽内推移质发生跃移运动，为防止泥沙入渠，必须关闭进水闸，停止取水。

(3) 当壅水坝前淤平后，该坝便失去控制水流作用，此时，进水闸处于无坝引水状态。引水得不到保证。

针对这些缺点，改进措施有：

1）加大沉沙槽及冲沙闸的尺寸，采用弧形沉沙槽，槽内增设潜没分水墙、导沙坎等改变水流内部结构，使表层水进入进水闸。

2）合理选择进水闸与拦河建筑物之间的夹角，一般采用进水闸水流与河道水流成 30°～60°角，以减弱环流强度。

3）将壅水坝全部或大部分改为拦河闸以稳定主流。

2. 人工弯道式渠首

这种渠首是将弯曲河段整治为有规则的人工弯道，利用弯道环流原理，在弯道末端按正面引水、侧面排沙的原则布置进水闸和冲沙闸，以引取表层清水，排走底层泥沙，以达到引水排沙的目的。该渠首由人工弯道、进水闸、冲沙闸、泄洪闸以及下游排沙道等组成（图 10.8）。

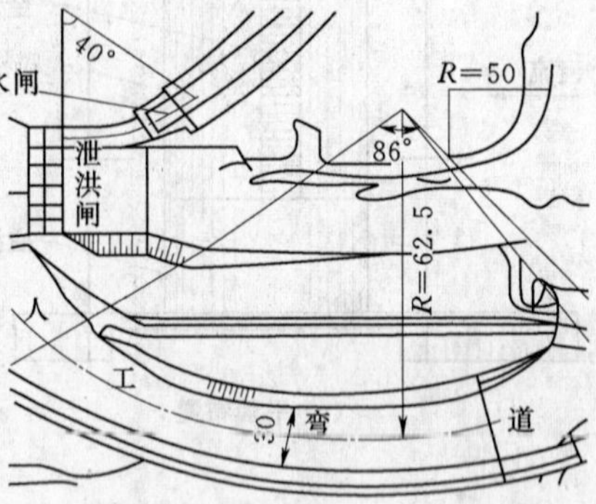

图 10.8 人工弯道式渠首（单位：m）

3. 底栏栅式渠首

在山溪河道上，河床坡度较陡，水流中带有大量的卵石、砾石及粗沙，为防止大量泥沙入渠，常采用底栏栅式渠首。

这种渠首的主要建筑物由底栏栅坝、溢流堰、泄洪冲沙闸、导沙坎及上下游导流堤等组成（图 10.9）。

4. 底部冲沙廊道式渠首

由于河道中水流泥沙沿深度分层的特点，水流垂直地划分为表层及底层两个部分，进水闸引取表层较清水流，而含沙量较高的底层水流则经过冲沙廊道或泄洪排沙闸排到下游。分层取水的渠首布置常采用底部冲沙廊道式渠首。如图 10.10 所示，由于廊道冲沙所需水量较少，常用于缺少冲沙流量的河流。当冲沙廊道用于宣泄部分洪水时，则需水量较多。这种枢纽要求坝前水位能形成较大的水头，使水流在廊道内产生 4～6m/s 的冲沙流速。

5. 两岸引水式渠首

当河道两岸都需要引水时，常在拦河（溢流）坝两端分别建造沉沙槽式取水口，以满足两岸引水要求。实践证明，这种渠首常有一岸取水口被泥沙堵塞。为此，通常采用在一岸集中引水，然后用坝内输水管道向对岸输水，或用跨河渡槽或在河床内埋设涵洞向对岸输水。

这种从一岸取水并向对岸输水的方式，虽然结构复杂，但运用情况良好，不仅有利于水量调配，且便于管理。

6. 少泥沙河流上综合利用的有坝渠首布置

在我国南方山区及平原地区河道上，多修建综合利用的取水枢纽工程，以满足灌溉、航运、筏运、发电和渔业的要求。因此，这类枢纽建筑物的组成，除进水闸的和溢流坝外，根据用途的不同，还要修建一种或几种专门建筑物。

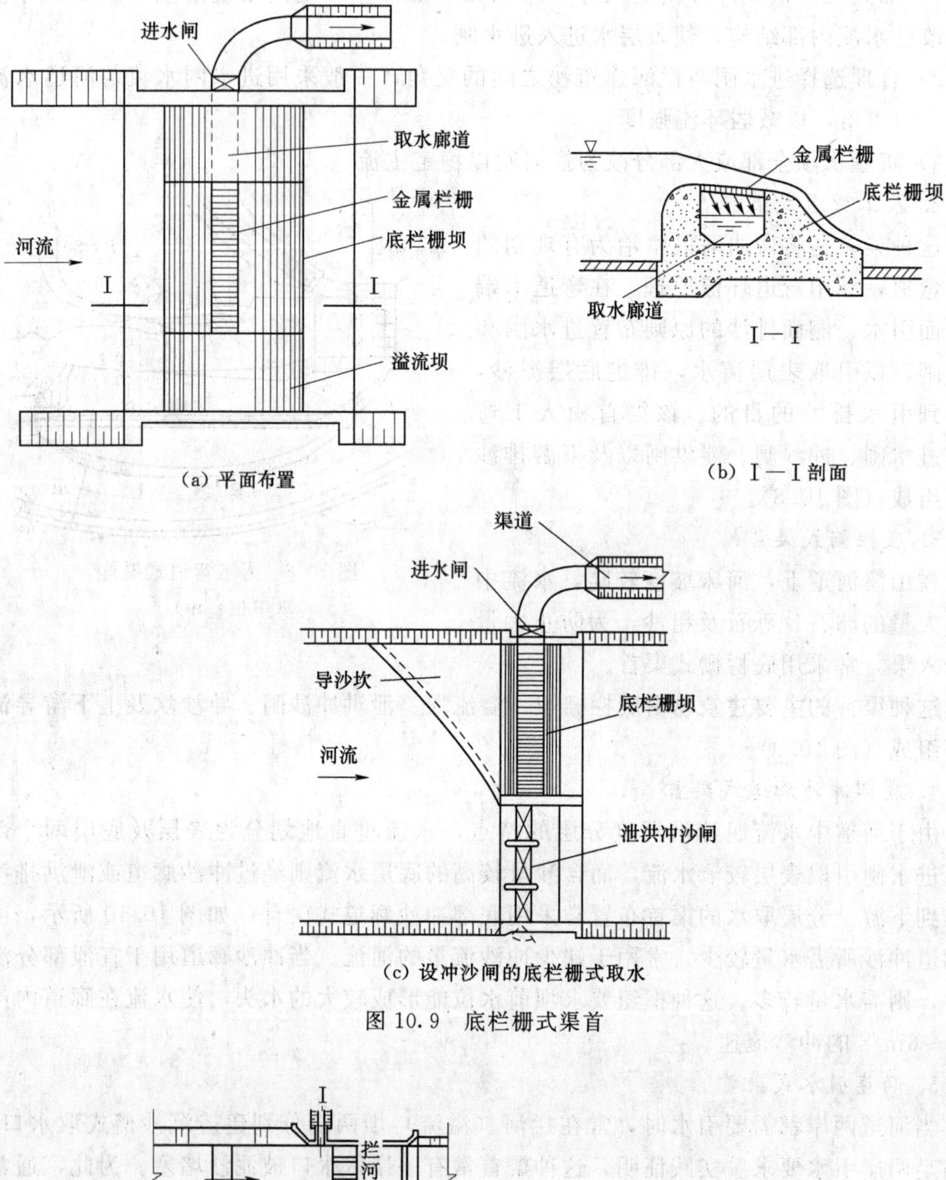

图 10.9　底栏栅式渠首

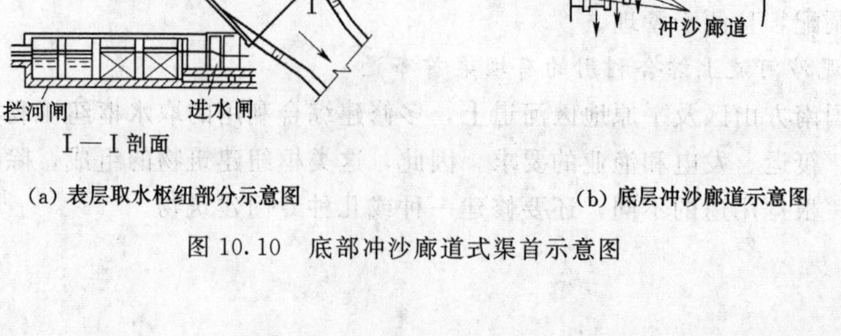

(a) 表层取水枢纽部分示意图　　(b) 底层冲沙廊道示意图

图 10.10　底部冲沙廊道式渠首示意图

思 考 题

1. 水利枢纽设计阶段是如何划分的？各阶段的设计任务是什么？
2. 水利工程对环境的影响有哪些？
3. 影响坝址和坝型选择的条件有哪些？
4. 水利枢纽布置的一般原则是什么？
5. 各类水工建筑物对布置的要求是什么？
6. 说明三峡工程的组成特点和作用。

参 考 文 献

[1] 李宗坤，孙明权，郝红科，等. 水利水电工程概论 [M]. 郑州：黄河水利出版社，2005.
[2] 白继中，田利萍，张保同. 水工建筑物 [M]. 郑州：黄河水利出版社，2010.
[3] 田明武，何娇云. 水利水电工程建筑物 [M]. 北京：中国水利水电出版社，2018.
[4] 郑万勇，杨振华. 水工建筑物 [M]. 郑州：黄河水利出版社，2003.
[5] 杨邦柱，焦爱萍. 水工建筑物 [M]. 北京：中国水利水电出版社，2013.
[6] 郭宗闵. 水工建筑物. 2 版 [M]. 北京：中国水利水电出版社，1995.
[7] 郭旭新，樊惠芳，要永在. 灌溉排水工程技术 [M]. 郑州：黄河水利出版社，2017.